新编全功能实战型教材

动画影视相关专业“十三五”精品规划教材

EDIUS 专业级视频与音频制作实例教程

（含微课）

主　编　任友理　黄　灏　王小艳

哈尔滨工程大学出版社
Harbin Engineering University Press

内容简介

本书详细介绍了 EDIUS 9 软件的应用方法，以及使用 EDIUS 进行视频编辑与处理的方法和技巧，帮助读者从入门、进阶、精通软件，成为应用高手！本书共 12 章，主要包括 EDIUS 9.0 快速入门、软件的基础应用、导入与管理视频素材、剪辑与修整视频素材、视频画面的色彩校正、制作完美的转场特效、制作专业的滤镜特效、制作画中画运动特效、制作精彩的字幕特效、添加与编辑音频素材、渲染与输出视频文件以及制作完整影视视频综合案例等内容。

本书可作为应用型本科、职业院校动画影视相关专业的教材，也可作为广大影视制作、音频处理相关人员的参考书。

图书在版编目（CIP）数据

EDIUS 专业级视频与音频制作实例教程 ：含微课 / 任友理，黄灏，王小艳主编. -- 哈尔滨 ：哈尔滨工程大学出版社，2020.8

ISBN 978-7-5661-2660-3

Ⅰ. ①E… Ⅱ. ①任… ②黄… ③王… Ⅲ. ①视频编辑软件－教材 Ⅳ. ①TN94

中国版本图书馆 CIP 数据核字（2020）第 153026 号

责任编辑 王俊一
封面设计 赵俊红

出版发行 哈尔滨工程大学出版社
社　　址 哈尔滨市南岗区南通大街 145 号
邮政编码 150001
发行电话 0451-82519328
传　　真 0451-82519699
经　　销 新华书店
印　　刷 唐山新苑印务有限公司
开　　本 787 mm×1 092 mm　1/16
印　　张 15.5
字　　数 422 千字
版　　次 2020 年 8 月第 1 版
印　　次 2021 年 8 月第 1 次印刷
定　　价 68.00 元
http://www.hrbeupress.com
E-mail：heupress@hrbeu.edu.cn

前　言

EDIUS 是日本 Canopus 公司优秀的非线性编辑软件，EDIUS 软件就是为了满足广播电视和后期制作的需要而专门设计的，可以支持当前所有标清和高清格式的实时编辑。EDIUS 拥有完善的基于文件的工作流程，提供了实时、多轨道、多格式混编、合成、色键、字幕以及时间线输出功能等。EDIUS 因其迅捷、易用和可靠的稳定性为广大专业制作者和电视人所广泛使用，是混合格式编辑的绝佳选择。

为了帮助广大读者快速掌握 EDIUS 操作技巧，我们特别组织专家和一线骨干老师编写了本书，精心设计了非常系统的学习体系。本书主要具有以下特点：

（1）内容全面。本书有 12 章软件技术精解＋40 多个专家指点＋890 多个素材效果奉献+990 多张图片全程图解。

（2）功能完备。本书详细讲解了 EDIUS 的工具、按钮、命令、菜单、快捷键、选项面板等内容，做到完全解析、完全自学，读者可以即查即用。

（3）案例丰富。3 大领域专题实战精通＋140 多个技能实例演练＋190 多分钟视频演示，帮助读者步步精通，成为视频剪辑方面的行家！

本书合理安排知识点，运用简练、流畅的语言，结合丰富、实用的实例，由浅入深地对 EDIUS 的视频编辑功能进行全面、系统的讲解，让读者在最短的时间内掌握最有用的知识。本书共 12 章，主要包括 EDIUS 9.0 快速入门、软件的基础应用、导入与管理视频素材、剪辑与修整视频素材、视频画面的色彩校正、制作完美的转场特效、制作专业的滤镜特效、制作画中画运动特效、制作精彩的字幕特效、添加与编辑音频素材、渲染与输出视频文件以及制作完整影视视频综合案例等内容。

本书采用 EDIUS 9.0 软件编写，请使用同版本软件。直接打开效果时，会弹出重新链接素材的提示，如音频、视频、图像素材，甚至提示丢失信息等，这是因为每个用户安装的 EDIUS 9.0 及素材与效果文件的路径不一致，发生了改变，这属于正常现象，用户只需要将这些素材重新链接素材文件夹中的相应文件，即可链接成功。

本书由云南国土资源职业学院的任友理、成都大学师范学院的黄灏和咸宁职业技术学院的王小艳担任主编。本书的相关资料和售后服务可扫描封底微信二维码或登录 www.bjzzwh.com 下载获得。

限于编者经历及水平，书中难免有不妥之处，恳请各位专家及读者提出宝贵意见，以便进一步修订更改。

编　者

2020 年 7 月

目 录

第 1 章　EDIUS 9.0 快速入门

在学习 EDIUS 软件之前，首先需要掌握视频编辑术语、EDIUS 新增功能、EDIUS 基本设置以及 EDIUS 工作界面、启动/退出软件等内容，为后面的学习奠定良好的基础。

本章重点

- 了解视频编辑常识
- 掌握 EDIUS 工作界面
- EDIUS 软件的基本设置
- 启动与退出 EDIUS 9.0
- 熟悉 EDIUS 9.0 新增功能

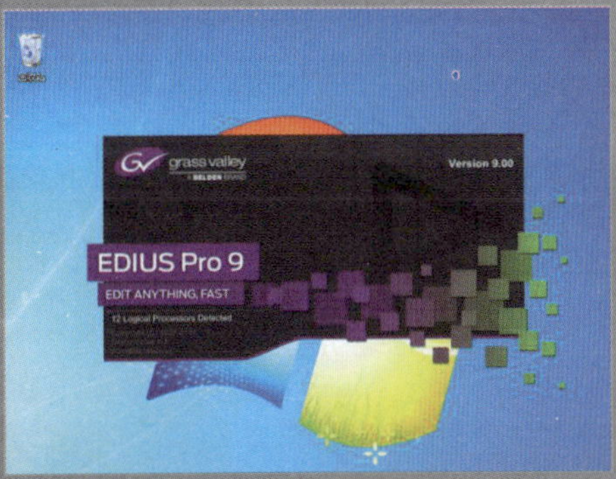

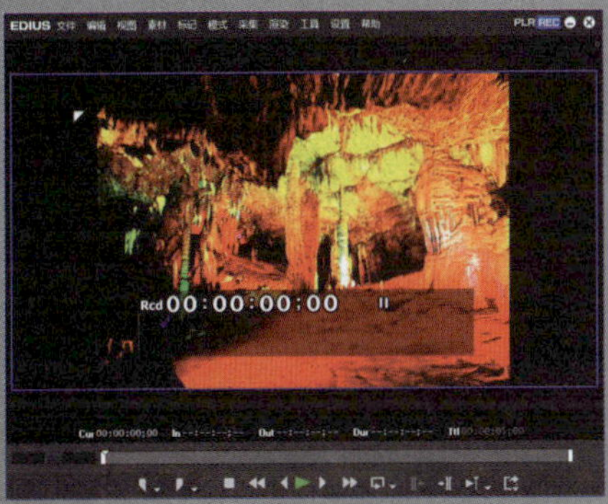

1.1 了解视频编辑常识

使用非线性影视编辑软件编辑视频和音频文件之前，首先需要了解视频和音频编辑的基础，如了解视频编辑术语、支持的视频格式与音频格式、线性与非线性编辑、数字素材的获取方式等，希望读者能熟练地掌握本章的基础知识。

1.1.1 了解视频编辑术语

进入一个新的软件领域前，须了解在这个软件中经常需要用到的专业术语。在 EDIUS 9.0 中，常见的专业术语有剪辑、帧和场、分辨率以及获取与压缩等，只有了解这些专业术语，才能更好地掌握 EDIUS 9.0 软件的精髓之处。本节主要介绍视频编辑术语的基本知识。

1. 剪辑

剪辑可以说是视频编辑中最常提到的专业术语，一部完整的好电影通常都需要经过无数的剪辑操作，才能完成。视频剪辑技术在发展过程中也经历了几次变革，最初传统的影像剪辑采用的是机械和电子剪辑两种方式。

（1）机械剪辑是指直接对胶卷或者录像带进行物理的剪辑，并重新连接起来。因此，这种剪辑相对比较简单，也容易理解。随着磁性录像带的问世，这种机械剪辑的方式逐渐显现出其缺陷，因为剪辑录像带上的磁性信息除了需要确定和区分视频轨道的位置外，还需要精确切割两帧视频之间的信息，这就增加了剪辑操作的难度。

（2）电子剪辑的问世，让这一难题得到了解决。电子剪辑也称为线性录像带电子剪辑，它按新的顺序来重新录制信息过程。

2. 帧和场

帧是视频技术常用的最小单位，一帧是由两次扫描获得的一幅完整图像的模拟信号，视频信号的每次扫描称为场。视频信号扫描的过程是从图像左上角开始，水平向右到达图像右边后迅速返回左边，并另起一行重新扫描。这种从一行到另一行的返回过程称为水平消隐。每一帧扫描结束后，扫描点从图像的右下角返回左上角，再开始新一帧的扫描。从右下角返回左上角的时间间隔称为垂直消隐。一般行频表示每秒扫描多少行，场频表示每秒扫描多少场，帧频表示每秒扫描多少帧。

3. 获取与压缩

获取是将模拟的原始影像或声音素材数字化，并通过软件存入计算机的过程。例如，拍摄电影的过程就是典型的实时获取。

压缩是用于重组或删除数据，以减小剪辑文件大小的特殊方法。在压缩影像文件时，可在第一次获取到计算机时进行压缩，或者在 EDIUS 9.0 中进行编辑时再压缩。

4. 复合视频信号

复合视频信号包括亮度和色度的单路模拟信号，即从全电视信号中分离出伴音后的视频信号，色度信号间插在亮度信号的高端。这种信号一般可通过电缆输入或输出至视频播放设备上。由于该视频信号不包含伴音，与视频输入端口、输出端口配套使用时，还设置音频输入端口和输出端口，以便同步传输伴音，因此复合式视频端口也称为 AV 端口。

5. 分辨率

分辨率即帧的大小（Frame Size），表示单位区域内垂直和水平的像素数值，一般单位区域中像素数值越大，图像显示越清晰，分辨率也就越高。不同电视制式的不同分辨率，用途也会有所不同，如表 1-1 所示。

表 1-1　不同电视制式分辨率的用途

制　式	行　帧	用　途
NTSC	352×240	VDC
	720×480、704×480	DVD
	480×480	SVCD
	720×480	DV
	640×480、704×480	AVI 视频格式
PAL	352×288	VCD
	720×576、704×576	DVD
	480×576	SVCD
	720×576	DV
	640×576、704×576	AVI 视频格式

6. “数字/模拟”转换器

“数字/模拟”转换器是一种将数字信号转换成模拟信号的装置。“数字/模拟”转换器的位数越高，信号失真越小，图像也更清晰。

7. 电视制式

电视信号的标准称为电视制式。目前各国的电视制式各不相同，制式的区分主要在于其帧频（场频）、分辨率、信号带宽及载频、色彩空间转换的不同等。电视制式主要有 NTSC 制式、PAL 制式和 SECAM 制式 3 种。

1.1.2　了解支持的视频格式

数字视频是用于压缩图像和记录声音数据及回放过程的标准，同时包含了 DV 格式的设备和数字视频压缩技术本身。在视频捕获的过程中，必须通过特定的编码方式对数字视频文件进行压缩，在尽可能地保证影像质量的同时，有效地减小文件大小，否则会占用大量的磁盘空间，对数字视频进行压缩编码的方法有很多，也因此产生了多种数字视频格式。本节主要向读者介绍在 EDIUS 9.0 中支持的视频格式。

1. MPEG 格式

MPEG（Motion Picture Experts Group）类型的视频文件是由 MPEG 编码技术压缩而

成的视频文件，被广泛应用于 VCD/DVD 及 HDTV 的视频编辑与处理中。MPEG 标准的视频压缩编码技术主要利用了具有运动补偿的帧间压缩编码技术以减小时间冗余度，利用 DCT 技术以减小图像的空间冗余度，利用熵编码则在信息表示方面减小了统计冗余度。这几种技术的综合运用，大大增强了压缩性能。

MPEG 包括 MPEG-1、MPEG-2、MPEG-4、MPEG-7 及 MPEG-21 等，下面向读者进行简单介绍。

- MPEG-1

MPEG-1 是用户接触得最多的，因为被广泛应用在 VCD 的制作及下载一些视频片段的网络上，一般的 VCD 都是应用 MPEG-1 格式压缩的（注意：VCD 2.0 并不是说 VCD 是用 MPEG-2 压缩的）。使用 MPEG-1 的压缩算法，可以把一部 120 分钟长的电影压缩到 1.2 GB 左右。

- MPEG-2

MPEG-2 主要应用在制作 DVD 方面，同时在一些高清晰电视广播（HDTV）和一些高要求的视频编辑、处理上也有广泛应用。使用 MPEG-2 的压缩算法压缩一部 120 分钟长的电影，可以将其压缩到 4～8 GB。

- MPEG-4

MPEG-4 是一种新的压缩算法，使用这种算法的 ASF 格式可以把一部 120 分钟长的电影压缩到 300 MB 左右，可以在网上观看。其他的 DIVX 格式也可以压缩到 600 MB 左右，但其图像质量比 ASF 要好很多。

- MPEG-7

MPEG-7 于 1996 年 10 月开始研究。确切来讲，MPEG-7 并不是一种压缩编码方法，其目的是生成一种用来描述多媒体内容的标准，这个标准将对信息含义的解释提供一定的自由度，可以被传送给设备和电脑程序，或者被设备或电脑程序查取。MPEG-7 并不针对某个具体的应用，而是针对被 MPEG-7 标准化了的图像元素，这些元素将支持尽可能多的各种应用。建立 MPEG-7 标准的出发点是依靠众多的参数对图像与声音实现分类，并对它们的数据库实现查询，就像查询文本数据库那样。

- MPEG-21

MPEG 在 1999 年 10 月的 MPEG 会议上提出了“多媒体框架”的概念，同年 12 月的 MPEG 会议确定了 MPEG-21 的正式名称是“多媒体框架”或“数字视听框架”，它以将标准集成起来支持协调的技术以管理多媒体商务为目标，目的就是理解如何将不同的技术和标准结合在一起需要什么新的标准以及完成不同标准的结合工作。

2. AVI 格式

AVI 英文全称为 Audio Video Interleaved，即音频视频交错格式，是将语音和影像同步组合在一起的文件格式。它对视频文件采用了一种有损压缩方式，但压缩比较高，因此尽管画面质量不是太好，但其应用范围仍然非常广泛。AVI 支持 256 色和 RLE 压缩。AVI 信息主要应用在多媒体光盘上，用来保存电视、电影等各种影像信息。它的好处是兼容性好，图像质量好，调用方便，但尺寸有点偏大。

3. QuickTime 格式

QuickTime 是苹果公司提供的系统及代码的压缩包，它拥有 C 和 Pascal 的编程界面，更高级的软件可以用它来控制时基信号。应用程序可以用 QuickTime 来生成、显示、编辑、拷贝、压缩影片和影片数据。除了处理视频数据以外，QuickTime 还能处理静止图像、动画图像、矢量图、多音轨以及 MIDI 音乐等对象。

4. WMV 格式

WMV（Widows Media Video）是微软推出的一种流媒体格式，它是在“同门”的 ASF（Advanced Stream Format）格式升级延伸来得。在同等视频质量下，WMV 格式的文件可以边下载边播放，因此很适合在网上播放和传输。WMV 的主要优点在于：可扩充的媒体类型、本地或网络回放、可伸缩的媒体类型、多语言支持以及扩展性等。

5. WMV 格式

ASF（Advanced Streaming Format）是 Microsoft 为了和现在的 Real Player 竞争而发展起来的一种可以直接在网上观看视频节目的文件压缩格式。由于它使用了 MPEG-4 的压缩算法，所以压缩率和图像的质量都很不错。因为 ASF 是以一个可以在网上即时观赏的视频流格式存在的，它的图像质量比 VCD 差一些，但比同是视频流格式的 RMA 格式要好。

1.1.3 了解支持的图像格式

在 EDIUS 软件中，也支持多种类型的图像格式，包括 JPEG 格式、PNG 格式、BMP 格式、GIF 格式以及 TIF 格式等，下面向读者进行简单介绍，希望读者熟练掌握这些格式。

1. JPEG 格式

JPEG 格式是一种有损压缩格式，能够将图像压缩在很小的储存空间，图像中重复或不重要的资料会被丢失，因此容易造成图像数据的损伤。尤其是使用过高的压缩比例，将使最终解压缩后恢复的图像质量明显降低，如果追求高品质图像，不宜采用过高压缩比例。但是 JPEG 压缩技术十分先进，它用有损压缩方式去除冗余的图像数据，在获得极高的压缩率的同时能展现十分丰富生动的图像。

也就是说，可以用最少的磁盘空间得到较好的图像品质，而且 JPEG 是一种很灵活的格式，具有调节图像质量的功能，允许用不同的压缩比例对文件进行压缩，支持多种压缩级别，压缩比率通常在 10∶1 到 40∶1 之间，压缩比越大，品质就越低；相反地，品质就越高。

JPEG 格式的应用非常广泛，特别是在网络和光盘读物上，都能找到它的身影。各类浏览器均支持 JPEG 这种图像格式，因为 JPEG 格式的文件尺寸较小，下载速度快。

2. PNG 格式

PNG 图像文件存储格式的目的是试图替代 GIF 和 TIFF 文件格式，同时增加一些 GIF 文件格式所不具备的特性。可移植网络图形格式（Portable Network Graphic Format，PNG）名称来源于非官方的“PNG’s Not GIF”，是一种位图文件（Bitmap File）存储格式，读成“ping”。

PNG 用来存储灰度图像时，灰度图像的深度可多到 16 位，存储彩色图像时，彩色图像的深度可多到 48 位，并且还可存储多到 16 位的通道数据。PNG 使用从 LZ77 派生的无损数据压缩算法。一般应用于 JAVA 程序中，或网页或 S60 程序中是因为它压缩比高，生成文件容量小。

3. BMP 格式

BMP（全称 Bitmap）是 Windows 操作系统中的标准图像文件格式，可以分成两类：设备相关位图（DDB）和设备无关位图（DIB），使用非常广。它采用位映射存储格式，除了图像深度可选以外，不采用其他任何压缩。因此，BMP 文件所占用的空间很大。BMP 文件的图像深度可选 1bit、4bit、8bit 及 24bit。BMP 文件存储数据时，图像的扫描方式是按从左到右、从下到上的顺序。由于 BMP 文件格式是 Windows 环境中交换与图有关的数据的一种标准，因此在 Windows 环境中运行的图形图像软件都支持 BMP 图像格式。

4. GIF 格式

GIF 文件的数据，是一种基于 LZW 算法的连续色调的无损压缩格式。其压缩率一般在 50%左右，它不属于任何应用程序。目前几乎所有相关软件都支持它，公共领域有大量的软件在使用 GIF 图像文件。GIF 图像文件的数据是经过压缩的，而且是采用了可变长度等压缩算法。GIF 格式的另一个特点是其在一个 GIF 文件中可以存多幅彩色图像，如果把存于一个文件中的多幅图像数据逐幅读出并显示到屏幕上，就可构成一种最简单的动画。

5. TIF 格式

TIF 格式为图像文件格式，此图像格式复杂，存储内容多，占用存储空间大，其大小是 GIF 图像的 3 倍，是相应的 JPEG 图像的 10 倍，最早流行于 Macintosh，现在 Windows 主流的图像应用程序都支持此格式。

1.1.4 了解支持的音频格式

简单地说，数字音频的编码方式就是数字音频格式，不同的数字音频设备对应着不同的音频文件格式。常见的音频格式有 MP3、WAV、MIDI、WMA、MP4 以及 AAC 等，本节主要针对这些音频格式进行简单的介绍。

1. MP3 格式

MP3 是一种音频压缩技术，其全称是动态影像专家压缩标准音频层面 3（Moving Picture Experts Group Audio Layer III），简称为 MP3。它被设计用来大幅度地降低音频数据量。利用 MPEG Audio Layer 3 的技术，将音乐以 1∶10 甚至 1∶12 的压缩率，压缩成容量较小的文件，而对于大多数用户来说重放的音质与最初的不压缩音频相比没有明显的下降。它是在 1991 年由位于德国埃尔朗根的研究组织 Fraunhofer-Gesellschaft 的一组工程师发明和标准化的。用 MP3 形式存储的音乐就叫做 MP3 音乐，能播放 MP3 音乐的机器就叫做 MP3 播放器。

目前，MP3 成为了最为流行的一种音乐文件，原因是 MP3 可以根据不同需要采用不同的采样率进行编码。其中，127kbps 采样率的音质接近于 CD 音质，而其大小仅为 CD 音乐的 10%。

2. WAV 格式

WAV 格式是微软公司开发的一种声音文件格式，又称之为波形声音文件，是最早的数字音频格式，受 Windows 平台及其应用程序广泛支持。WAV 格式支持许多压缩算法，支持多种音频位数、采样频率和声道，采用 44.1 kHz 的采样频率，16 位量化位数，因此 WAV 的音质与 CD 相差无几，但是 WAV 格式对存储空间需求太大，不便于交流和传播。

3. MIDI 格式

MIDI 又称为乐器数字接口，是数字音乐电子合成乐器的统一国际标准。它定义了计算机音乐程序、数字合成器及其他的电子设备交换音乐信号的方式，规定了不同厂家的电子乐器与计算机连接的电缆和硬件以及设备之间数据传输的协议，可以模拟多种乐器的声音。

MIDI 文件就是 MIDI 格式的文件，在 MIDI 文件中存储的是一些指令，把这些指令发送给声卡，声卡就可以按照指令将声音合成出来。

4. WMA 格式

WMA 是微软公司在因特网音频、视频领域的力作。WMA 格式可以通过减少数据流量但保持音质的方法来达到更高的压缩率目的。其压缩率一般可以达到 1∶18。另外，WMA 格式还可以通过 DRM（Digital Rights Management）方案防止拷贝，或者限制播放时间和播放次数，以及限制播放机器，从而有力地防止盗版。

5. MP4 格式

MP4 采用的是美国电话电报公司（AT&T）研发的以“知觉编码”为关键技术的 A2B 音乐压缩技术，由美国网络技术公司（GMO）及 RIAA 联合公布的一种新型音乐格式。MP4 在文件中采用了保护版权的编码技术，只有特定的用户才可以播放，有效地保护了音频版权的合法性。

6. AAC 格式

AAC（Advanced Audio Coding），中文称为“高级音频编码”，出现于 1997 年，基于 MPEG-2 的音频编码技术。由诺基亚和苹果等公司共同开发，目的是取代 MP3 格式。AAC 是一种专为声音数据设计的文件压缩格式，与 MP3 不同，它采用了全新的算法进行编码，更加高效，具有更高的“性价比”。利用 AAC 格式，可使人感觉声音质量没有明显降低的前提下，更加小巧。

AAC 格式可以用苹果 iTunes 转换或千千静听，苹果 ipod 和诺基亚手机也支持 AAC 格式的音频文件。

1.1.5　了解线性与非线性编辑

线性编辑是利用电子手段，按照播出节目的需求对原始素材进行顺序剪接处理，最终形成新的连续画面。线性编辑的优点是技术比较成熟，操作相对比较简单。线性编辑可以直接、直观地对素材录像带进行操作，因此操作起来较为简单。

线性编辑所需的设备也为编辑过程带来了众多不便，全套的设备不仅需要投放较高的资金、而且设备的连线多，故障发生也频繁，维修起来更是比较复杂。这种线性编辑技术的编辑过程只能按时间顺序进行编辑，无法删除、缩短以及加长中间某一段的视频。

随着计算机软硬件的发展，非线性编辑借助计算机软件数字化的编辑，几乎将所有的工作都在计算机中完成。这不仅节省了众多外部设备和故障的发生频率，更是突破了单一事件顺序编辑的限制。

非线性编辑是指应用计算机图形、图像技术等，在计算机中对各种原始素材进行编辑操作，并将最终结果输出到电脑硬盘、光盘以及磁带等记录设备上的这一系列完整工艺过程。

非线性编辑的实现主要靠软硬件的支持，两者的组合便称之为非线性编辑系统。一个完整的非线性编辑系统主要由计算机、视频卡（或 IEEE1394 卡）、声卡、高速硬盘、专用特效卡以及外围设备构成。

相比线性编辑，非线性编辑的优点与特点主要集中在素材的预览、编辑点定位、素材调整的优化、素材组接、素材复制、特效功能、声音的编辑以及视频的合成等。

1.2 掌握 EDIUS 工作界面

EDIUS 工作界面提供了完善的编辑功能，用户利用它可以全面控制视频的制作过程，还可以为采集的视频添加各种素材、转场、特效以及滤镜效果等。使用 EDIUS 9.0 图形化界面，可以清晰而快速地完成视频的编辑工作。EDIUS 工作界面主要包括菜单栏、播放窗口、录制窗口、素材库面板、特效面板、素材标记面板、信息面板以及轨道面板等，如图 1-1 所示。

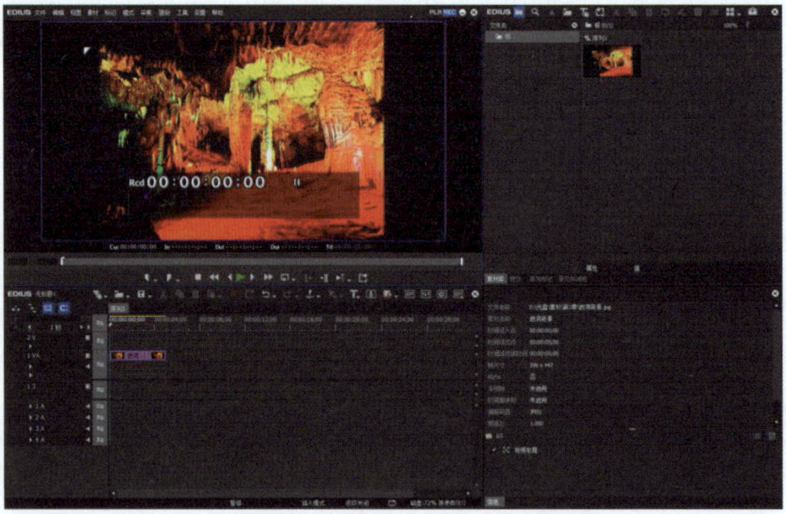

图 1-1 EDIUS 9.0 工作界面

1.2.1 认识菜单栏

菜单栏位于整个窗口的顶端，由“文件”“编辑”“视图”“素材”“标记”“模式”“采集”“渲染”“工具”“设置”和“帮助”11 个菜单命令组成，如图 1-2 所示。单击任意一个菜单项，都会弹出其包含的命令，Photoshop 中的绝大部分功能都可以利用菜单栏中的命令来实现。菜单栏的右侧还显示了控制文件窗口显示大小的“最小化”按钮和“关闭”按钮。

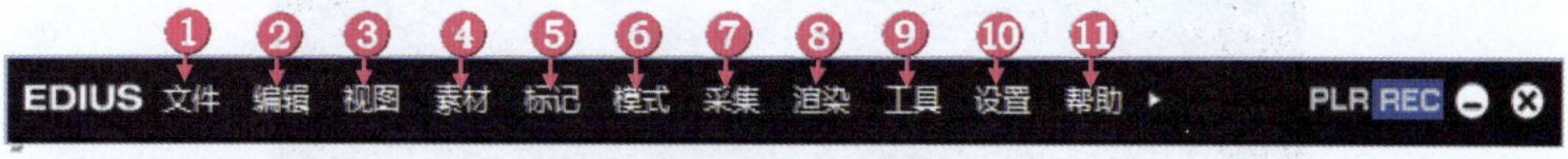

图 1-2　菜单栏

在菜单栏中，各主要选项含义如下。

❶ **“文件”菜单：**执行“文件”菜单命令，在弹出的下级菜单中可以执行新建、打开、存储、关闭、导入、导出以及添加素材等一系列针对文件的命令。

❷ **“编辑”菜单：**该菜单中包含对图像或视频文件进行编辑的命令，包括撤销、恢复、剪切、复制、粘贴、替换、删除以及移动等命令。

❸ **“视图”菜单：**该菜单中的命令可对整个界面的视图进行调整及设置，包括单窗口模式、双窗口模式、窗口布局以及全屏预览等。

❹ **“素材”菜单：**该菜单中的命令主要针对图像、视频或音频素材进行一系列的编辑操作，包括创建静帧、添加转场、持续时间以及视频布局等。

❺ **“标记”菜单：**该菜单主要用来标记素材位置的，包括设置入点、设置出点、设置音频入点、设置音频出点、清除入点以及添加标记等。

❻ **“模式”菜单：**该菜单主要用来切换窗口编辑模式的，包括常规模式、剪辑模式、多机位模式、机位数量、同步点以及覆盖切点等。

❼ **“采集”菜单：**该菜单中的命令主要用来采集素材的，包括视频采集、音频采集、批量采集以及同步录音等。

❽ **“渲染”菜单：**该菜单主要用来渲染工程文件的，包括渲染整个工程、渲染序列、渲染入/出点间范围以及渲染指针区域等。

❾ **“工具”菜单：**该菜单中主要包含 Disc Burner、EDIUS Watch、MPEG TS Writer 等 3 个命令，是 EDIUS 软件中自带的 3 个工具。

❿ **“设置”菜单：**该菜单主要针对软件进行设置的，可以进行系统设置、用户设置、工程设置以及序列设置等。

⓫ **“帮助”菜单：**该菜单中可以获取 EDIUS 软件的注册帮助。

1.2.2　认识播放窗口

在 EDIUS 9.0 中，菜单栏的右侧有两个按钮，分别为 PLR 按钮和 REC 按钮，单击 PLR 按钮，即可切换至播放窗口，播放窗口主要用来采集素材或单独显示选定的素材，如图 1-3 所示。在播放窗口中，各主要按钮含义如下。

❶ **“设置入点”按钮：**单击该按钮，可以设置视频中的入点位置。

❷ **“设置出点”按钮：**单击该按钮，可以设置视频中的出点位置。

❸ **“停止”按钮：**单击该按钮，停止视频的播放操作。

❹ **“快退”按钮：**单击该按钮，对视频进行快退操作。

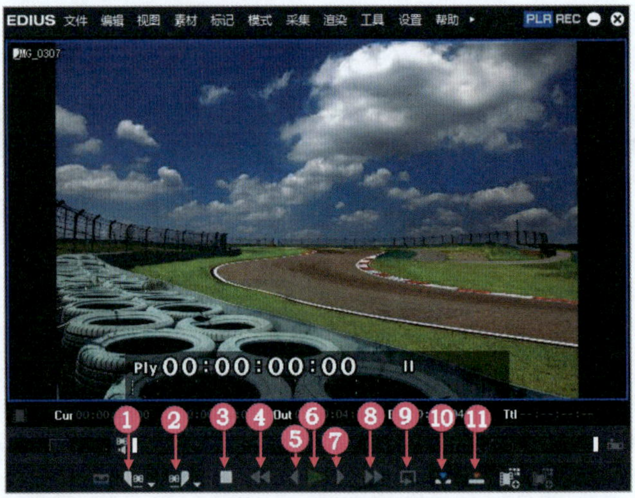

图 1-3 播放窗口

❺ “上一帧”按钮：单击该按钮，跳转到视频的上一帧位置处。

❻ “播放”按钮：单击该按钮，开始播放视频文件。

❼ “下一帧”按钮：单击该按钮，跳转到视频的下一帧位置处。

❽ “快进”按钮：单击该按钮，对视频进行快进操作。

❾ “循环”按钮：单击该按钮，对轨道中的视频进行循环播放。

❿ “覆盖到时间线”按钮：单击该按钮，覆盖到时间线位置。

⓫ “插入到时间线”按钮：单击该按钮，插入到时间线位置。

1.2.3 认识录制窗口

在 EDIUS 9.0 中，单击 REC 按钮，即可切换至录制窗口，如图 1-4 所示，录制窗口主要负责播放时间线中的素材文件，所有的编辑工作都是在时间线上进行的，而时间线上的内容正是最终视频输出的内容。

图 1-4 录制窗口

在录制窗口中，各主要按钮含义如下。

❶ **“上一编辑点”按钮：** 单击该按钮，可以跳转至素材的上一编辑点位置。

❷ **“下一编辑点” 按钮：** 单击该按钮，可以跳转至素材的下一编辑点位置。

❸ **“播放指针区域”按钮：** 单击该按钮，可以播放视频在指针区域。

❹ **“输出”按钮：** 单击该按钮，可以输出视频文件。

1.2.4 认识素材库面板

单击“视图”|“素材库”命令，即可打开素材库面板，素材库面板位于窗口的右上方，主要用来放置工程文件中的素材文件，面板上方的一排按钮主要用来对素材文件进行简单编辑，如图 1-5 所示。

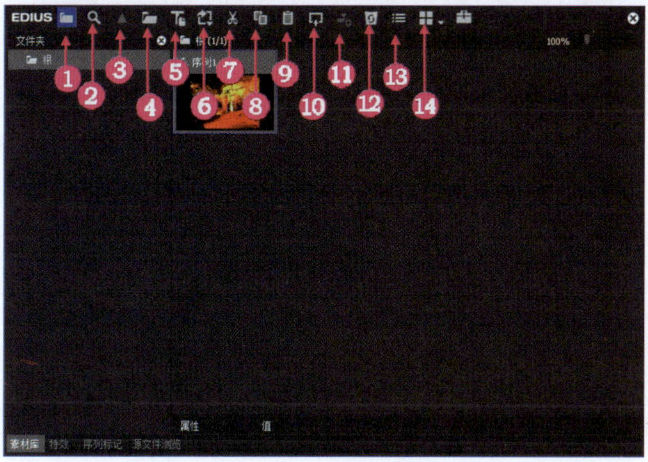

图 1-5　素材库面板

在素材库面板中，各主要按钮含义如下。

❶ **“文件夹”按钮：** 单击该按钮，可以显示或隐藏文件夹列表。

❷ **“搜索”按钮：** 单击该按钮，可以搜索素材库中的素材文件。

❸ **“上一级文件夹”按钮：** 单击该按钮，可以返回上一级文件夹中。

❹ **“添加素材”按钮：** 单击该按钮，可以添加硬盘中的素材文件。

❺ **“添加字幕”按钮：** 单击该按钮，可以创建标题字幕效果。

❻ **“新建素材”按钮：** 单击该按钮，可以新建彩条或色块素材。

❼ **“剪切”按钮：** 单击该按钮，可以对素材进行剪切操作。

❽ **“复制”按钮：** 单击该按钮，可以对素材进行复制操作。

❾ **“粘贴”按钮：** 单击该按钮，可以对素材进行粘贴操作。

❿ **“在播放窗口显示”按钮：** 单击该按钮，可在播放窗口中显示选择的素材。

⓫ **“添加到时间线位置”按钮：** 单击该按钮，可以将选择的素材添加到轨道面板中的时间线位置。

⓬ **“删除”按钮：** 单击该按钮，可以对选择的素材进行删除操作。

⓭ **“属性”按钮：** 单击该按钮，可以查看素材的属性信息。

⓮ **“视图”按钮：** 单击该按钮，可以调整素材库中的视图显示效果。

> ▶ 专家指点
>
> 在素材库面板中的相应素材缩略图上，单击鼠标右键，在弹出的快捷菜单中，选择相应的选项，也可以对素材文件进行相应的编辑操作。

1.2.5 认识特效面板

在特效面板中，包含了所有的视频滤镜、音频滤镜、转场特效、音频淡入淡出、字幕混合与键特效，如图 1-6 所示。合理地运用这些特效，它可以使美丽的画面更加生动、绚丽多彩，从而创作出非常神奇的、变幻莫测的媲美好莱坞大片的视觉效果。

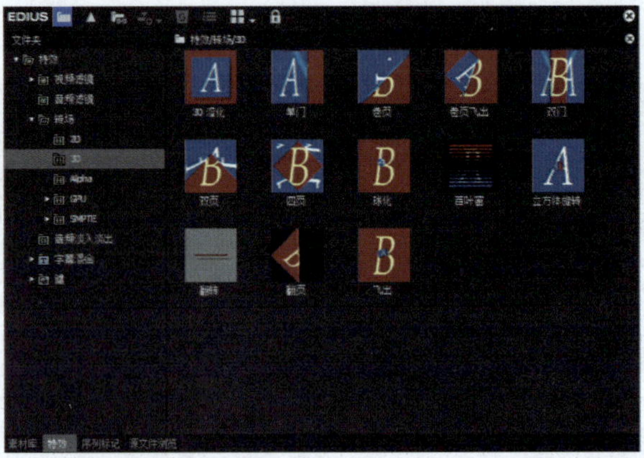

图 1-6 特效面板

> ▶ 专家指点
>
> 特效面板上方的一排按钮与素材库面板上方的一排按钮操作上类似，在此不再重复介绍面板按钮。

1.2.6 认识序列标记面板

在 EDIUS 工作界面中，单击“视图”|“面板”|“标记面板”命令，即可打开序列标记面板，如图 1-7 所示。

序列标记面板主要用来显示用户在时间线上创建的标记信息。EDIUS 9.0 中的标记分为两种类型，分别为素材标记和序列标记。素材标记基于素材文件本身，而序列标记则基于时间线。一般情况下，序列标记就是在时间线上做个记号，用于提醒。但在输出 DVD 光盘时，它可以作为特殊的分段点。在序列标记面板中，各主要按钮含义如下。

❶ **“切换序列标记/素材标记”按钮：**单击该按钮，可以在序列标记与素材标记之前进行切换。

❷ **“设置标记”按钮：**单击该按钮，可以标记时间线中的视频素材。

❸ **“标记入点/出点”按钮：**单击该按钮，可以标记视频素材中的入点和出点位置，起到提醒的作用。

❹ **“移到上一标记点”按钮：**单击该按钮，可以移到上一标记点位置。

❺ **“移到下一标记点”按钮：**单击该按钮，可以移到下一标记点位置。

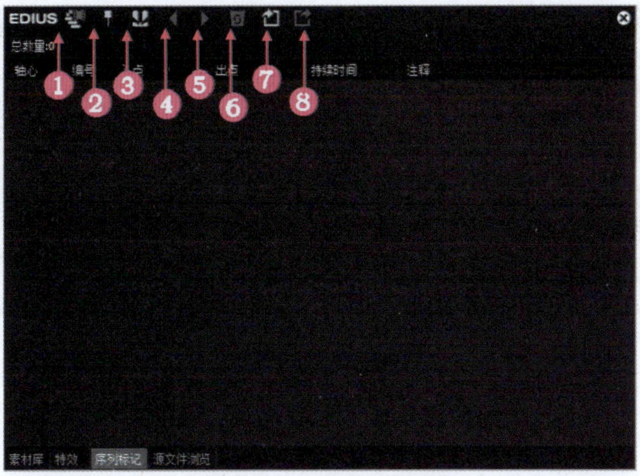

图 1-7 序列标记面板

⑥ **“清除标记”按钮：** 单击该按钮，可以清除视频中的标记。

⑦ **“导入标记列表”按钮：** 单击该按钮，可以导入外部标记文件。

⑧ **“导出标记列表”按钮：** 单击该按钮，可以导出外部标记文件。

1.2.7 认识信息面板

在 EDIUS 9.0 中，信息面板主要用来显示当前选定素材的信息，如文件名、入出点时间码等，还可以显示应用到素材上的滤镜和转场特效，如图 1-8 所示。

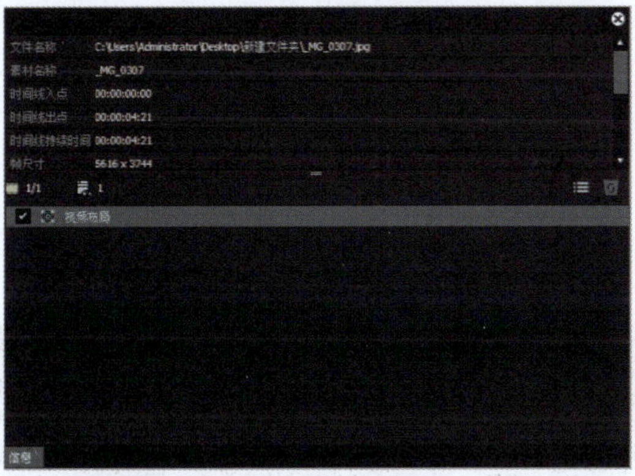

图 1-8 信息面板

> **▶ 专家指点**
>
> 在 EDIUS 9.0 工作界面中，单击“视图”|“面板”|“信息面板”命令，即可打开信息面板，根据用户的需求选择展示信息面板还是关闭信息面板。

1.2.8 认识轨道面板

在 EDIUS 的轨道面板中，可以准确地显示出事件发生的时间和位置，还可以粗略浏览不同媒体素材的内容，如图 1-9 所示。轨道面板中允许用户微调效果，并以精确到帧的精度来修改和编辑视频，还可以根据素材在每条轨道上的位置，准确地显示故事中事件发生的时间和位置。

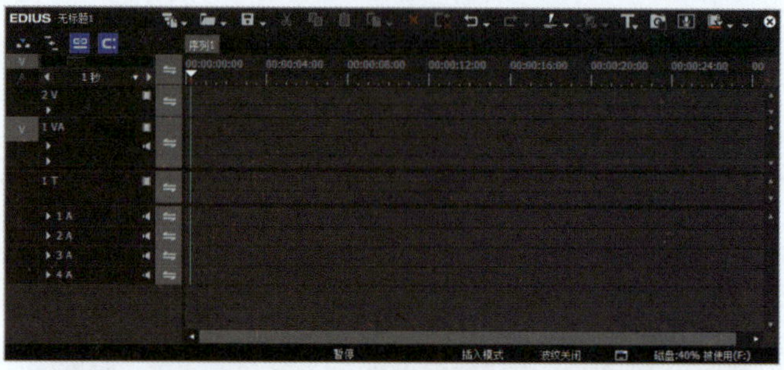

图 1-9　轨道面板

1.3　EDIUS 软件的基本设置

在 EDIUS 9.0 中，可以对软件进行一些基本的设置，使软件的操作更符合用户的习惯和需求。在 EDIUS 中包括 4 种常用设置，如系统设置、用户设置、工程设置以及序列设置，接下来向读者介绍这 4 种软件的设置方法。

1.3.1　设置系统属性

在 EDIUS 9.0 工作界面中，单击“设置”|“系统设置”命令，即可弹出“系统设置”对话框，EDIUS 的系统设置主要包括应用设置、硬件设置、导入器/导出器设置、特效设置以及输入控制设备设置，可用来调整 EDIUS 的回放、采集、工作界面、导入导出以及外挂特效等各个方面。本节主要向读者介绍 EDIUS 系统设置的方法。

1. 应用设置

在“系统设置”对话框中，单击“应用”选项前的下三角按钮，展开“应用”列表框，其中包括 SNFS QOS、“代理”“回放”“工程预设”“文件输出”“检查更新”“渲染”“源文件浏览”“用户配置文件”，以及“采集”等 10 个选项卡，如图 1-10 所示。

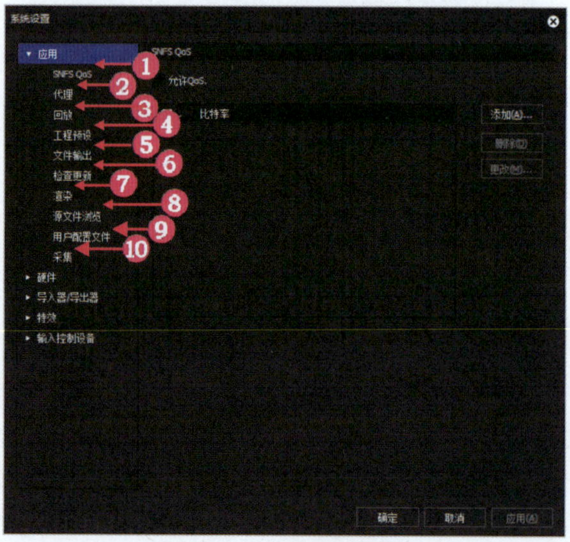

图 1-10　应用设置

在“应用”列表框中，各选项卡的含义如下。

❶ **“SNFS QOS”选项卡：**在该选项卡中可以选中“允许 QOS”复选框，在该选项卡中可设置相应属性。

❷ **“代理”选项卡：**在该选项卡中可以设置代理大小，用户可根据自身实际需求设置相应的选项。

❸ **“回放”选项卡：**在该选项卡中可以设置视频回放时的属性，取消选中“掉帧时停止回放”复选框，EDIUS 将在系统负担过大而无法进行实时播放时，通过掉帧来强行维护视频的播放操作。将“回放缓冲大小”右侧的数值设到最大，播放视频时画面会更加流畅；将“在回放前缓冲”右侧的数值设到最大，EDIUS 会将比用户看到的画面帧数提前 15 帧进行预读处理。

❹ **“工程预设”选项卡：**在该选项卡中可以设置工程预设文件，可以找到高清、标清、PAL、NTSC 或 24 Hz 电影帧频等几乎所有播出级视频的预设，只需要设置一次，系统就会将当前设置保存为一个工程预设，每次新建工程或者调整工程设置时，只要选择需要的工程预设图标即可。

❺ **“文件输出”选项卡：**在该选项卡中可以设置工程文件输出时的属性，选中“输出 60p/50p 时以偶数帧结尾”复选框，则在输出 60 p/50 p 时，以偶数帧作为结尾。

❻ **“检查更新”选项卡：**在该选项卡中可选中“检查 EDIUS 在线更新”复选框。

❼ **“渲染”选项卡：**在该选项卡中可以设置视频渲染时的属性，在“渲染选项”选项区中，可以设置工程项目需要渲染的内容，包括滤镜、转场、键特效、速度改变以及素材格式等内容。在下方还可以设置是否删除无效的、被渲染后的文件。

❽ **“源文件浏览”选项卡：**在该选项卡中可以设置工程文件的保存路径，方便用户日后打开 EDIUS 源文件。

❾ **“用户配置文件”选项卡：**在该选项卡中可以设置用户的配置文件信息，包括对配置文件的新建、复制、删除、更改、预置以及共享等操作。

❿ **“采集”选项卡：**在该选项卡中可以设置视频采集时的属性，包括采集时的视频边缘余量、采集时的文件名、采集自动帧测项目、分割文件以及采集后的录像机控制等，用户可以根据自己的视频采集习惯，进行相应的采集设置。

2. 硬件设置

单击“硬件”选项前的下三角按钮，展开“硬件”列表框，其中包括“设备预设”和“预览设备”两个选项卡，如图 1-11 所示。

在“硬件”列表框中，各选项卡的含义如下。

❶ **“设备预设”选项卡：**在该选项卡中可以预设硬件的设备信息。单击选项卡下方的“新建”按钮，将弹出“预设向导”对话框，在其中可以设置硬件设备的名称和图标等信息，如图 1-12 所示；单击“下一步”按钮，在进入的页面中，可以设置硬件的接口、文件格式以及音频格式等信息，如图 1-13 所示；单击“下一步”按钮，在进入的页面中，可以设置输出硬件格式，如图 1-14 所示；单击“下一步”按钮，进入“检查”页面，核实之前设置的硬件格式，单击“完成”按钮，即可完成设备预设，如图 1-15 所示。如果在核实的过程中发现设置有误可以单击“上一步”按钮进行修改。

❷ **“预览设备”选项卡**：在该选项卡中，可以选择已经预设好的硬件设备信息。

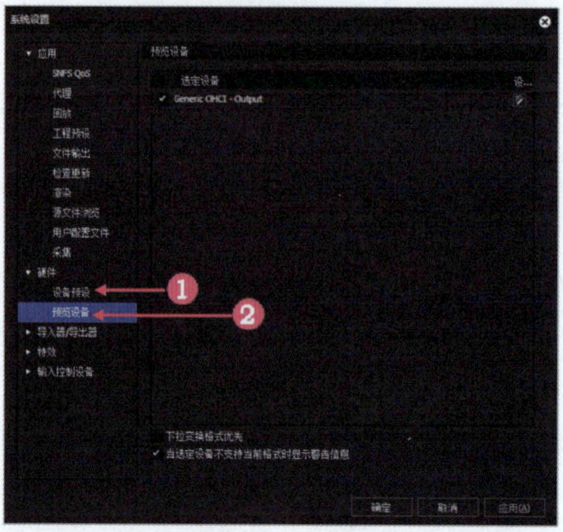

图 1-11　硬件设置

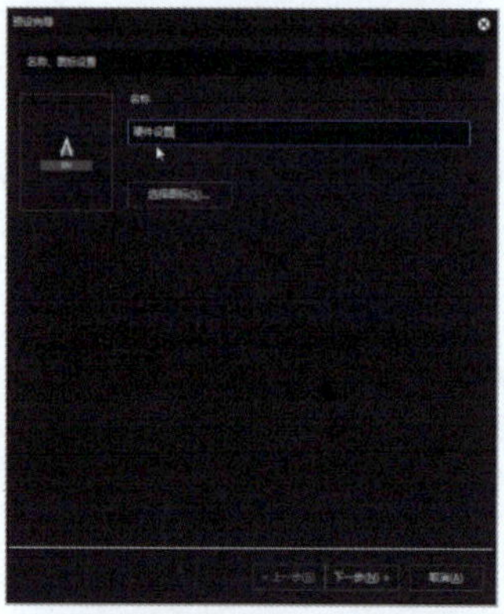

图 1-12　设置硬件设备的名称和图标

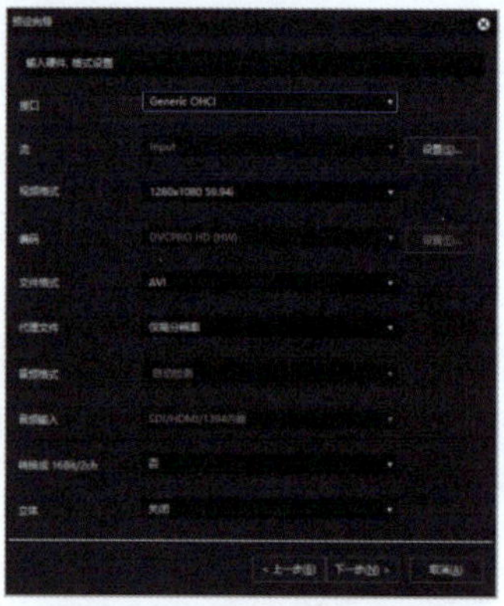

图 1-13　设置硬件的格式

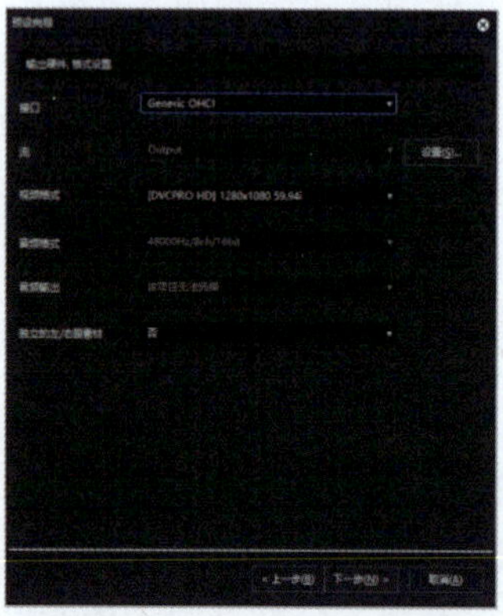

图 1-14　设置输出硬件格式

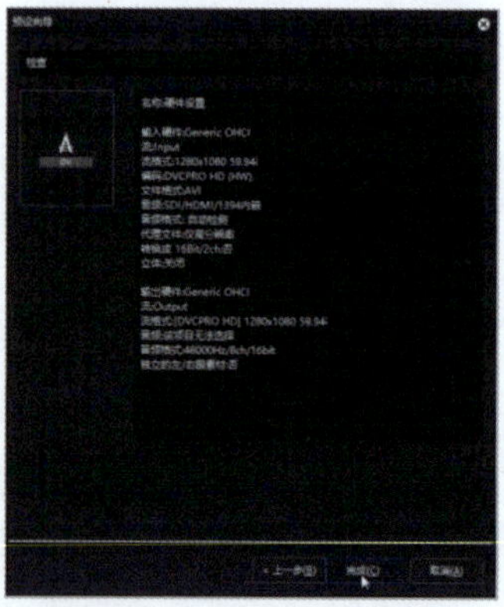

图 1-15　完成设备预设

3. 导入器/导出器设置

在 EDIUS 系统设置的“导入器/导出器”列表框中，主要可以设置图像、视频或音频文件的导入与导出设置，如图 1-16 所示。

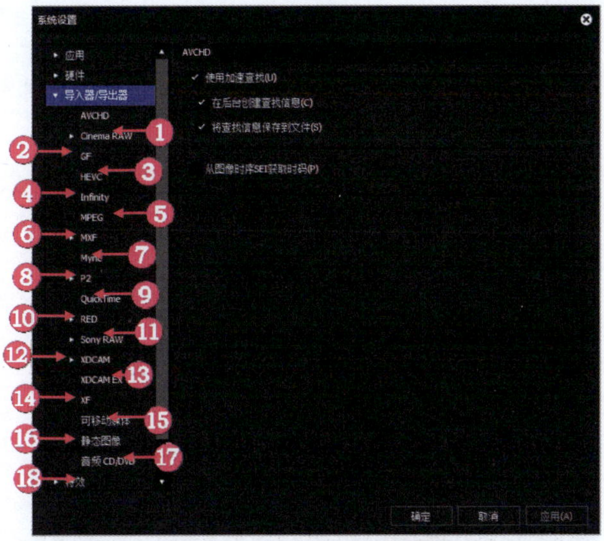

图 1-16　导入器/导出器设置

在“导入器/导出器”列表框中，各选项卡的含义如下。

❶ **AVCHD 选项卡：**在该选项卡中可以设置 AVCHD 的属性。AVCHD 标准基于 MPEG-4 AVC/H.264 视频编码，支持 480i、720p、1080i、1080p 等格式，同时支持杜比数位 5.1 声道 AC-3 或线性 PCM 7.1 声道音频压缩。

❷ **Cinema RAW 选项卡：**在该选项卡中可以设置 Cinema RAW 的属性。

❸ **GF 选项卡：**在该选项卡中可以设置 GF 的相关属性，包括添加与删除设置。

❹ **HEVC 选项卡：**在该选项卡中可以设置 HEVC 的相关属性。

❺ **Infinity 选项卡**：在该选项卡中可以设置 Infinity 的相关属性，包括添加与删除设置。

❻ **MPEG 选项卡：**在该选项卡中可以设置 MPEG 视频获取的相关属性。

❼ **MXF 选项卡：**在该选项卡中可以设置 FTP 服务器与解码器的属性，在“解码器”选项区中可以选择质量的高、中、低，以及下采样系数的比例等内容。

❽ **P2 选项卡：**在该选项卡中可以设置浏览器的属性，包括添加与删除设置。

❾ **QuickTime 选项卡：**在该选项卡中可以根据用户需求选择相应复选框。

❿ **RED 选项卡：**在该选项卡中可以设置 RED 的预览质量，在“预览质量”列表框中可以根据实际需要选择相应的选项。

⓫ **Sony RAW：**在该选项卡中可以设置图像的预览质量。

⓬ **XDCAM 选项卡：**在该选项卡中可以设置 FTP 服务器、导入器以及浏览器各种属性。

⓭ **XDCAM EX 选项卡：**在该选项卡中可以设置 XDCAM EX 的属性。

⓮ **XF 选项卡：**在该选项卡中可以设置 XF 的属性。

⓯ **XDCAM EX 选项卡：**在该选项卡中可以设置 XDCAM EX 的属性。

⓰ **“可移动媒体”选项卡：**在该选项卡中可以设置可移动媒体的属性。

⓱ **“静态图像”选项卡：**在该选项卡中，可以设置采集静态图像时的属性，包括偶数场、奇数场、滤镜、宽高比以及采集后保存的文件类型等。

⓲ **音频 CD/DVD 选项卡：**在该选项卡中，可以设置文件、音频 CD、DVD 视频、DVD-VR 等属性。

4. 特效设置

在 EDIUS 系统设置的“特效”列表框中，各选项卡主要用来加载 Affects 插件、设置 GPUfx 以及添加 VST 插件、色彩校正等，如图 1-17 所示。

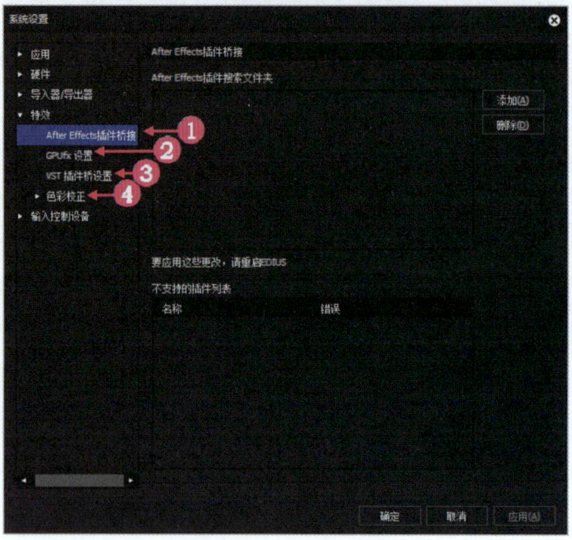

图 1-17　特效设置

在“特效”列表框中，各选项卡的含义如下。

❶　**“After Effects 插件桥接”选项卡：**在该选项卡中，单击“添加”按钮，在弹出的“浏览文件夹”对话框中，选择相应的 After Effects 插件，单击“确定”按钮，即可将 After Effects 插件导入至 EDIUS 软件中，就可以使用 After Effects 插件了。若用户对某些 After Effects 插件不满意，或者不再需要使用某些 After Effects 插件，此时在“After Effects 插件搜索文件夹”列表框中，选择不需要的插件选项，单击右侧的“删除”按钮，即可删除 After Effects 插件。

❷　**“GPUfx 设置”选项卡：**在该选项卡中可以设置 GPUfx 的属性，包括多重采样与渲染质量等内容。

❸　**“VST 插件桥设置”选项卡：**在该选项卡中，可以添加 VST 插件至 EDIUS 9.0 软件中。

❹　**“色彩校正”选项卡：**在该选项卡中，可以设置原色校正等属性。

5. 输入控制设备设置

在“输入控制设备”列表框中，包括“推子”和“旋钮设备”两个选项，如图 1-18 所示，在其中可以设置输入控制设备的各种属性。

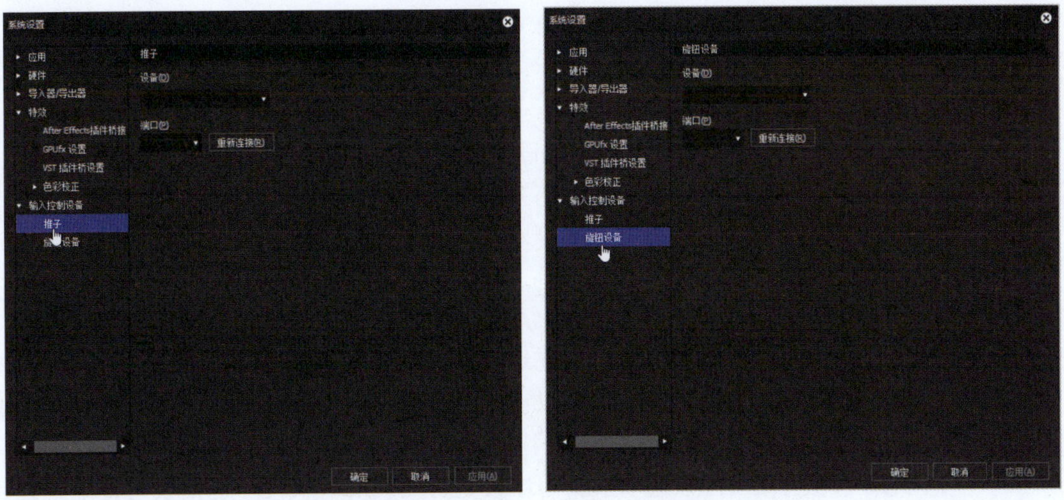

图 1-18　输入控制设备设置

1.3.2　设置用户属性

在 EDIUS 9 工作界面中，单击“设置”|“用户设置”命令，即可弹出“用户设置”对话框，EDIUS 的用户设置主要包括应用设置、预览设置、用户界面设置、源文件设置以及输入控制设备设置，可用来设置 EDIUS 的时间线、帧属性、工程文件、回放、全屏预览以及键盘快捷键等各个方面。本节主要向读者介绍 EDIUS 用户设置的方法。

1. 应用设置

在“用户设置”对话框中，单击“应用”选项前的下三角按钮，展开“应用”列表框，其中包括“时间线”“匹配帧”“后台任务”“代理模式”“工程”以及“其他”等 6 个选项卡，如图 1-19 所示。

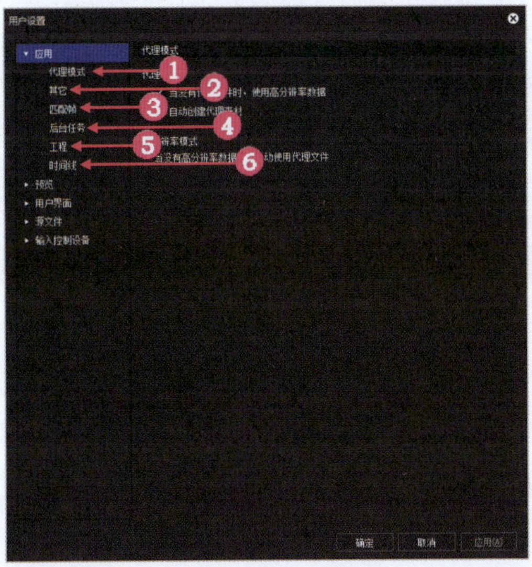

图 1-19　应用设置

在“应用”列表框中，各选项卡的含义如下。

❶ “代理模式”选项卡：在该选项卡中，包括“代理模式”和“高分辨率模式”两个选项的设置，用户可根据实际需要选择。

❷ “其它”选项卡：在该选项卡中可以设置最近使用过的文件，以及文件显示的数量。在下方还可以设置播放窗口的格式，包括源格式和时间线格式。

❸ “匹配帧”选项卡：在该选项卡中可以设置帧的搜索方向、轨道的选择以及转场插入的素材帧位置等属性。

❹ “后台任务”选项卡：在该选项卡中，若选中“在回放时暂停后台任务”复选框，则在回放视频文件时，程序自动暂停后台正在运行的其他任务。

❺ “工程”选项卡：在该选项卡中可以设置工程文件的保存位置、保存文件名、最近显示的工程数以及自动保存等属性。

❻ “时间线”选项卡：在该选项卡中可以设置时间线的各属性，包括素材转场、音频淡入淡出的插入，时间线的吸附选项、同步模式、波纹模式以及素材时间码的设置等内容。

2. 预览设置

在“用户设置”对话框中，单击“预览”选项前的下三角按钮，展开“预览”列表框，其中包括“回放”“全屏预览”“屏幕显示”“叠加”等 4 个选项，如图 1-20 所示。

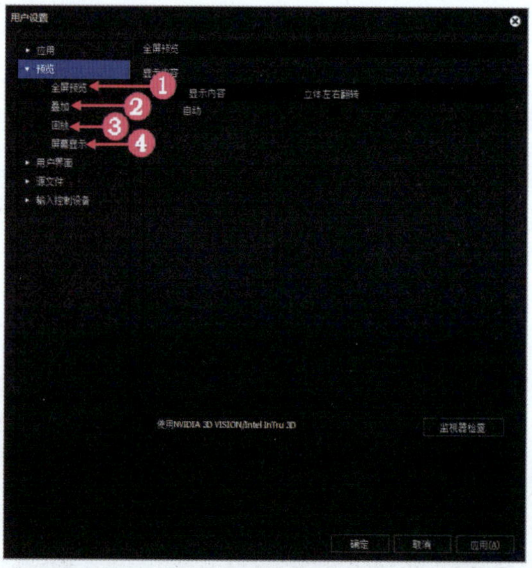

图 1-20　预览设置

在“预览”列表框中，各选项卡的含义如下。

❶ “全屏预览”选项卡：在其中可以设置全屏预览时的属性，包括显示的内容以及监视器的检查等。

❷ “叠加”选项卡：在其中可以设置叠加属性，包括斑马纹预览以及是否显示安全区域等。

❸ “回放”选项卡：在其中可以设置视频回放时的属性，用户可以根据实际需要选中相应的复选框。

❹ **“屏幕显示”选项卡：** 在该选项卡中可以设置屏幕显示的视图位置，包括常规编辑时显示、裁剪时显示以及输出时显示等。

3. 用户界面设置

在“用户设置”对话框中，单击“用户界面”选项前的下三角按钮，展开“用户界面”列表框，其中包括“按钮”“控制”“窗口颜色”“素材库”和“键盘快捷键”等 5 个选项卡，如图 1-21 所示。

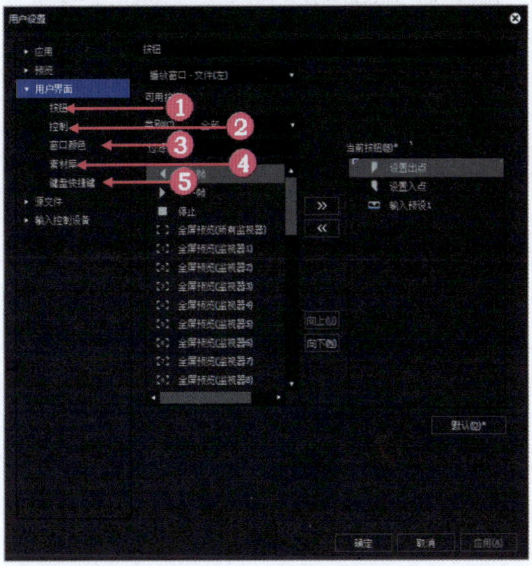

图 1-21　用户界面设置

在“用户界面”列表框中，各选项卡的含义如下。

❶ **“按钮”选项卡：** 在该选项卡中可以设置按钮的显示属性，包括按钮显示的位置、可用的按钮类别以及当前默认显示的按钮数目等。

❷ **“控制”选项卡：** 在该选项卡中可以控制界面显示，包括显示时间码、显示飞梭/滑块以及显示播放窗口和录制窗口中的按钮等。

❸ **“窗口颜色”选项卡：** 在该选项卡中可以设置 EDIUS 工作界面的窗口颜色，用户可以拖动滑块调整界面的颜色，也可以在后面的数值框中，输入相应的数值来调整界面的颜色。

❹ **“素材库”选项卡：** 在该选项卡中可以设置素材库的属性，包括素材库的视图显示、文件夹类型以及素材库的其他属性。

❺ **“键盘快捷键”选项卡：** 在该选项卡中可以导入、导出、指定、复制以及删除 EDIUS 软件中各功能对应的快捷键设置。

4. 源文件设置

在“用户设置”对话框中，单击“源文件”选项前的下三角按钮，展开“源文件”列表框，其中包括“恢复离线素材”“持续时间”“自动校正”和“部分传输”等 4 个选项卡，如图 1-22 所示。

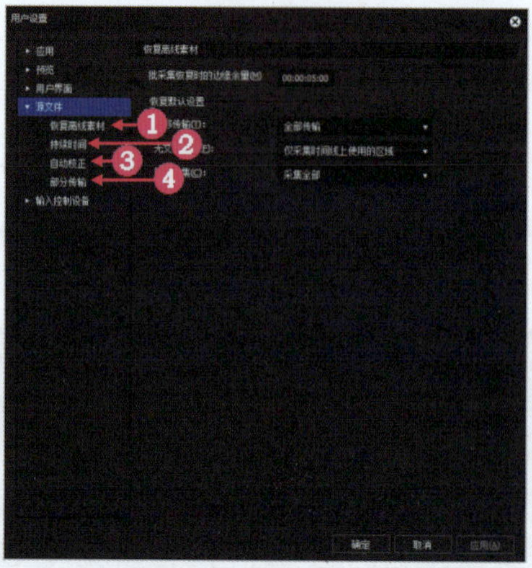

图 1-22　源文件设置

在“源文件”列表框中，各选项卡的含义如下。

❶ “恢复离线素材”选项卡：在该选项卡中可以对恢复离线素材进行设置。

❷ “持续时间”选项卡：在该选项卡中可以设置静帧的持续时间、字幕的持续时间、V-静音的持续时间以及自动添加调节线中的关键帧数目等。

❸ “自动校正”选项卡：在该选项卡中可以设置 RGB 素材色彩范围、YCbCr 素材色彩范围、采样窗口大小以及素材边缘余量等。

❹ “部分传输”选项卡：在该选项卡中可以对移动设备的传输进行设置。

5. 输入控制设备设置

在“用户设置”对话框中，单击“输入控制设备”选项前的下三角按钮，展开“输入控制设备”列表框，其中包括 Behringer BCF2000 和 MKB-88 for EDIUS 两个选项，如图 1-23 所示，在其中可以对 EDIUS 程序中的输入控制设备进行相应的设置，使操作习惯更符合用户的需求。

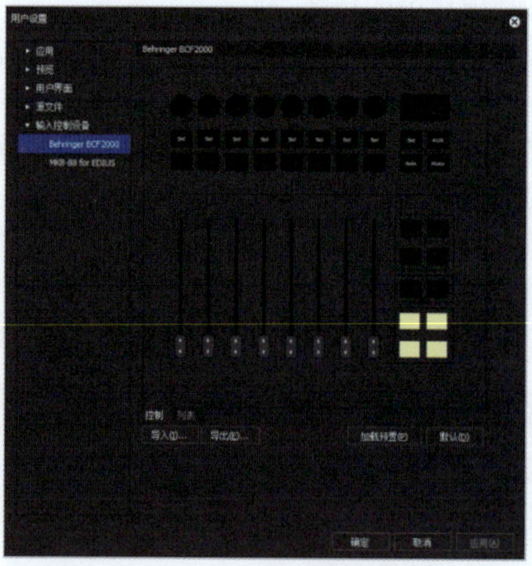

图 1-23　输入控制设备设置

1.3.3　设置工程属性

在 EDIUS 9.0 中，工程设置主要针对工程预设中的视频、音频和设置进行查看和更改操作，使之更符合用户的操作习惯。

单击“设置”|“工程设置”命令，弹出“工程设置”对话框，其中显示了多种预设的工程列表，单击下方的“更改当前设置”按钮，如图 1-24 所示。

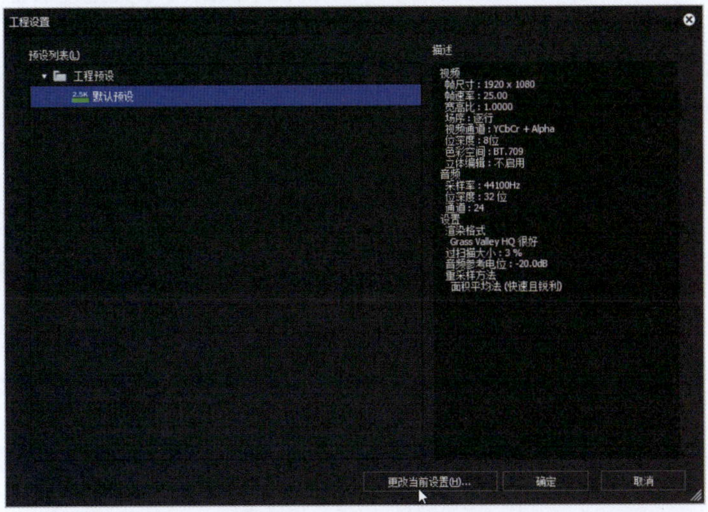

图 1-24　单击相应命令

> **▶ 专家指点**
>
> 在对话框中“时间码模式”列表框中的“丢帧”选项，与画面无法实时播放引起的“丢帧”是不同的概念。

执行操作后，即可弹出“工程设置”对话框，如图 1-25 所示。

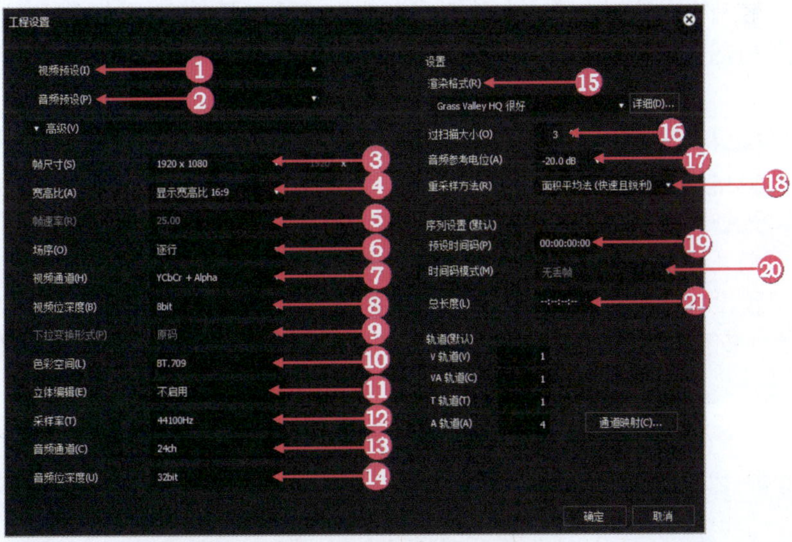

图 1-25　弹出“工程设置”对话框

在“工程设置”对话框中，各主要选项含义如下。

❶ **“视频预设”列表框：**在该列表框中，可以选择视频预设模式，用户可以根据实际需要选择。

❷ **“音频预设”列表框：**在该列表框中，可以选择音频预设的模式，包括 48 kHz/8 ch、48 kHz/4 ch、48 kHz/2 ch、44.1 kHz/2 ch 以及 32 kHz/4 ch 等选项。

❸ **“帧尺寸”列表框：**在该列表框中，可以选择帧的尺寸类型，若选择“自定义”选项，则可以在右侧的数值框中输入帧的尺寸数值。

❹ **“宽高比”列表框：**在该列表框中，可以选择视频画面的宽高比，包括 16：9、4：3、1：1 等比例。

❺ **“帧速率”列表框：**在该列表框中，可以选择不同的视频帧速率，用户可以对帧速率进行修改。

❻ **“场序列表框”列表框：**在该列表框中，可以根据不同的需求设置不同的场序。

❼ **“视频通道”列表框：**在该列表框中，可以设置相应的视频通道选项。

❽ **“视频位深度”：**在该列表框中，可以选择视频量化比特率，包括 10 bit 和 8 bit 两个选项，用户可以根据实际需要选择。

❾ **“下拉变换形式”列表框：**在该列表框中，一般情况下都是原码。

❿ **“色彩空间”列表框：**在该列表框中，可以选择不同的色彩空间属性。

⓫ **“立体编辑”列表框：**在该列表框中，可以选择启用或者是不启用立体编辑设置。

⓬ **“采样率”列表框：**在该列表框中，可以选择不同的视频采样率，包括 48 000 Hz、44 100 Hz、32 000 Hz、24 000 Hz、22 050 Hz 以及 16 000 Hz 等选项。

⓭ **“音频通道”列表框：**在该列表框中，可以选择不同的音频通道，包括 16 ch、8 ch、6 ch、4 ch 和 2 ch 等选项。

⓮ **“音频位深度”列表框：**在该列表框中，可以选择音频量化比特率，包括 16 bit、24 bit 和 32 bit 3 个选项，用户可以根据实际需要选择。

⓯ **“渲染格式”列表框：**在该列表框中，可以选择用于渲染的默认编解码器，EDIUS 可以在软件内部处理和输出，实现完全的原码编辑，不用经过任何转换，也没有质量及时间上的损失。

⓰ **“过扫描大小”数值框：**过扫描的数值可以设置为 0～20%，如果用户不使用扫描，则可以将数值设置为 0。

⓱ **“音频参考电位”列表框：**可以根据实际的需求设置音频电位。

⓲ **“重采样方法”列表框：**在该列表框中，可以选择视频采样的方法。

⓳ **“预设时间码”数值框：**在右侧的数值框中，可以设置时间线的初始时间码。

⓴ **“时间码模式”列表框：**如果在输出设备中选择了 NTSC，就可以在“时间码模式”列表框中选择“无丢帧”或“丢帧”选项。

㉑ **“总长度”数值框：**在该数值框中输入相应的数值，可以设置时间线的总长度。

1.3.4 设置序列属性

在 EDIUS 9.0 中，序列设置主要针对序列名称、时间码预设、时间码模式以及序列

总长度进行设置，单击“设置”|“序列设置”命令，弹出“序列设置”对话框，如图 1-26 所示，各种设置方法在前面的知识点中都有讲解，在此不再介绍。

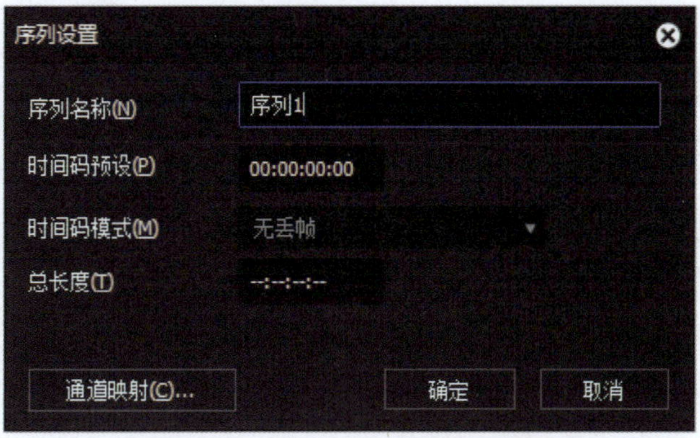

图 1-26　设置 EDIUS 软件序列属性

1.4　启动与退出 EDIUS 9.0

用户在学习 EDIUS 9.0 之前，需要掌握软件的启动与退出方法，这样才有助于更进一步地学习该软件。本节主要介绍如何启动与退出 EDIUS 9.0。

1.4.1　启动 EDIUS 软件

使用 EDIUS 9.0 制作视频之前，首先需要启动 EDIUS 9.0 应用程序。下面介绍启动 EDIUS 软件的操作方法。

步骤 01　在桌面上的 EDIUS 快捷方式图标上，单击鼠标右键，在弹出的快捷菜单中选择“打开”选项，如图 1-27 所示。

步骤 02　执行操作后，即可启动 EDIUS 应用程序，进入 EDIUS 欢迎界面，显示程序启动信息，如图 1-28 所示。

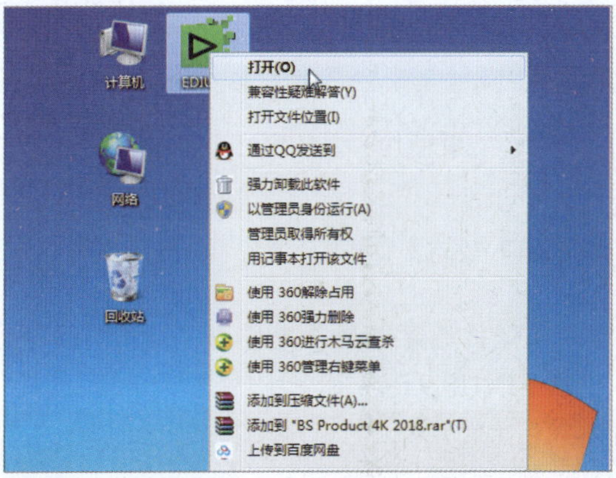

图 1-27　选择“打开”选项

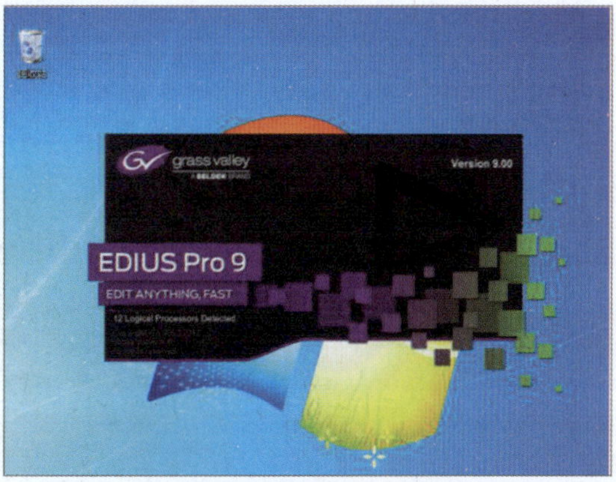

图 1-28　显示程序启动信息

步骤 03　稍等片刻，弹出“初始化工程”对话框，在其中单击“新建工程”按钮，如图 1-29 所示。

步骤 04　弹出“工程设置”对话框，在“工程文件”选项区中设置工程文件的名称和保存的文件位置，取消选中“创建与工程同名的文件夹”复选框，如图 1-30 所示。

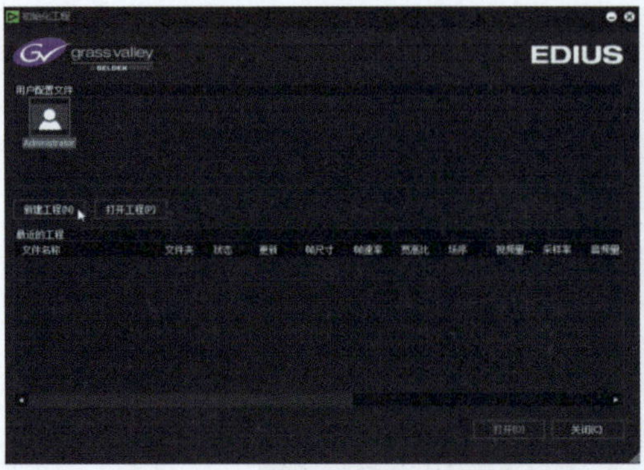

图 1-29　单击“新建工程”按钮

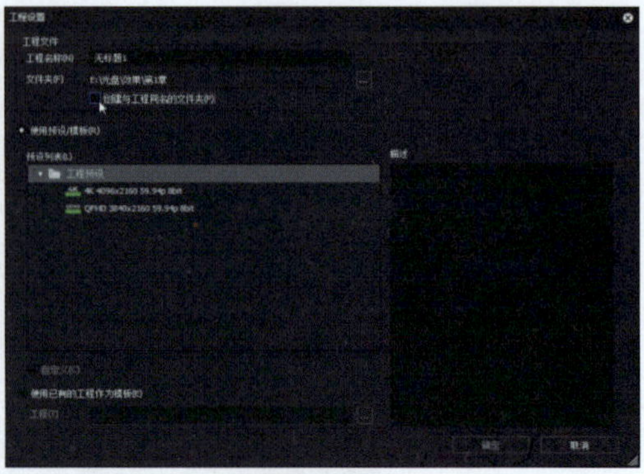

图 1-30　取消选中相应复选框

步骤 05　在对话框的“预设列表”选项区中选择相应的预设模式，单击“确定”按钮，如图 1-31 所示。

步骤 06　即可启动 EDIUS 软件，进入 EDIUS 工作界面，如图 1-32 所示。

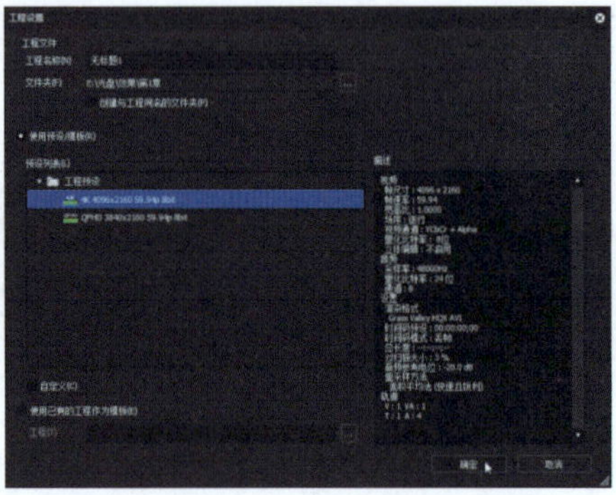

图 1-31　单击“确定”按钮

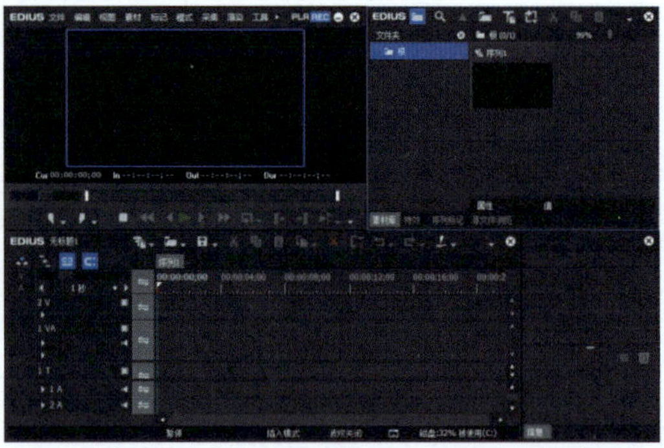

图 1-32　进入 EDIUS 工作界面

1.4.2　退出 EDIUS 软件

当用户运用 EDIUS 9.0 编辑完视频后，为了节约系统内存空间，提高系统运行速度，此时可以退出 EDIUS 9.0 应用程序。下面介绍结束使用：退出 EDIUS 软件的操作方法。

步骤 01　在 EDIUS 9 工作界面中，编辑相应的视频素材（素材\第 1 章\山间美景.ezp），如图 1-33 所示。

步骤 02　视频编辑完成后，单击“文件”菜单，在弹出的菜单列表中单击“退出”命令，如图 1-34 所示，执行操作后，即可退出 EDIUS 9.0 应用程序。

▶ 专家指点

除了以上的方法退出 EDIUS 软件，用户还可以通过以下 2 种方法退出 EDIUS。

- 选中“文件”菜单，在弹出列表后，按【X】键。
- 在菜单栏左侧的程序图标上单击，在弹出的对话框中单击“关闭”按钮。

图 1-33 编辑相应的视频素材

图 1-34 单击“退出”命令

1.5 熟悉 EDIUS 9.0 新增功能

EDIUS 9.0 除了继承其一贯的实时多格式、顺畅混合编辑等优点之外，还增加了色彩空间设置、HDR 原素材剪辑、可混合编辑 SDR 和 HDR 素材还支持色彩空间（HDR）源数据的输出、相机 RAW 格式的图片等。可满足越来越多用户的需求。

1.5.1 增加色彩空间设置

首先打开 EDIUS 9.0 进入初始化工程界面，单击“新建工程”按钮，弹出“工程设置”对话框，选中“自定义复选框”选择一个工程文件双击鼠标左键即可弹出“工程设置”对话框，单击“色彩空间”右侧的按钮即可选择相应的色彩空间，如图 1-35 所示。

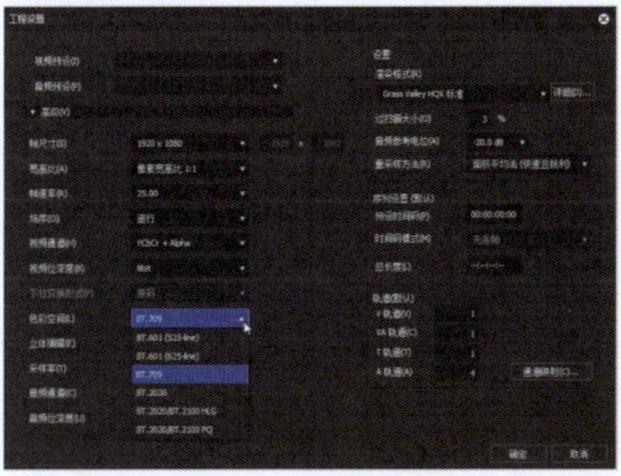

图 1-35 色彩空间设置

1.5.2 增加 HDR 原素材剪辑

EDIUS 9.0 的新功能还增加了 HDR 原素材剪辑，等于说 EDIUS 9.0 在原有的 4K 剪辑流程中还加入了 HDR 模式，为用户降低了后期调色的困扰。用户在后期剪辑中无论是进行高清剪辑还是进行 4 K 剪辑，新增的 HDR 剪辑在某一程度上给了用户提供了很大的惊喜，用户可以运用这一特质可以让后期制作的过程中，色调的处理不会成为降低剪辑效率的绊脚石，这一个新增功能对用户来说无疑是很实用的。

1.5.3 可混合编辑 SDR 和 HDR 素材

大家都知道目前 4K 的发展已经非常成熟，无论在什么方面对 HDR 的应用都特别广泛。这次升级 EDIUS 9.0 中加入的新增功能就是可以将 SDR 与 HDR 的素材进行混合编辑，这对于视频剪辑软件来说是很重要的。现在 EDIUS 9.0 不仅支持 HLG 的 HDR 标准也支持 PQ 的 HDR 标准，这样既可以满足专业及广电用户的需要，也可以满足制作电影级别的需要，更重要的是符合大众的需求，可以很好的制作电影流程以及让剪辑变得更加简单以及和谐。

1.5.4 支持色彩空间（HDR）源数据的输出

EDIUS 让人觉得最大的优点就是特别追赶潮流，只要有一种全新的格式发布出来，EDIUS 都会率先进行运用，敢于大胆的尝试新的东西。所以这次也支持了色彩空间（HDR）源数据的输出，以 HDR 还原色彩真实度的情况，EDIUS 9.0 无疑下了盘好棋，能够让视频剪辑师通过这一个新增功能对源数据更好的输出。

1.5.5 支持相机的图片 RAW

RAW 格式的相机图片在之前的 EDIUS 软件版本中是不支持的一种格式，EDIUS 9.0 不仅对这个格式进行了兼容而且还支持 Canon EOS C200“Cinema RAW Light”格式导入。

本章小结

本章主要向用户介绍了视频编辑术语、EDIUS 支持的格式、线性编辑和非线性编辑、EDIUS 的工作界面、EDIUS 软件的基本设置、启动与退出以及新增功能等内容。通过本章的学习，用户可以对 EDIUS 有一个初步的了解和认识，熟悉了工作界面的各部分组成等，为后面的学习奠定基础。

课后习题

为了帮助用户更好地掌握所学知识，本节将通过思考习题，帮助用户巩固和强化前面所学内容，再次提升用户的应用能力。

1. EDIUS 标题栏由哪几个部分组成？
2. 退出 EDIUS 有哪几种方式？
3. EDIUS 支持的视频格式主要包括哪些？

第 2 章　软件的基础应用

EDIUS 作为一款视频与音频处理软件，视频与音频处理是它的看家本领。在使用 EDIUS 开始编辑文件之前，需要先了解该软件工程文件的基本操作、视频编辑模式、窗口布局应用以及窗口显示操作等内容加深对 EDIUS 的了解。

本章重点

- 工程文件的基本操作
- 掌握视频编辑模式
- 窗口布局与应用
- 窗口的叠加显示

2.1 工程文件的基本操作

使用 EDIUS 9.0 对视频进行编辑时，会涉及一些工程文件的基本操作，如新建工程文件、打开工程文件、保存工程文件、退出工程文件以及导入序列文件等。本节主要介绍在 EDIUS 9.0 中工程文件的基本操作方法。

2.1.1 新建工程文件

EDIUS 9.0 中的工程文件是*.ezp 格式的，它用来存放制作视频所需要的必要信息，包括视频素材、图像素材、背景音乐以及字幕和特效等。下面向读者介绍新建空白工程文件的操作方法。

步骤 01 单击“文件”菜单，在弹出的菜单列表中单击“新建”|“工程”命令，如图 2-1 所示。

步骤 02 执行操作后，弹出“工程设置”对话框，在“预设列表”选项区中选择相应的工程预设模式，然后单击“确定”按钮，如图 2-2 所示，即可新建工程文件。

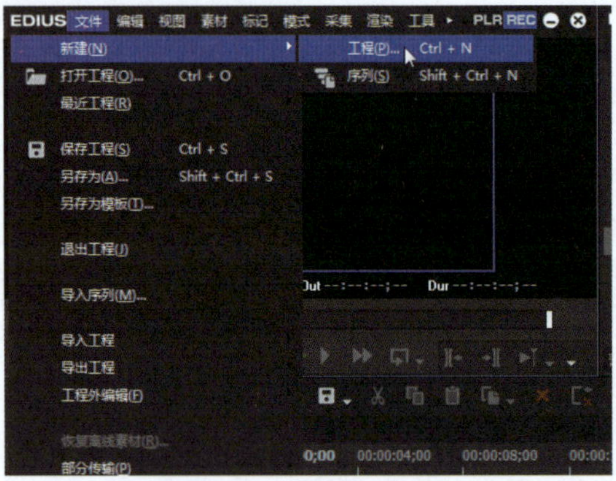

图 2-1 单击相应命令

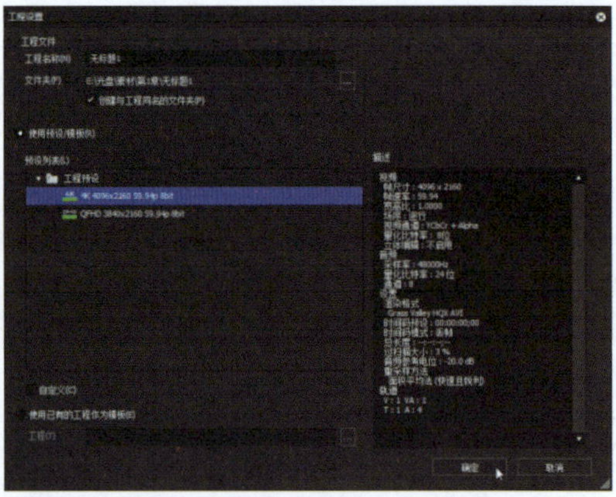

图 2-2 单击“确定”按钮

> **▶ 专家指点**
>
> 除了运用上述方法新建工程文件外，还有以下两种方法：
>
> ➢ 快捷键：按【Ctrl + N】组合键，新建工程文件。
>
> ➢ 选项：在轨道面板上方，单击“新建序列”右侧的下拉按钮，在弹出的列表框中选择“新建工程”选项，即可新建工程文件。

2.1.2 打开工程文件

在 EDIUS 9.0 中打开工程文件后，可以对工程文件进行编辑和修改。下面向读者介绍打开工程文件的操作方法。

步骤 01 单击“文件”菜单，弹出菜单列表，单击“打开工程”命令，如图 2-3 所示。

步骤 02 执行操作后，弹出“打开工程”对话框，在中间的列表框中选择需要打开的工程文件（素材\第 2 章\儿童照片.ezp），如图 2-4 所示。

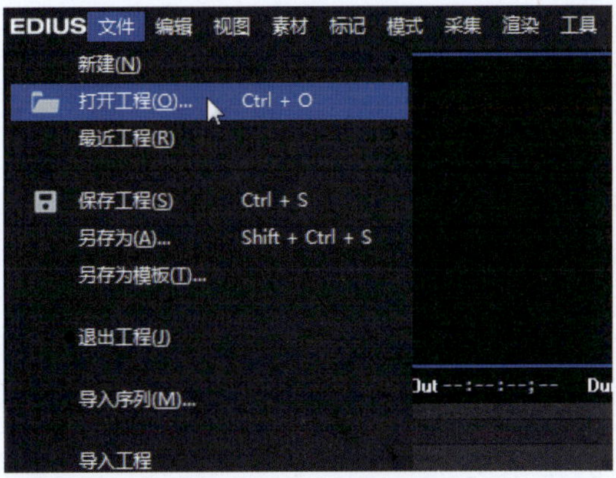

图 2-3　单击“打开工程”命令

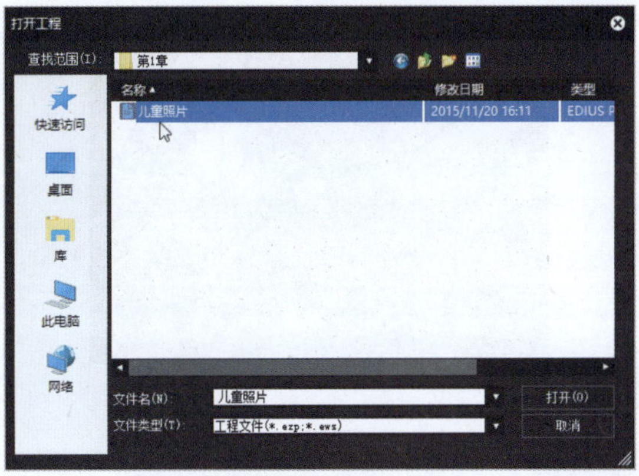

图 2-4　选择相应文件

步骤 03　单击“打开”按钮，即可打开工程文件，如图 2-5 所示。

图 2-5　打开工程文件

> ▶ 专家指点
>
> 除了运用上述方法打开工程文件以外，还有以下两种方法：
>
> ➢ 快捷键：按【Ctrl + O】组合键，可以弹出“打开工程”对话框，在对话框中选择相应的文件，单击“打开”按钮即可。
>
> ➢ 双击：双击.ezp 格式的 EDIUS 源文件，也可以打开工程文件。

2.1.3　保存工程文件

在视频编辑过程中，保存工程文件非常重要。编辑视频后保存工程文件，可保存视频素材、图像素材、声音文件、字幕以及特效等所有信息。如果对保存后的视频有不满意的地方，还可以重新打开工程文件，修改其中的部分属性，然后对修改后的各个元素渲染并生成新的视频。下面向读者介绍保存工程文件的操作方法。

步骤 01　视频文件制作完成后（素材\第 2 章\古居.ezp），单击“文件”|“另存为”命令，如图 2-6 所示。

步骤 02　弹出“另存为”对话框，在中间的列表框中设置工程文件的保存位置与文件名称，如图 2-7 所示。

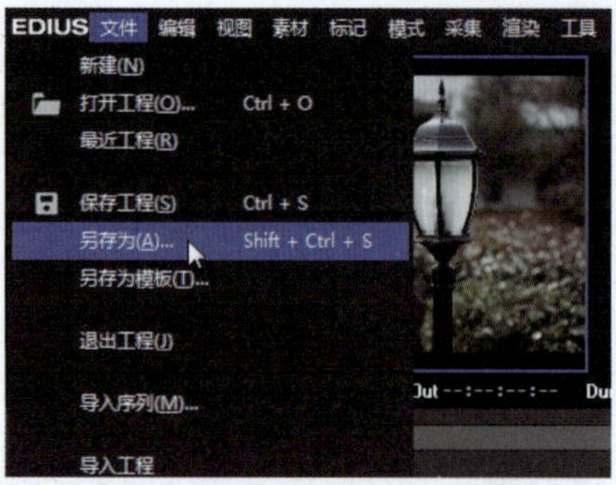

图 2-6　单击相应命令

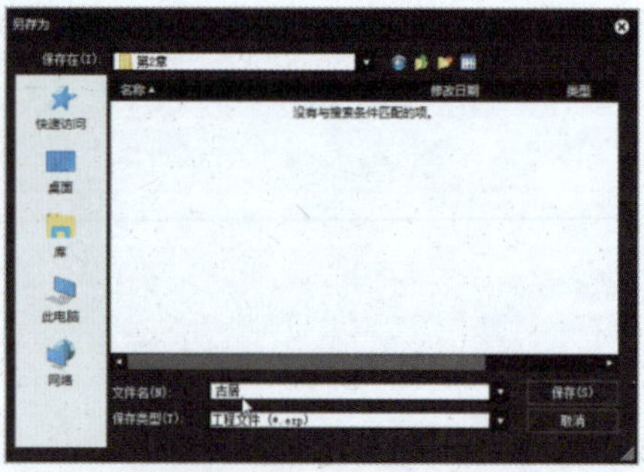

图 2-7　选择相应的保存位置与文件名称

步骤 03　单击“保存”按钮，即可保存工程文件，在录制窗口中即可预览保存的工程文件，如图 2-8 所示。

图 2-8　预览保存的工程文件

▶ 专家指点

除了运用上述方法可以保存工程文件外，用户还可以使用以下两种方法：

- 按【Ctrl + S】组合键，可以快速保存工程文件。
- 按【Shift + Ctrl + S】组合键，可以快速另存为工程文件。

2.1.4　退出工程文件

当用户运用 EDIUS 9.0 编辑完视频后，为了节约系统内存空间，提高系统运行速度，此时可以退出工程文件。单击“文件”|“退出工程”命令，如图 2-9 所示，执行操作后，弹出“EDIUS”对话框，单击“是”按钮，即可退出工程文件。

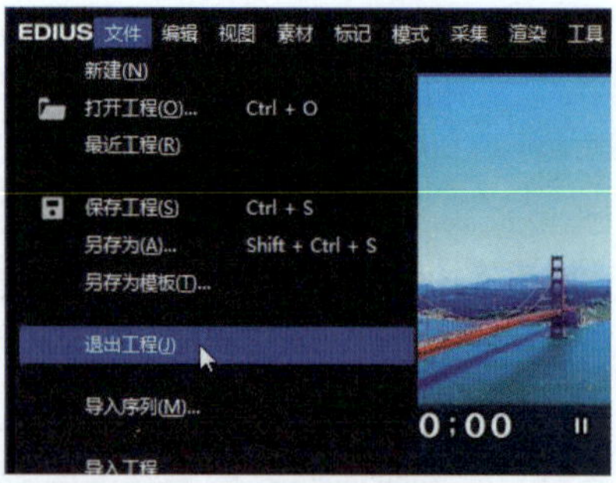

图 2-9　退出工程文件

> ▶ 专家指点
>
> 第一次使用 EDIUS 退出工程文件的时候，单击“文件”|“退出工程”命令后会弹出“EDIUS”对话框，单击“是”按钮，即可退出工程文件，下次退出工程文件则不会弹出对话框。

2.1.5　导入序列文件

在 EDIUS 9.0 工作界面中，不仅可以导入一张图片素材、一段视频素材以及一段音频素材，还可以导入整个序列文件。下面向读者介绍导入序列操作方法。

步骤 01　单击“文件”菜单，在弹出的菜单列表中，单击“导入序列”命令，如图 2-10 所示。

步骤 02　弹出“导入序列”对话框，单击右侧的“浏览”按钮，如图 2-11 所示。

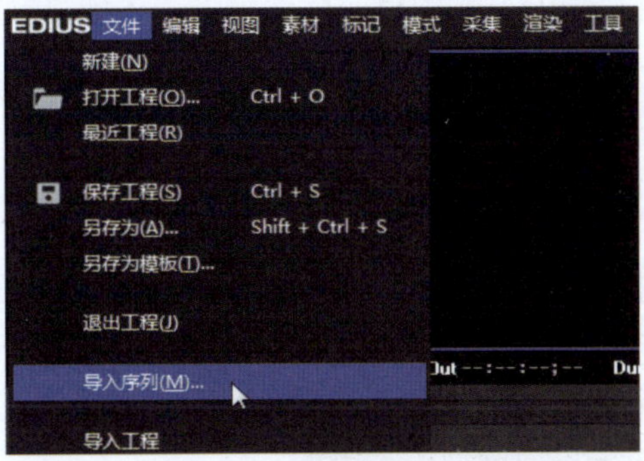

图 2-10　单击“导入序列”命令

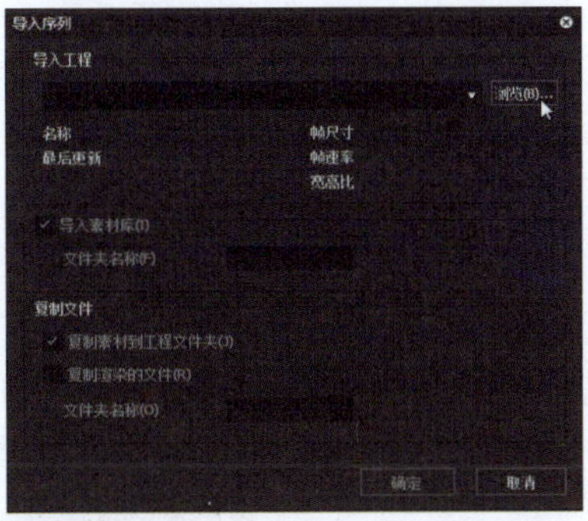

图 2-11　单击右侧的“浏览”按钮

步骤 03　弹出“打开”对话框，在中间的列表框中，选择需要导入的序列文件（素材\第 2 章\观景台.ezp），如图 2-12 所示。

步骤 04　单击“打开”按钮，返回“导入序列”对话框，在“导入工程”选项区中显示了需要导入的序列信息，如图 2-13 所示。

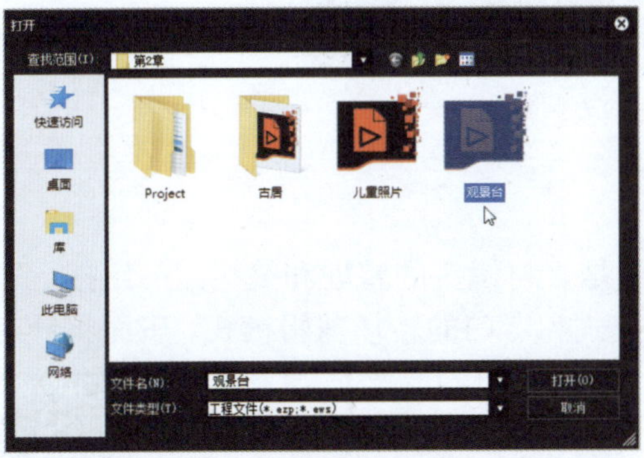

图 2-12　选择需要导入的序列文件

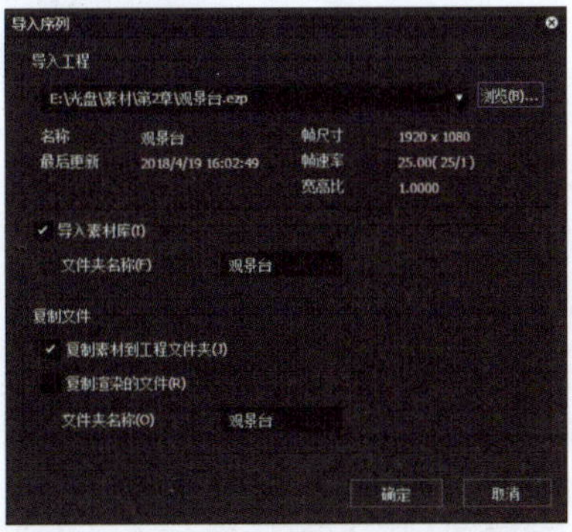

图 2-13　显示了需要导入的序列信息

步骤 05　单击“确定”按钮，即可导入序列文件，在录制窗口中即可预览导入的视频效果，如图 2-14 所示。

图 2-14　预览导入的视频效果

2.2　掌握视频编辑模式

在 EDIUS 9.0 中，视频编辑模式是指编辑视频的方式，目前软件提供了 3 种视频编辑模式，如常规模式、剪辑模式以及多机位模式。本节主要针对这 3 种视频模式进行详细介绍，希望读者可以熟练掌握。

2.2.1　常规模式剪辑视频

在 EDIUS 9.0 工作界面中，常规模式是软件默认的视频编辑模式，在常规模式中用户可以对视频进行一些常用的编辑操作。单击“模式”菜单，在弹出的菜单列表中单击“常规模式”命令或按【F5】键，即可快速切换至常规模式，如图 2-15 所示。

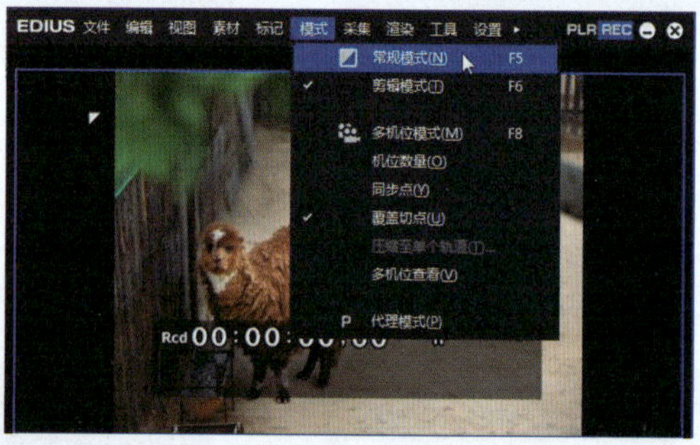

图 2-15　快速切换至常规模式

2.2.2　剪辑模式视频画面

在 EDIUS 9.0 中，用户大多数工作应该是素材镜头的整理和镜头间的组接，即剪辑工作，所以 EDIUS 为用户提供了 5 种裁剪方式和专门的转场剪辑模式。下面将针对这些剪辑模式进行详细介绍。

1. 裁剪（入点）

运用裁剪（入点）剪辑模式，可以裁剪、改变放置在时间线上的素材入点，是最常用的一种裁剪方式。下面向读者介绍运用裁剪（入点）剪辑模式，裁剪素材入点的操作方法。

步骤 01 单击“文件”|“打开工程”命令，打开一个工程文件（素材\第 2 章\山水河畔.ezp），如图 2-16 所示。

步骤 02 单击“模式”|“剪辑模式”命令，如图 2-17 所示。

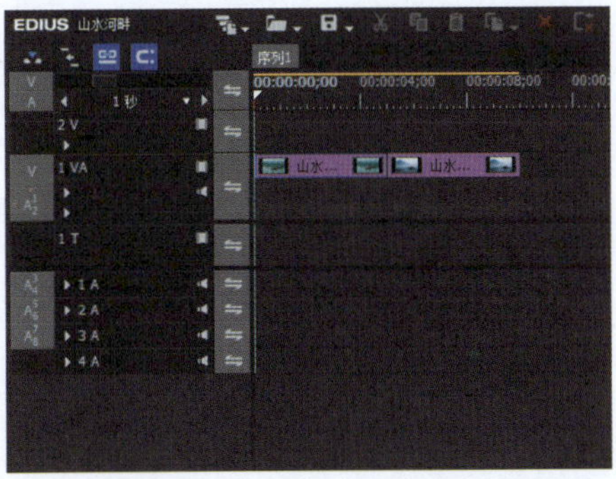

图 2-16 打开一个工程文件

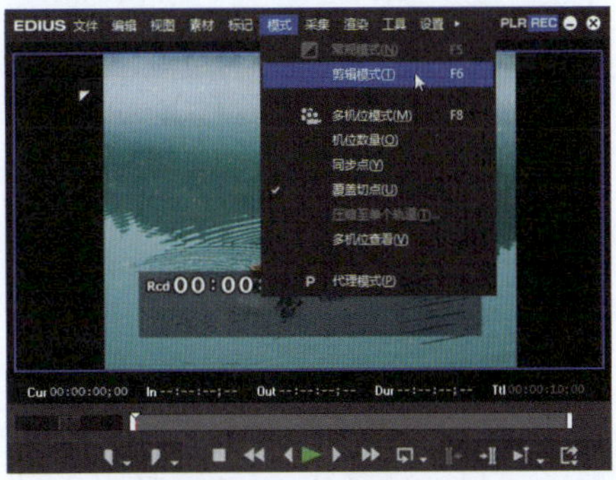

图 2-17 单击相应命令

步骤 03 执行操作后，即可进入剪辑模式，如图 2-18 所示。

步骤 04 在剪辑模式中，单击下方的“裁剪（入点）”按钮，如图 2-19 所示。

图 2-18 进入剪辑模式

图 2-19 单击相应按钮

步骤 05 选择第 2 段素材，将鼠标移至视频的入点位置，如图 2-20 所示。

步骤 06 单击鼠标左键并向左拖曳，即可调整视频的入点，如图 2-21 所示。

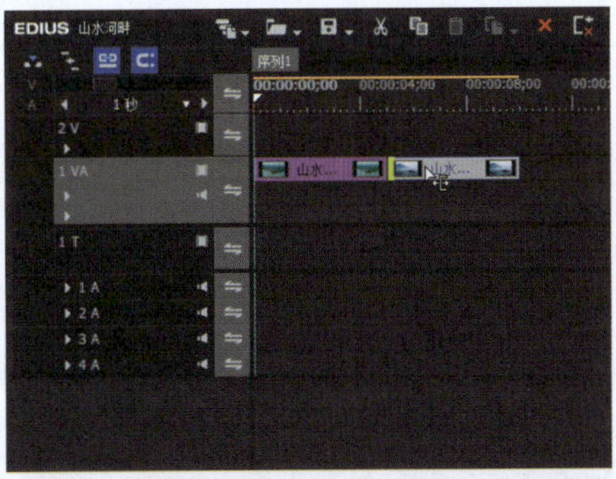

图 2-20 移至视频的入点位置

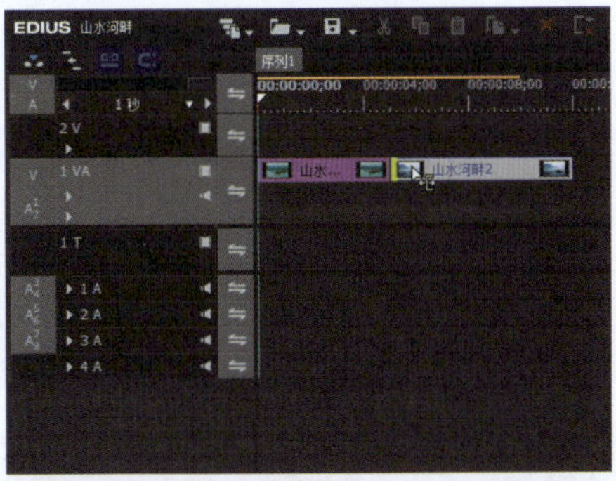

图 2-21 调整视频的入点

步骤 07 将时间线移至素材的开始位置，单击录制窗口中的“播放”按钮，即可预览调整视频入点后的画面效果，如图 2-22 所示。

图 2-22　预览调整视频入点后的画面效果

2. 裁剪（出点）

裁剪（出点）剪辑模式与裁剪（入点）剪辑模式的操作类似，只是裁剪（出点）剪辑模式主要针对视频素材的出点进行调整，也是最常用的一种裁剪方式。用鼠标激活需要裁剪（出点）的素材，将鼠标移至素材的出点位置处，如图 2-23 所示，单击鼠标左键并向左或向右拖曳，即可裁剪视频的出点，如图 2-24 所示。

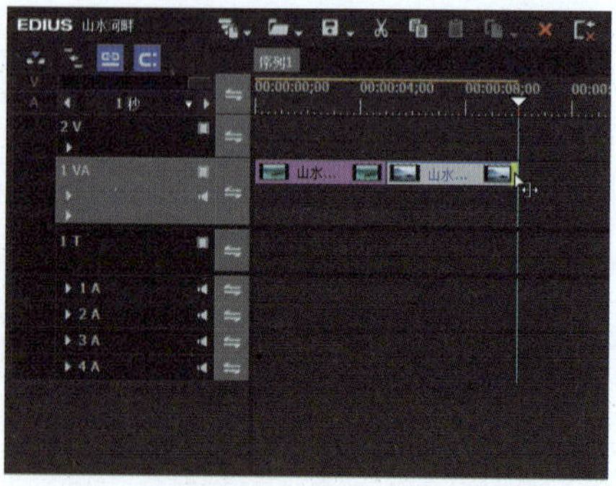

图 2-23　将鼠标移至素材的出点位置处

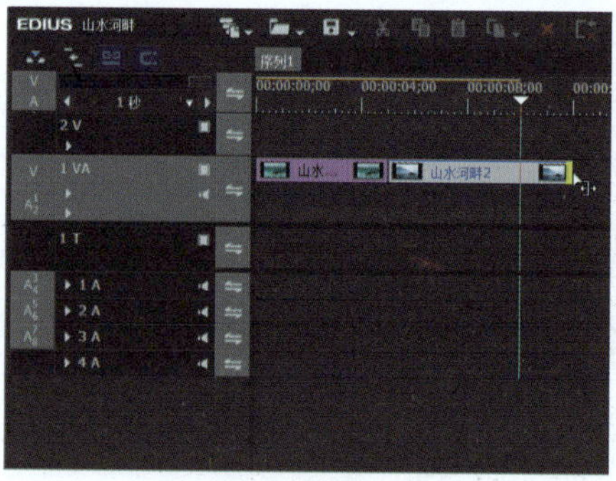

图 2-24　裁剪视频的出点

3. 裁剪—滚动

使用裁剪—滚动剪辑模式，可以改变相邻素材间的边缘，不改变两段素材的总长度。将鼠标移至需要改变素材边缘的位置，如图 2-25 所示，单击鼠标左键并向左或向右拖曳，即可改变相邻素材间的边缘，如图 2-26 所示。

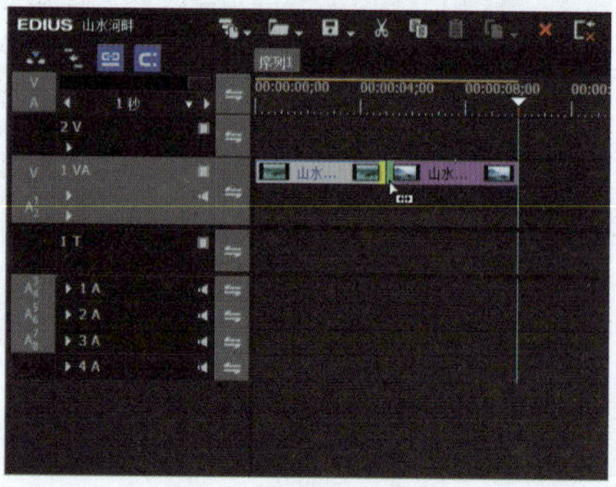

图 2-25　移至需要改变素材边缘的位置

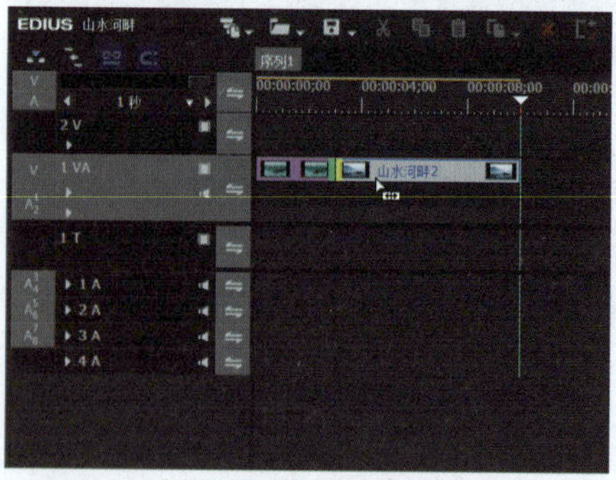

图 2-26　改变相邻素材间的边缘

4. 裁剪—滑动

使用裁剪—滑动剪辑模式，仅改变选中素材中要使用的部分，不影响素材当前的位置和长度。在轨道中选择素材，单击鼠标左键并向左或向右拖曳，即可调整放置在时间线上的素材内容，此时界面中自动切换到 2 个镜头画面，如图 2-27 所示。

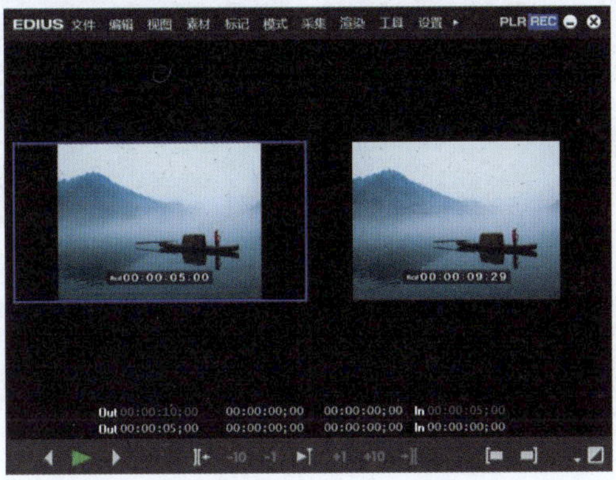

图 2-27 自动切换到 2 个镜头画面

5. 裁剪—滑过

使用裁剪—滑过剪辑模式，仅改变选中素材的位置，而不改变其长度。在轨道中选择素材，如图 2-28 所示，单击鼠标左键并向左或向右拖曳，即可调整素材的位置，如图 2-29 所示。

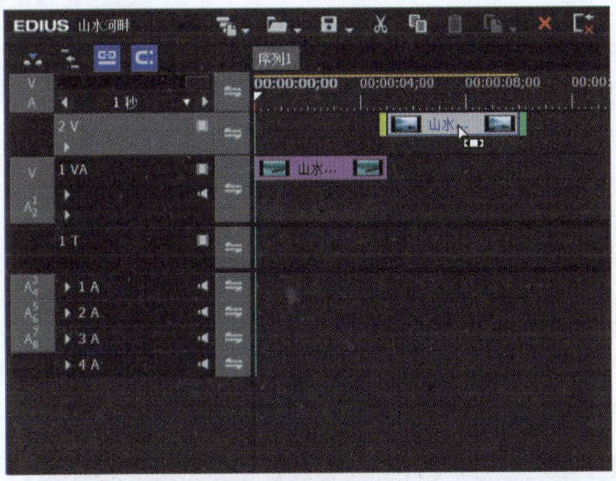

图 2-28 选择素材

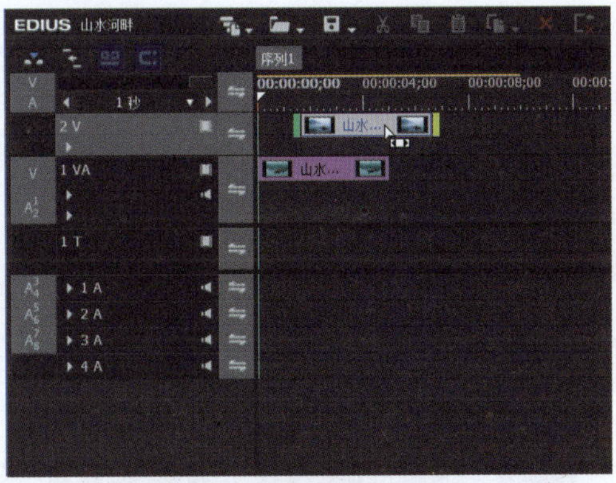

图 2-29 调整素材的位置

2.2.3 多机位模式剪辑视频

某些大型活动的节目剪辑往往需要多角度切换，所以在活动现场一般有数台摄像机同时拍摄，可以为后期编辑人员提供多机位素材来使用。在 EDIUS 中，提供了多机位模式来支持最多达 16 台摄像机素材同时剪辑。

单击“模式”菜单，在弹出的菜单列表中单击“多机位模式”命令，即可进入多机位模式，如图 2-30 所示。

此时，播放窗口划分出多个小窗口，默认状态下支持 3 台摄像机的素材，其中 3 个小窗口即是 3 个机位，大的“主机位”窗口即最后选择的机位。

如果用户需要添加机位，可以单击“模式”|“机位数量”命令，在弹出的子菜单中，选择需要的机位数量选项即可，如图 2-31 所示。

图 2-30　进入多机位模式

图 2-31　选择需要的机位数量选项

2.3　窗口布局与应用

在 EDIUS 工作界面中，用户可以根据自己的操作习惯，随意调整窗口的整体布局，使其更符合用户的需求。本节主要向读者介绍编辑窗口布局的操作方法。

2.3.1　保存当前视频窗口布局

在 EDIUS 工作界面中，常规布局是软件的默认布局方式，在常规布局下，最基本、常用的面板都会显示在界面中。当用户经常使用某一种窗口布局时，可以将该窗口布局保存起来，方便日后直接调用该窗口布局。下面介绍保存当前视频窗口布局的操作方法。

步骤 01　打开一个工程文件（素材\第 2 章\行驶小车.ezp），在 EDIUS 工作界面中，随意拖曳窗口布局，如图 2-32 所示。

步骤 02　单击“视图”菜单，在弹出的菜单列表中单击“窗口布局”|“保存当前布局”|“新建”命令，如图 2-33 所示。

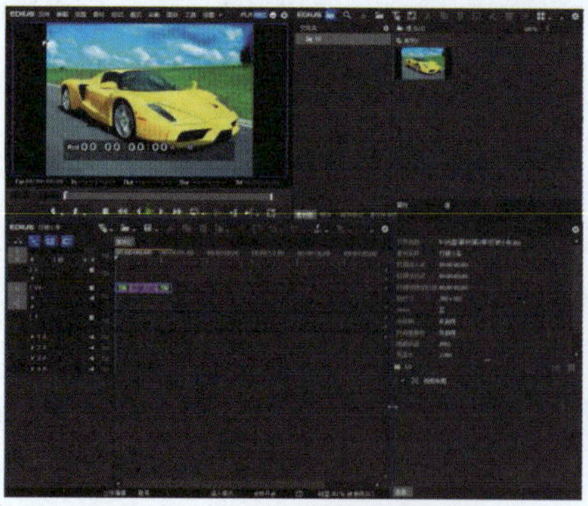

图 2-32　随意拖曳窗口布局

图 2-33　单击“新建”命令

步骤 03　执行操作后，弹出“保存当前布局”对话框，选择一种合适的输入法，在文本框中输入当前界面布局的名称，输入名称后，单击“确定”按钮，如图 2-34 所示，即可保存当前布局。

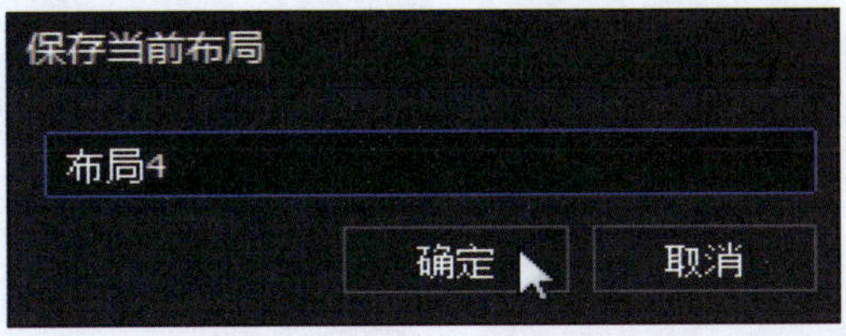

图 2-34　单击“确定”按钮

2.3.2　删除不需要的窗口布局

在 EDIUS 工作界面中，当用户保存的布局过多，对某些窗口布局样式不再需要时，此时可以对窗口布局进行删除操作。下面介绍删除多余窗口布局的操作方法。

步骤 01　单击“视图”|“窗口布局”|“删除布局”命令，在弹出的子菜单中，选择需要删除的布局选项，如图 2-35 所示。

步骤 02　弹出信息提示框，提示用户是否确认删除选择的布局样式，如图 2-36 所示，单击“是”按钮，执行操作后，即可删除选择的布局样式，在“删除布局”子菜单中，已经看不到已删除的布局样式。

图 2-35　选择需要删除的布局选项

图 2-36　弹出信息提示框

2.3.3　应用双窗口模式

在 EDIUS 默认状态下，打开一个工程文件后，显示的是单窗口模式，即在播放/录制窗口中只显示一个窗口。此外用户还可以切换至双窗口模式，双窗口模式是指在播放/录制窗口中显示两个窗口，一个窗口用来播放视频当前画面，另一个窗口用来查看需要录制的窗口画面。下面向读者介绍应用双窗口模式的操作方法。

步骤 01　打开一个工程文件（素材\第 2 章\胡杨林.ezp），如图 2-37 所示。

步骤 02　单击“视图”|“双窗口模式”命令，如图 2-38 所示。

图 2-37 打开一个工程文件

图 2-38 单击相应命令

步骤 03 执行操作后，即可切换至双窗口模式，如图 2-39 所示。

图 2-39 切换至双窗口模式

2.3.4 进入预览旋转模式

标准屏幕模式是 EDIUS 软件中默认的屏幕模式，在该屏幕模式中可以使用标准的预览方式预览视频素材。单击“视图”|“预览旋转”|“标准”命令，执行操作后，即可进入标准屏幕模式，如图 2-40 所示。

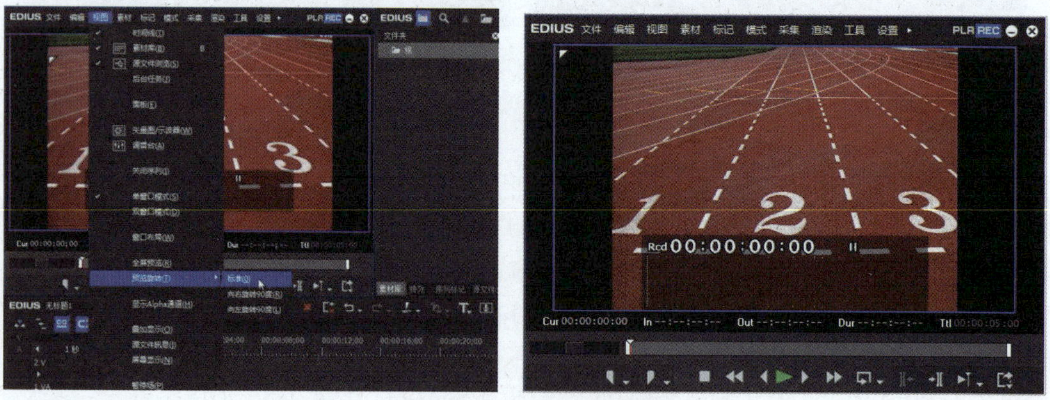

图 2-40 进入标准屏幕模式

> ▶ 专家指点
>
> 除了运用上述进入标准屏幕模式的方法，还可以在“预览旋转”子菜单中，应用向右旋转 90 度屏幕模式和向左旋转 90 度屏幕模式。

2.4　窗口的叠加显示

在 EDIUS 工作界面中，窗口叠加显示是指在预览窗口中叠加在画面中的显示内容，如素材/设备、安全区域、中央十字线、标记以及斑马纹等对象，方便用户对视频进行编辑操作。本节主要向读者介绍窗口叠加显示的操作方法。

2.4.1　显示素材/设备

在 EDIUS 工作界面中，显示素材/设备是指在播放窗口的上方，显示素材的名称信息。下面介绍显示素材/设备的操作方法。

步骤 01　打开一个工程文件（素材\第 2 章\水中划船.ezp），如图 2-41 所示。

步骤 02　在视频轨 1 中，双击视频素材，即可打开播放窗口，如图 2-42 所示。

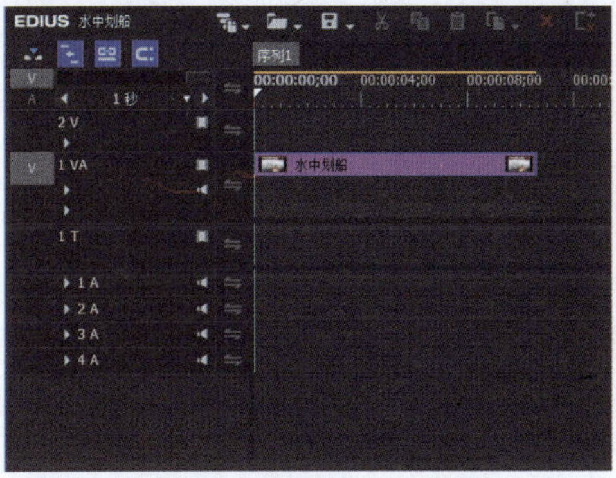

图 2-41　打开一个工程文件

图 2-42　打开播放窗口

步骤 03　单击“视图”|“叠加显示”|“素材/设备”命令，如图 2-43 所示。

步骤 04　执行操作后，在播放窗口的左上方，显示了素材/设备信息，如素材的名称，如图 2-44 所示。

图 2-43　单击“素材/设备”命令

图 2-44　显示了素材/设备信息

2.4.2　显示标题安全区域

在 EDIUS 9.0 预览窗口中，安全区域是指字幕活动的区域，超出安全区域的标题字幕在输出的视频中显示不出来。下面向读者介绍显示安全区域的操作方法，这样方便用户在创建与编辑字幕文件时，能很好地掌握字幕的摆放位置。

步骤 01　打开一个工程文件（素材\第 2 章\电视片段.ezp），在视频轨 1 中，双击视频素材，即可打开播放窗口，如图 2-45 所示。

步骤 02　单击“视图”|“叠加显示”|“安全区域”命令，如图 2-46 所示。

图 2-45　打开播放窗口

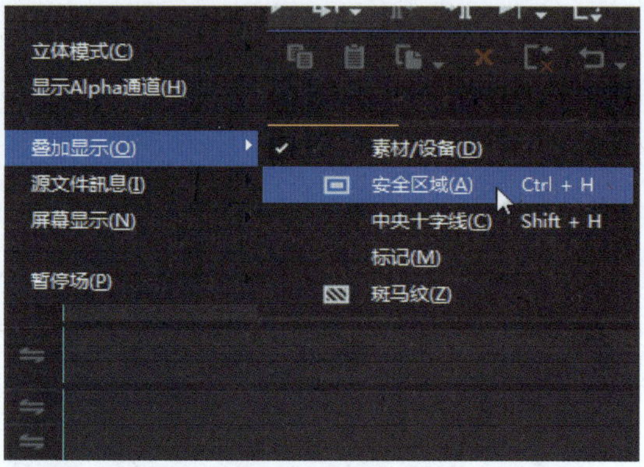

图 2-46　单击“安全区域”命令

步骤 03　执行操作后，在播放窗口中将显示白色方框的安全区域，如图 2-47 所示。

步骤 04　单击“播放”按钮，预览视频画面，效果如图 2-48 所示。

图 2-47　显示白色方框的安全区域

图 2-48　预览视频画面

2.4.3　显示画面中央十字线

在 EDIUS 工作界面中，当用户制作画中画视频效果时，中央十字线能帮助用户很好地分布多个视频在画面中的显示位置。下面向读者介绍显示中央十字线的操作方法。

步骤 01　打开一个工程文件（素材\第 2 章\圣诞晚会.ezp），在视频轨 1 中，双击视频素材，即可打开播放窗口，如图 2-49 所示。

步骤 02　单击“视图”|“叠加显示”|“中央十字线”命令，如图 2-50 所示。

图 2-49　打开播放窗口

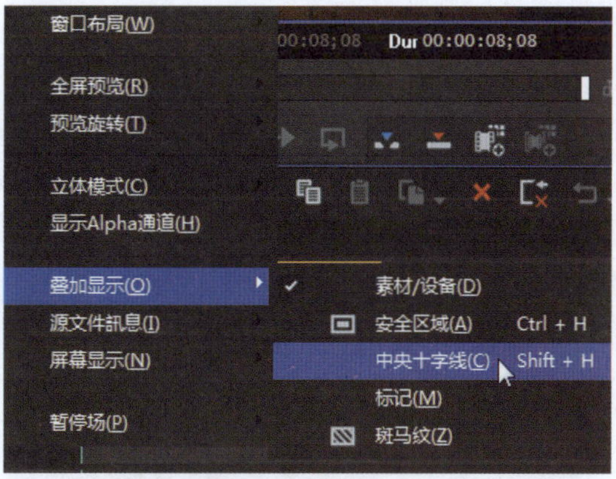

图 2-50　单击“中央十字线”命令

步骤 03　执行操作后，在播放窗口中将显示白色的中央十字线，如图 2-51 所示。

步骤 04　单击“播放”按钮，预览视频画面，效果如图 2-52 所示。

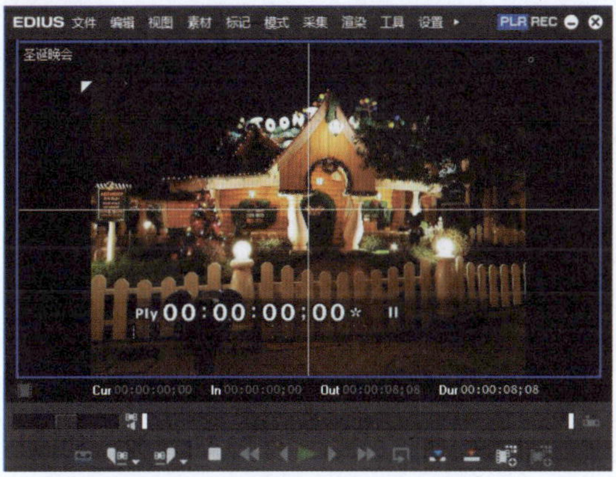

图 2-51　显示白色中央十字线

图 2-52　预览视频画面

本章小结

本章详细讲解了在 EDIUS 工作界面中，对工程文件的新建、打开、保存、退出和导入序列文件等基本操作，学完本章，用户可以应用多种模式剪辑视频画面、自由调整应用窗口布局、在预览窗口中叠加显示视频画面，熟练掌握各种窗口的基本操作，可以更好、更快地去编辑视频与音频文件。

课后习题

鉴于本章知识的重要性，为了帮助读者更好地掌握所学知识，本节将通过上机习题，帮助读者巩固和强化前面所学内容，再次提升读者的应用能力。

本习题需要掌握通过“视图”|“屏幕显示”|“状态”命令，在预览窗口中显示屏幕状态，效果如图 2-53 所示。

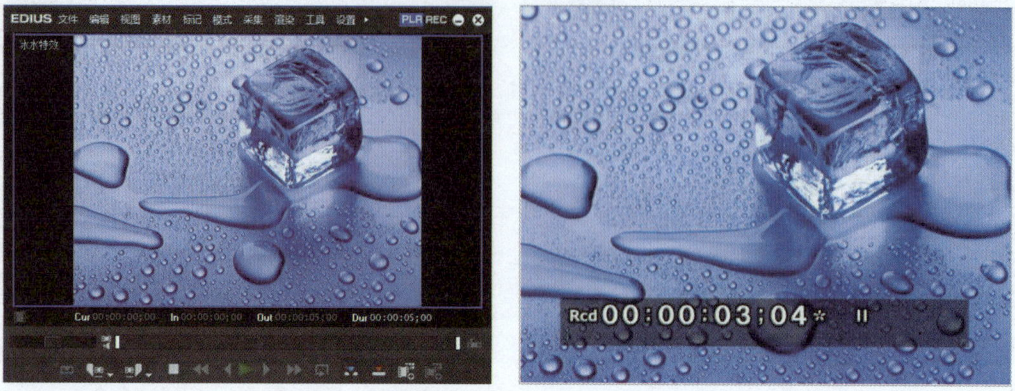

图 2-53　重命名素材文件

第 3 章　导入与管理视频素材

素材的导入是进行视频编辑首要的一个环节，好的视频作品离不开高质量的素材。在 EDIUS 中，用户可以对素材进行添加和编辑操作，使制作的影片更为生动、美观。本章主要向读者介绍添加与编辑视频素材的操作方法，希望读者能熟练掌握本章内容。

本章重点

- 导入素材文件
- 管理与编辑素材文件
- 添加视频画面剪切点
- 撤销与恢复操作

3.1 导入素材文件

在 EDIUS 工作界面中，用户可以在轨道面板中添加各种不同类型的素材文件，并对单独的素材文件进行整合，制作成一个内容丰富的影视作品。本节主要向读者介绍导入各种素材文件的操作方法。

3.1.1 导入图像素材

在 EDIUS 中，导入静态图像素材的方式有很多种，用户可以根据自己的使用习惯选择导入素材的方式。下面向读者介绍导入静态图像的操作方法。

步骤 01 按【Ctrl + N】组合键，新建一个工程文件，单击“文件”菜单，在弹出的菜单列表中单击“添加素材”命令，如图 3-1 所示。

步骤 02 执行操作后，弹出“打开”对话框，选择需要导入的静态图像（素材\第 3 章\大桥.jpg），如图 3-2 所示。

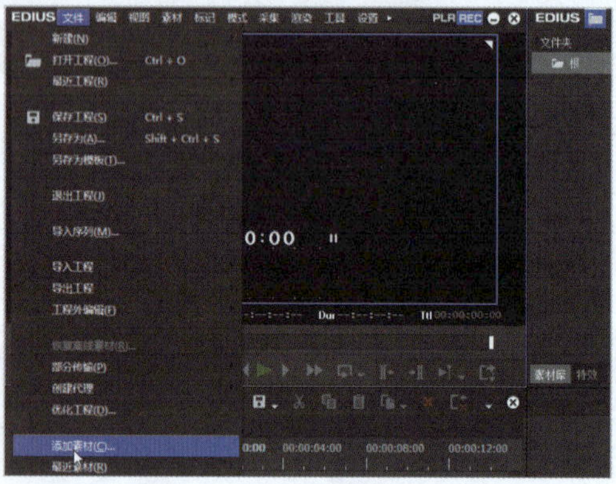

图 3-1 单击“添加素材”命令

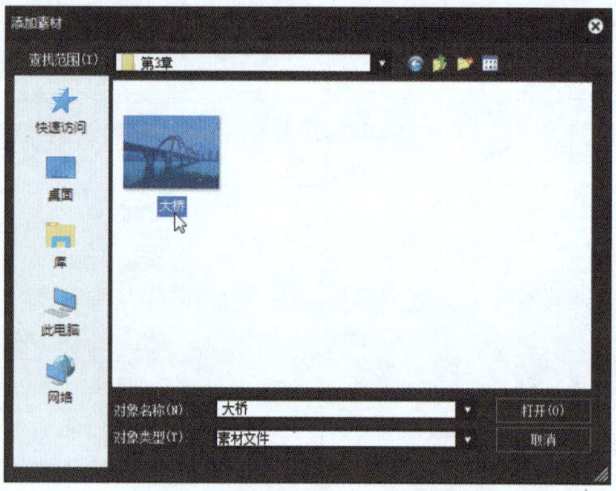

图 3-2 选择需要导入的图像

步骤 03 单击“打开”按钮，执行操作后，在预览窗口中选择静态图像，在轨道面板中可以查看静态图像的缩略图，如图 3-3 所示。

步骤 04 单击“播放”按钮，预览图像画面效果，如图 3-4 所示。

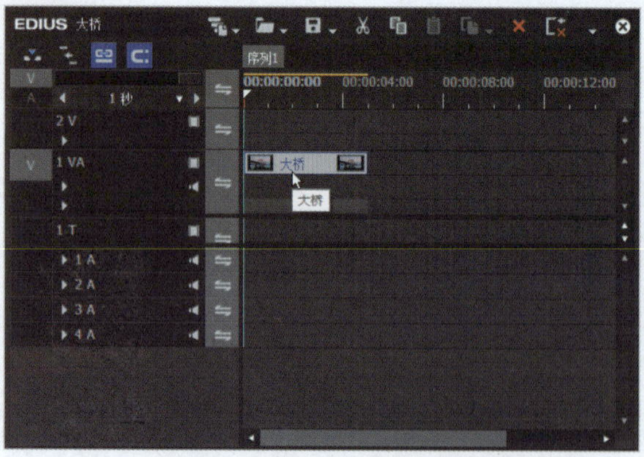

图 3-3 查看静态图像的缩略图

图 3-4 预览图像画面效果

3.1.2　导入视频素材

在 EDIUS 9.0 中，用户可以直接将视频素材导入至视频轨中，也可以将视频素材先导入至素材库中，再将素材库中的视频文件添加至视频轨中。

步骤 01 在素材库窗口中的空白位置上，单击鼠标右键，在弹出的快捷菜单中选择“添加文件”选项，如图 3-5 所示。

步骤 02 弹出“打开”对话框，选择需要导入的视频文件（素材\第 3 章\数码科技.mpg），如图 3-6 所示。

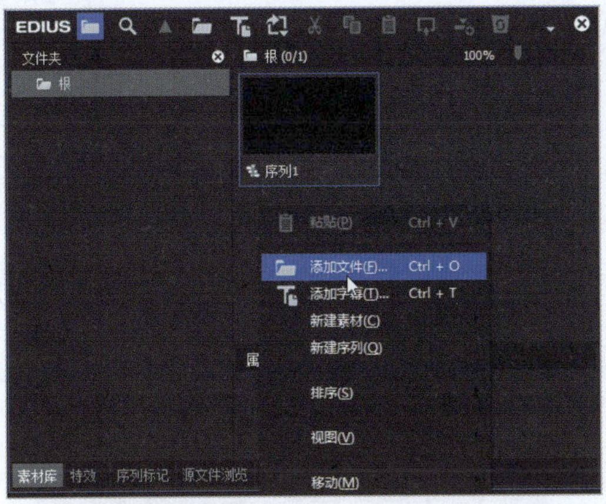

图 3-5　选择“添加文件”选项

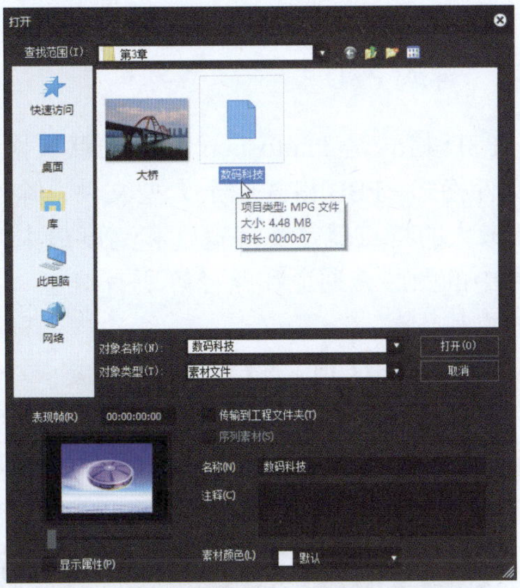

图 3-6　选择需要导入的视频文件

步骤 03 单击“打开”按钮，即可将视频文件导入至素材库窗口中，如图 3-7 所示。

步骤 04 选择导入的视频文件，单击鼠标左键并拖曳至视频轨中的开始位置，释放鼠标左键，即可将视频文件添加至视频轨中，如图 3-8 所示。

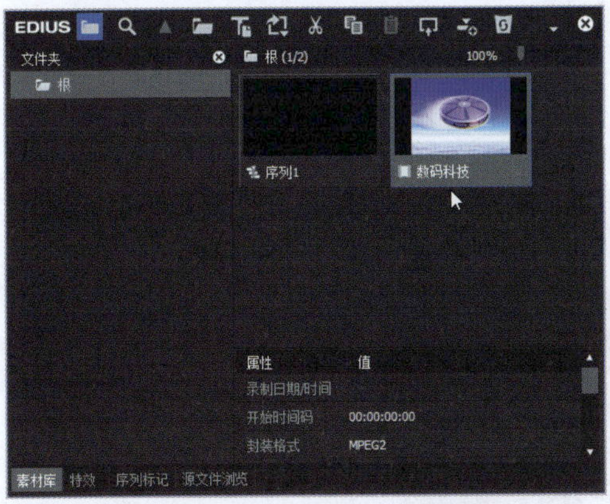

图 3-7　导入至素材库窗口中

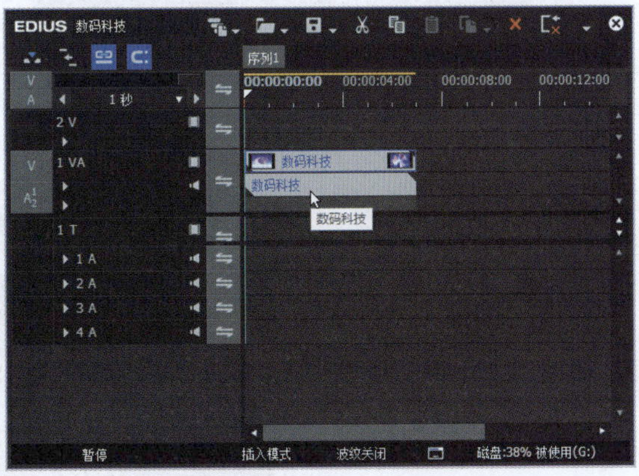

图 3-8　将视频文件添加至视频轨中

步骤 05 单击录制窗口下方的“播放”按钮，预览视频画面效果，如图 3-9 所示。

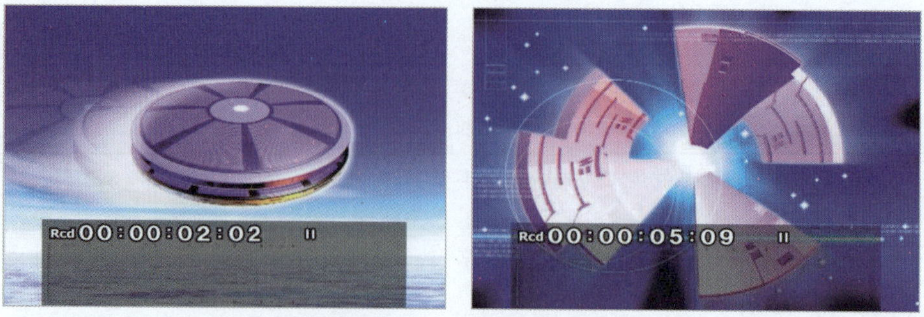

图 3-9　预览视频画面效果

3.1.3　导入 PSD 文件

PSD 格式是 Photoshop 软件的默认格式，也是唯一支持所有图像模式的文件格式。PSB 格式属于大型文件，除了具有 PSD 格式文件的所有属性外，最大的特点就是支持宽度和高度最大为 30 万像素的文件，且可以保存图像中的图层、通道和路径等所有信息。下面向读者介绍导入 PSD：为视频画面添加装饰的操作方法。

步骤 01　按【Ctrl + N】组合键，新建一个工程文件，在视频轨中的空白位置上，单击鼠标右键，在弹出的快捷菜单中选择“添加素材”选项，如图 3-10 所示。

步骤 02　弹出“打开”对话框，选择 PSD 格式的图像文件（素材\第 3 章\蝴蝶飞舞.psd），如图 3-11 所示。

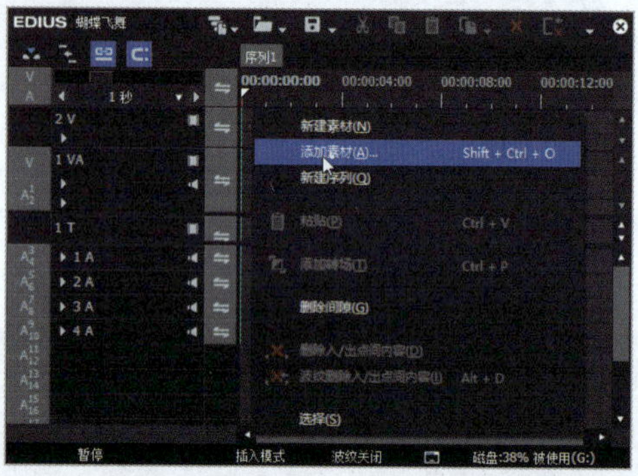

图 3-10　选择“添加素材”选项

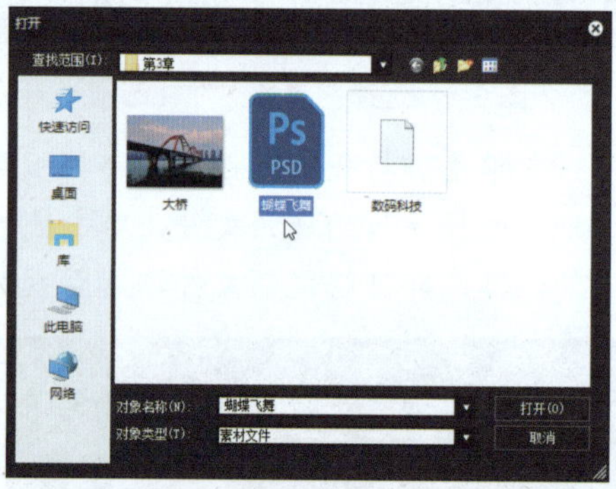

图 3-11　选择 PSD 格式的图像文件

步骤 03　单击“打开”按钮，在播放窗口中将显示添加的图像，如图 3-12 所示。

图 3-12　显示添加的图像

步骤 04　即可在视频轨中查看素材，如图 3-13 所示。

步骤 05　单击播放窗口下方的“播放”按钮，预览图像画面效果，如图 3-14 所示。

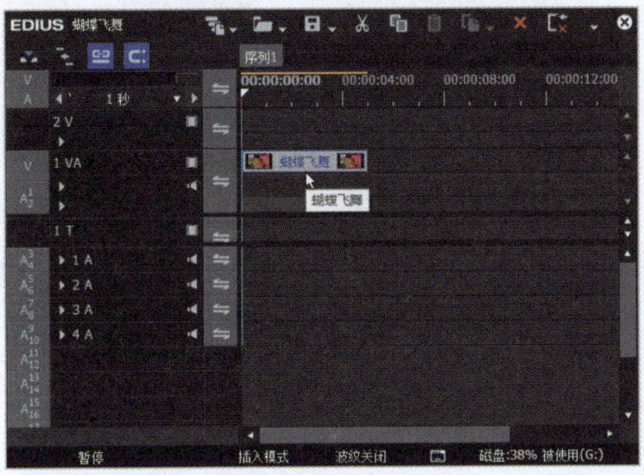

图 3-13　查看素材

图 3-14　预览图像画面效果

3.1.4　添加彩条特效

在 EDIUS 9.0 中，用户可以通过多种方式创建彩条素材。下面详细向读者介绍创建彩条：为画面添加彩条特效的操作方法。

步骤 01　按【Ctrl + N】组合键，新建一个工程文件，如图 3-15 所示。

步骤 02　在视频轨中的空白位置上，单击鼠标右键，在弹出的快捷菜单中选择“新建素材” | “彩条”选项，如图 3-16 所示。

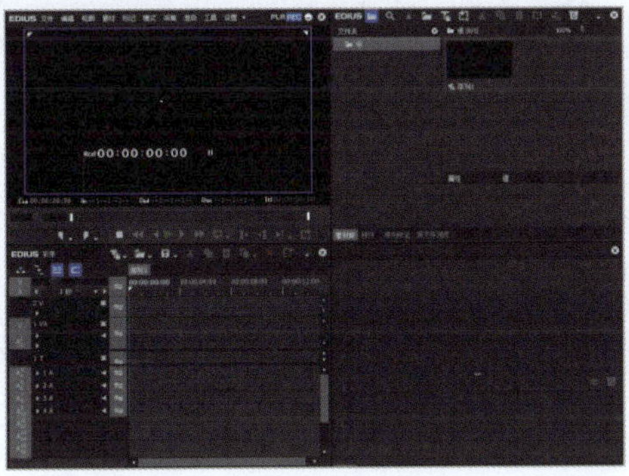

图 3-15　新建一个工程文件

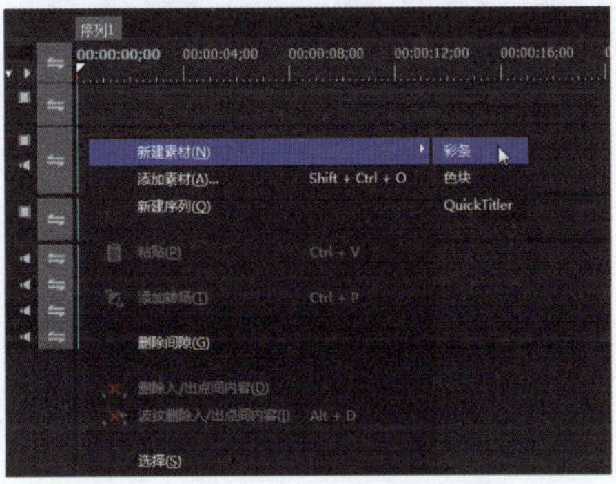

图 3-16　选择相应选项

步骤 03　执行操作后，弹出“彩条”对话框，单击“彩条类型”右侧的按钮，弹出列表框选择“SMPTE 彩条”选项，如图 3-17 所示。

步骤 04　单击“确定”按钮，即可在轨道面板中创建彩条素材，如图 3-18 所示。

> ▶ 专家指点
>
> 除了以上的方法创建彩条素材，还可以在 EDIUS 中，用户通过以下两种方法创建彩条素材：
>
> ➢　单击“素材” | “创建素材” | “彩条”命令，即可创建彩条素材。
>
> ➢　在素材库窗口中的空白位置上，单击鼠标右键，在弹出的快捷菜单中选择“新建素材” | “彩条”命令，即可创建彩条素材。

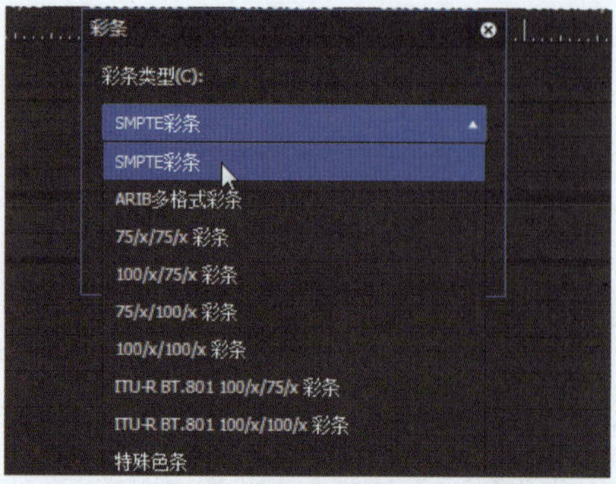

图 3-17　选择“SMPTE 彩条”选项

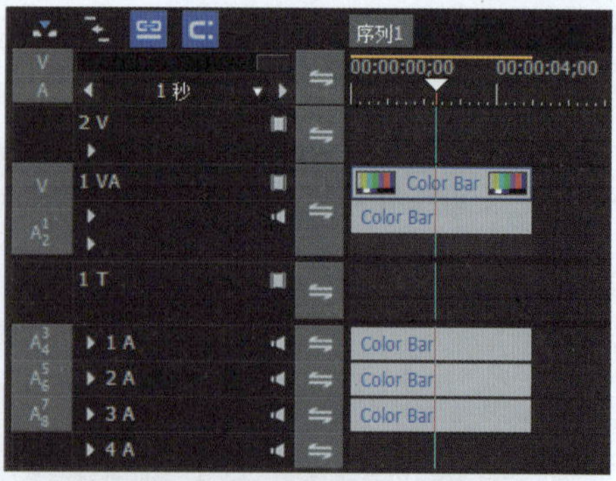

图 3-18　在轨道面板中创建彩条素材

步骤 05　在素材库窗口中，自动生成一个彩条序列 1 的文件，如图 3-19 所示。

步骤 06　在录制窗口中，可以查看已经创建的彩条素材，如图 3-20 所示。

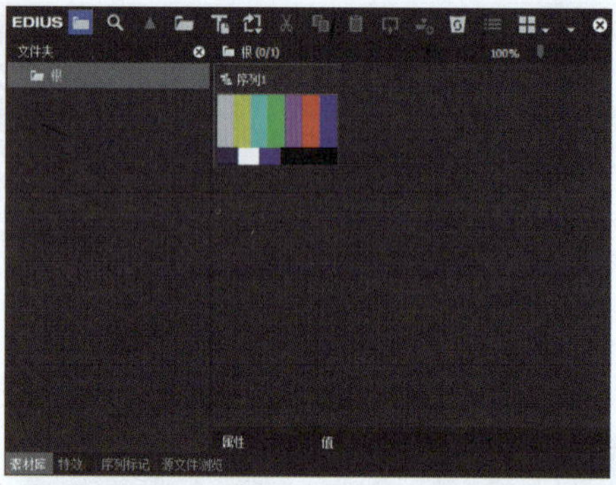

图 3-19　自动生成一个彩条序列 1 的文件

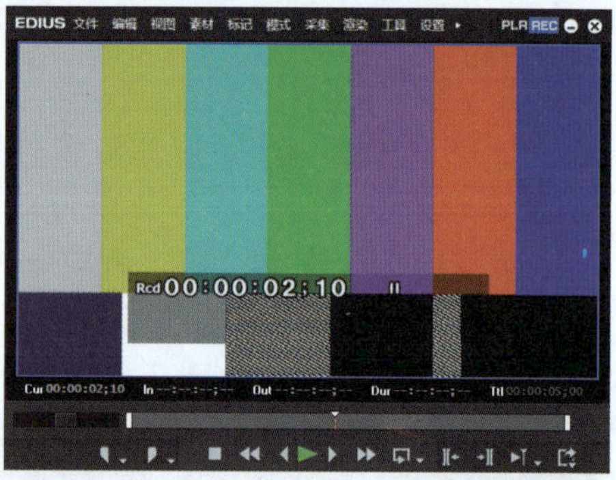

图 3-20　查看已经创建的彩条素材

3.1.5　制作色块效果

在 EDIUS 9.0 中，用户可以根据需要创建色块素材，下面向读者介绍创建色块：制作视频色块效果的操作方法。

步骤 01　按【Ctrl + N】组合键，新建一个工程文件，如图 3-21 所示。

步骤 02　在视频轨中的空白位置上，单击鼠标右键，在弹出的快捷菜单中选择“新建素材”|“色块”选项，如图 3-22 所示。

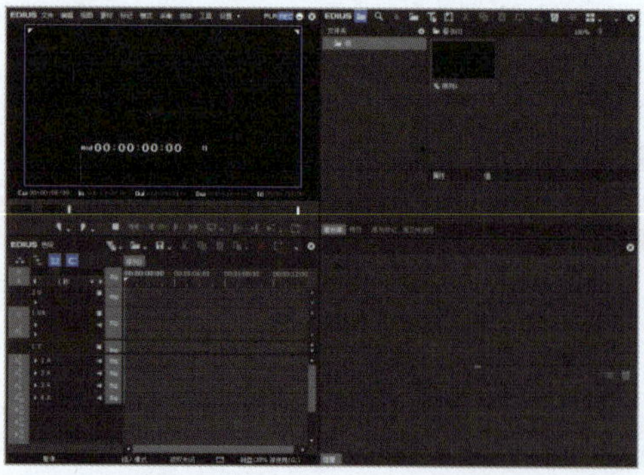

图 3-21　新建一个工程文件

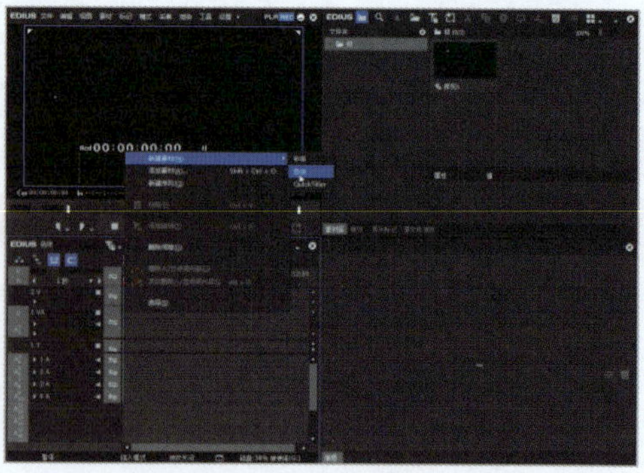

图 3-22　选择相应选项

步骤 03　执行操作后，弹出“色块”对话框，如图 3-23 所示。

步骤 04　在其中设置“颜色”为 4，然后用鼠标单击第 1 个色块，如图 3-24 所示。

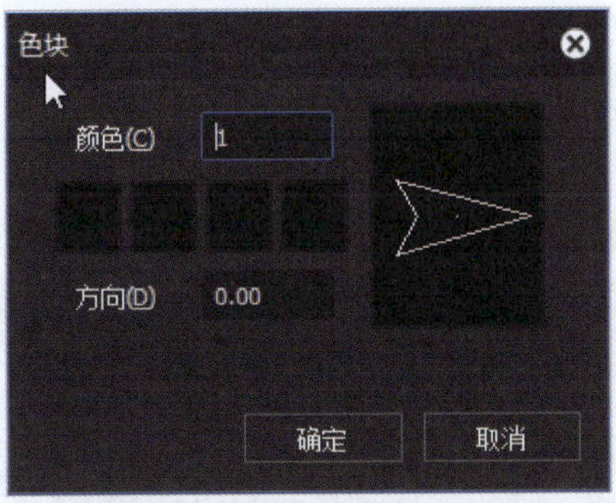

图 3-23　弹出“色块”对话框

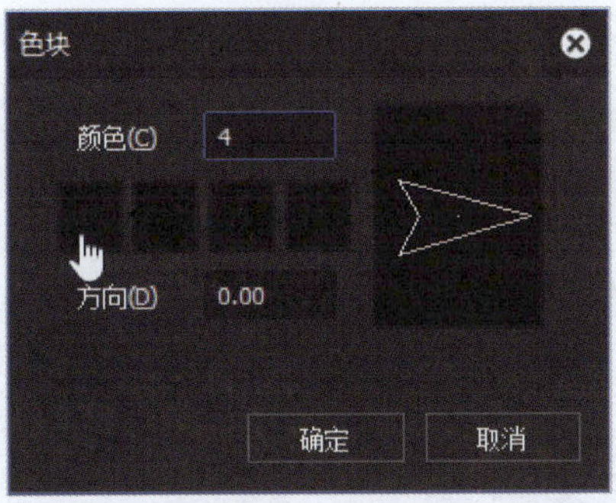

图 3-24　单击第 1 个色块

步骤 05　执行操作后，弹出“色彩选择-709”对话框，在右侧设置“红”为-90、“绿”为 27、“蓝”为 225，如图 3-25 所示。

步骤 06　单击“确定”按钮，返回“色块”对话框，即可设置第 1 个色块的颜色为蓝色，如图 3-26 所示。

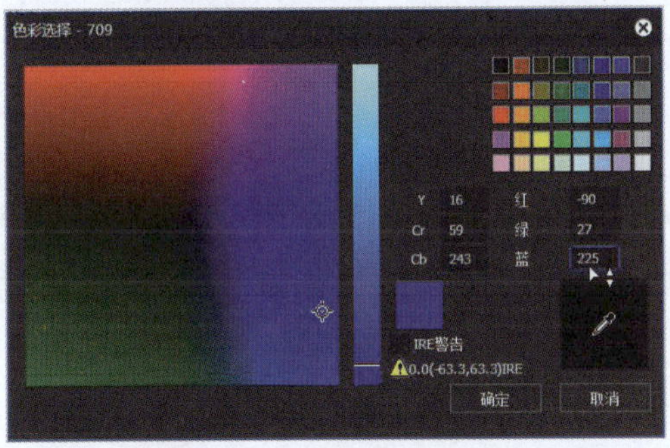

图 3-25　设置相应颜色

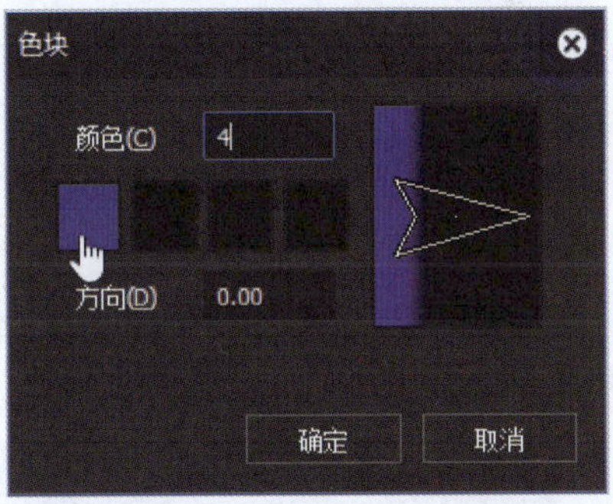

图 3-26　设置第 1 个色块的颜色为蓝色

步骤 07　用与上同样的方法，设置第 2 个色块的颜色为红色（“红”为 193、“绿”为 0、“蓝”为 0）、第 3 个色块的颜色为绿色（“红”为 0、“绿”为 86、“蓝”为 0）、第 4 个色块的颜色为紫色（“红”为 127、“绿”为 0、“蓝”为 246），如图 3-27 所示。

步骤 08　单击“确定”按钮，即可在视频轨中创建色块素材，如图 3-28 所示。

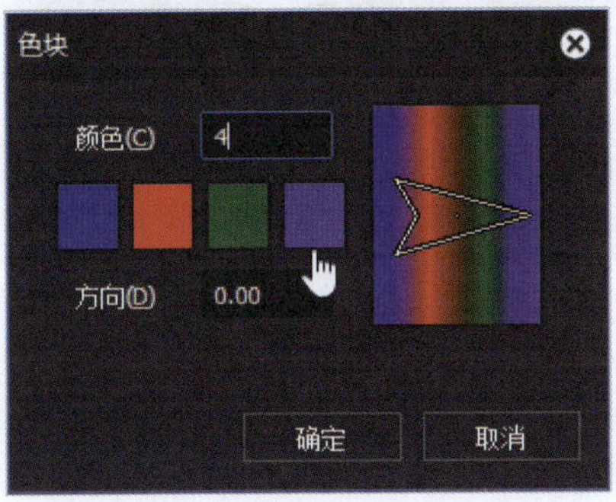

图 3-27　设置其他色块的颜色

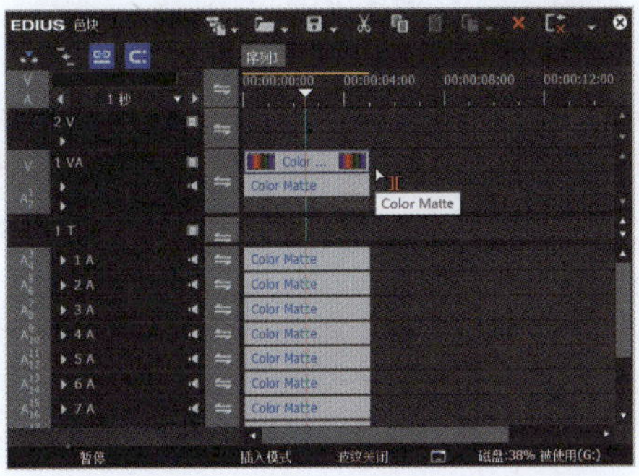

图 3-28　在视频轨中创建色块素材

步骤 09 在素材库窗口中，自动生成一个色块序列 1 的文件，如图 3-29 所示。

步骤 10 单击窗口中的“播放”按钮，预览创建的色块素材，如图 3-30 所示。

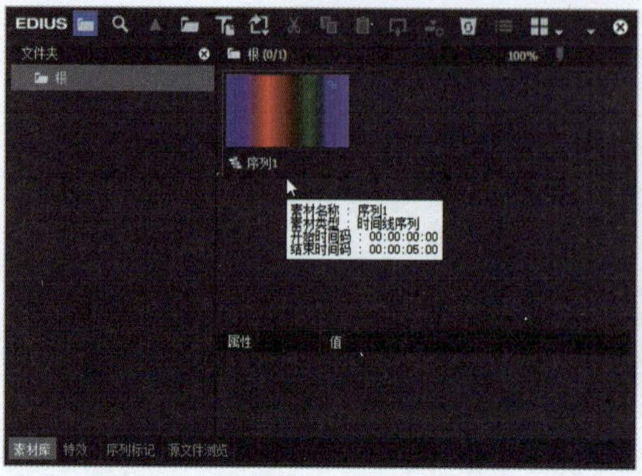

图 3-29　自动生成色块序列 1 文件

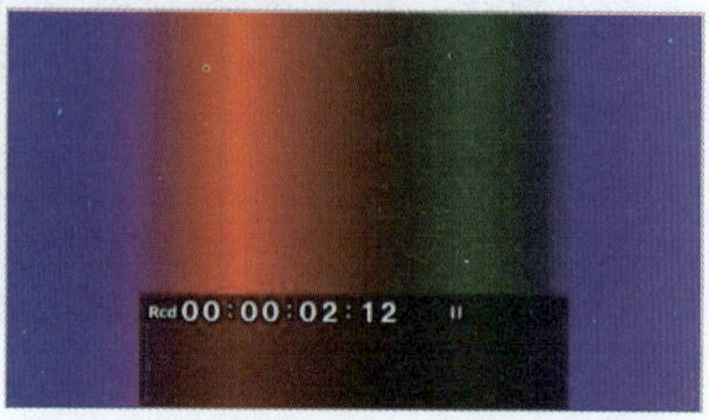

图 3-30　预览创建的色块素材

3.2　管理与编辑素材文件

当用户将视频素材添加至视频轨后，可以再将视频轨中的视频素材添加至素材库窗口中，方便以后对素材进行重复调用。本节主要介绍管理与编辑素材文件的操作方法。

3.2.1　添加素材文件

素材库窗口是专门用来管理视频素材的，各种类型的素材都可以放进素材库窗口中。下面向读者介绍将素材添加到素材库窗口的操作方法。

步骤 01 打开一个工程文件（素材\第 3 章\眼睛特效.ezp），如图 3-31 所示。

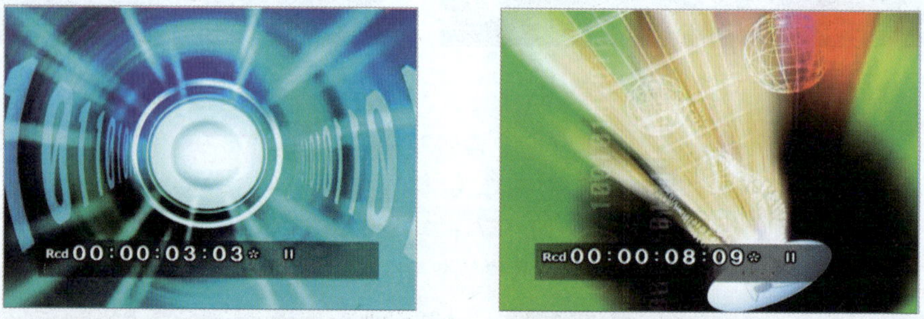

图 3-31　打开一个工程文件

> **专家指点**
>
> 在 EDIUS 9.0 中，用户还可以通过以下 3 种方法将视频轨中的视频素材添加到素材库窗口中。
>
> ➢ 按【Shift + B】组合键，即可将视频添加至素材库窗口中。
>
> ➢ 单击“素材”|“添加到素材库”命令，即可将视频添加至素材库窗口中。
>
> ➢ 在视频轨中的视频素材上，单击鼠标右键，在弹出的快捷菜单中选择“添加到素材库”选项，即可将视频添加至素材库窗口中。

步骤 02　在视频轨中，选择相应的视频素材，如图 3-32 所示。

步骤 03　单击鼠标左键的同时，将视频素材拖曳至素材库窗口中的适当位置，释放鼠标左键，即可将视频素材添加到素材库窗口中，如图 3-33 所示。

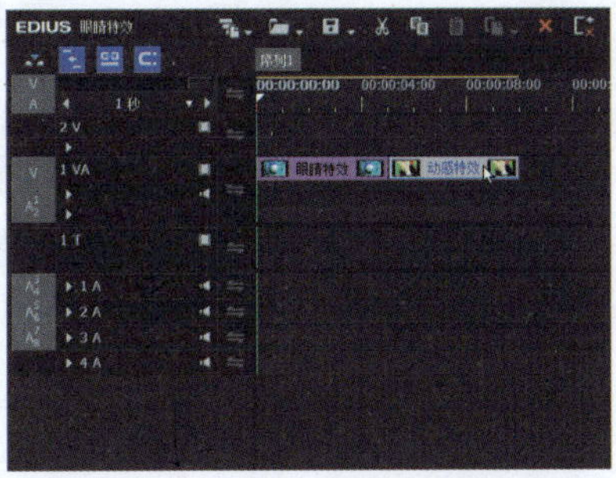

图 3-32　选择相应的视频素材

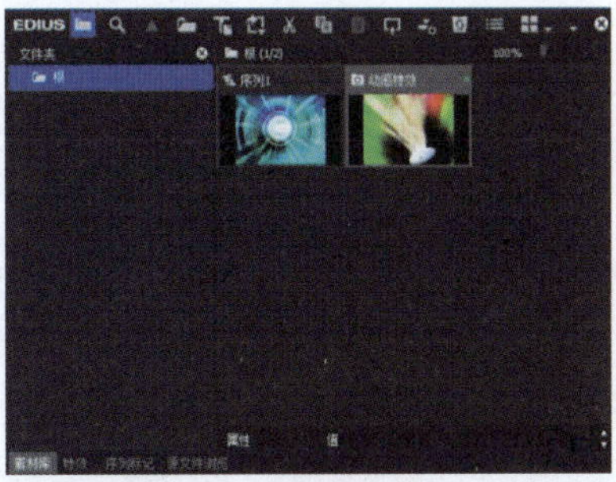

图 3-33　添加到素材库窗口中

3.2.2　创建静帧文件

在 EDIUS 中，用户可以将视频素材中单独的静帧画面捕获出来，保存至素材库窗口中。下面向读者介绍创建静帧文件的操作方法。

步骤 01　打开一个工程文件（素材\第 3 章\小鸟录影.ezp），如图 3-34 所示。

步骤 02　在轨道面板中，将时间线移至 00:00:06:22 的位置处，该处是捕获视频静帧的位置，如图 3-35 所示。

图 3-34　打开一个工程文件

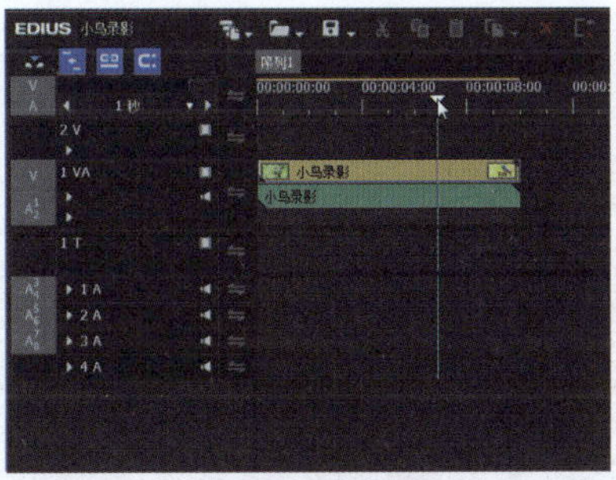

图 3-35　时间线移至相应位置

步骤 03　在菜单栏中，单击“素材”|“创建静帧”命令，如图 3-36 所示。

步骤 04　执行操作后，即可在素材库中创建视频的静帧画面，如图 3-37 所示。

图 3-36　单击“创建静帧”命令

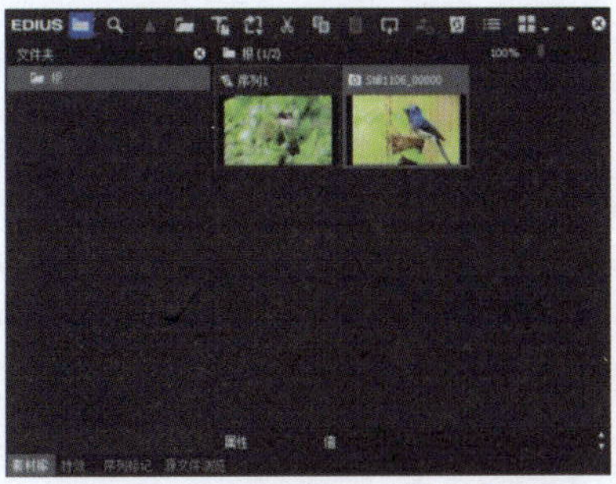

图 3-37　创建视频的静帧画面

3.2.3 添加序列文件

在 EDIUS 9.0 中，用户可以将视频轨中的素材作为序列添加到素材库中。下面向读者介绍添加序列文件的操作方法。

步骤 01 打开一个工程文件（素材\第 3 章\幸福生活.ezp），如图 3-38 所示。

图 3-38 打开一个工程文件

步骤 02 在视频轨中，选择第 2 个视频文件，单击"编辑"|"作为序列添加到素材库"|"选定素材"命令，如图 3-39 所示。

步骤 03 执行操作后，即可将视频文件作为序列添加到素材库窗口中，如图 3-40 所示。

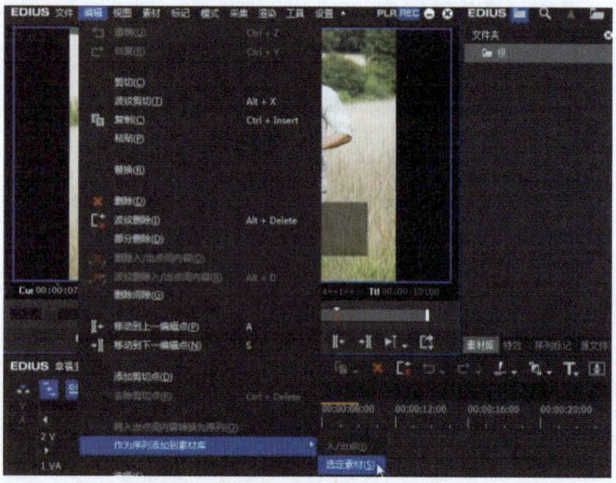

图 3-39 单击"选定素材"命令

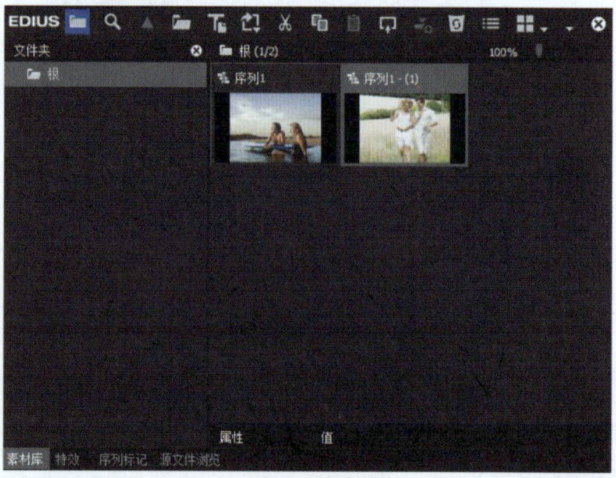

图 3-40 查看添加的序列文件

3.2.4 复制素材文件

在 EDIUS 9 中编辑视频效果时，如果一个素材需要使用多次，这时可以使用复制和粘贴命令来实现。下面向读者介绍复制素材文件的操作方法。

步骤 01 在视频轨 1 中，导入一张静态图像素材（素材\第 3 章\老鹰画面.jpg），如图 3-41 所示。

步骤 02 在菜单栏中单击"编辑"|"复制"命令，如图 3-42 所示。

图 3-41　导入一张静态图像素材

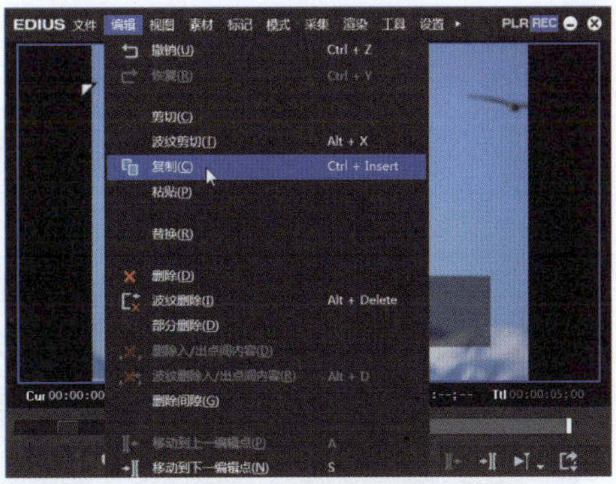

图 3-42　单击“复制”命令

步骤 03　在轨道面板中，选择视频轨 2，单击“编辑”菜单，在弹出的菜单列表中单击“粘贴”|“指针位置”命令，如图 3-43 所示。

步骤 04　执行操作后，即可复制粘贴素材文件至视频轨 2 中，如图 3-44 所示。

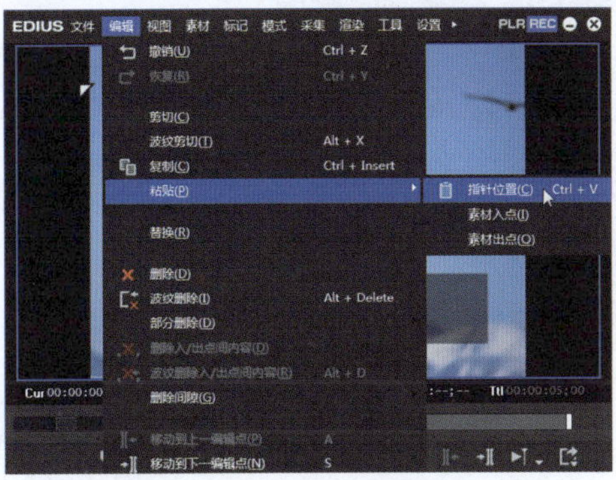

图 3-43　单击“指针位置”命令

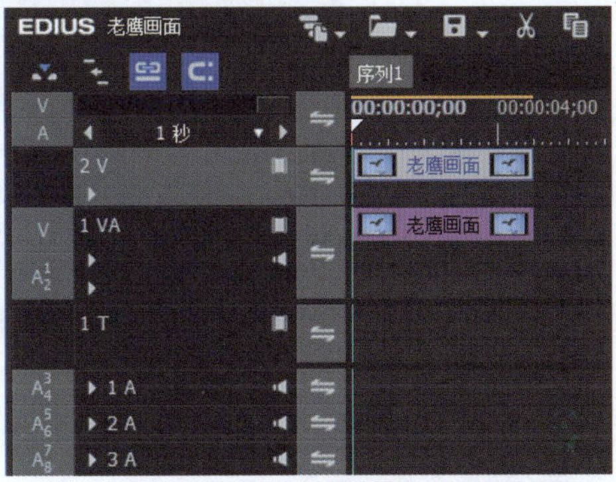

图 3-44　复制粘贴素材文件

3.2.5　剪切多个片段

在轨道面板中，用户可以根据需要对素材文件进行剪切操作。下面向读者介绍剪切素材文件的操作方法。

步骤 01　打开一个工程文件（素材\第 3 章\光芒四射.ezp），如图 3-45 所示。

图 3-45　打开一个工程文件

步骤 02　在视频轨中，选择需要剪切的素材文件，如图 3-46 所示。

步骤 03 在菜单栏中单击“编辑”菜单，在弹出的菜单列表中单击“剪切”命令，如图 3-47 所示。

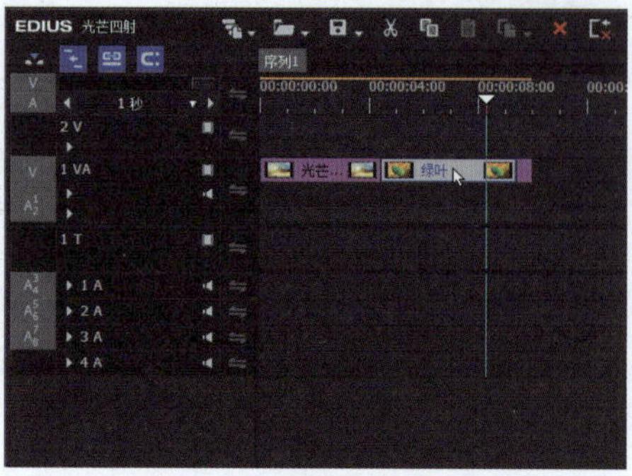

图 3-46 选择素材文件

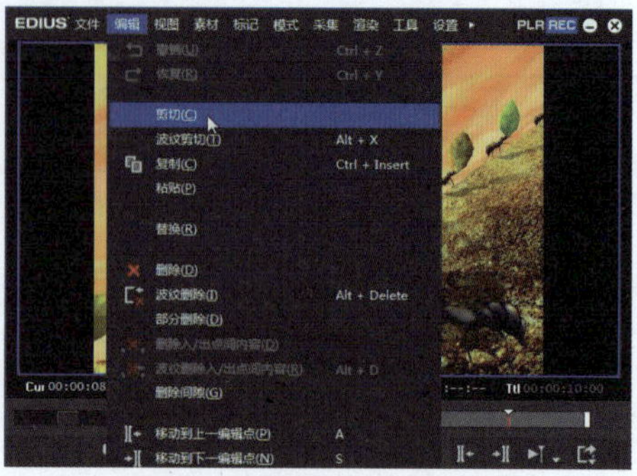

图 3-47 单击“剪切”命令

步骤 04 执行操作后，即可剪切视频轨中的素材文件，如图 3-48 所示。

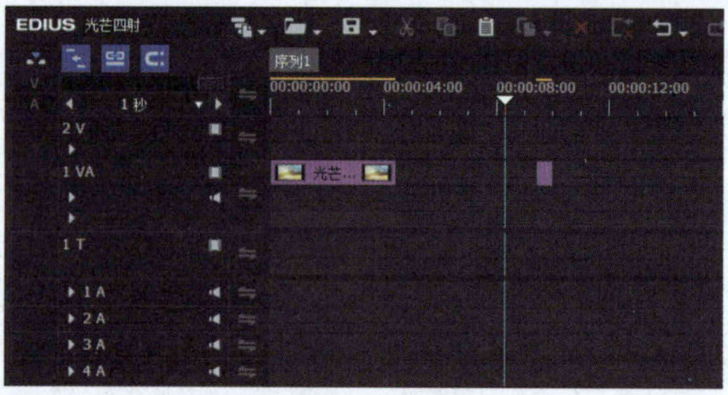

图 3-48 剪切视频轨中的素材文件

3.2.6 替换素材画面

在 EDIUS 9.0 中编辑视频时，用户可以根据需要对素材文件进行替换操作，使制作的视频更加符合用户的需求。下面向读者介绍替换素材文件的操作方法。

步骤 01 打开一个工程文件（素材\第 3 章\四季风景.ezp），如图 3-49 所示。

步骤 02 在视频轨中，选择需要替换的素材文件，如图 3-50 所示。

图 3-49 打开一个工程文件

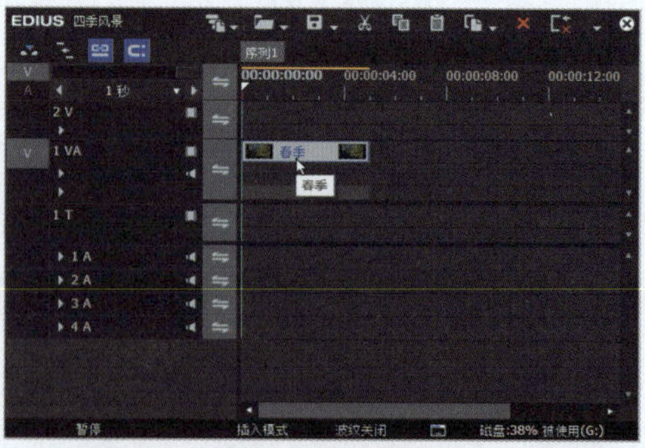

图 3-50 选择需要替换的素材文件

步骤 03 在菜单栏中单击“编辑”菜单，在弹出的菜单列表中单击“替换”|“素材”命令，如图 3-51 所示。

步骤 04　执行操作后，即可替换视频轨中的素材文件，已经将“春季”素材替换为“秋季”素材文件，单击录制窗口下方的“播放”按钮，预览素材画面效果，如图 3-52 所示。

图 3-51　单击相应命令

图 3-52　预览素材画面效果

3.3　添加视频画面剪切点

在 EDIUS 9.0 中，用户可以将视频剪切成多个不同的片段，使制作的视频更加完美。本节主要向读者介绍添加视频画面剪切点的操作方法。

3.3.1　添加剪切点

当用户在视频文件中添加剪切点后，可以对剪切后的多段视频分别进行编辑和删除操作。下面向读者介绍添加视频剪切点的操作方法。

步骤 01　打开一个工程文件（素材\第 3 章\海滩风光.ezp），如图 3-53 所示。

步骤 02　在轨道面板中，选中素材，将时间线移至 00:00:05:00 的位置处，如图 3-54 所示。

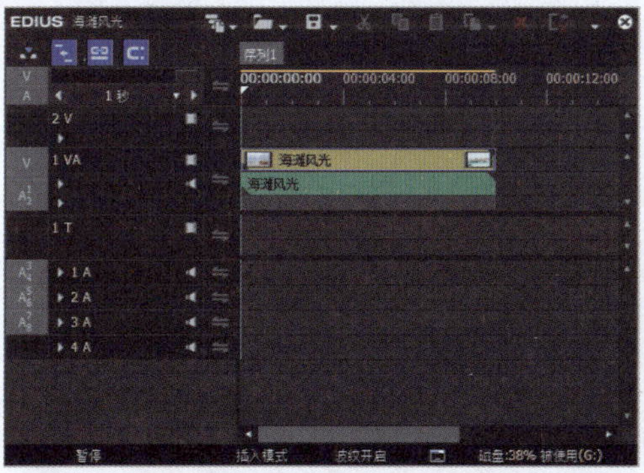

图 3-53　打开一个工程文件

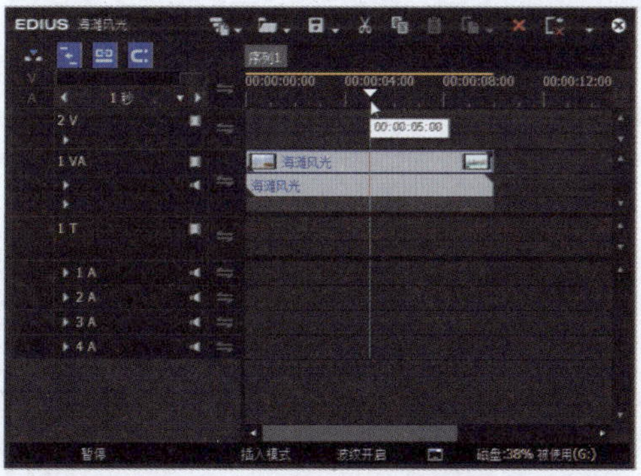

图 3-54　移动时间线的位置

> ▶ 专家指点
>
> 在“添加剪切点”子菜单中，如果用户单击“所有轨道”命令，那么在所有轨道的时间线位置，添加视频剪切点，对所有轨道中的视频进行剪切操作。

步骤 03　在菜单栏中单击“编辑”菜单，在弹出的菜单列表中单击“添加剪切点”|“选定轨道”命令，如图 3-55 所示。

步骤 04　执行操作后，即可在视频轨中的时间线位置添加剪切点，将视频文件剪切成两段，如图 3-56 所示。

图 3-55　单击相应命令

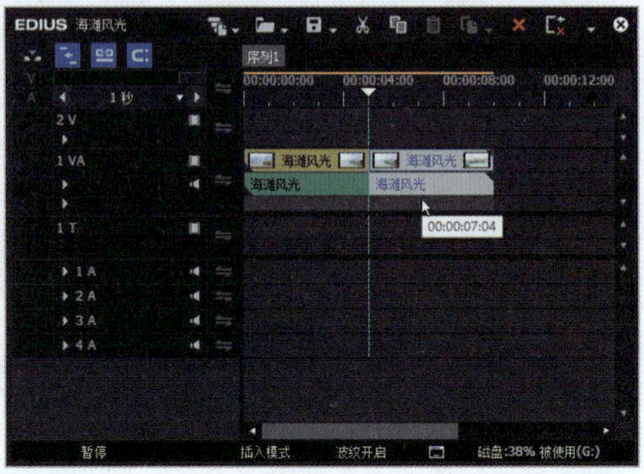

图 3-56　将视频文件剪切成两段

步骤 05　用与上同样的方法，在视频轨中的 00:00:07:14 的位置处，添加第 2 个剪切点，再次将视频进行剪切操作，如图 3-57 所示。

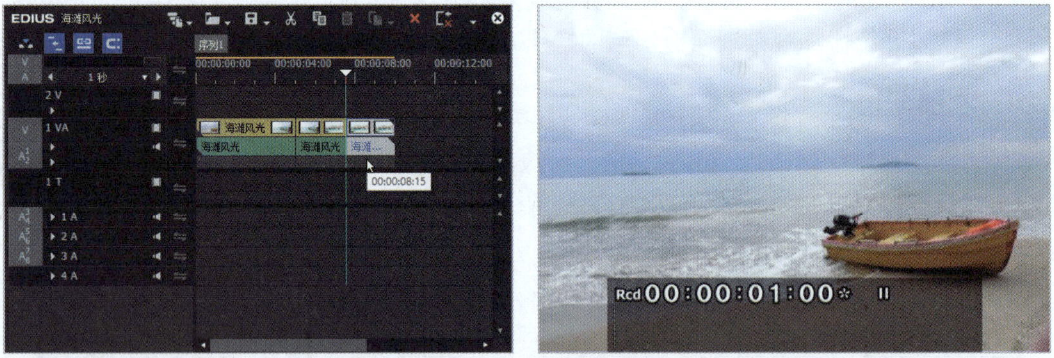

图 3-57　再次将视频进行剪切操作

步骤 06　剪切完成后，单击录制窗口下方的“播放”按钮，预览剪切后的视频画面效果，如图 3-58 所示。

图 3-58　预览剪切后的视频画面效果

▶ 专家指点

除了以上的方法对所有轨道中时间线位置的视频文件进行剪切操作之外，还可以在 EDIUS 的轨道面板中，按【Shift + C】组合键，可以快速对所有轨道中时间线位置的视频文件进行剪切操作。

3.3.2　去除剪切点

在 EDIUS 9.0 中，如果用户希望去除视频中间的剪切点，将多段视频再合并成一段视频，此时可以运用“去除剪切点”命令进行操作。

步骤 01 打开上一例的效果文件，在视频轨中，按【Ctrl】键的同时，选择第 2 段和第 3 段视频文件，如图 3-59 所示。

步骤 02 在菜单栏中单击“编辑”菜单，在弹出的菜单列表中单击“去除剪切点”命令，如图 3-60 所示。

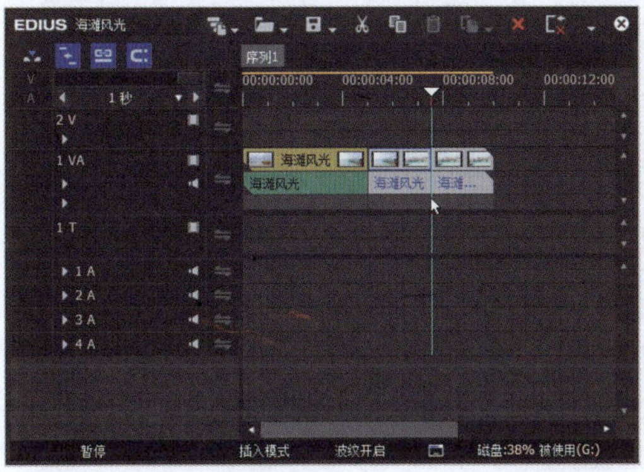

图 3-59　选择第 1 段和第 2 段视频文件

图 3-60　单击“去除剪切点”命令

步骤 03 即可去除视频文件中的剪切点，将两段视频合为一段，如图 3-61 所示。

步骤 04 用与上同样的方法，去除视频文件中的其他剪切点，将所有视频合并成一段视频，如图 3-62 所示。

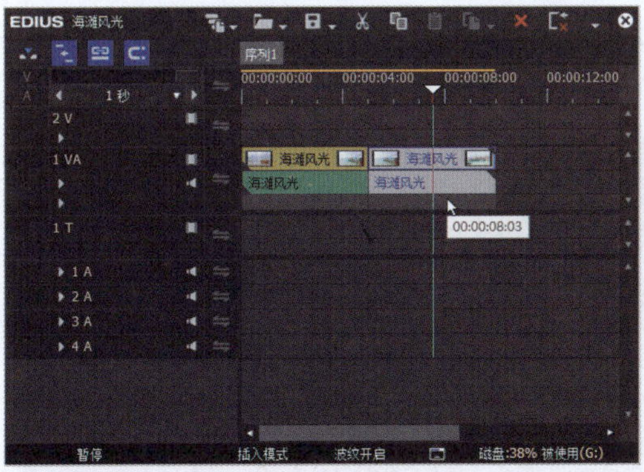

图 3-61　将两段视频合为一段

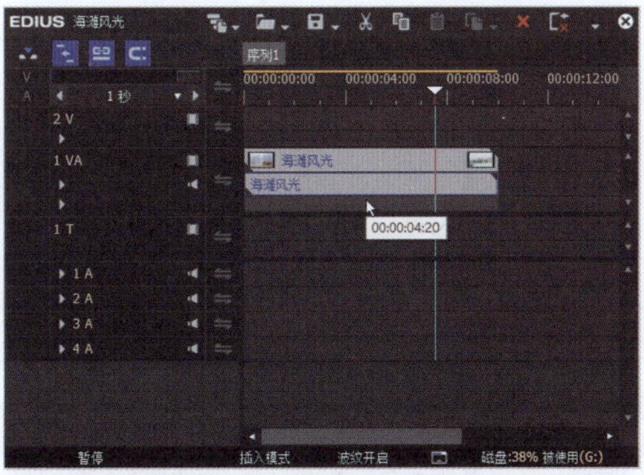

图 3-62　将所有视频合并成一段视频

3.4 撤销与恢复操作

在编辑视频的过程中，用户可以对已完成的操作进行撤销和恢复操作，熟练地运用撤销和恢复功能将会给工作带来极大的方。本节主要向读者介绍撤销和恢复的操作方法，希望读者可以熟练掌握。

3.4.1 撤销编辑操作

在 EDIUS 工作界面中，如果用户对视频素材进行了错误操作，此时可以对错误的操作进行撤销，还原至之前正确的状态。

步骤 01 打开一个工程文件（素材\第 3 章\动物世界.ezp），如图 3-63 所示。

步骤 02 在视频轨道中将时间线移至合适位置，按【Shift + C】组合键，对视频素材进行剪切操作，如图 3-64 所示。

图 3-63 打开一个工程文件

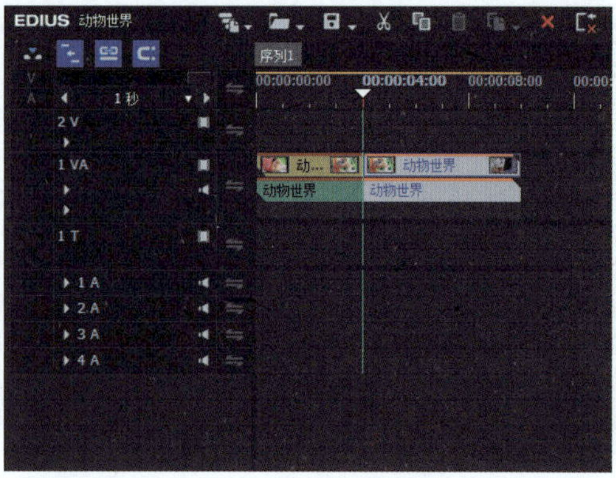

图 3-64 对视频素材进行剪切操作

步骤 03 在菜单栏中，单击“编辑”|“撤销”命令，如图 3-65 所示。

步骤 04 执行操作后，即可对视频轨中的剪切操作进行撤销，还原至之前未进行剪切的状态，如图 3-66 所示。

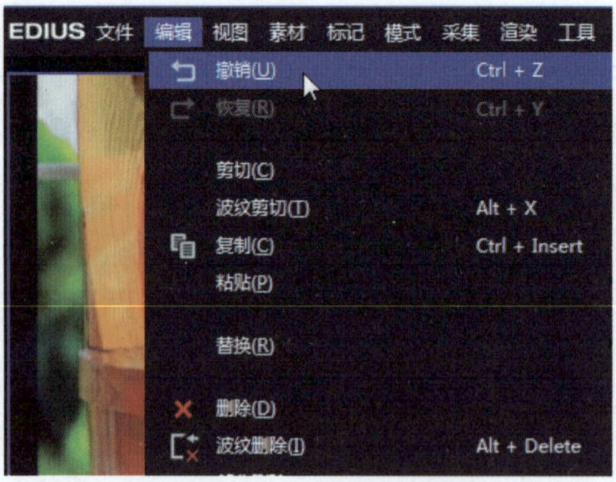

图 3-65 单击相应命令

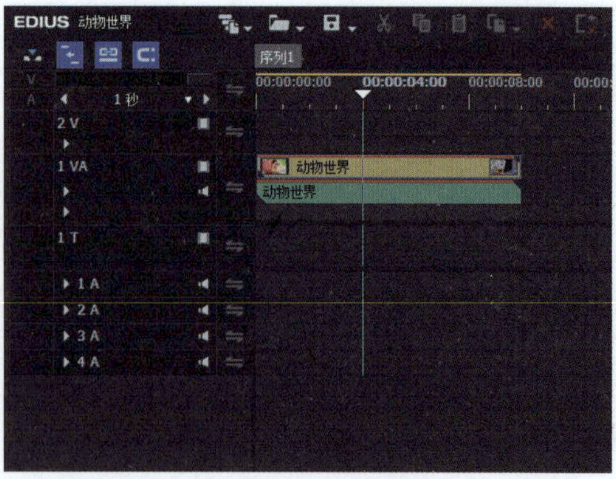

图 3-66 还原至之前未进行剪切的状态

▶ 专家指点

除了以上的方法进行撤销操作之外，还可以在 EDIUS 工作界面中，按【Ctrl + Z】组合键，也可以快速进行撤销操作。

3.4.2　恢复还原操作

在 EDIUS 中编辑视频时，用户可以对撤销的操作再次进行恢复操作，恢复至撤销之前的视频状态。恢复操作的方法很简单，用户在撤销文件的操作后，单击“编辑”|“恢复”命令，如图 3-67 所示，即可恢复至撤销之前的视频状态。

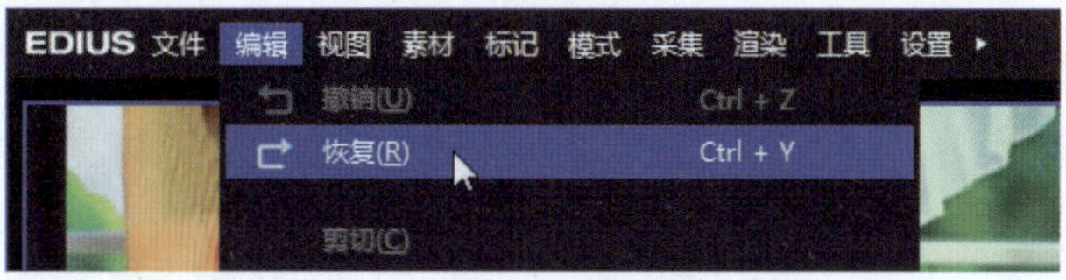

图 3-67　单击“恢复”命令

本章小结

本章主要介绍了导入与编辑视频素材的各种操作方法，使用 EDIUS 进行视频编辑时，素材是很重要的一个元素。本章以实例的形式将导入与编辑素材的每一种方法、每一个命令都进行了详细的介绍。通过本章的学习，用户可以对视频编辑中素材的复制粘贴、剪切、波纹剪切、替换以及撤销与恢复操作有了很好的掌握，并能熟练地使用各种视频编辑命令对素材进行编辑，为后面章节的学习奠定了良好的基础。

课后习题

鉴于本章知识的重要性，为了帮助读者更好地掌握所学知识，本节将通过上机习题，帮助读者巩固和强化前面所学内容，再次提升读者的应用能力。

本习题需要掌握通过“波纹剪辑”命令，剪切素材文件，效果如图 3-68 所示。

图 3-68　波纹剪切效果

第 4 章　剪辑与修整视频素材

在 EDIUS 9.0 中，用户可以对视频进行精确剪辑操作，如精确删除视频素材、精确剪辑视频素材以及查看剪辑的视频素材等，还可以在视频素材之间添加入点与出点，以便更精确地剪辑视频素材，使剪辑后的视频素材更符合用户的需求，使制作的视频画面更加具有吸引力。在进行视频剪辑时，用户只要掌握好本章介绍的剪辑视频方法，便可以制作出完美、流畅的视频画面效果。

本章重点

- 精确删除视频素材
- 精确剪辑视频素材
- 查看剪辑的视频素材
- 设置素材入点与出点
- 添加与编辑素材标记

4.1　精确删除视频素材

在 EDIUS 9.0 中，提供了精确删除视频素材的方法，包括直接删除视频素材、波纹删除视频素材、删除视频部分内容以及删除入/出点间内容等，方便用户对视频素材进行更精确的剪辑操作。本节主要向读者介绍精确删除视频素材的操作方法。

4.1.1　删除视频中多余的画面

用户在编辑多段视频的过程中，如果中间某段视频无法达到用户的要求，此时用户可以对该段视频进行删除操作。下面向读者介绍直接删除视频中多余的画面的操作方法。

步骤 01　打开一个工程文件（素材\第 4 章\美丽风景.ezp），如图 4-1 所示。

步骤 02　在视频轨中，选择需要删除的视频片段，如图 4-2 所示。

图 4-1　打开一个工程文件

图 4-2　选择需要删除的视频片段

步骤 03　单击鼠标右键，在弹出的快捷菜单中选择“删除”选项，如图 4-3 所示。

步骤 04　执行操作后，即可删除视频轨中的视频素材，被删除的视频位置呈空白显示，如图 4-4 所示。

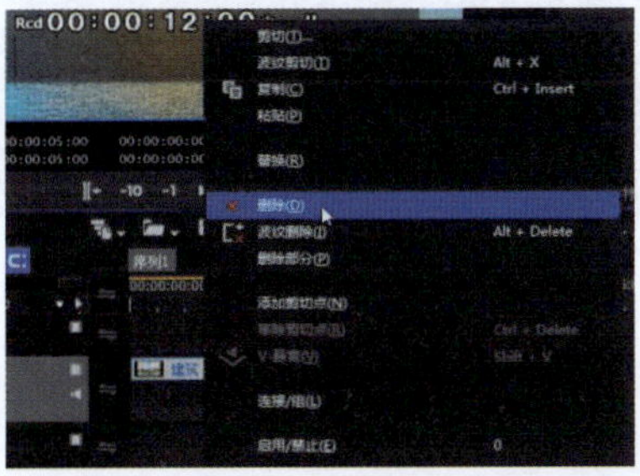

图 4-3　选择“删除”选项

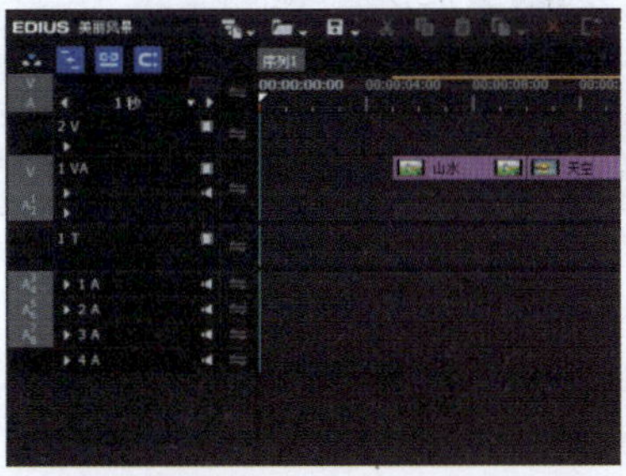

图 4-4　被删除的视频位置呈空白显示

> **▶ 专家指点**
>
> 除了上述删除视频素材的方法，用户还可以在 EDIUS 9.0 中，通过以下 3 种方法删除视频素材。
>
> ➢ 选择需要删除的视频文件，按【Delete】键，即可删除视频。
>
> ➢ 选择需要删除的视频文件，在轨道面板的上方单击“删除”按钮，删除视频素材。
>
> ➢ 选择需要删除的视频文件，单击“编辑”|“删除”命令，删除视频素材。

4.1.2 删除视频中的部分片段

在 EDIUS 中使用波纹删除视频素材时，删除的后段视频将会贴紧前一段视频，使视频画面保持流畅。下面向读者介绍波纹删除视频中部分片段的操作方法。

步骤 01 打开一个工程文件（素材\第 4 章\厦门海边.ezp），如图 4-5 所示。

图 4-5 打开一个工程文件

步骤 02 在视频轨中，选择需要波纹删除的视频片段，如图 4-6 所示。

步骤 03 单击鼠标右键，弹出快捷菜单，选择“波纹删除”选项，如图 4-7 所示。

图 4-6 选择要删除的视频

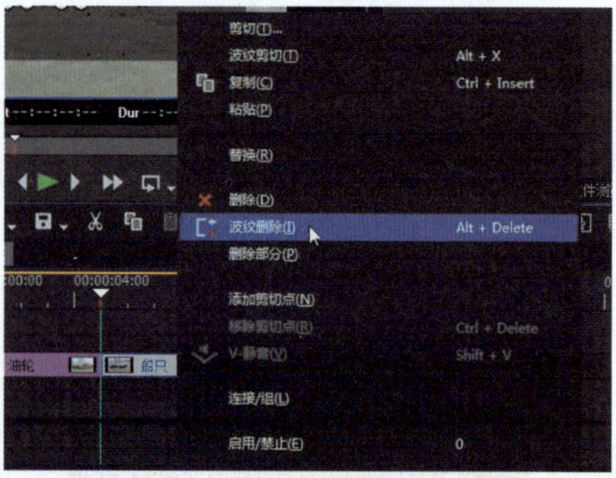

图 4-7 选择“波纹删除”选项

步骤 04 执行操作后，即可波纹删除视频素材，被删除的后一段视频将会贴紧前一段视频文件，如图 4-8 所示。

图 4-8 波纹删除视频素材

4.1.3　删除多个视频间的缝隙

在 EDIUS 9.0 中，用户可以对视频轨中视频素材间的间隙进行删除操作，使制作的视频更加流畅。下面向读者介绍删除素材间的间隙的操作方法。

步骤 01　打开一个工程文件（素材\第 4 章\彩虹风景.ezp），如图 4-9 所示。

图 4-9　打开一个工程文件

步骤 02　在视频轨中，选择需要删除间隙的素材文件，如图 4-10 所示。

步骤 03　单击“编辑”|“删除间隙”|“选定素材”命令，如图 4-11 所示。

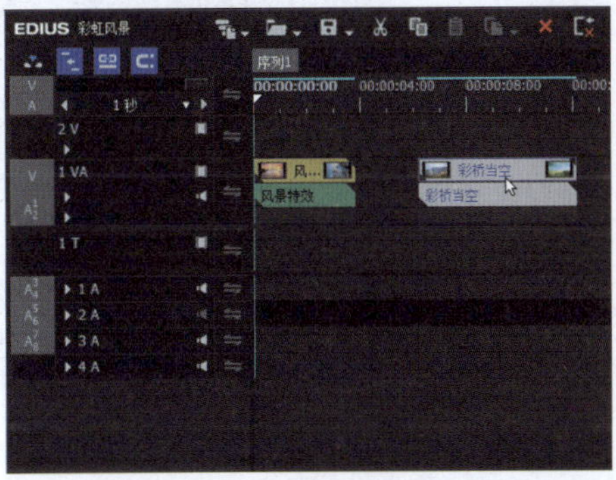

图 4-10　选择素材文件

图 4-11　单击“选定素材”命令

步骤 04　执行操作后，即可删除选定素材之间的间隙，如图 4-12 所示。

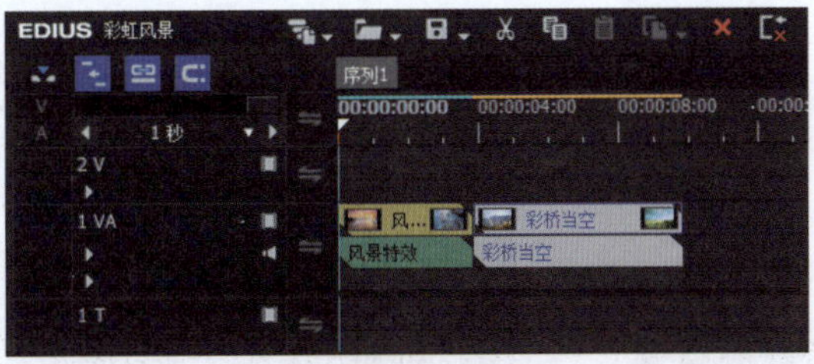

图 4-12　删除选定素材之间的间隙

▶ 专家指点

除了运用上述的方法删除素材文件之间的间隙，还可以在 EDIUS 9.0 中，按【Backspace】键也可以快速删除素材文件之间的间隙。

4.2　精确剪辑视频素材

在 EDIUS 中，用户可以对视频素材进行相应的剪辑操作，使制作的视频画面更加完美。本节主要向读者介绍精确剪辑视频素材的操作方法，主要包括设置素材持续时间、设置视频素材速度、设置时间重映射以及将视频解锁分解等内容，希望读者可以熟练掌握本节内容。

4.2.1　设置素材持续时间

在 EDIUS 9.0 中，用户可根据需要设置视频素材的持续时间，从而使视频素材的长度或长或短，使视频中的某画面实现快动作或者慢动作的效果。下面向读者介绍调节区间，设置素材持续时间的操作方法。

步骤 01　打开一个工程文件（素材\第 4 章\玫瑰花香.ezp），在视频轨中，选择需要设置持续时间的素材文件，如图 4-13 所示。

步骤 02　在菜单栏中，单击“素材”|“持续时间”命令，如图 4-14 所示。

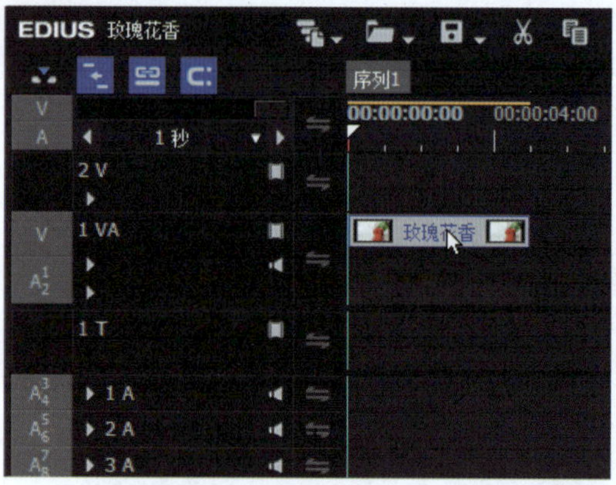

图 4-13　选择素材文件

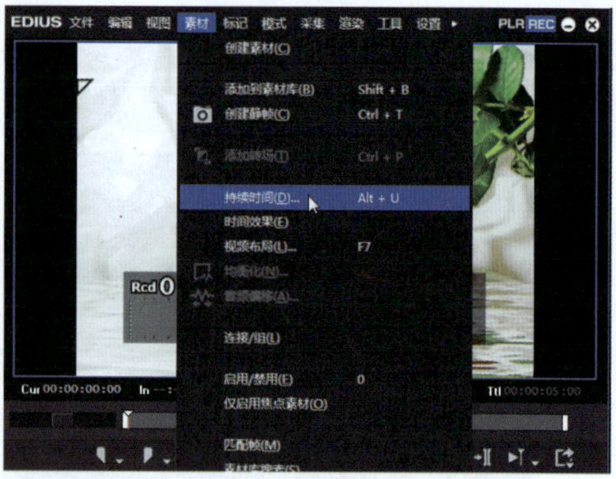

图 4-14 单击“持续时间”命令

步骤 03　执行操作后，弹出“持续时间”对话框，在“持续时间”数值框中输入 00:00:09:00，如图 4-15 所示。

步骤 04　单击“确定”按钮，即可调整素材文件的持续时间，如图 4-16 所示。

图 4-15　输入持续时间数值

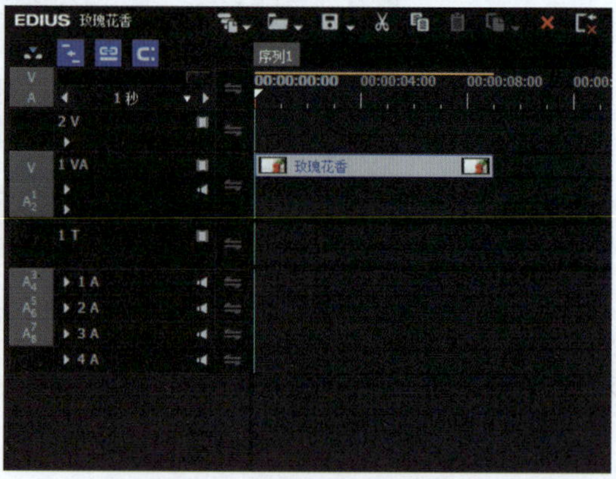

图 4-16　调整素材持续时间

步骤 05　单击录制窗口下方的“播放”按钮，预览调整持续时间后的素材画面，如图 4-17 所示。

图 4-17　预览调整持续时间后的素材画面

4.2.2　设置视频素材速度

在 EDIUS 9.0 中，用户不仅可以通过“持续时间”对话框调整视频的播放速度，还可以通过“素材速度”对话框来调整视频素材的播放速度。

步骤 01　打开一个工程文件（素材\第 4 章\日出美景.ezp），如图 4-18 所示。

步骤 02　在视频轨中，选择需要设置速度的素材文件，如图 4-19 所示。

图 4-18　打开一个工程文件

图 4-19　选择需要设置速度的素材文件

> **▶ 专家指点**
>
> 除了运用上述的方法调整素材的速度，还可以在 EDIUS 9.0 中，通过以下两种方法调整素材的速度：
>
> ➢ 按【Alt + E】组合键，调整素材的速度。
>
> ➢ 在视频轨中的素材文件上，单击鼠标右键，在弹出的快捷菜单中选择“时间效果”|“速度”选项，也可以快速调整素材的速度。

步骤 03　单击“素材”菜单，在弹出的菜单列表中单击“时间效果”|“速度”命令，如图 4-20 所示。

步骤 04　执行操作后，弹出“素材速度”对话框，在“比率”右侧的数值框中输入 50，设置素材的速度比率，如图 4-21 所示。

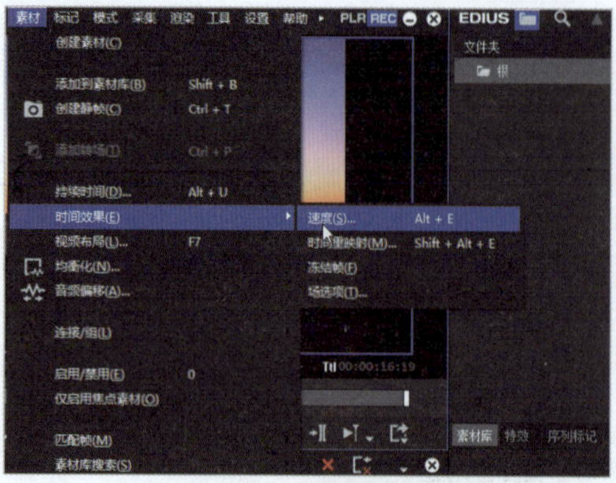

图 4-20　单击相应命令

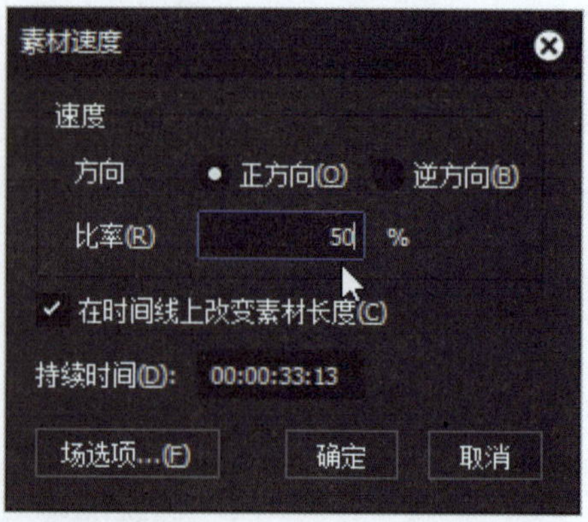

图 4-21　设置素材的速度比率

步骤 05　单击“确定”按钮，返回 EDIUS 工作界面，在视频轨中可以查看调整速度后的素材文件区间变化，如图 4-22 所示。

步骤 06　单击录制窗口下方的“播放”按钮，预览调整速度后的视频画面效果，如图 4-23 所示。

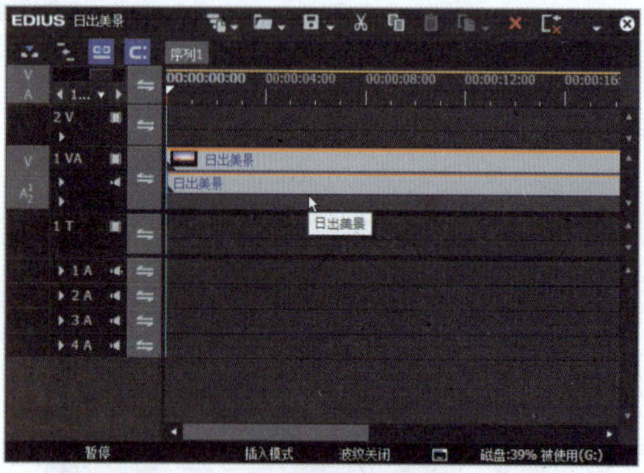

图 4-22　查看调整速度后的素材

图 4-23　预览调整速度后的视频画面效果

4.2.3　设置素材时间重映射

在 EDIUS 9.0 中，时间重映射的实质就是用关键帧来控制素材的速度。下面向读者介绍设置素材时间重映射的操作方法。

步骤 01　打开一个工程文件（素材\第 4 章\烟花晚会.ezp），如图 4-24 所示。

步骤 02　在视频轨中，选择需要设置时间重映射的素材文件，如图 4-25 所示。

▶ 专家指点

除了运用上述的方法设置视频时间重映射，还可以在 EDIUS 9.0 中，通过以下两种方法设置视频时间重映射：

➢　按【Shift + Alt + E】组合键，设置素材的时间重映射。

➢　在视频轨中的素材文件上，单击鼠标右键，在弹出的快捷菜单中选择“时间效果”|“时间重映射”选项，也可以快速调整素材的时间重映射。

图 4-24　打开一个工程文件

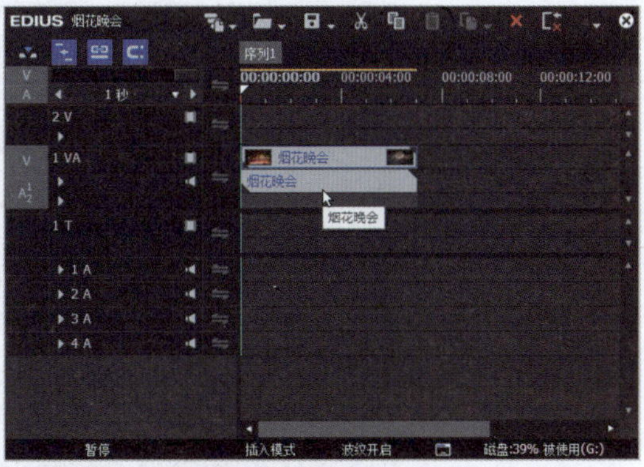

图 4-25　选择需要设置时间重映射的素材文件

步骤 03　单击“素材”菜单，在弹出的菜单列表中单击“时间效果”|“时间重映射”命令，如图 4-26 所示。

步骤 04　执行操作后，弹出“时间重映射”对话框，在中间的时间轨道中将时间线移至 00:00:02:02 的位置处，单击上方的“添加关键帧”按钮，如图 4-27 所示。

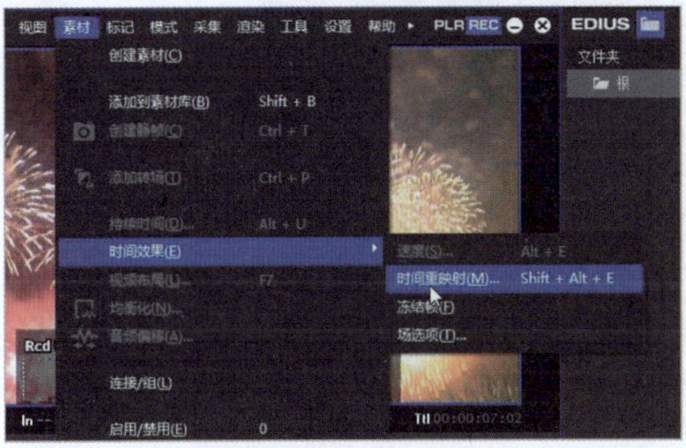

图 4-26　单击相应命令

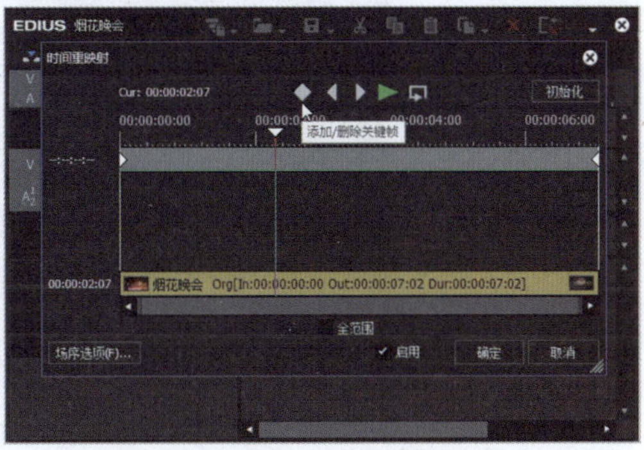

图 4-27　单击“添加关键帧”按钮

步骤 05　执行操作后，即可在时间线位置添加一个关键帧，如图 4-28 所示。

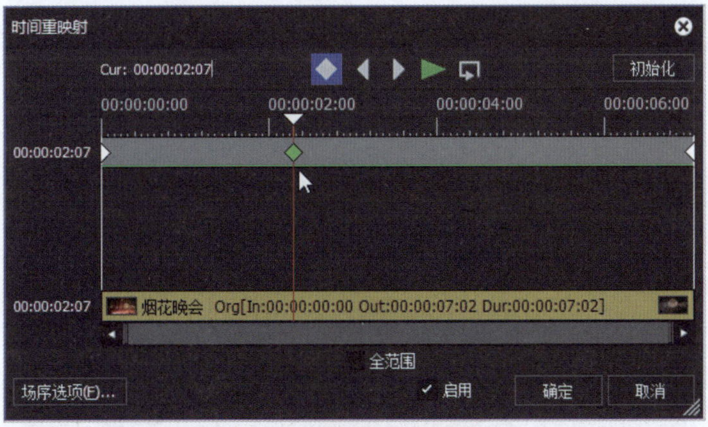

图 4-28　添加一个关键帧

步骤 06　选择刚添加的关键帧，单击鼠标左键并向左拖曳关键帧的位置，设置第一部分的播放时间短于素材原速度，使第一部分的视频播放时间加速，如图 4-29 所示。

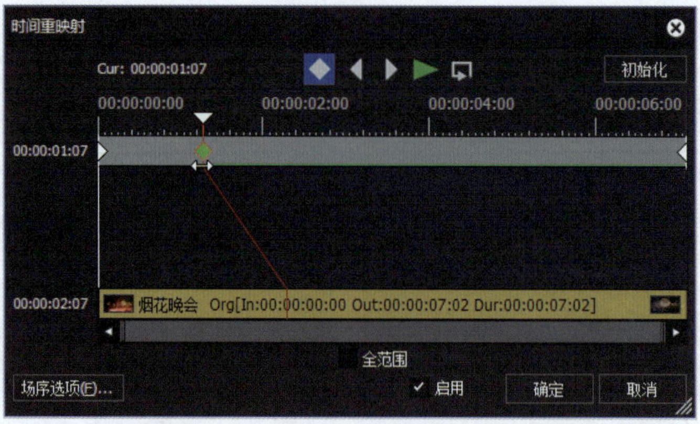

图 4-29　使第一部分的视频播放时间加速

步骤 07　继续将时间线移至 00:00:04:19 的位置处，单击“添加关键帧”按钮，再次添加一个关键帧，如图 4-30 所示。

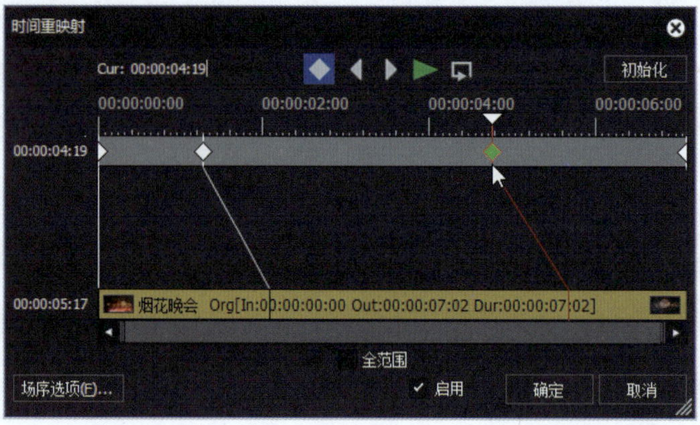

图 4-30　再次添加一个关键帧

步骤 08　选择刚添加的关键帧，单击鼠标左键并向右拖曳关键帧的位置，设置第二部分的播放时间长于素材原速度，使第二部分的视频播放时间变慢，如图 4-31 所示。

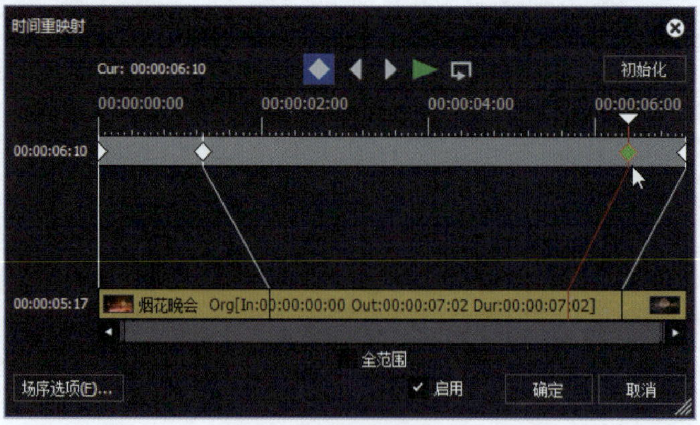

图 4-31　使第二部分的视频播放时间变慢

步骤 09　在对话框中，将鼠标移至“烟花晚会”素材文件的第 4 个关键帧的时间线上，此时鼠标指针呈双向箭头形状，单击鼠标左键并向右拖曳至视频结尾处，将关键帧时间线调整为一条直线，如图 4-32 所示。

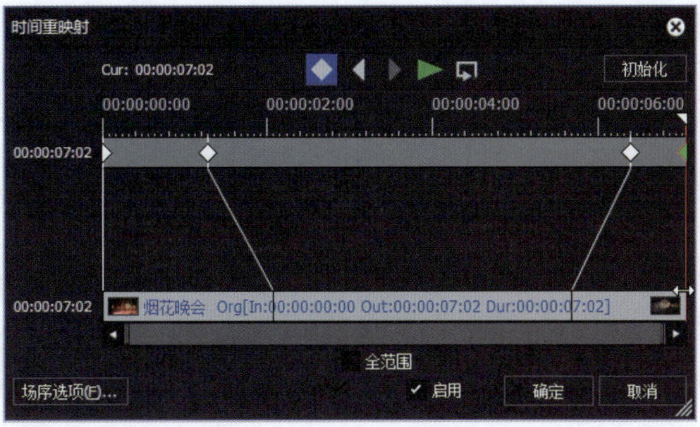

图 4-32　将关键帧时间线调整为一条直线

步骤 10　设置完成后，单击“确定”按钮，返回 EDIUS 工作界面，完成视频素材时间重映射的操作，单击录制窗口下方的“播放”按钮，预览视频时间调整后的画面效果，如图 4-33 所示。

图 4-33　预览视频时间调整后的画面效果

4.2.4　将视频画面解锁分解

在 EDIUS 9.0 中，用户可以将视频轨中的视频和音频文件进行解锁操作，以便单独对视频或者音频进行剪辑修改。下面介绍解锁视频：将视频画面解锁分解的操作方法。

步骤 01　打开一个工程文件（素材\第 4 章\个性写真.ezp），如图 4-34 所示。

步骤 02　单击“素材”菜单，在弹出的菜单列表中单击“连接/组”|“解除连接”命令，如图 4-35 所示。

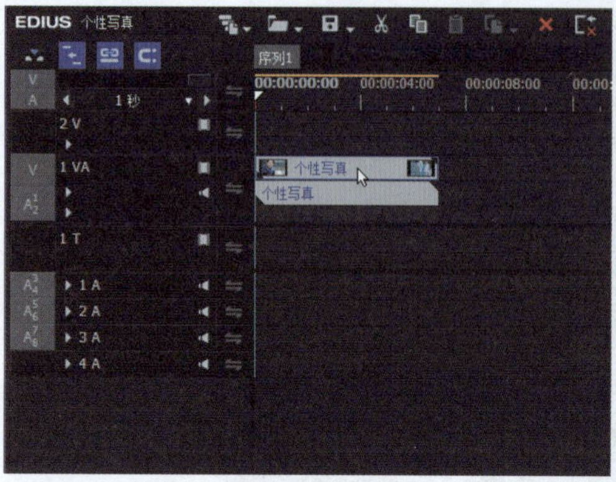

图 4-34　选择素材文件

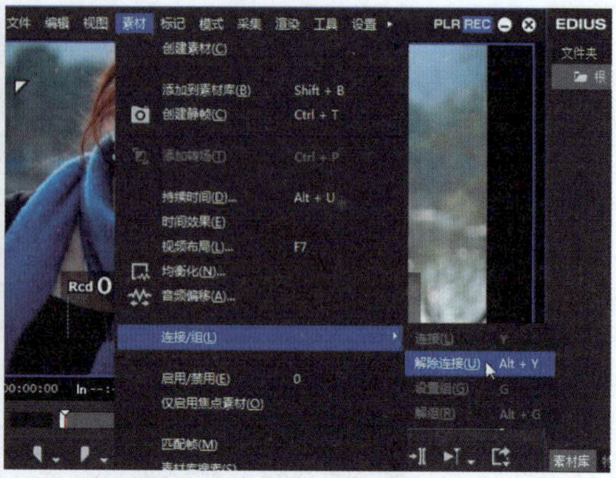

图 4-35　单击“解除连接”命令

步骤 03　执行操作后，即可对视频轨中的视频文件进行解锁操作，选择视频轨中被分解出来的音频文件，如图 4-36 所示。

步骤 04　单击鼠标左键并向右拖曳，即可调整音频文件的位置，如图 4-37 所示。

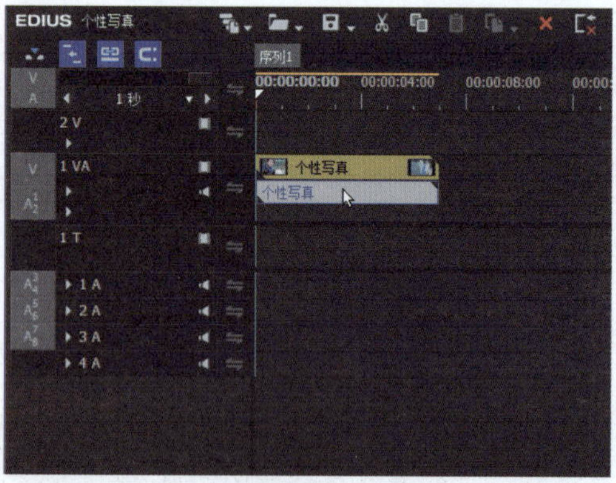

图 4-36　选择分解出来的音频文件

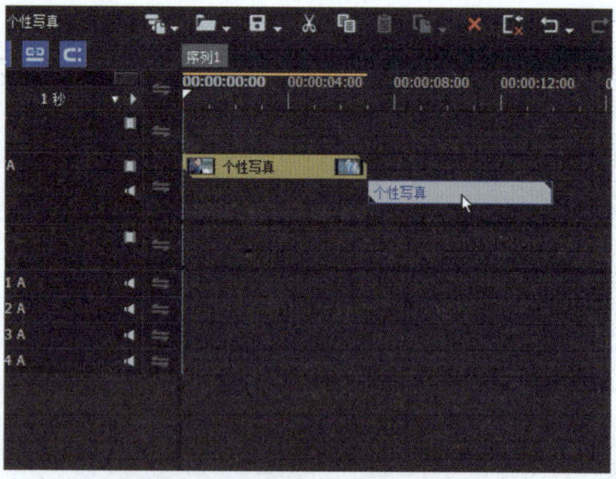

图 4-37　调整音频文件的位置

步骤 05　单击录制窗口下方的“播放”按钮，预览分解后的画面效果，如图 4-38 所示。

图 4-38　预览分解后的视频画面效果

> ▶ 专家指点
>
> 除了运用上述的方法分解视频文件，还可以通过以下两种方法分解视频文件：
>
> ➢ 按【Alt + Y】组合键，分解视频文件。
>
> ➢ 在视频轨中的素材文件上，单击鼠标右键，在弹出的快捷菜单中选择“连接/组”|“解锁”选项，也可以快速分解视频文件。

4.2.5　将多个素材组合/分组

在 EDIUS 9.0 中，用户不仅可以对视频轨中的文件进行解锁分解操作，还可以对分解后的视频或者多段不同的素材文件进行组合操作，方便用户对素材文件进行统一修改。下面向读者介绍将多个素材进行组合的操作方法。

步骤 01　打开一个工程文件（素材\第 4 章\小熊.ezp），如图 4-39 所示。

步骤 02　按住【Ctrl】键的同时，分别选择两段素材文件，在选择的素材文件上单击鼠标右键，在弹出的快捷菜单中选择“连接/组”|“设置组”选项，如图 4-40 所示。

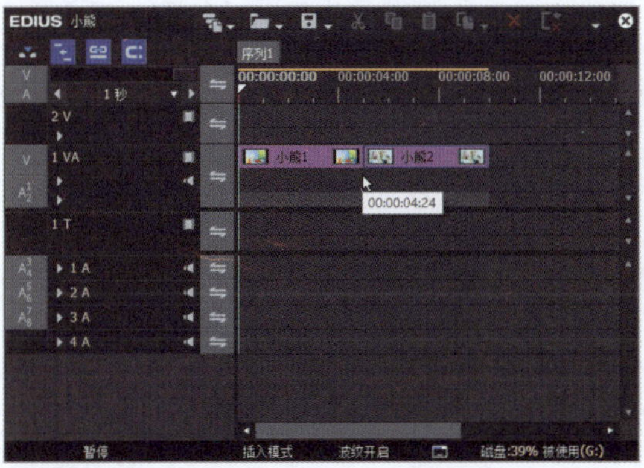

图 4-39　打开一个工程文件

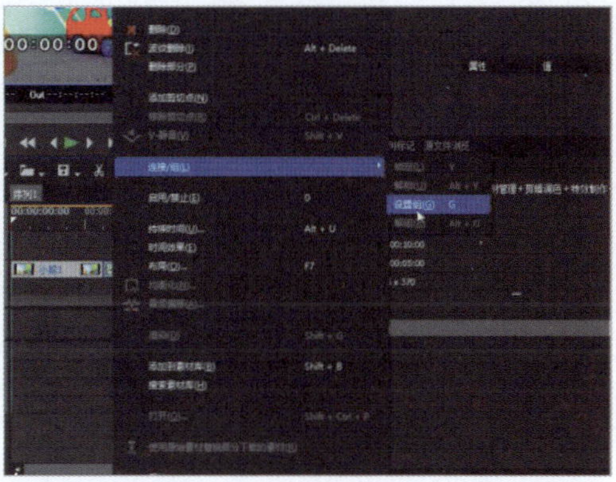

图 4-40　选择相应选项

步骤 03　执行操作后，即可对两段素材文件进行组合操作，在组合的素材文件上，单击鼠标左键并向右拖曳，此时组合的素材将被同时移动，如图 4-41 所示。

步骤 04　移至合适位置后，释放鼠标左键，即可同时移动被组合的素材文件，如图 4-42 所示。

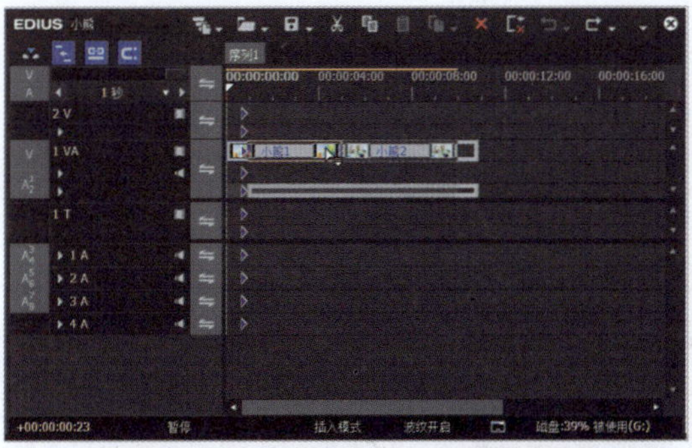

图 4-41　单击鼠标左键并向右拖曳

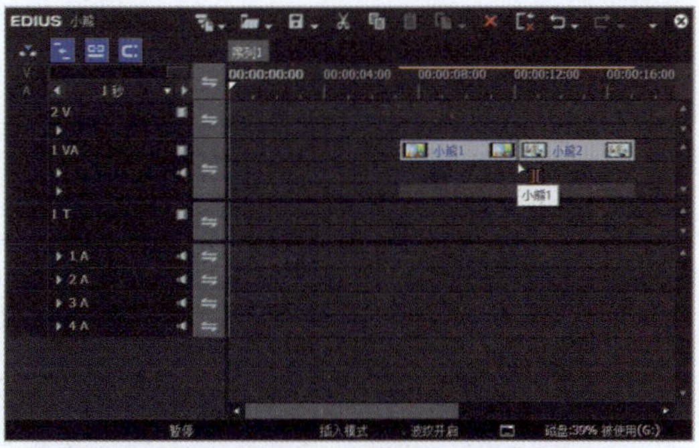

图 4-42　移动被组合的素材文件

步骤 05　单击录制窗口下方的“播放”按钮，预览被组合、移动后的素材画面效果，如图 4-43 所示。

图 4-43　预览被组合、移动后的素材画面效果

> ▶ 专家指点
>
> 除了运用上述的方法对素材文件进行组合操作之外，还可以在 EDIUS 9.0 中选择需要组合的素材文件后，单击“素材”|“连接/组”|“设置组”命令，也可以快速将素材文件进行组合操作。在“连接/组”子菜单中，用户还可以直接按键盘上的【G】键，快速对素材文件进行组合操作。
>
> 当用户需要对组合的素材取消组合时，可以在选择的素材文件上单击鼠标右键，在弹出的快捷菜单中选择“连接/组”|“解组”选项即可。

4.3　查看剪辑的视频素材

在 EDIUS 工作界面中，当用户对视频素材进行精确剪辑后，可以查看剪辑后的视频素材是否符合用户的需求。本节主要向读者介绍查看剪辑的视频素材的操作方法。

4.3.1　在播放窗口显示视频

在 EDIUS 9.0 的工作界面中，被剪辑后的视频素材可以在播放窗口中显示出来，方便用户查看剪辑后的视频素材是否符合要求。下面介绍在播放窗口显示视频的方法。

步骤 01　打开一个工程文件（素材\第 4 章\花儿绽放.ezp），如图 4-44 所示。

步骤 02　在录制窗口中可以查看视频画面效果，如图 4-45 所示。

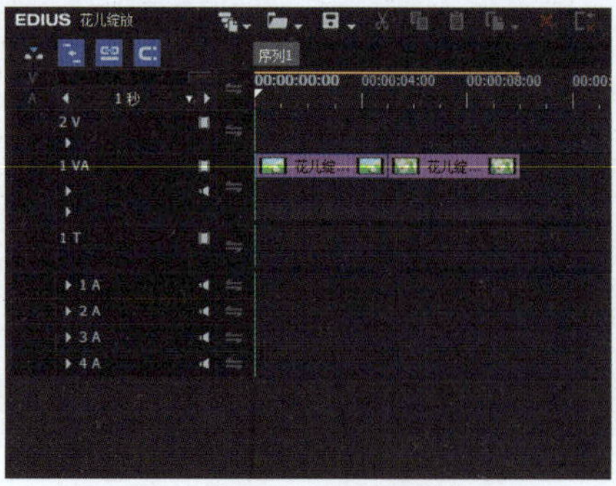

图 4-44　打开一个工程文件

图 4-45　录制窗口中的视频画面

步骤 03　在视频轨中，选择需要在播放窗口中显示的素材文件，如图 4-46 所示。

步骤 04　单击“素材”菜单，在弹出的菜单列表中单击“在播放窗口显示”命令，如图 4-47 所示。

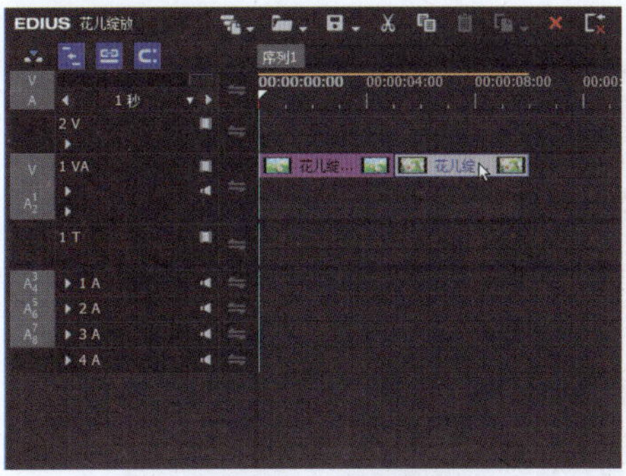

图 4-46　选择素材文件

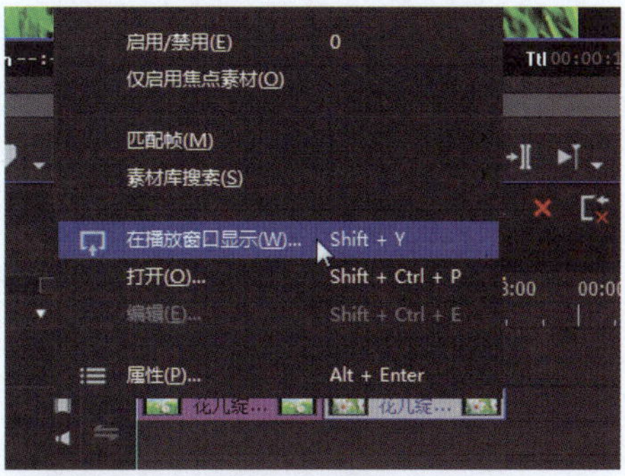

图 4-47　单击“在播放窗口显示”命令

步骤 05　执行操作后，即可在播放窗口中显示素材文件，如图 4-48 所示。

图 4-48　在播放窗口中显示素材文件

4.3.2　查看剪辑的视频属性

在 EDIUS 工作界面中，用户可以查看剪辑后的视频属性，包括素材的持续时间、时间码以及帧尺寸等信息。下面向读者介绍查看剪辑后的视频属性的操作方法。

步骤 01　打开一个工程文件（素材\第 4 章\绿叶嫩芽.ezp），在视频轨中，选择剪辑后的视频文件，如图 4-49 所示。

步骤 02　单击“素材”菜单，弹出菜单列表，单击“属性”命令，如图 4-50 所示。

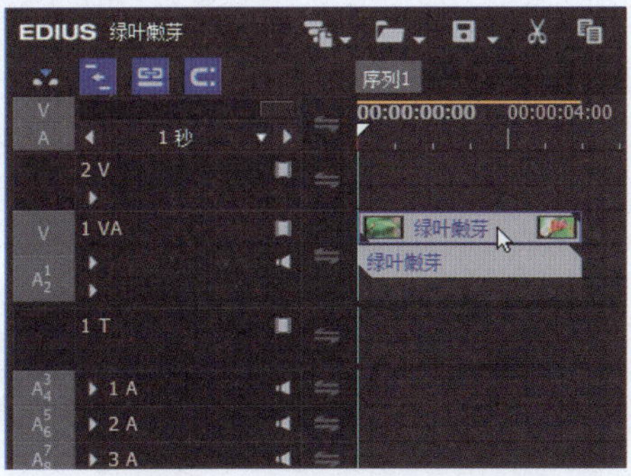

图 4-49　选择视频文件

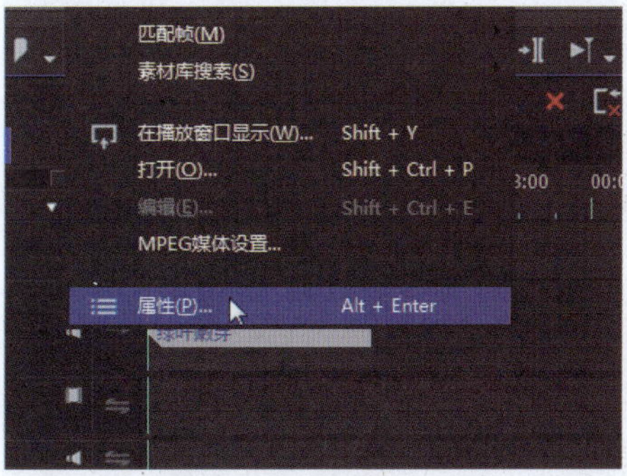

图 4-50　单击“属性”命令

步骤 03　弹出“素材属性”对话框，在“文件信息”选项卡中，可以查看视频文件的名称、路径、类型、大小以及创建时间等信息，如图 4-51 所示。

步骤 04　切换至“视频信息”选项卡，在其中可以查看视频文件的持续时间、时间码以及帧尺寸等信息，如图 4-52 所示。

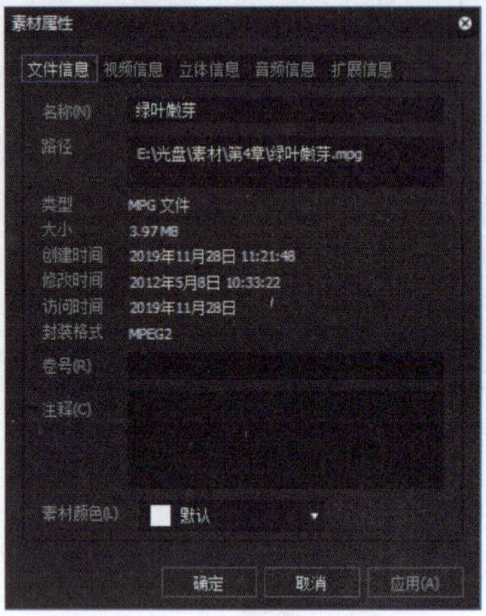

图 4-51　查看文件信息

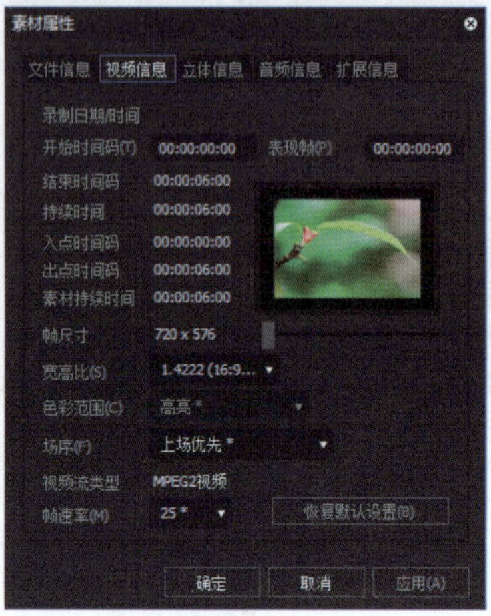

图 4-52　查看视频信息

4.4　设置素材入点与出点

在 EDIUS 工作界面中，设置素材的入点与出点是为了更精确的剪辑视频素材。本节主要向读者介绍设置视频素材入点与出点的操作方法，希望读者熟练掌握本节内容。

4.4.1　设置入点

在 EDIUS 工作界面中，设置入点是指标记视频素材的开始位置。下面向读者介绍设置入点的操作方法。

步骤 01　打开一个工程文件（素材\第 4 章\城市建筑.ezp），如图 4-53 所示。

步骤 02　在视频轨中，将时间线移至 00:00:02:14 的位置处，如图 4-54 所示。

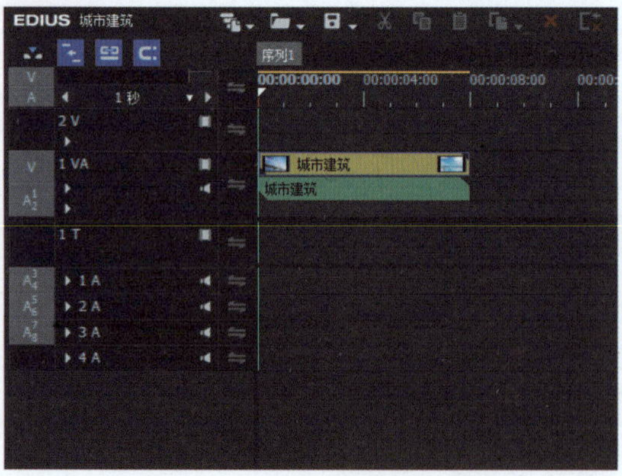

图 4-53　打开一个工程文件

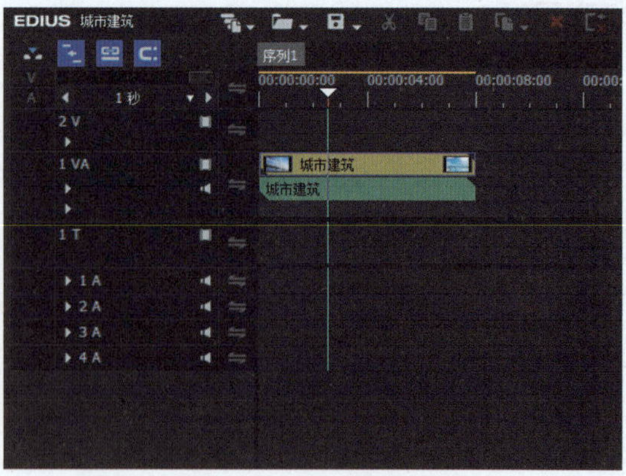

图 4-54　移动时间线的位置

步骤 03　在菜单栏中，单击“标记”|“设置入点”命令，如图 4-55 所示。

步骤 04　执行操作后，即可设置视频素材的入点，被标记的入点后部分呈亮色，前部分呈黑色，如图 4-56 所示。

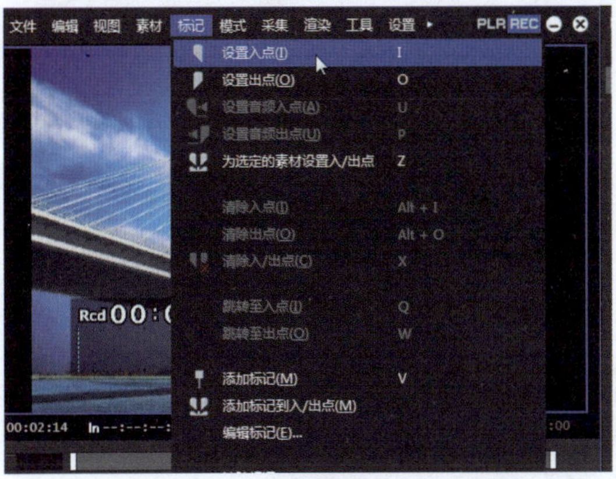

图 4-55　单击“设置入点”命令

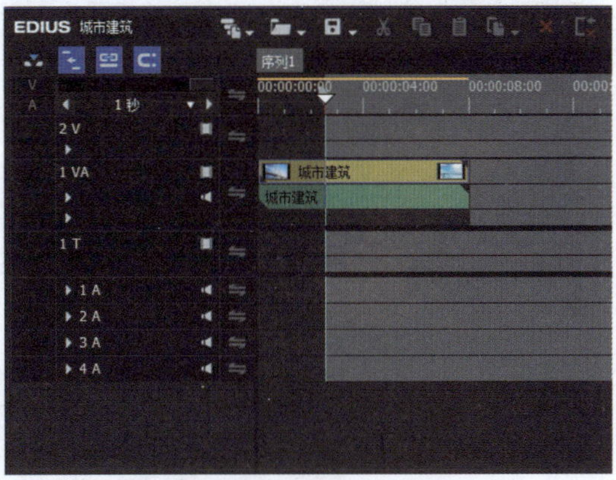

图 4-56　设置素材的入点

步骤 05　单击录制窗口下方的“播放”按钮，预览设置入点后的视频画面效果，如图 4-57 所示。

图 4-57　预览设置入点后的视频画面效果

4.4.2　设置出点

在 EDIUS 工作界面中，设置出点是指标记视频素材的结束位置。下面向读者介绍设置出点的操作方法。

步骤 01　打开上一例效果文件，在视频轨中，将时间线移至 00:00:05:09 的位置处，如图 4-58 所示。

步骤 02　单击“标记”菜单，在弹出的菜单列表中，单击“设置出点”命令，如图 4-59 所示。

步骤 03　执行操作后，即可设置视频的出点，此时被标记入点与出点部分的视频呈亮色显示，其他没有被标记的视频呈黑色显示，如图 4-60 所示。

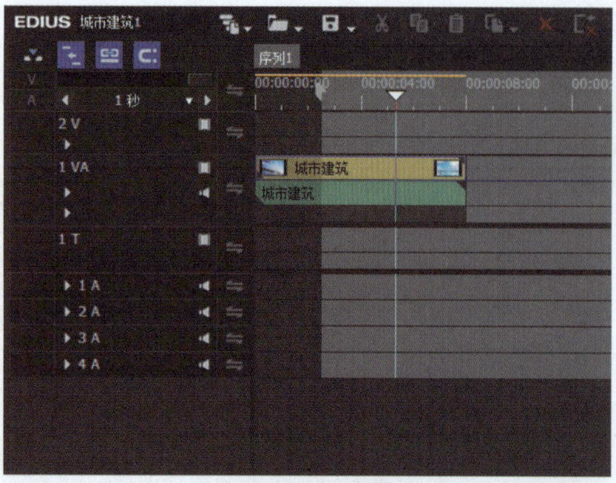

图 4-58　移动时间线的位置

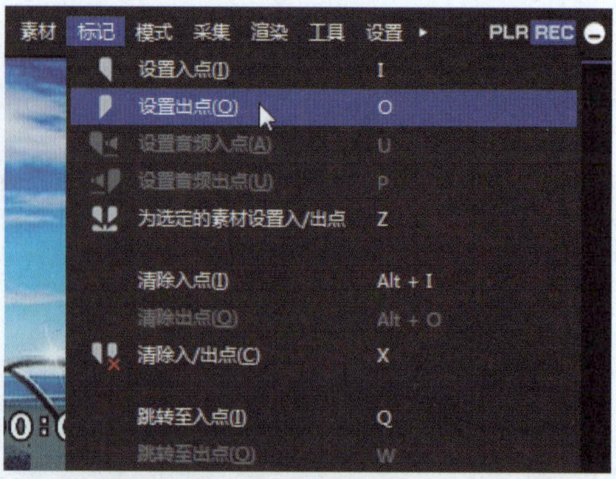

图 4-59　单击“设置出点”命令

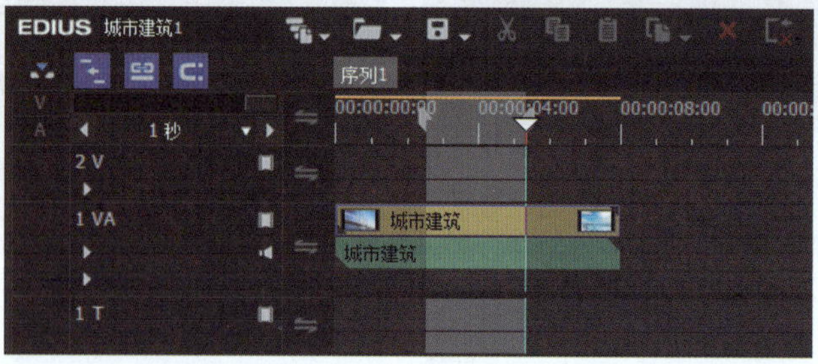

图 4-60　设置视频出点

4.4.3　设置入/出点

在 EDIUS 工作界面中，用户还可以为选定的素材设置入点与出点。下面向读者介绍设置入/出点的操作方法。

步骤 01　打开一个工程文件（素材\第 4 章\海边摄影.ezp），如图 4-61 所示。

步骤 02　在视频轨中，选择需要设置入点与出点的素材文件，如图 4-62 所示。

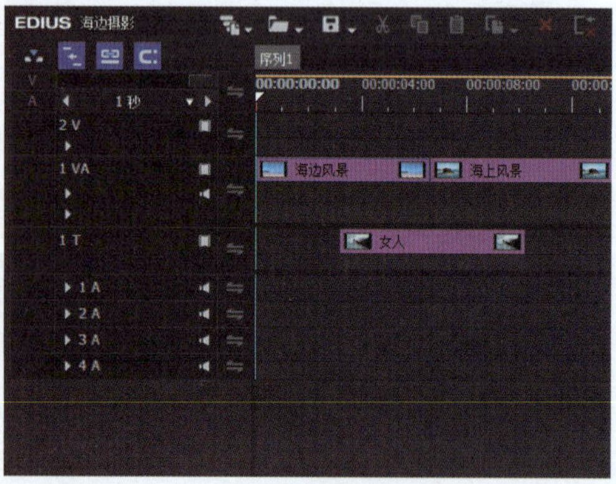

图 4-61　打开一个工程文件

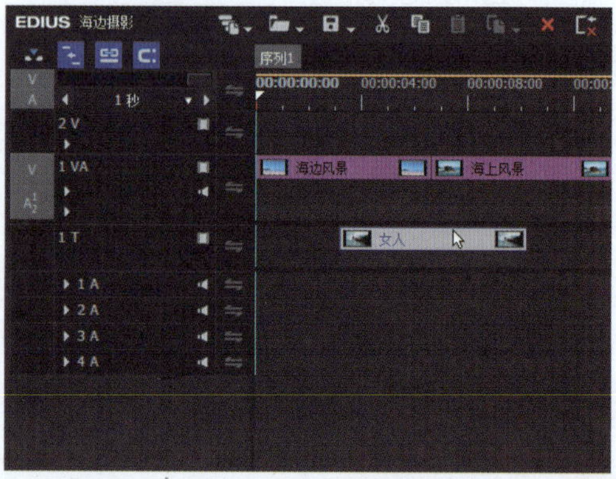

图 4-62　选择素材文件

步骤 03　单击“标记”菜单，在弹出的菜单列表中单击“为选定的素材设置入/出点”命令，如图 4-63 所示。

步骤 04　执行操作后，即可为视频轨中选定的素材文件设置入点与出点，如图 4-64 所示。

图 4-63　单击相应命令

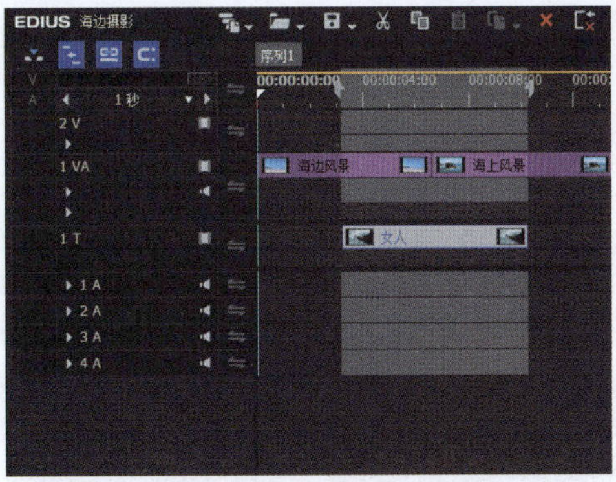

图 4-64　设置入点与出点

步骤 05　单击录制窗口下方的"播放"按钮，预览设置入点与出点后的素材画面，如图 4-65 所示。

图 4-65　预览素材画面

4.4.4　清除入/出点

在 EDIUS 9.0 工作界面中，为用户还提供了同时清除素材入点与出点的功能，使用该功能可以提高了用户编辑视频的效率。下面向读者介绍清除入/出点的操作方法。

步骤 01　打开一个工程文件（素材\第 4 章\动漫卡通.ezp），如图 4-66 所示。

步骤 02　在视频轨中，将鼠标移至入点标记上，显示入点信息，如图 4-67 所示。

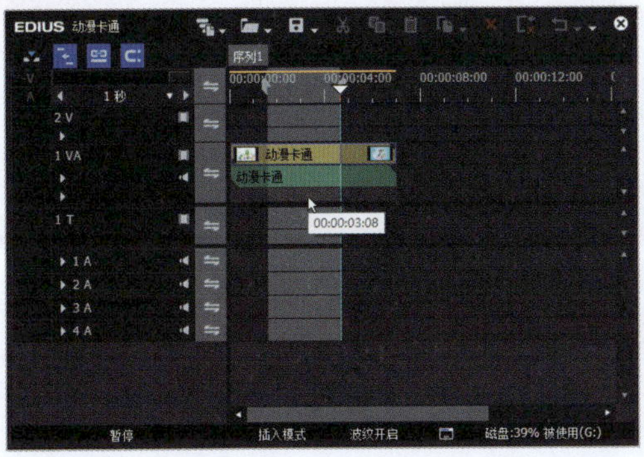

图 4-66　打开一个工程文件

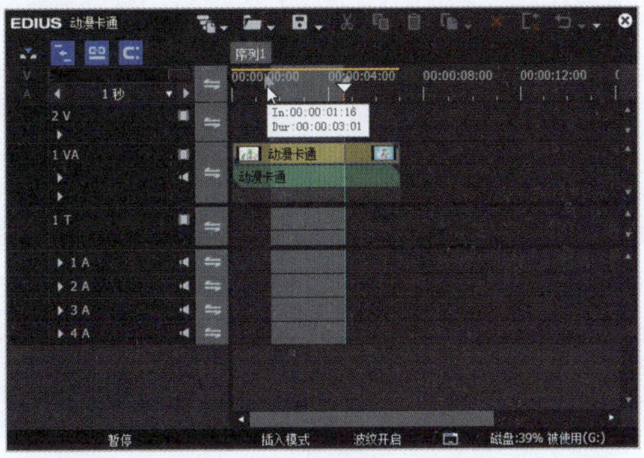

图 4-67　显示入点信息

步骤 03 在入点标记上，单击鼠标右键，在弹出的快捷菜单中选择“清除入/出点”选项，如图 4-68 所示。

步骤 04 执行操作后，即可同时清除视频轨中的视频素材文件的入点与出点信息，如图 4-69 所示。

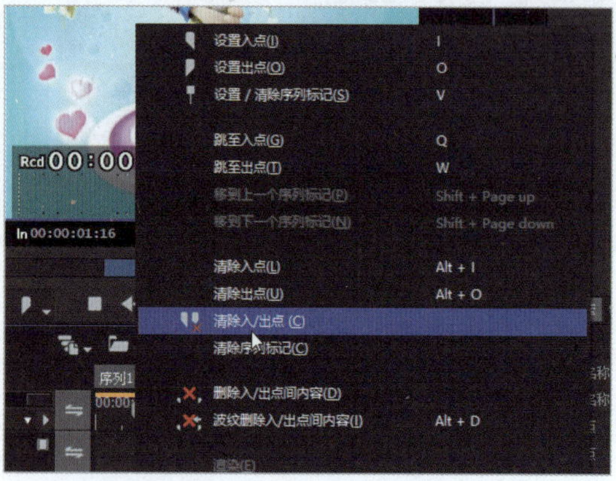

图 4-68　选择“清除入/出点”选项

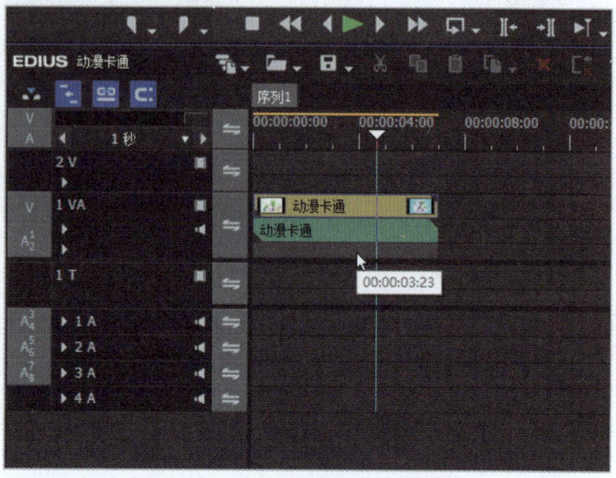

图 4-69　清除入点与出点信息

步骤 05 单击录制窗口下方的“播放”按钮，预览清除入点与出点后的视频画面效果，如图 4-70 所示。

图 4-70　预览清除入点与出点后的视频画面效果

> ▶ 专家指点
>
> 在 EDIUS 工作界面中，用户还可以通过以下两种方法同时清除视频中的入点与出点：
>
> ➢ 按【X】键，同时清除视频入点与出点。
>
> ➢ 单击“标记”菜单，在弹出的菜单列表中单击“清除入/出点”命令，也可以同时清除视频中的入点与出点。

4.5　添加与编辑素材标记

在 EDIUS 9.0 中，用户可以为时间线上的视频素材添加标记点。在编辑视频的过程中，用户可以快速地跳到上一个或下一个标记点，来查看所标记的视频画面内容，并在视频标记点上添加注释信息，对当前的视频画面进行讲解。本节主要向读者介绍添加与编辑素材标记的操作方法。

4.5.1　添加素材标记

在 EDIUS 工作界面中，标记主要用来记录视频中的某个画面，使用户更加方便对视频进行编辑。下面向读者介绍添加标记的操作方法。

步骤 01　打开一个工程文件（素材\第 4 章\创意视频.ezp），如图 4-71 所示。

步骤 02　在视频轨中，将时间线移至 00:00:02:00 的位置处，如图 4-72 所示，该处是准备添加标记的位置。

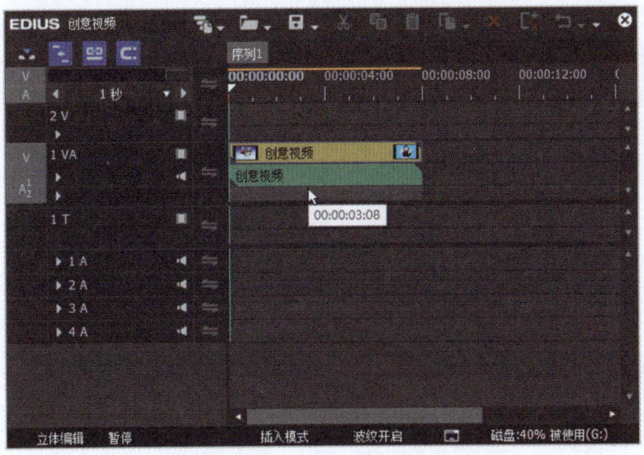

图 4-71　打开一个工程文件

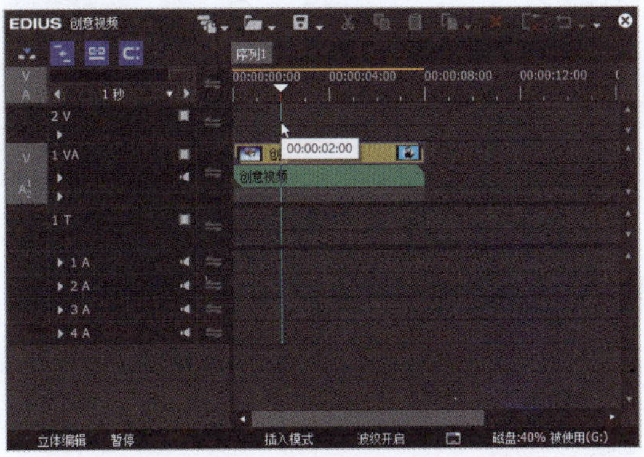

图 4-72　时间线移至相应的位置

> **▶ 专家指点**
>
> 在 EDIUS 中，按【Shift + PageUp】组合键，可以跳转至上一个标记点；按【Shift + PageDown】组合键，可以跳转至下一个标记点。

步骤 03　在菜单栏中，单击"标记"|"添加标记"命令，如图 4-73 所示。

步骤 04　执行操作后，即可在 00:00:02:00 的位置处添加素材标记，如图 4-74 所示。

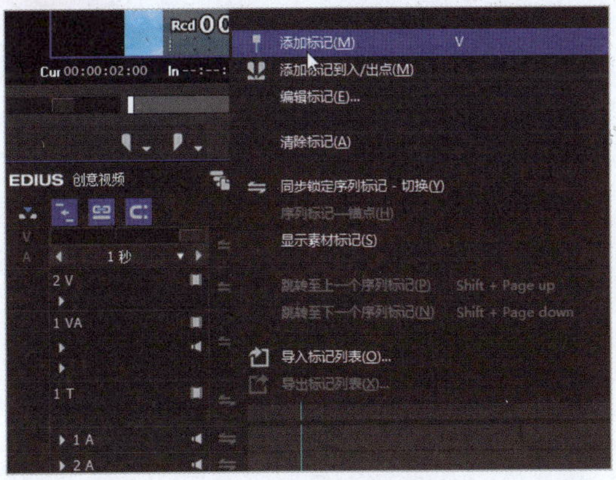

图 4-73　单击"添加标记"命令

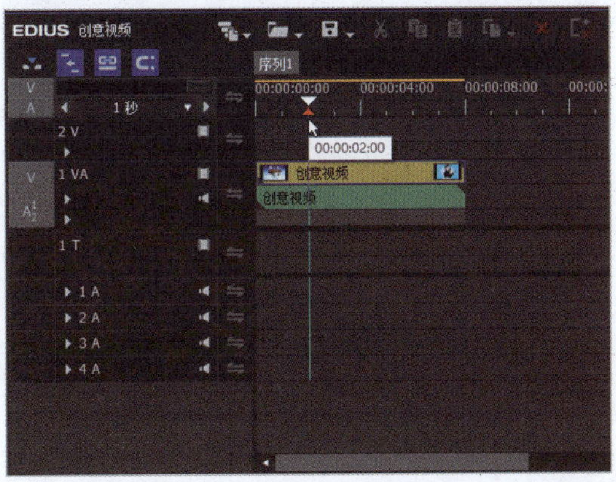

图 4-74　添加素材标记

步骤 05　将时间线移至素材的开始位置，单击录制窗口下方的"播放"按钮，预览添加标记后的视频画面效果，如图 4-75 所示。

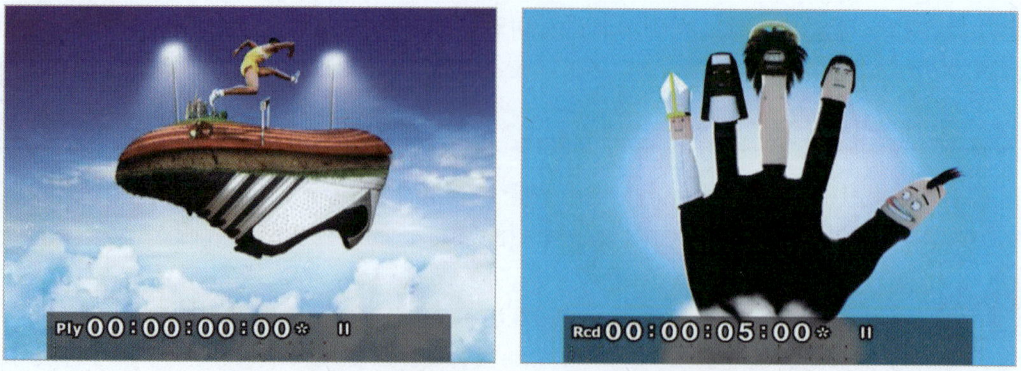

图 4-75　预览添加标记后的视频画面效果

> ▶ 专家指点
>
> 除了运用上述的方法添加素材标记，还可以在 EDIUS 中，按【V】键，也可以快速在时间线位置添加一个素材标记。

4.5.2　清除素材标记

在 EDIUS 9.0 中，如果用户不再需要素材标记，此时可以对视频轨中添加的素材标记进行清除操作，保持视频轨的整洁。下面向读者介绍清除标记的方法。

步骤 01　打开一个工程文件（素材\第 4 章\张家界之旅.ezp），如图 4-76 所示。

步骤 02　在视频轨中，选择需要删除的素材标记，如图 4-77 所示。

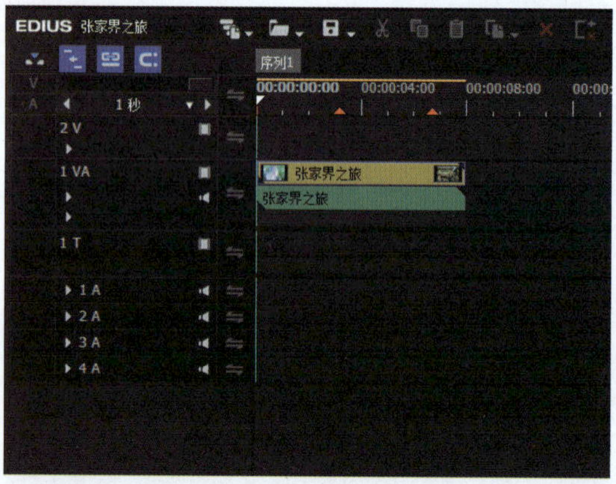

图 4-76　打开一个工程文件

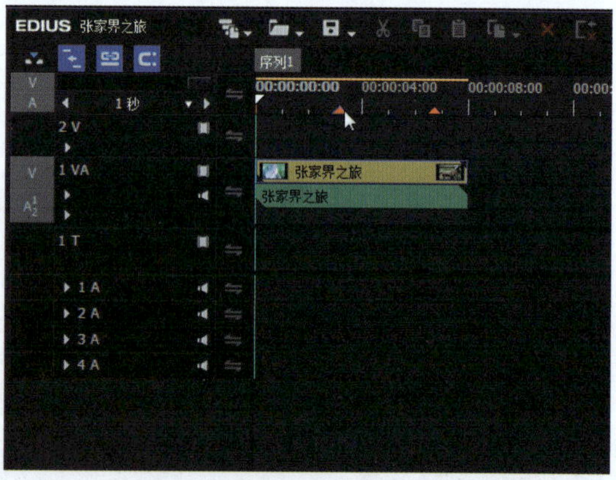

图 4-77　选择需要删除的素材标记

步骤 03　在菜单栏中，单击"标记"|"清除标记"|"所有"命令，如图 4-78 所示。

步骤 04　执行操作后，即可清除视频轨中的所有标记，如图 4-79 所示。

步骤 05　单击录制窗口下方的"播放"按钮，预览清除素材标记后的视频画面效果，如图 4-80 所示。

> ▶ 专家指点
>
> 选择需要删除的素材标记，按【Delete】键，也可以快速删除素材标记。

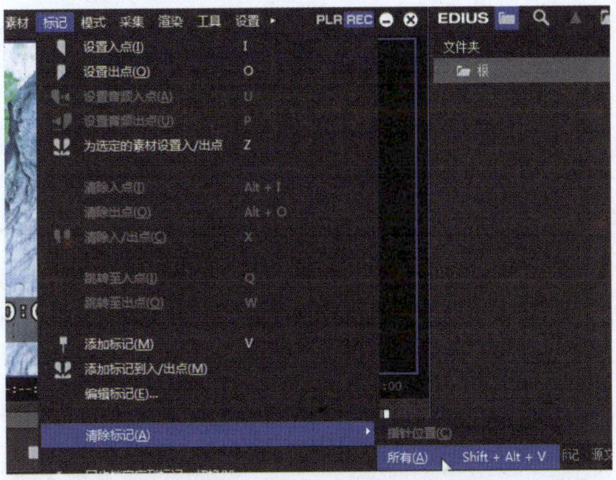

图 4-78　单击“所有”命令

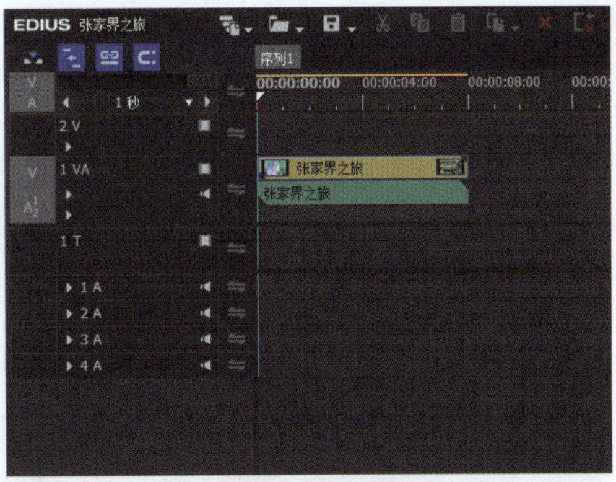

图 4-79　清除视频轨中的所有标记

图 4-80　预览视频画面效果

4.5.3　添加标记注释

在 EDIUS 9.0 中，用户可以为素材标记添加注释内容，用于对视频画面进行解说。下面向读者介绍添加注释的操作方法。

步骤 01　打开一个工程文件（素材\第 4 章\缘分之花.ezp），如图 4-81 所示。

步骤 02　在视频轨中，将时间线移至 00:00:02:00 的位置处，如图 4-82 所示。

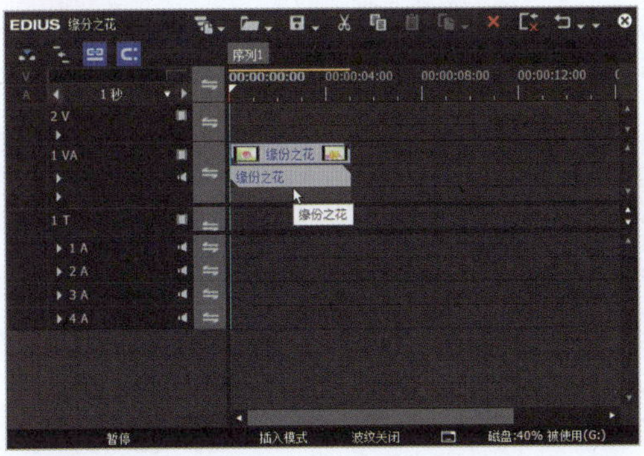

图 4-81　打开一个工程文件

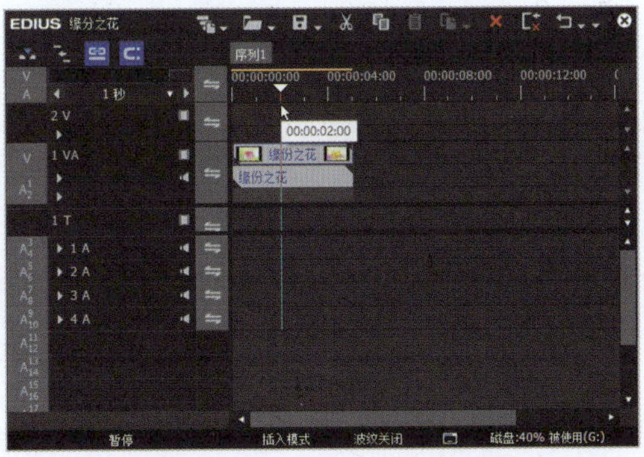

图 4-82　时间线移至相应位置

步骤 03　按键盘上的【V】键，在该时间线位置添加一个素材标记，如图 4-83 所示。

步骤 04 单击“标记”菜单，在弹出的菜单列表中单击“编辑标记”命令，弹出“标记注释”对话框，如图 4-84 所示。

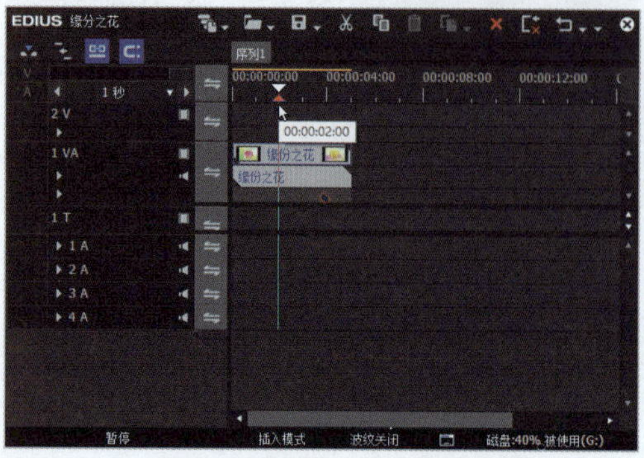

图 4-83 添加一个素材标记

图 4-84 弹出“标记注释”对话框

步骤 05 在对话框的“注释”文本框中输入相应注释内容，如图 4-85 所示。

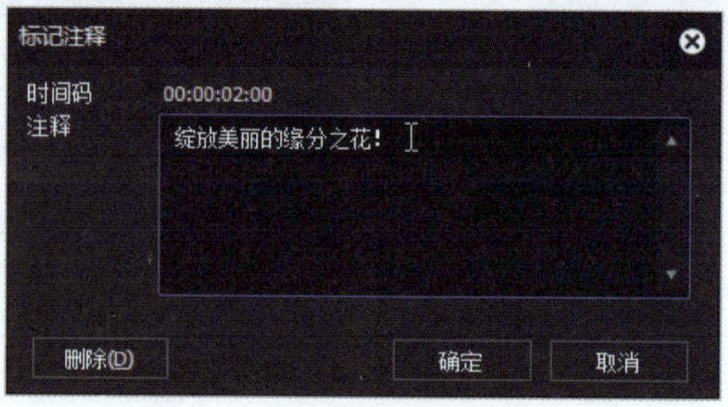

图 4-85 输入相应注释内容

步骤 06 单击“确定”按钮，即可添加标记注释内容，将时间线移至素材的开始位置，单击录制窗口下方的“播放”按钮，预览视频画面效果，如图 4-86 所示。

图 4-86 预览视频画面效果

4.5.4 导入标记列表

在 EDIUS 9.0 中，用户可以将计算机中已经存在的标记列表导入到“序列标记”面板中，被导入的标记也会附于当前编辑的视频文件中。下面向读者介绍具体的操作方法。

步骤 01 打开一个工程文件（素材\第 4 章\元旦节日.ezp），如图 4-87 所示。

步骤 02 在“序列标记”面板中，单击“导入标记列表”按钮，如图 4-88 所示。

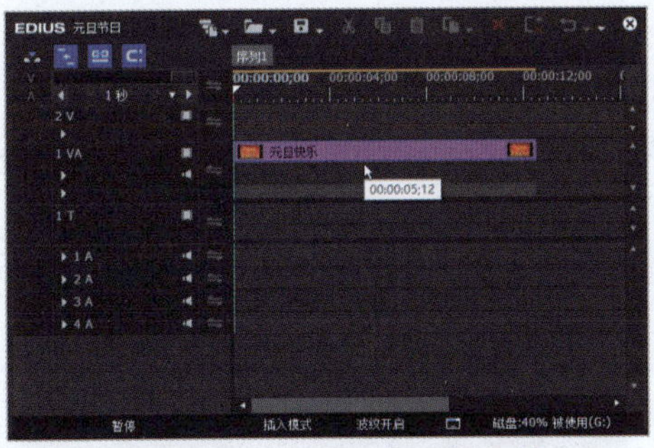

图 4-87 打开一个工程文件

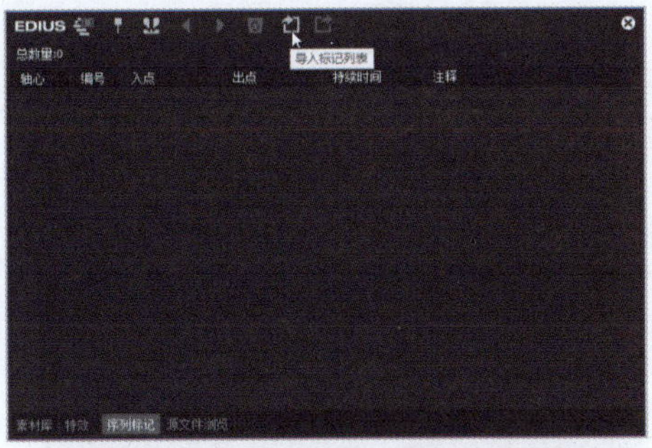

图 4-88 单击“导入标记列表”按钮

步骤 03 执行操作后，弹出“打开”对话框，在其中用户可根据需要选择硬盘中已存储的标记列表文件，如图 4-89 所示。

步骤 04 单击“打开”按钮，即可导入到“序列标记”面板中，如图 4-90 所示。

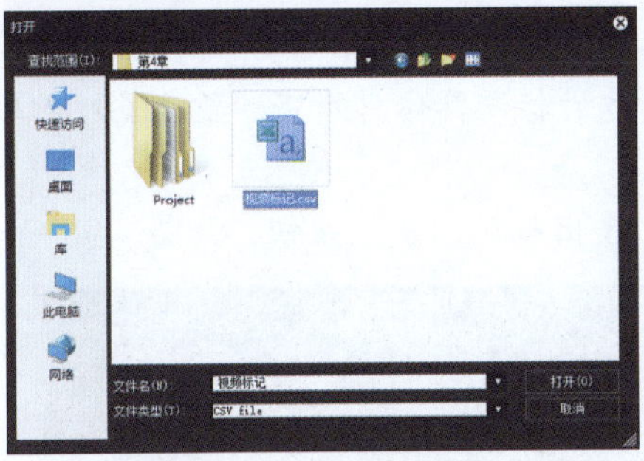

图 4-89 选择硬盘中已存储的标记列表文件

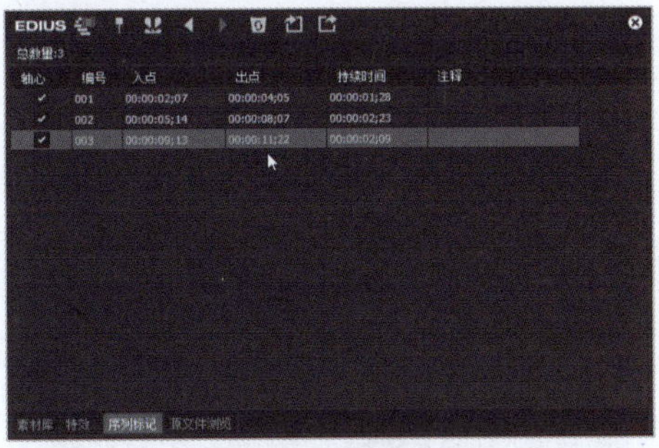

图 4-90 导入到“序列标记”面板

步骤 05 导入的标记列表直接应用于当前视频轨中的视频文件上，时间线上显示了多处素材标记，如图 4-91 所示。

步骤 06 单击录制窗口下方的“播放”按钮，预览添加标记后的视频画面效果，如图 4-92 所示。

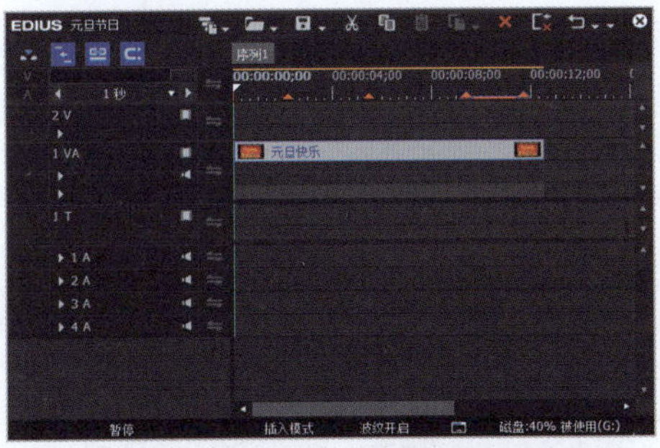

图 4-91 显示了多处素材标记

图 4-92 预览添加标记后的视频画面效果

4.5.5 导出标记列表

在 EDIUS 工作界面中，用户可以导出视频中的标记列表，将标记列表存储于计算机中，方便日后对相同的素材进行相同标记操作。下面向读者介绍导出标记列表的操作方法。

步骤 01　打开一个工程文件（素材\第 4 章\风土人情.ezp），如图 4-93 所示。

步骤 02　用户可以运用前面所学的知识点，在视频轨中的视频文件上创建多处入点与出点标记，如图 4-94 所示。

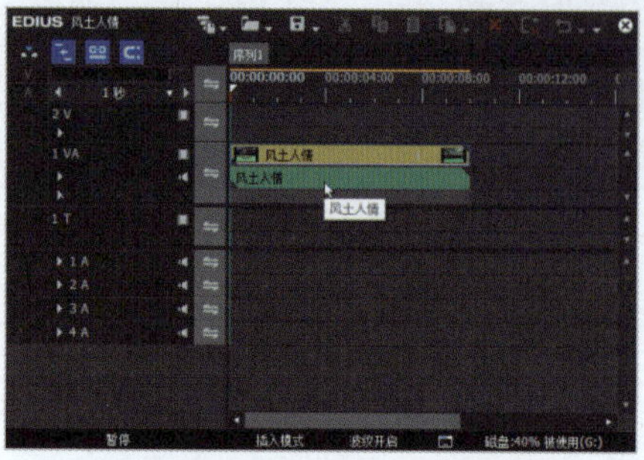

图 4-93　打开一个工程文件

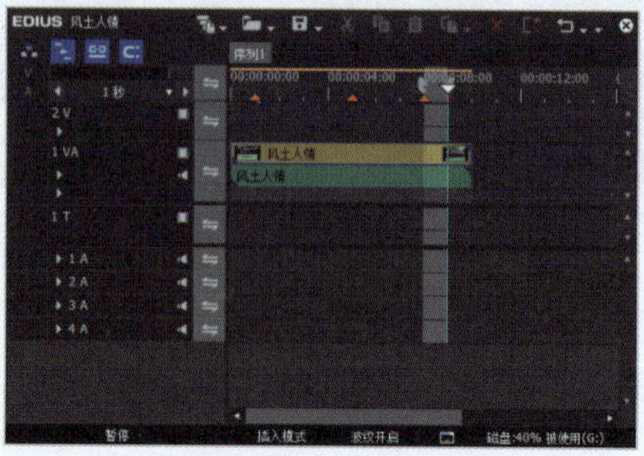

图 4-94　创建多处入点与出点标记

步骤 03　在“序列标记”面板中，显示了多条创建的标记具体时间码，显示了入点与出点的具体时间，如图 4-95 所示。

步骤 04　在“序列标记”面板的右上角，单击“导出标记列表”按钮，如图 4-96 所示。

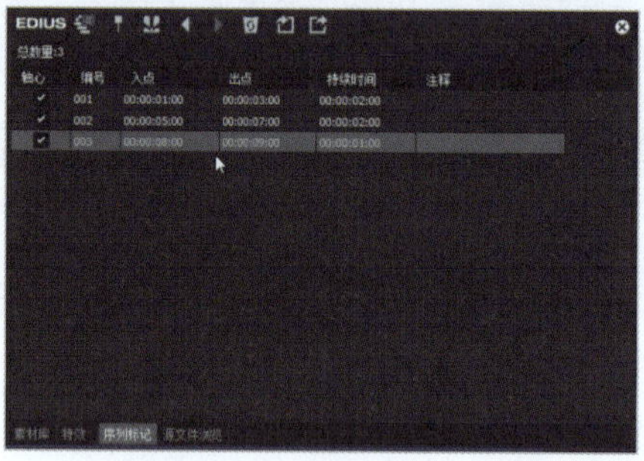

图 4-95　显示入点与出点的具体时间

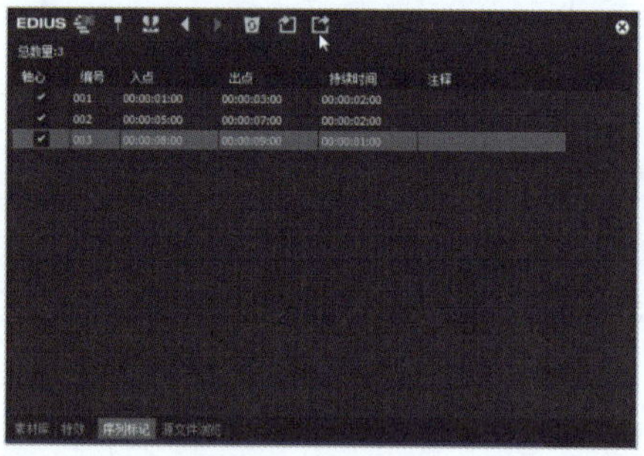

图 4-96　单击“导出标记列表”按钮

步骤 05　执行操作后，弹出“另存为”对话框，在其中设置文件的保存位置与文件名称，如图 4-97 所示。

步骤 06　单击“保存”按钮，即可保存标记列表文件，单击录制窗口下方的“播放”按钮，预览视频画面效果，如图 4-98 所示。

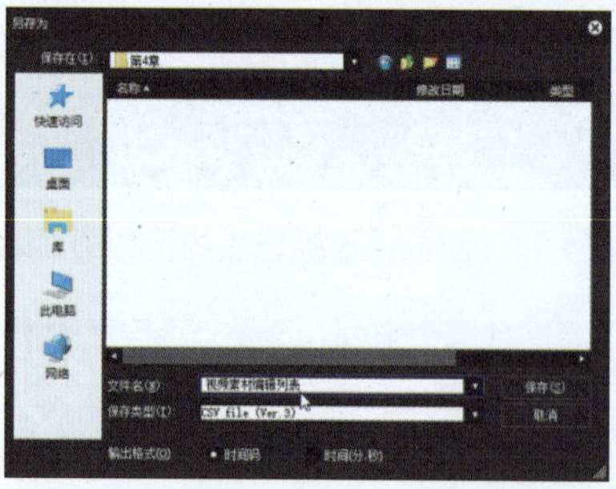

图 4-97　设置文件的保存位置与文件名称

图 4-98　预览视频画面效果

本章小结

本章以实例的形式将精确删除视频素材、剪辑视频素材、设置素材入/出点、添加编辑标记的方法、选项都进行了详细的介绍。通过本章的学习，用户对直接删除素材、删除视频部分内容、删除素材间的间隙、设置素材持续时间、素材速度以及时间重映射、设置入点、设置出点、添加素材标记、导入标记列表等内容有了一定的了解，希望读者可以熟练掌握本章内容，掌握多种剪辑精修视频素材的操作方法。

课后习题

鉴于本章知识的重要性，为了帮助读者更好地掌握所学知识，本节将通过上机习题，帮助读者巩固和强化前面所学内容，再次提升读者的应用能力。

本习题需要掌握通过“标记”菜单中的“跳转至入点”和“跳转至出点”命令，快速跳转至素材入点与出点的操作，效果如图 4-99 所示。

图 4-99　重命名素材文件

第 5 章　视频画面的色彩校正

颜色可以产生修饰效果，使图像更加绚丽，同时激发人的情感和想像。正确运用颜色能使黯淡的图像明亮绚丽，使毫无生气的图像充满活力。EDIUS 9.0 拥有多种强大的颜色调整功能，可以轻松调整图像的色相、饱和度、对比度和亮度，修正有色彩失衡、曝光不足或过度等问题的素材文件，还能为黑白素材上色，制作出更多特殊的画面效果。本章主要介绍校正影视画面色彩的方法，希望读者可以熟练掌握本章内容。

本章重点

- 视频画面色彩的控制
- 校正视频的色彩画面

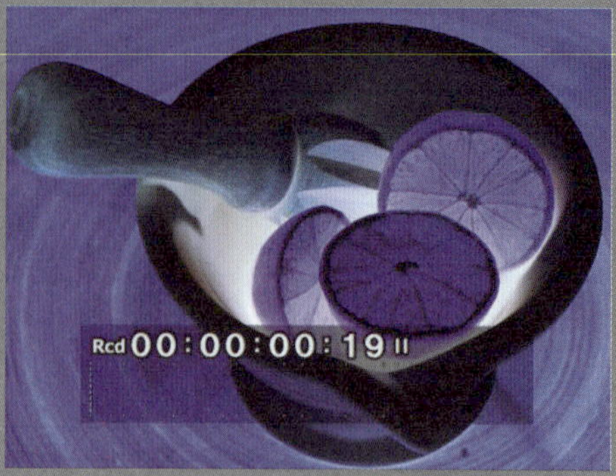

5.1　视频画面色彩的控制

在视频制作过程中，由于电视系统能显示的亮度范围要小于计算机显示器的显示范围，一些在计算机屏幕上鲜亮的画面也许在电视机上会出现细节缺失等影响画质的问题，因此专业的制作人员必须能根据播出要求来控制画面的色彩。本节主要介绍控制视频画面色彩的操作方法。

5.1.1　“矢量图与示波器”对话框

视频信号由亮度信号和色差信号编码而成，因此，示波器按功能可分为矢量示波器和波形示波器。在 EDIUS 中，“矢量图与示波器”对话框如图 5-1 所示。

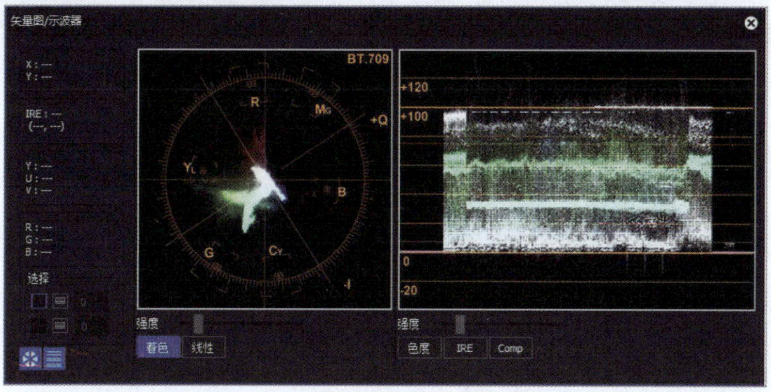

图 5-1　“矢量图与示波器”对话框

面板上最左侧是信息区，然后向右依次是矢量图和示波器。

矢量图是一种检测色相和饱和度的工具，它以极坐标的方式显示视频的色度信息。矢量图中矢量的大小，也就是某一点到坐标原点的距离，代表色饱和度。矢量的相位，即某一点和原点的连线与水平 Y_L—B 轴的夹角，代表色相。在矢量图中，R、G、B、M_G、C_Y、Y_L 分别代表彩色电视信号中的红色、绿色、蓝色及其对应的补色青色、口红和黄色。

圆心位置代表色饱和度为 0，因此黑白图像的色彩矢量都在圆心处，离圆心越远饱和度越高。矢量图上有一些“田”字格，广播标准彩条颜色都落在相应“田”字的中心。如果饱和度向外超出相应“田”字的中心，就表示饱和度超标（广播安全播出标准），必须进行调整。对于一段视频来讲，只要色彩饱和度不超过由这些“田”字围成的区域，就可认为色彩符合播出标准。

波形示波器主要用于检测视频信号的幅度和单位时间内所有脉冲扫描图形，让用户看到当前画面亮度信号的分布，如图 5-2 所示。

波形示波器的横坐标表示当前帧的水平位置，纵坐标在 NTSC 制式下表示图像每一列的色彩密度，单位是 IRE；在 PAL 制式下则表示视频信号的电压值。在 NTSC 制式下，以消隐电平 0.3 V 为 0IRE，将 0.3～1 V 进行 10 等分，每一等分定义为 10 IRE。

我国 PAL/D 制电视技术标准对视频信号的要求是，全电视信号幅度的标准值是 1.0 V（p-p 值），以消隐电平为零基准电平，其中同步脉冲幅度为向下的 - 0.3 V，图像信号峰值白电平为向上的 0.7 V（即 100%），允许突破但不能大于 0.8 V（更准确地说，亮度信号的瞬间峰值电平≤0.77 V，全电视信号的最高峰值电平≤0.8 V）。

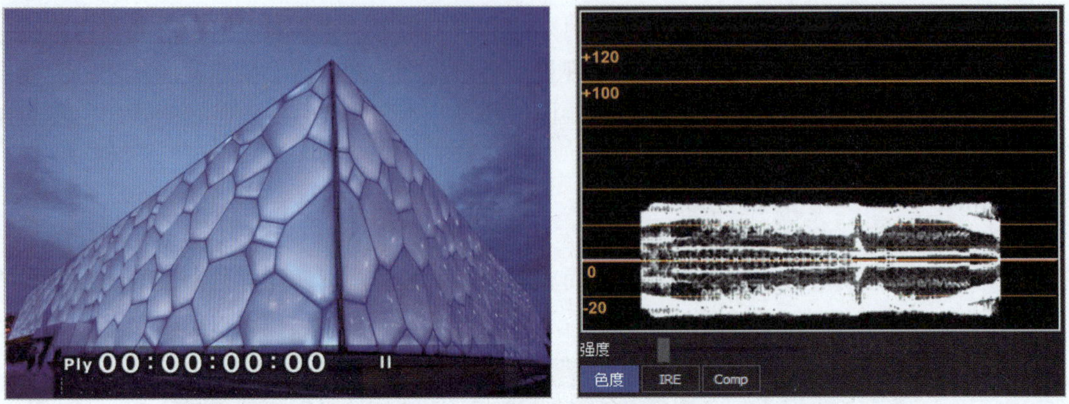

图 5-2　亮度信号的分布

5.1.2　通过命令启动矢量图与示波器

矢量图是一种检测色相和饱和度的工具，而示波器主要用于检测视频信号的幅度和单位时间内所有脉冲扫描图形，让用户看到当前画面亮度信号的分布情况。下面向读者介绍在 EDIUS 中通过命令启动矢量图与示波器的操作方法。

步骤 01　打开一个工程文件（素材\第 5 章\夜景.ezp），如图 5-3 所示。

步骤 02　单击“视图”菜单，在弹出的菜单列表中单击“矢量图/示波器”命令，如图 5-4 所示。

图 5-3　打开一个工程文件

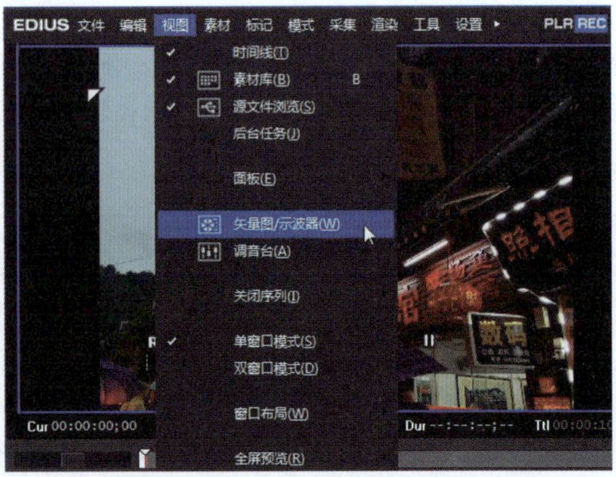

图 5-4　单击“矢量图/示波器”命令

步骤 03　执行操作后，即可弹出“矢量图/示波器”对话框，对话框的左侧是信息区，中间是矢量图，右侧是示波器，在其中用户可以查看和检测视频画面的颜色分布情况，如图 5-5 所示。

步骤 04　在矢量图下方，单击“线性”按钮，执行操作后，矢量图将以线性的方式检测视频颜色，如图 5-6 所示。

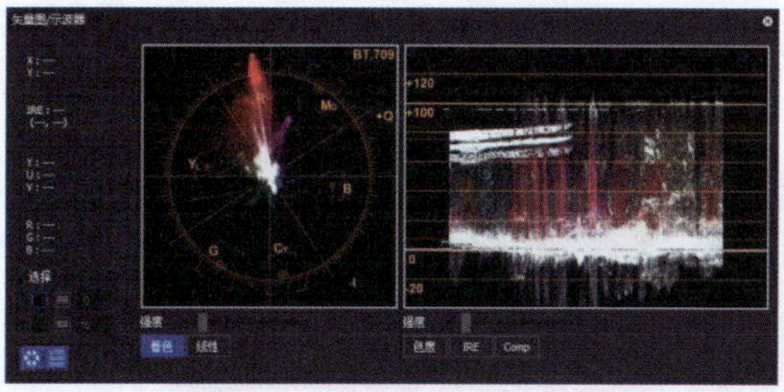

图 5-5　查看和检测视频画面的颜色分布情况

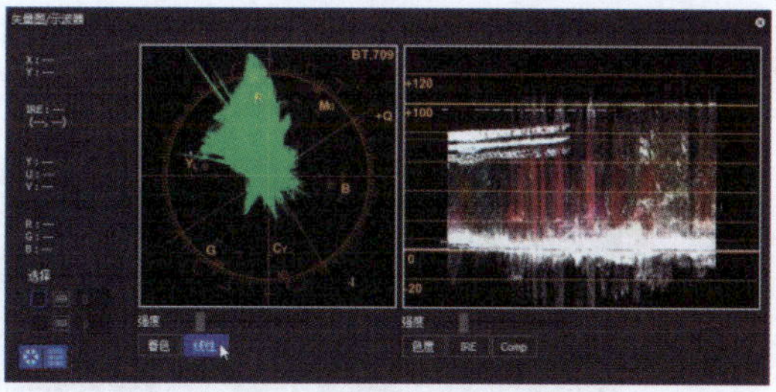

图 5-6　矢量图将以线性的方式检测视频颜色

步骤 05　在示波器下方，单击 Comp 按钮，执行操作后，示波器将以白色波形显示颜色分布情况，如图 5-7 所示。

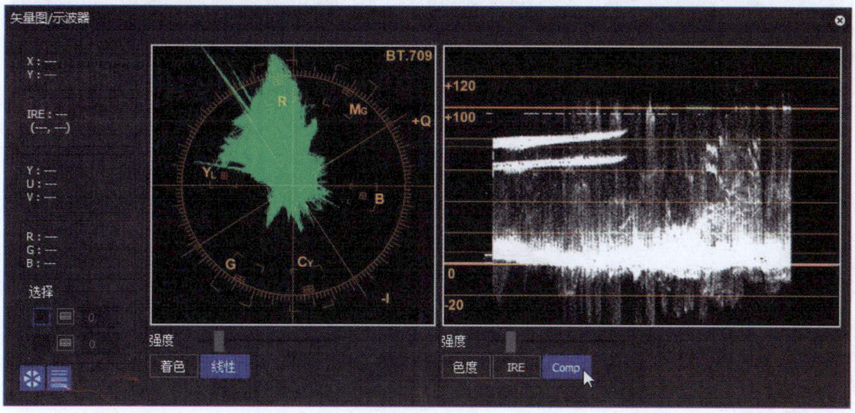

图 5-7　以白色波形显示颜色分布情况

5.1.3　通过按钮启动矢量图与示波器

在 EDIUS 工作界面中，用户不仅可以通过“矢量图/示波器”命令，启动“矢量图/示波器”对话框，还可以通过“切换矢量图/示波器显示”按钮来启动该功能。

步骤 01　打开一个工程文件（素材\第 5 章\长廊风光.ezp），如图 5-8 所示。

步骤 02　在轨道面板上方，单击“切换矢量图/示波器显示”按钮，如图 5-9 所示。

图 5-8　打开一个工程文件

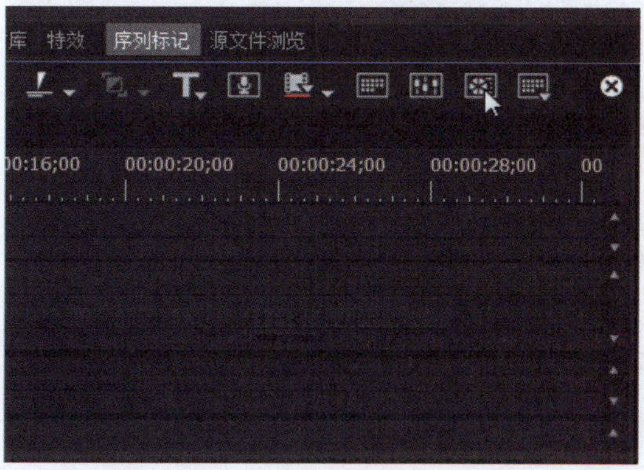

图 5-9　单击相应按钮

步骤 03　执行操作后，即可弹出“矢量图/示波器”对话框，在其中用户可以查看和检测视频画面的颜色分布情况，如图 5-10 所示。

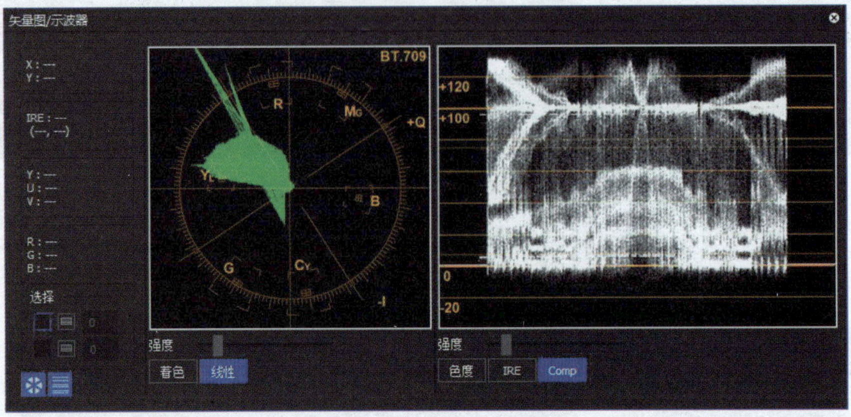

图 5-10　查看和检测视频画面的颜色分布情况

5.2　校正视频的色彩画面

在视频制作过程中，由于电视系统能显示的亮度范围要小于计算机显示器的显示范围，一些在电脑屏幕上鲜亮的画面也许在电视机上将出现细节缺失等影响画质的问题，因此专业的制作人员必须知道应根据播出要求来控制画面的色彩。本节主要向读者介绍运用 EDIUS 校正视频画面的方法。

5.2.1　调整视频明暗色调

在 EDIUS 工作界面中，YUV 曲线滤镜的使用非常频繁，常用来校正视频画面的色彩，该滤镜主要是通过曲线的调整影响画面质量。下面向读者介绍 YUV 曲线：调整视频明暗色调的操作方法。

步骤 01　打开一个工程文件（素材\第 5 章\清明时节.ezp），如图 5-11 所示。

步骤 02　在录制窗口中，可以查看素材画面效果，如图 5-12 所示。

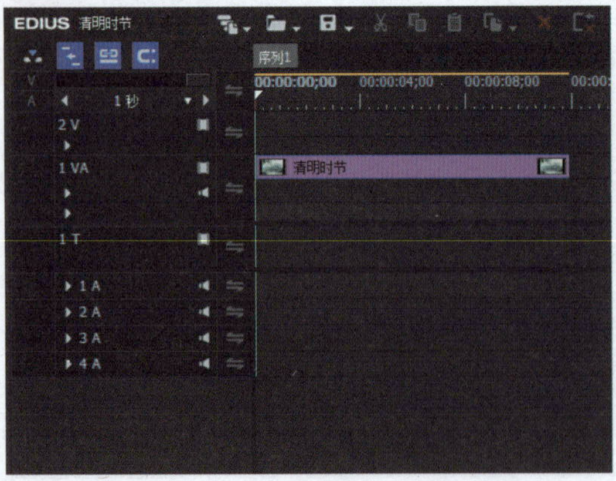

图 5-11　打开一个工程文件

图 5-12　查看素材画面效果

步骤 03　展开“特效”面板，在“视频滤镜”下方的“色彩校正”滤镜组中选择“YUV 曲线”滤镜效果，如图 5-13 所示。

步骤 04　在选择的滤镜效果上，单击鼠标左键并拖曳至视频轨中的图像素材上方，如图 5-14 所示，释放鼠标左键，即可添加“YUV 曲线”滤镜效果。

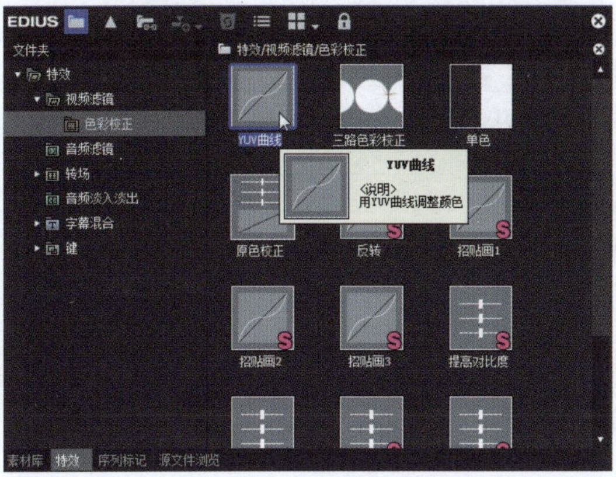

图 5-13　选择“YUV 曲线”滤镜效果

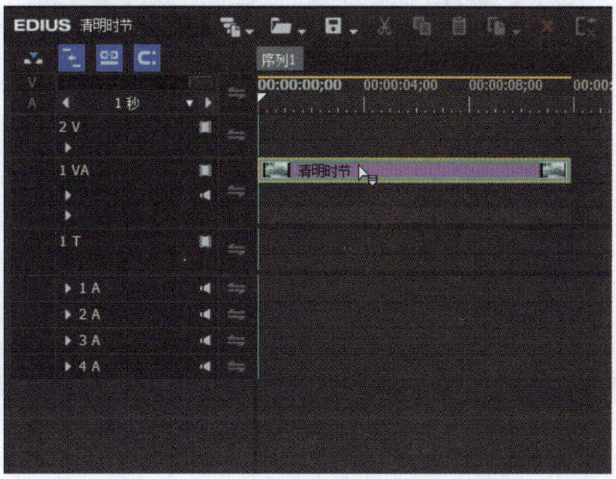

图 5-14　添加“YUV 曲线”滤镜效果

步骤 05　在“信息”面板中，选择添加的“YUV 曲线”滤镜，单击鼠标右键在弹出的快捷菜单中选择“打开设置对话框”选项，如图 5-15 所示。

步骤 06　执行操作后，弹出“YUV 曲线”对话框，在上方第 1 个预览窗口中的斜线上，添加一个关键帧，并调整关键帧的位置，如图 5-16 所示，用来调整图像的颜色。

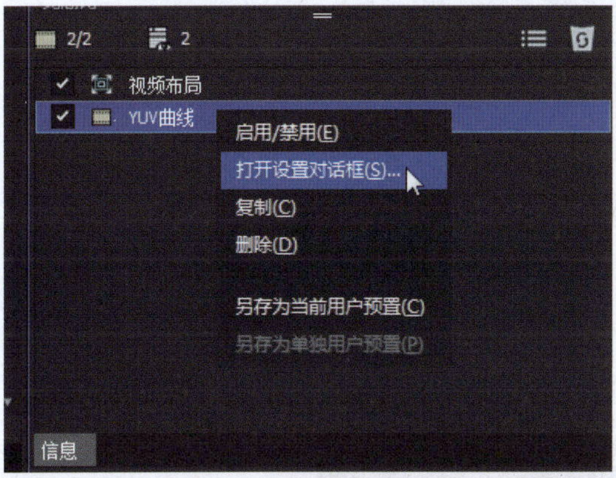

图 5-15　选择“打开设置对话框”选项

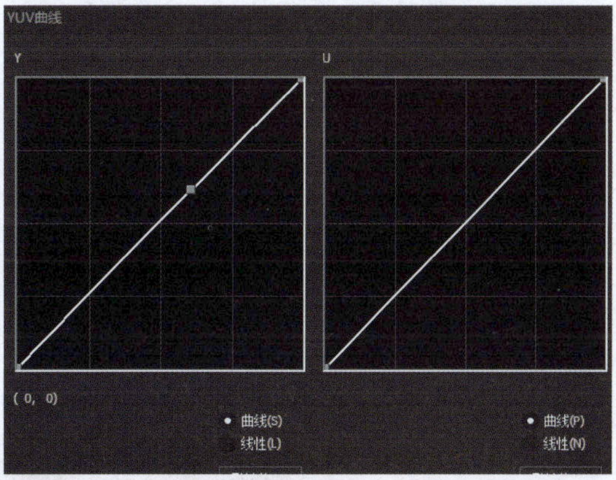

图 5-16　调整图像的颜色

▶ 专家指点

在 YUV 曲线中，U、V 曲线代表的是色差，U 和 V 是构成彩色的两个分量。与常见的 RGB 方式相比，YUV 曲线更适合广播电视，从而大大加快了运行和处理效率。

步骤 07　用与上同样的方法，在第 2 个与第 3 个预览窗口中，分别添加关键帧，并调整关键帧的位置，如图 5-17 所示。

步骤 08　设置完成后，单击“确定”按钮，返回 EDIUS 工作界面，在录制窗口中可以查看添加“YUV 曲线”滤镜后的视频画面效果，如图 5-18 所示。

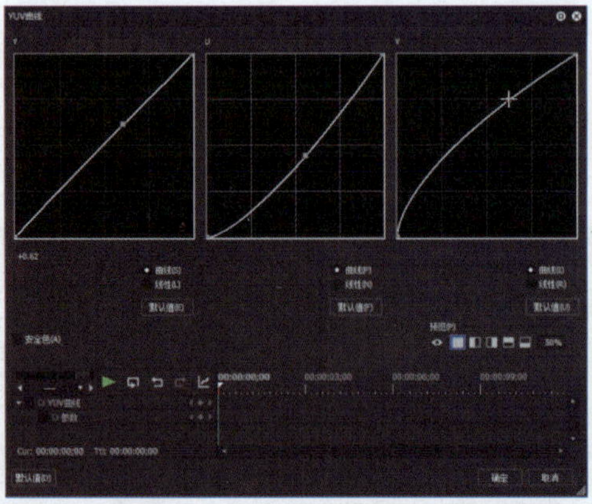

图 5-17　调整关键帧的位置

图 5-18　视频画面效果

▶ 专家指点

在对“YUV 曲线”对话框中的曲线进行调整时首先要了解“YUV 曲线”对话框中的各个按钮窗各所代表的含义。

- Y 曲线窗格：该曲线窗格是用来调整图像中明暗画面平衡的。
- U 曲线窗格：该曲线窗格是用来调整图像中蓝色与黄色调平衡的。
- V 曲线窗格：该曲线窗格是用来调整图像中红色与绿色调平衡的。
- “曲线”单选按钮：选中该单选按钮，可以以曲线的方式校正图像色彩。
- “线性”单选按钮：选中该单选按钮，可以以线性的方式校正图像色彩。
- “默认值”按钮：单击该按钮，将还原软件默认值设置。
- “安全色”复选框：选中该复选框，计算机可自动调节画面中过暗或过亮的颜色，保护颜色的可视安全性。
- 关键帧效果控制面板：在该控制面板中，用户通过添加与删除关键帧，并设置相应关键帧的参数，来制作画面颜色变化效果。

隐藏 YUV 曲线滤镜特效：

当用户为素材添加 YUV 曲线滤镜特效后，如果用户想查看没有添加 YUV 曲线滤镜之前的画面效果，此时可以在“信息”面板中，取消选中“YUV 曲线”复选框，如图 5-19 所示，即可将 YUV 曲线滤镜效果进行隐藏，还原画面之前的效果。

图 5-19　隐藏 YUV 曲线滤镜特效

5.2.2 调整视频色彩色调

在“三路色彩校正”滤镜中，可以分别控制画面的高光、中间调和暗调区域的色彩。可以提供一次二级校色（多次运用该滤镜以实现多次二级校色），是 EDIUS 中使用最频繁的校色滤镜之一。下面向读者详细介绍三路色彩校正调整视频色彩色调的方法。

步骤 01 打开一个工程文件（素材\第 5 章\城市夜景.ezp），如图 5-20 所示。

步骤 02 在录制窗口中，可以查看素材画面效果，如图 5-21 所示。

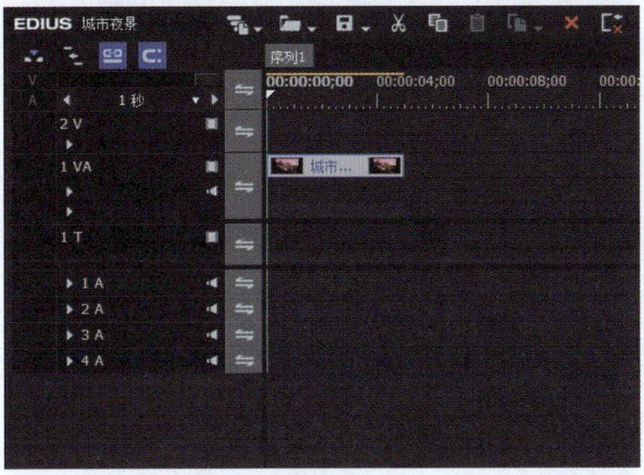

图 5-20 打开一个工程文件

图 5-21 查看素材画面效果

步骤 03 展开“特效”面板，在“视频滤镜”下方的“色彩校正”滤镜组中，选择“三路色彩校正”滤镜效果，单击鼠标左键并拖曳至视频轨中的图像素材上方，如图 5-22 所示，释放鼠标左键，即可添加“三路色彩校正”滤镜效果。

步骤 04 在“信息”面板中，选择刚添加的“三路色彩校正”滤镜效果，单击鼠标右键，在弹出的快捷菜单中选择“打开设置对话框”选项，如图 5-23 所示。

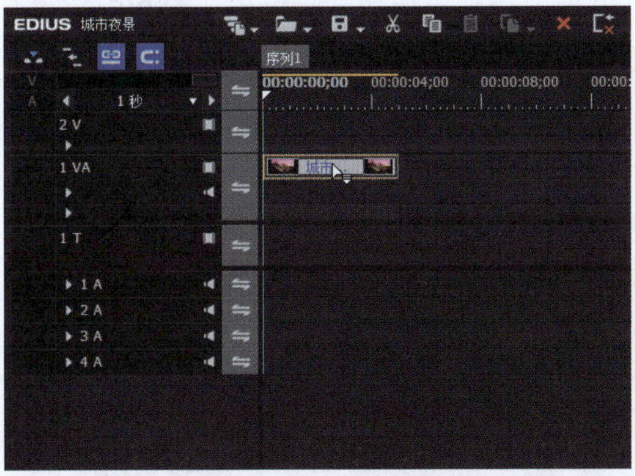

图 5-22 添加“三路色彩校正”滤镜

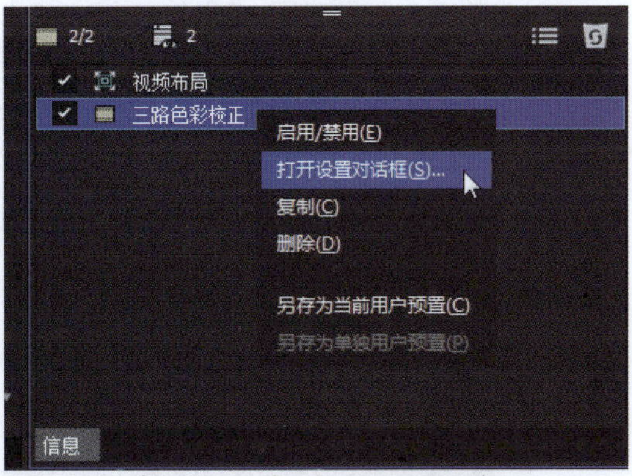

图 5-23 选择“打开设置对话框”选项

步骤 05 弹出“三路色彩校正”对话框，如图 5-24 所示。

步骤 06 在“黑平衡”选项区中，设置 Cb 为 - 46.8、Cr 为 - 16.1，如图 5-25 所示。

步骤 07 在“灰平衡”选项区中，设置 Cb 为 52.5、Cr 为 - 29.0，“色调”为 - 61.2，如图 5-26 所示。

步骤 08　设置完成后，单击“确定”按钮，即可运用“三路色彩校正”滤镜调整图像色彩，在录制窗口中单击“播放”按钮，预览视频的画面效果，如图 5-27 所示。

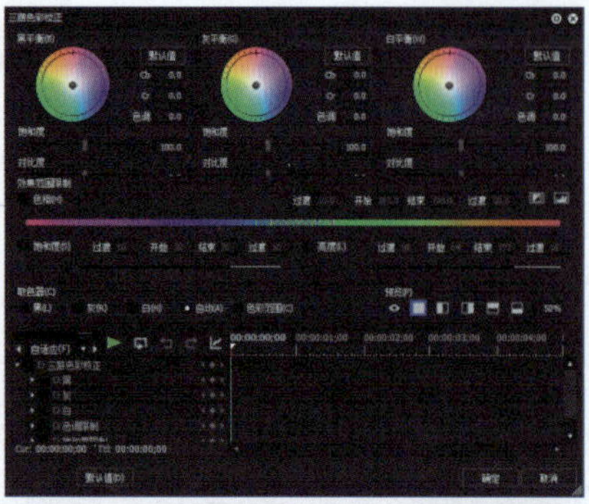

图 5-24　弹出“三路色彩校正”对话框

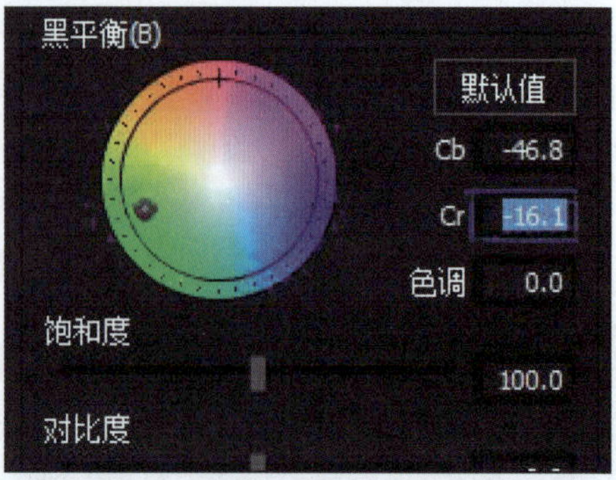

图 5-25　设置黑平衡参数

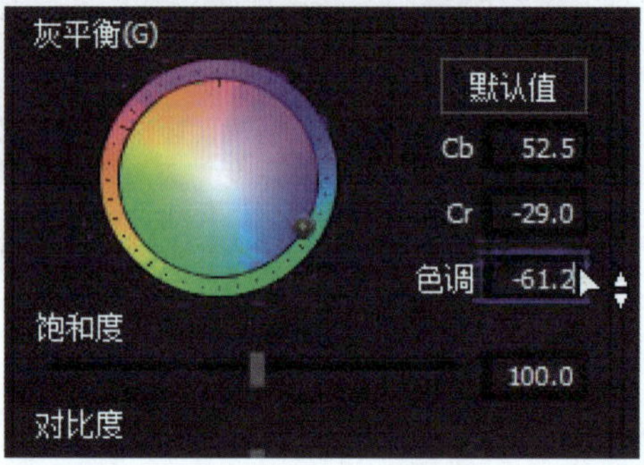

图 5-26　设置灰平衡参数

图 5-27　预览视频的画面效果

5.2.3　调整视频单色画面

在 EDIUS 工作界面中，“单色”滤镜效果可以将视频画面调成某种单色效果。下面向读者介绍调整视频单色画面效果的操作方法。

步骤 01　打开一个工程文件(素材\第 5 章\冰山时钟.ezp)，如图 5-28 所示。

步骤 02　在录制窗口中，可以查看素材画面效果，如图 5-29 所示。

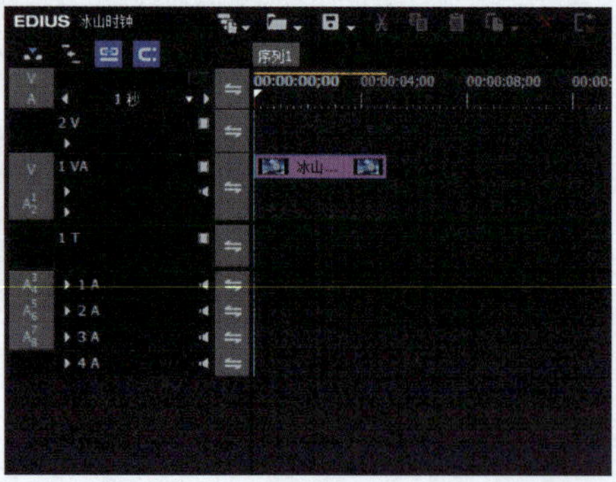

图 5-28　打开一个工程文件

图 5-29　查看素材画面效果

步骤 03　展开“特效”面板，在“色彩校正”滤镜组中，选择“单色”滤镜效果，如图 5-30

所示，单击鼠标左键并拖曳至视频轨中的图像素材上方，释放鼠标左键，即可添加“单色”滤镜效果。

步骤 04 在录制窗口中可以查看素材效果，如图 5-31 所示。

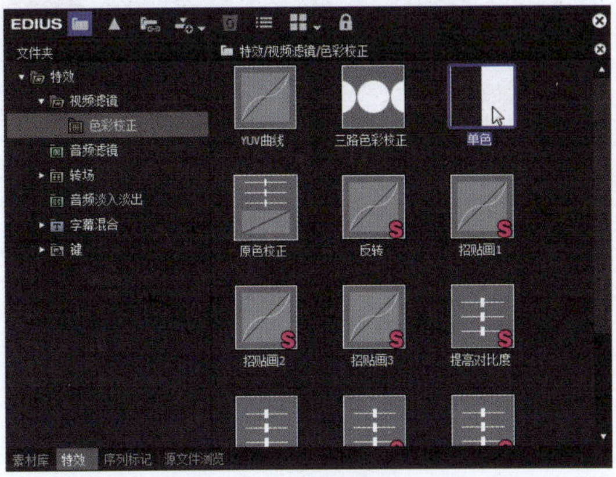

图 5-30 选择“提高对比度”滤镜效果

图 5-31 查看添加的滤镜效果

5.2.4 替换视频画面色调

在 EDIUS 的“颜色轮”滤镜中，提供色轮的功能，对于颜色的转换比较有用。下面向读者介绍运用颜色轮替换视频画面的色调的操作方法。

步骤 01 打开一个工程文件(素材\第 5 章\广告动画.ezp)，如图 5-32 所示。

步骤 02 在录制窗口中，可以查看素材画面效果，如图 5-33 所示。

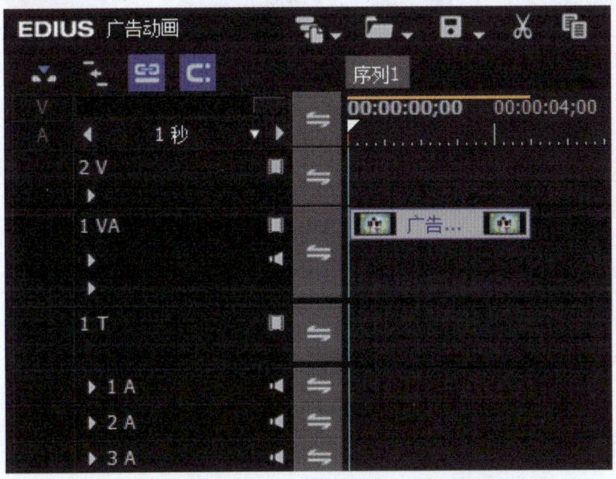

图 5-32 打开一个工程文件

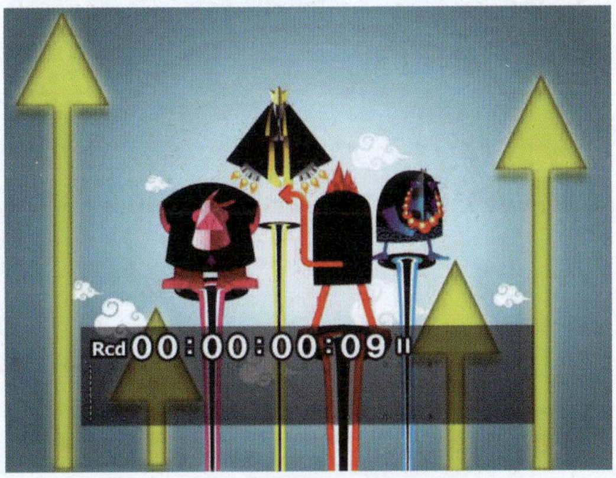

图 5-33 查看素材画面效果

步骤 03 展开“特效”面板，在“色彩校正”滤镜组中选择“颜色轮”滤镜效果，如图 5-34 所示，单击鼠标左键并拖曳至视频轨中的图像素材上方，释放鼠标左键，即可添加“颜色轮”滤镜效果。

步骤 04 在“信息”面板中，选择“颜色轮”滤镜效果，如图 5-35 所示。

步骤 05 在选择的滤镜效果上，双击鼠标左键，即可弹出“颜色轮”对话框，在其中设置“色调”为 150.99、“饱和度”为 39，如图 5-36 所示。

步骤 06 设置完成后，单击“确定”按钮，即可运用“颜色轮”滤镜调整图像的色彩，在录制窗口中可以查看素材的画面效果，如图 5-37 所示。

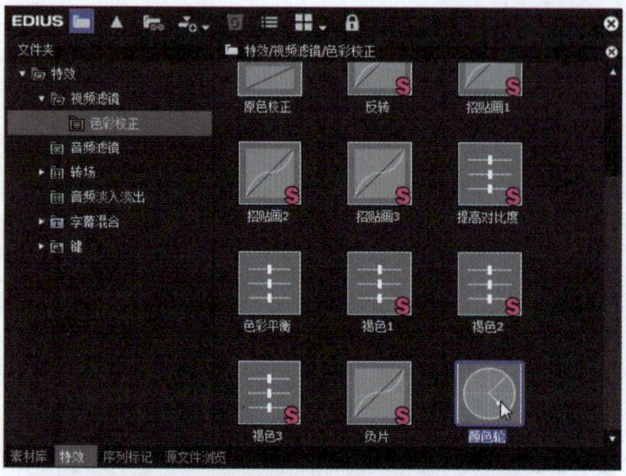

图 5-34 添加“颜色轮”滤镜效果

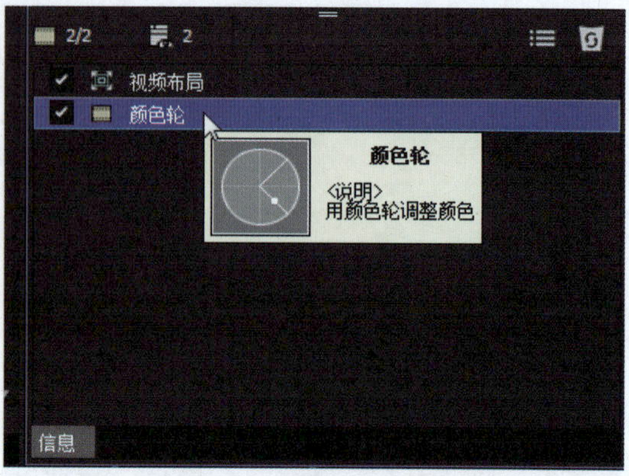

图 5-35 选择“颜色轮”滤镜效果

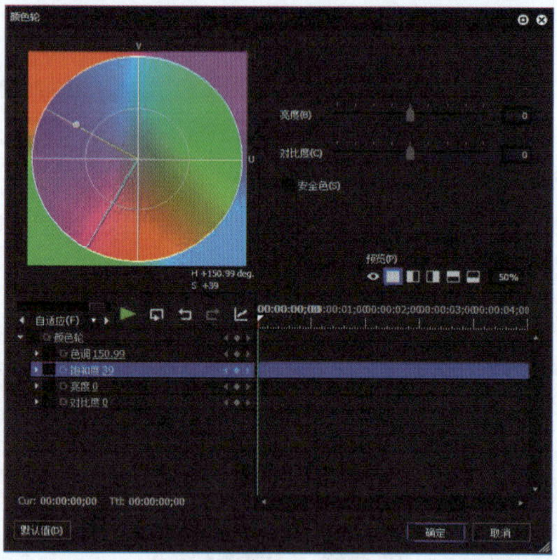

图 5-36 设置相应参数

图 5-37 查看素材的画面效果

本章小结

本章详细讲解了在 EDUIS 中对视频画面色彩的控制，启动矢量图与示波器的多种方法，以及色彩校正滤镜的使用方法，包括运用 YUV 曲线滤镜、三路色彩校正滤镜、单色滤镜、反转滤镜、以及颜色轮滤镜校正影视画面等，希望大家学会以后可以融会贯通、举一反三，拓展思维应用本章未讲解到的色彩滤镜来校正视频画面色调色彩。

课后习题

鉴于本章知识的重要性，为了帮助读者更好地掌握所学知识，本节将通过上机习题，帮助读者巩固和强化前面所学内容，再次提升读者的应用能力。

本习题需要掌握通过“反转”滤镜，制作类似照片底片的效果，如图 5-38 所示。

图 5-38　应用“反转”滤镜素材和效果

第 6 章　制作完美的转场特效

6

在影视后期特效制作中，转场主要利用一些特殊的效果，在素材与素材之间产生自然、平滑、美观以及流畅的过渡效果，让视频画面更富有表现力，合理地运用转场效果，可以制作出让人赏心悦目的视频影片。本章主要向读者介绍制作视频转场特效的操作方法，希望读者可以熟练掌握本章内容。

本章重点

- 认识视频转场效果
- 编辑视频转场效果
- 应用精彩转场特效

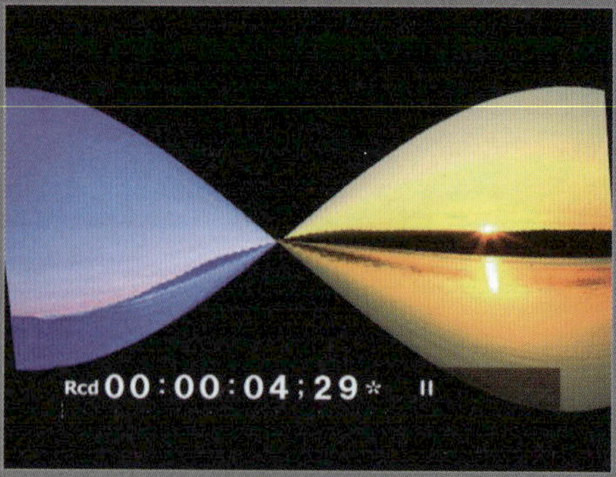

6.1　认识视频转场效果

转场主要利用一些特殊的效果，在素材与素材之间产生自然、平滑、美观以及流畅的过渡效果，让视频画面更富有表现力。合理的运用转场效果，可以制作出让人赏心悦目的视频画面。本节主要向读者介绍转场效果的基础知识，包括转场效果简单以及认识转场“特效”面板等内容。

6.1.1　转场效果简介

在视频编辑工作中，素材与素材之间的连接称为切换。最常用的切换方法是一个素材与另一个素材紧密连接，使其直接过渡，这种方法称为“硬切换”；另一种方法称为“软切换”，它使用了一些特殊的效果，在素材与素材之间产生自然、流畅和平滑的过渡，如图 6-1 所示。

图 6-1　“软切换”转场效果

> ▶ 专家指点
>
> “转场”是很实用的一种功能，在电视节目中，这种“软切换”的转场方式运用的比较多，希望读者可以熟练掌握此方法。

6.1.2　转场“特效”面板

在 EDIUS 9.0 中，提供了多种转场效果，都存在于“特效”面板中，如图 6-2 所示。合理地运用这些转场效果，可以让素材之间的过渡更加生动、自然，从而制作出绚丽多姿的视频作品。

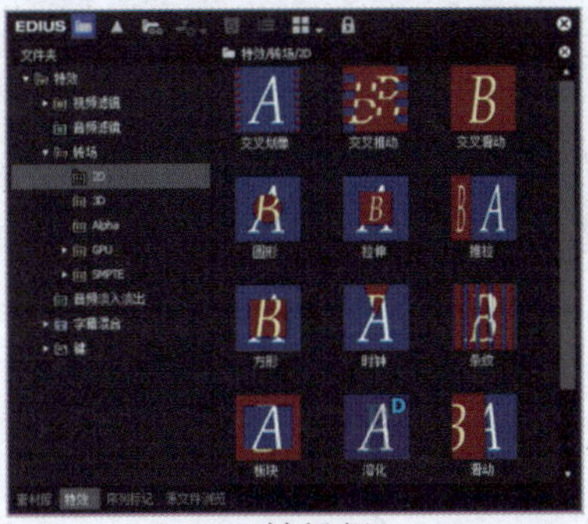

2D 转场组

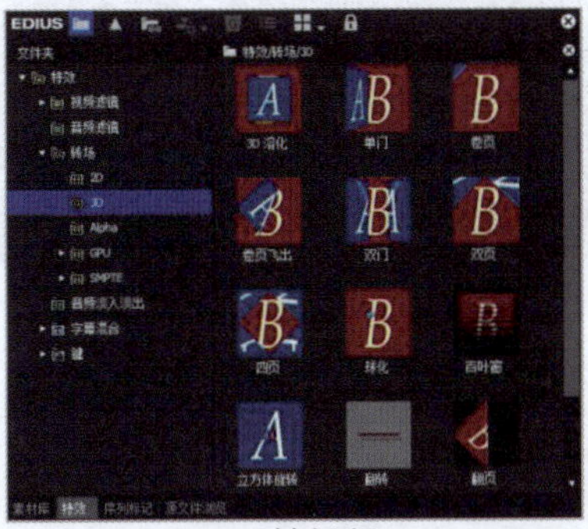

3D 转场组

图 6-2　“特效”面板中的转场组（1）

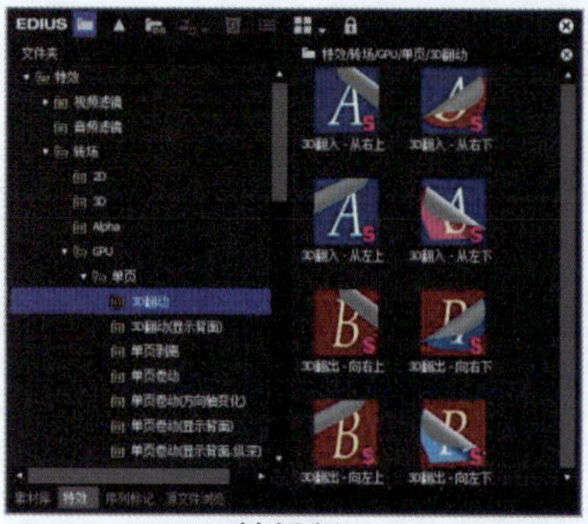

GPU 转场组

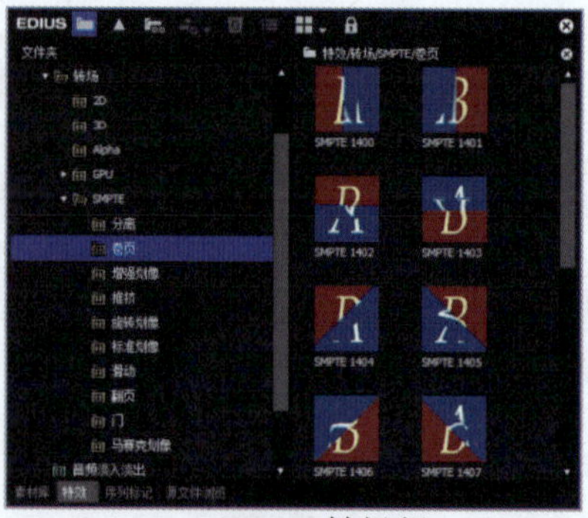

SMPTE 转场组

图 6-2　“特效”面板中的转场组（2）

6.2　编辑视频转场效果

视频是由镜头与镜头之间的连接组建起来的，因此在许多镜头与镜头之间的切换过程中，难免会显得过于僵硬。此时，用户可以在两个镜头之间添加转场效果，使得镜头与镜头之间的过渡更为平滑。本节主要向读者介绍编辑转场效果的操作方法，主要包括手动添加转场、设置默认转场、复制转场效果以及移动转场效果等内容。

6.2.1　手动添加视频特效

在 EDIUS 工作界面中，转场效果被放置在特效面板中，用户只需将转场效果拖入视频轨道中的两段素材之间，即可应用转场效果。下面向读者介绍手动添加视频特效的操作方法。

步骤 01　打开一个工程文件（素材\第 6 章\高原风光.ezp），如图 6-3 所示。

步骤 02　单击“视图”|“面板”|“特效面板”命令，打开“特效”面板，如图 6-4 所示。

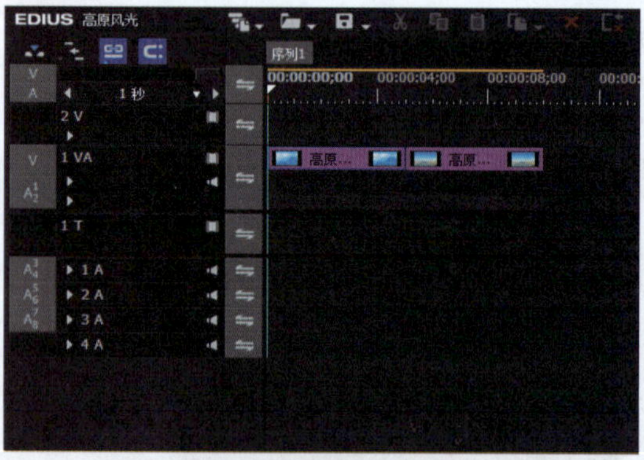

图 6-3　打开一个工程文件

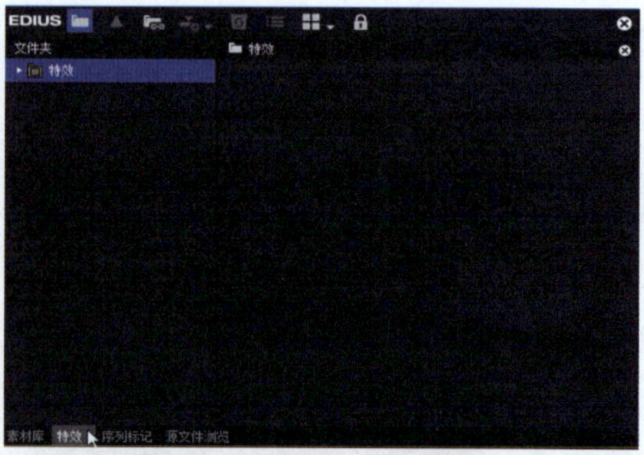

图 6-4　打开“特效”面板

步骤 03　在左侧窗格中，依次展开“特效”|“转场”|GPU|“单页”|“单页卷动”选项，进入“单页卷动”转场素材库选择“单页卷入-从右上”转场效果，如图 6-5 所示。

步骤 04　在选择的转场效果上，单击鼠标左键并拖曳至视频轨中的两段素材文件之间，释放鼠标左键，即可添加“单页卷入-从右上”转场效果，如图 6-6 所示。

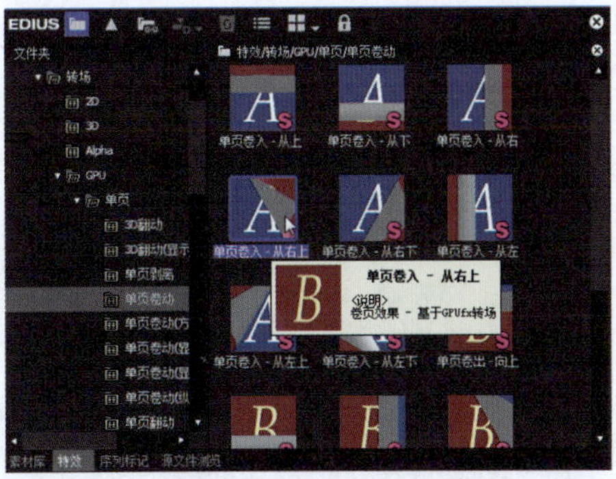

图 6-5　选择相应转场效果

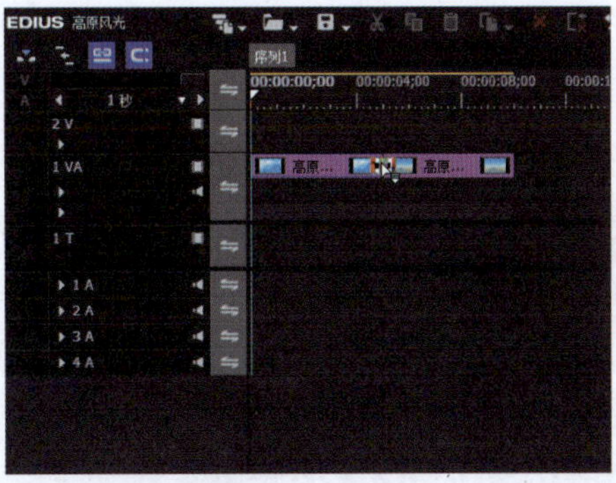

图 6-6　添加“单页卷入-从右上”转场效果

步骤 05　单击录制窗口下方的“播放”按钮，预览手动添加的“单页卷入-从右上”转场效果，如图 6-7 所示。

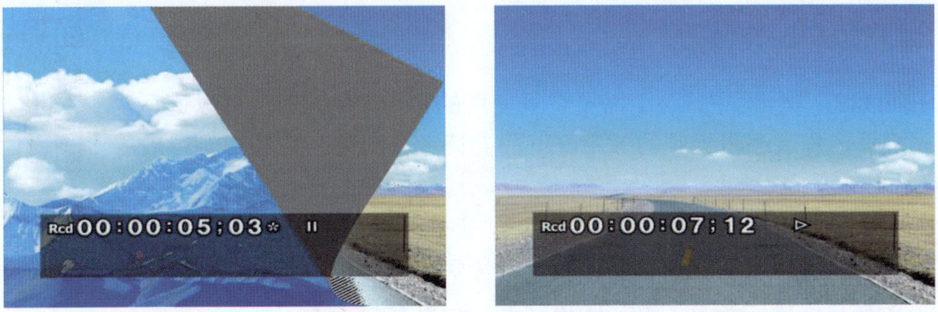

图 6-7　预览手动添加的“单页卷入-从右上”转场效果

6.2.2　默认转场视频特效

在 EDIUS 工作界面中，当用户需要在大量的静态照片之间加入转场效果时，此时设置默认转场效果最为方便，下面向读者介绍默认转场视频特效的操作方法。

步骤 01　打开一个工程文件（素材\第 6 章\郎才女貌.ezp），如图 6-8 所示。

步骤 02　在轨道面板上方，单击“设置默认转场”按钮，在弹出的列表框中选择“添加到素材出点”选项，如图 6-9 所示。

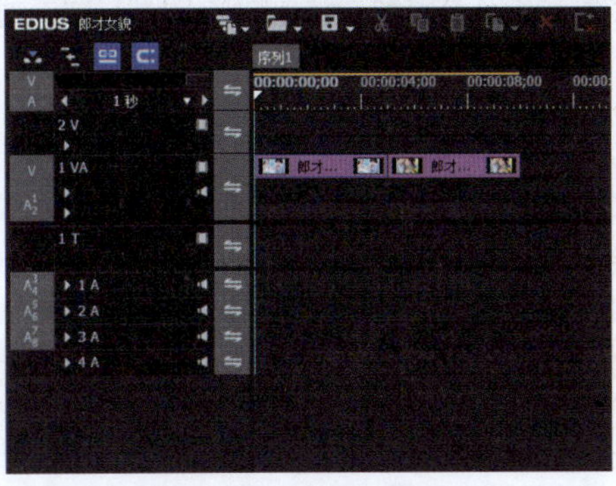

图 6-8　打开一个工程文件

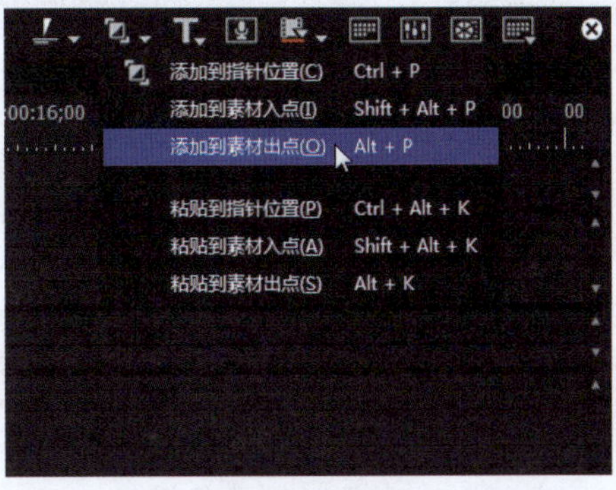

图 6-9　选择“添加到素材出点”选项

步骤 03 执行操作后，即可在素材出点添加默认的转场效果，单击录制窗口下方的“播放”按钮，预览添加的默认转场效果，如图 6-10 所示。

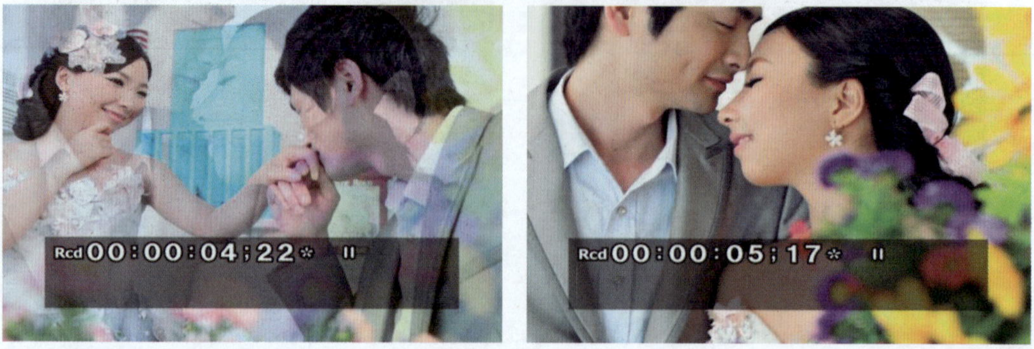

图 6-10　预览添加的默认转场效果

6.2.3　复制转场视频特效

在 EDIUS 工作界面中，对于需要重复使用的转场效果，用户可以进行复制与粘贴操作，提高编辑视频的效率。下面向读者介绍复制转场视频特效的方法。

步骤 01 打开一个工程文件（素材\第 6 章\音乐剪辑.ezp），如图 6-11 所示。

步骤 02 打开“特效”面板，依次展开“特效”｜“转场”｜3D 选项，进入“3D”转场素材库选择“卷页飞出”转场效果，如图 6-12 所示。

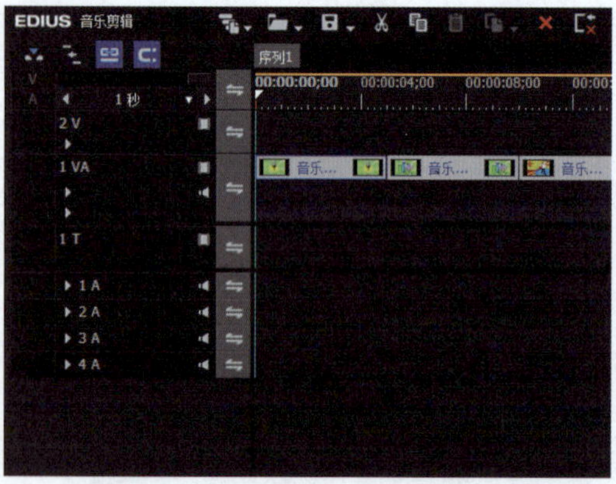

图 6-11　打开一个工程文件

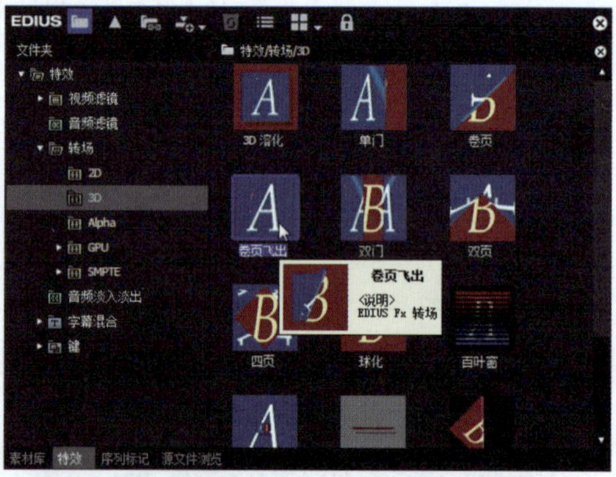

图 6-12　选择“卷页飞出”转场效果

步骤 03 在选择的转场效果上，单击鼠标左键并拖曳至视频轨中的第 1 张与第 2 张素材文件之间，释放鼠标左键，即可添加“卷页飞出”转场效果，如图 6-13 所示。

步骤 04 选择添加的“卷页飞出”转场效果，单击鼠标右键，在弹出的快捷菜单中选择“复制”选项，复制转场效果，如图 6-14 所示。

> ▶ 专家指点
>
> 除了运用上述的方法复制转场效果，还可以在 EDIUS 工作界面中，按【Ctrl + Insert】组合键，也可以快速复制转场效果。

图 6-13　添加“卷页飞出”转场效果

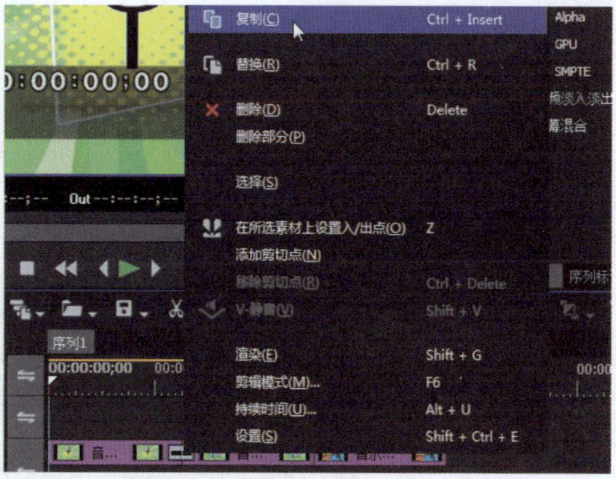

图 6-14　复制转场效果

步骤 05　在视频轨中，选择需要粘贴转场效果的素材文件，如图 6-15 所示。

步骤 06　在轨道面板上方，单击“设置默认转场”按钮，在弹出的列表框中选择“粘贴到素材出点”选项，即可将转场效果粘贴至选择的素材出点位置，如图 6-16 所示。

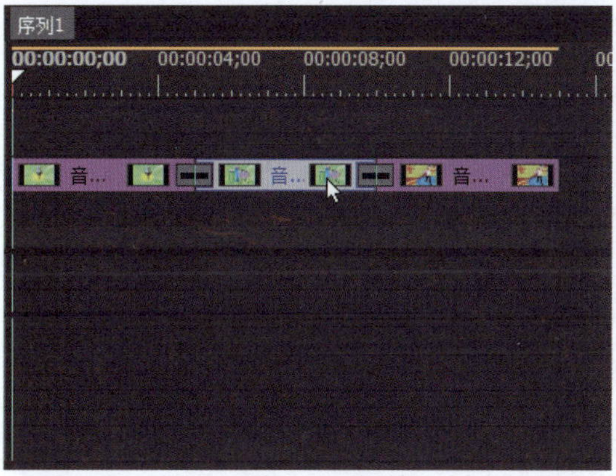

图 6-15　选择需要粘贴转场效果的素材文件

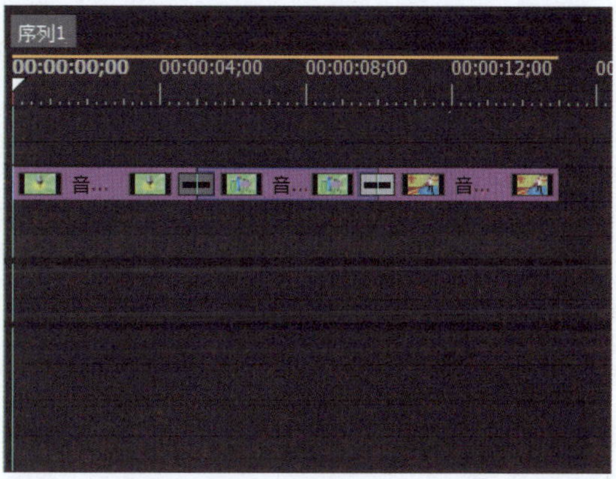

图 6-16　粘贴至选择的素材出点位置

步骤 07　单击“播放”按钮，预览复制的转场效果，如图 6-17 所示。

图 6-17　预览复制的转场效果

6.2.4 移动转场视频特效

在 EDIUS 工作界面中，用户可以根据实际需要对转场效果进行移动效果，将转场效果放置的合适的位置上。下面向读者介绍移动转场视频特效的操作方法。

步骤 01 打开一个工程文件（素材\第 6 章\老虎视频.ezp），如图 6-18 所示。

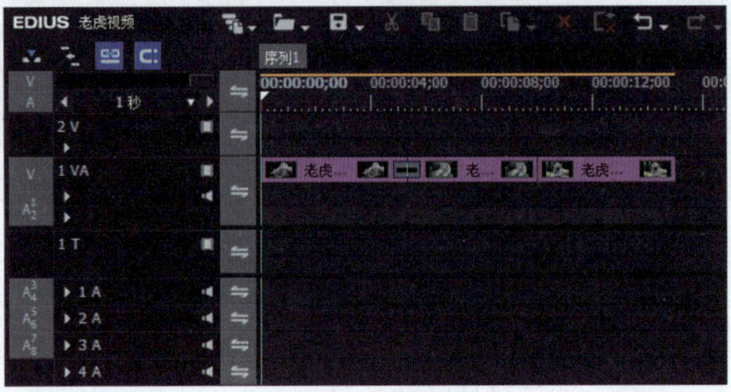

图 6-18 打开一个工程文件

步骤 02 在预览窗口中，可以查看视频画面效果，如图 6-19 所示。

图 6-19 查看打开的工程文件

步骤 03 在视频轨中的转场效果上，单击鼠标右键，在弹出的快捷菜单中选择“剪切”选项，如图 6-20 所示，剪切视频轨中的转场效果，将时间线移至第 2 段素材与第 3 段素材的中间。

步骤 04 选择第 2 段素材，在菜单栏中，单击“编辑”|“粘贴”|“指针位置”命令，如图 6-21 所示。

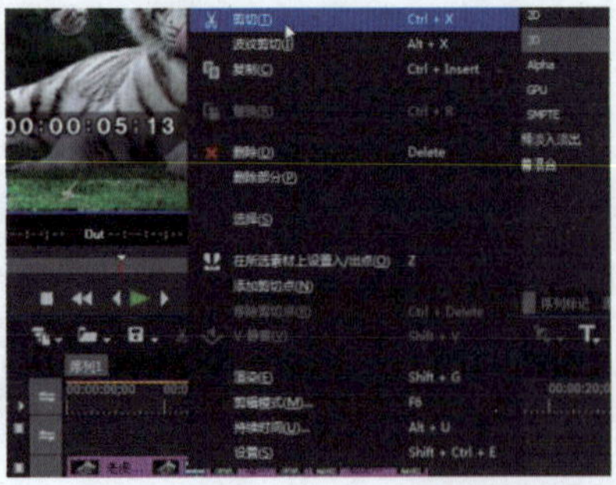

图 6-20 选择“剪切”选项

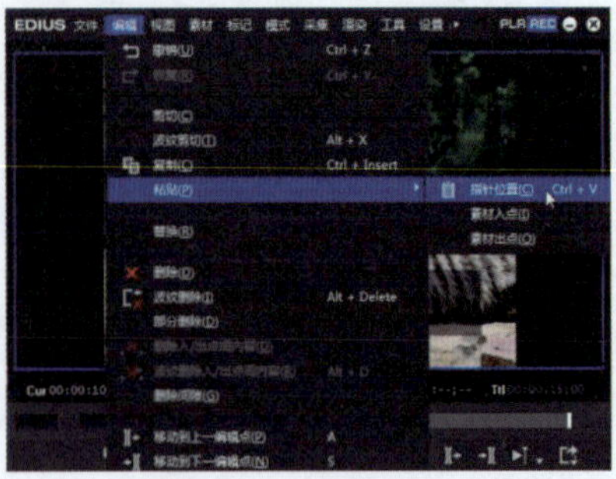

图 6-21 单击相应命令

步骤 05 执行操作后，即可将剪切的转场效果粘贴至时间线面板中的指针位置，实现了移动转场效果的操作，如图 6-22 所示。

步骤 06 在录制窗口中，单击“播放”按钮，预览移动转场效果后的视频画面效果，如图 6-23 所示。

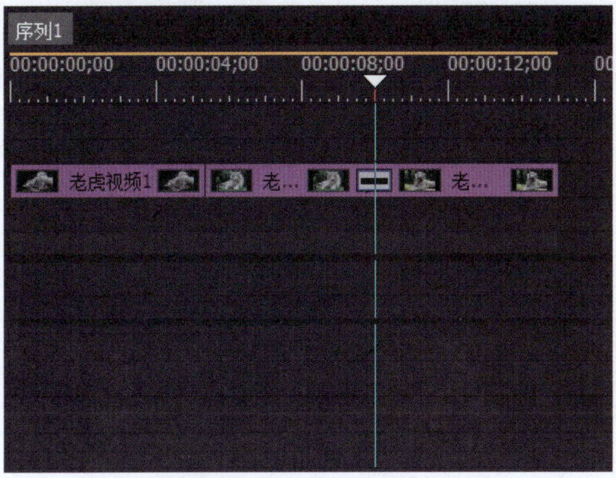

图 6-22　粘贴剪切的转场

图 6-23　移动转场后的画面效果

6.2.5　替换转场视频特效

在 EDIUS 工作界面中，如果用户对当前添加的转场效果不满意，此时可以对转场效果进行替换操作，使视频画面更加符合用户的需求。下面向读者介绍替换转场：制作绿色盆栽视频特效的操作方法。

步骤 01 打开一个工程文件（素材\第 6 章\绿色盆栽.ezp），如图 6-24 所示。

步骤 02 在预览窗口中，可以查看视频画面效果，如图 6-25 所示。

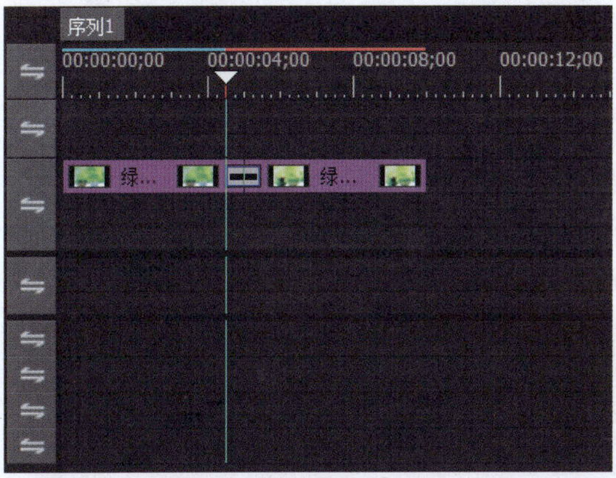

图 6-24　打开一个工程文件

图 6-25　查看打开的工程文件

步骤 03 在“特效”面板的 3D 素材库中，选择“双门”转场效果，单击鼠标左键并拖曳至视频轨中已经添加的转场效果上方，如图 6-26 所示，释放鼠标左键，即可替换之前添加的转场效果。

步骤 04 单击“播放”按钮，预览替换之后的视频转场效果，如图 6-27 所示。

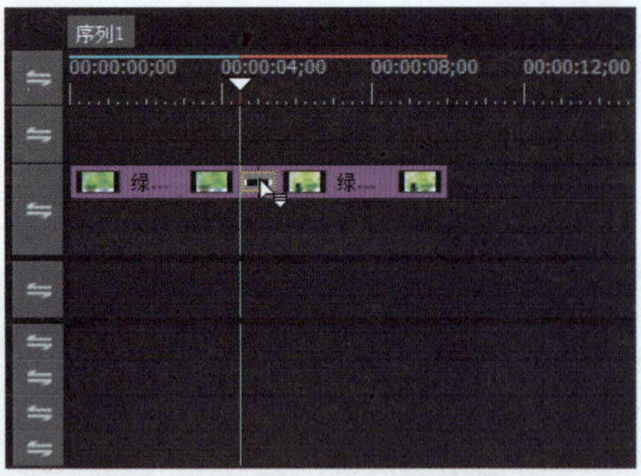

图 6-26　替换之前添加的转场效果

图 6-27　预览替换之后的视频转场效果

6.2.6　删除转场视频特效

在制作视频特效的过程中，如果用户对视频轨中添加的转场效果不满意，此时可以对转场效果进行删除操作。下面向读者介绍删除转场视频特效的操作方法。

步骤 01　打开一个工程文件（素材\第 6 章\按摩枕广告.ezp），如图 6-28 所示。

步骤 02　在预览窗口中，可以查看视频画面效果，如图 6-29 所示。

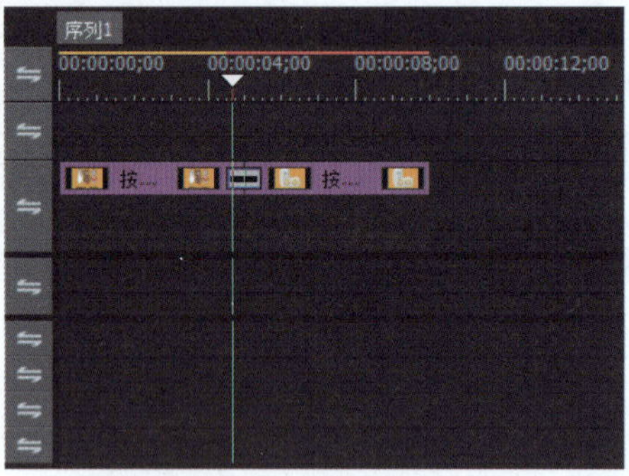

图 6-28　打开一个工程文件

图 6-29　查看打开的工程文件

步骤 03　在视频轨中，选择需要删除的视频转场效果，如图 6-30 所示。

步骤 04　在转场效果上，单击鼠标右键，在弹出的快捷菜单中选择“删除”选项，即可删除视频轨中的转场效果，如图 6-31 所示。

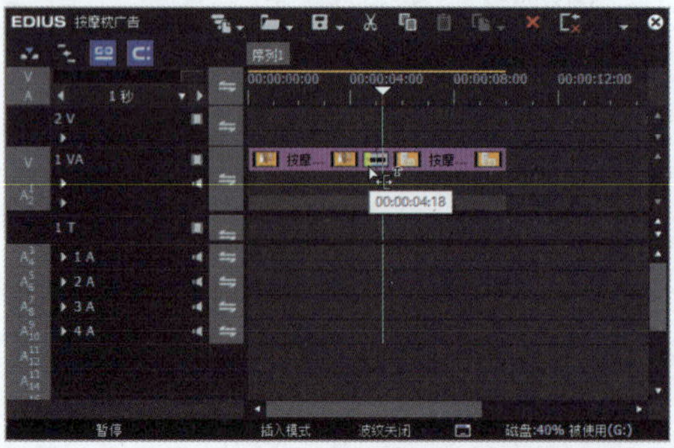

图 6-30　选择需要删除的视频转场效果

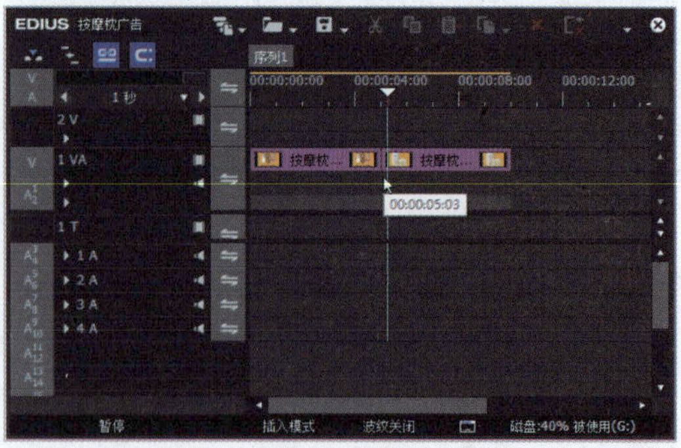

图 6-31　删除视频轨中的转场效果

步骤 05 单击“播放”按钮，预览删除转场效果后的视频画面效果，如图 6-32 所示。

图 6-32 预览删除转场效果后的视频画面

6.2.7 转场边框视频特效

在 EDIUS 9.0 中，在图像素材之间添加转场效果后，可以为转场效果设置相应的边框样式，从而为转场效果锦上添花，加强效果的审美度。

步骤 01 打开一个工程文件（素材\第 6 章\成长记录.ezp），如图 6-33 所示。

步骤 02 在预览窗口中，可以查看视频画面效果，如图 6-34 所示。

图 6-33 打开一个工程文件

图 6-34 查看打开的工程文件

步骤 03 在视频轨中，选择需要设置的转场效果，单击鼠标右键，在弹出的快捷菜单中选择“设置”选项，如图 6-35 所示。

步骤 04 执行操作后，弹出“圆形”对话框，在“边框”选项区中，选中“颜色”复选框，在右侧设置“宽度”为 3，如图 6-36 所示。

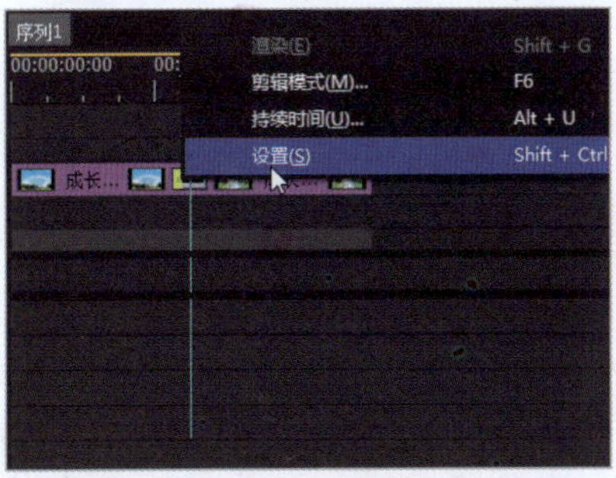

图 6-35 选择“设置”选项

图 6-36 设置“宽度”为 3

步骤 05 单击中间的白色色块，弹出“色彩选择-709”对话框，在右侧设置“红”为 298、“绿”为 239、“蓝”为 284，如图 6-37 所示。

步骤 06 单击“确定”按钮，返回“圆形”对话框，在“边框”选项区中选中“柔化边框”复选框，如图 6-38 所示。

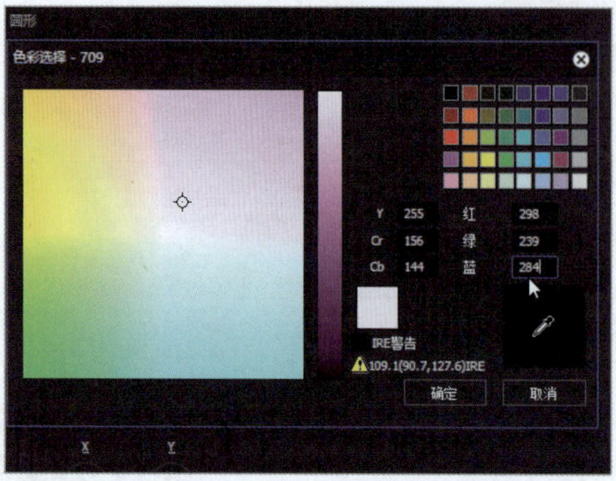

图 6-37　设置相应参数

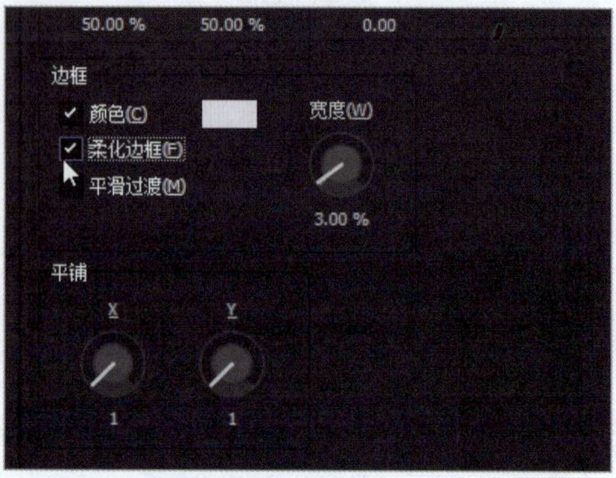

图 6-38　选中“柔化边框”复选框

步骤 07 执行操作后，单击“确定”按钮，即可为转场添加边框特效并且柔化转场的边缘，单击“播放”按钮，预览添加边框后的视频转场效果，如图 6-39 所示。

图 6-39　预览添加边框后的视频转场效果

> **▶ 专家指点**
>
> 除了上述的方法弹出“圆形”对话框，还可以在 EDIUS 工作界面中，选择需要设置的转场效果，按【Shift + Ctrl + E】组合键，也可以快速弹出“圆形”对话框。

6.3　应用精彩转场特效

在 EDIUS 9.0 中，转场效果的种类繁多，某些转场效果独具特色，可以为视频添加非凡的视觉体验。本节主要向读者介绍转场效果的精彩应用。

6.3.1　制作 2D 转场特效

在 EDIUS 工作界面中，2D 转场组中包括 13 个转场特效，用户可以根据需要选择相应的转场效果应用于视频中。下面向读者介绍制作 2D 转场特效的操作方法。

步骤 01　打开一个工程文件（素材\第 6 章\情定一生.ezp），如图 6-40 所示。

步骤 02　展开“特效”面板，在 2D 转场组中，选择“交叉划像”转场效果，单击鼠标左键并拖曳至视频轨中的两幅图像素材之间，即可添加“交叉划像”转场，如图 6-41 所示。

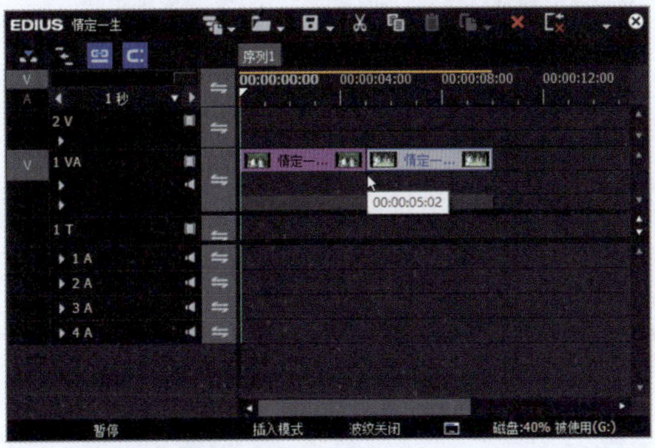

图 6-40　打开一个工程文件

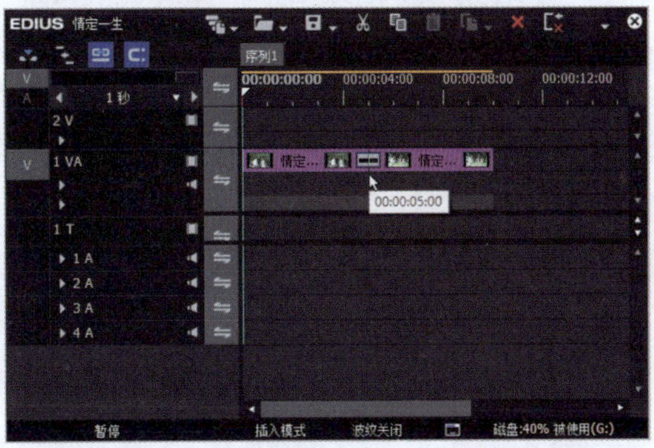

图 6-41　添加“交叉划像”转场效果

步骤 03　单击“播放”按钮，预览“交叉划像”转场效果，如图 6-42 所示。

图 6-42　预览“交叉划像”转场效果

▶ 专家指点

在 EDIUS 工作界面中，“交叉划像”转场效果的运动方式很简单，两段视频都不动，它们的可见区域作条状穿插，从视频 A 慢慢的显示为视频 B。

6.3.2　制作 3D 转场特效

3D 转场组中包括 13 个转场特效，与 2D 转场不同的是 3D 转场动画是在三维空间里面运动的。下面向读者介绍 3D 转场特效的操作方法。

步骤 01　打开一个工程文件（素材\第 6 章\梦幻场景.ezp），如图 6-43 所示。

步骤 02　展开“特效”面板，在 3D 转场组中，选择“四页”转场效果，如图 6-44 所示，单击鼠标左键并拖曳至视频轨中的两幅图像素材之间，即可添加“四页”转场效果。

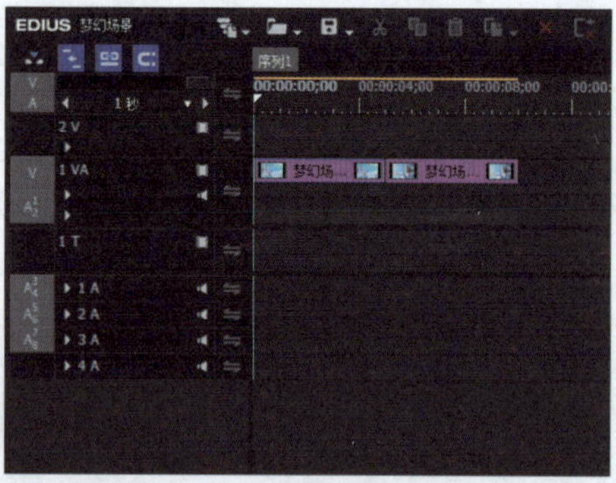

图 6-43　打开一个工程文件

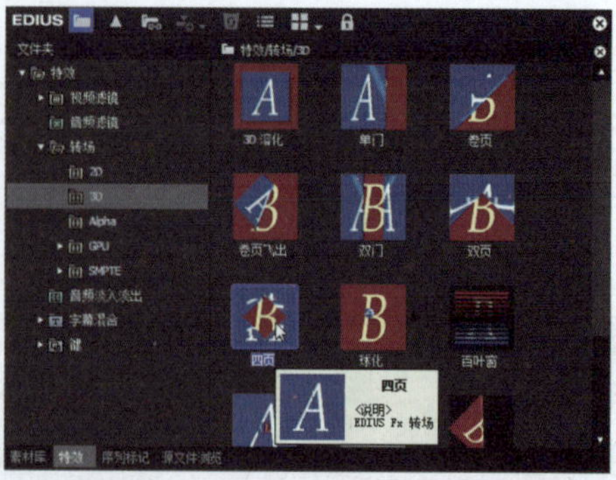

图 6-44　选择“四页”转场效果

步骤 03　单击“播放”按钮，预览“四页”转场效果，如图 6-45 所示。

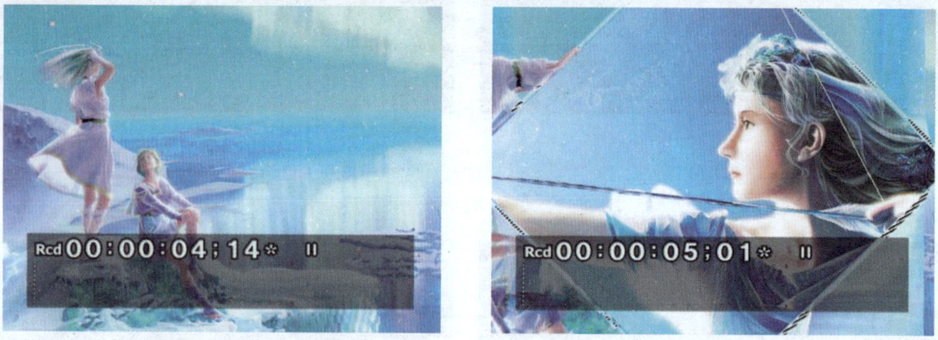

图 6-45　预览“四页”转场效果

6.3.3　制作单页转场特效

在 EDIUS 工作界面中，“单页”转场效果是指素材 A 以单页翻入或翻出的方式显示素材 B。下面向读者介绍单页转场特效的操作方法。

步骤 01　打开一个工程文件（素材\第 6 章\精美翡翠.ezp），如图 6-46 所示。

步骤 02　展开“特效”面板，在“GPU”|“单页”|“3D 翻动”转场组中，选择“3D 翻出-向左下”转场效果，如图 6-47 所示，单击鼠标左键并拖曳至视频轨中的两幅图像素材之间，释放鼠标左键，即可添加“3D 翻出-向左下”转场效果。

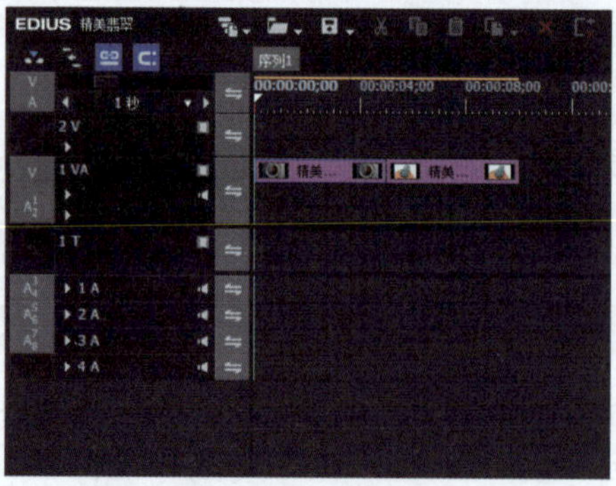

图 6-46　打开一个工程文件

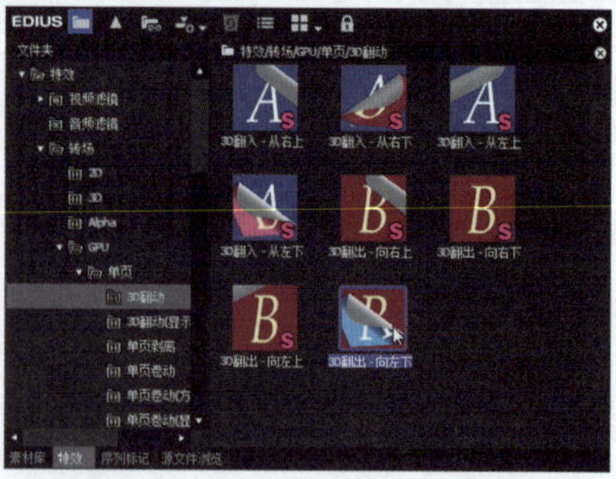

图 6-47　选择“3D 翻出-向左下”转场

步骤 03　单击“播放”按钮，预览“3D 翻出-向左下”转场效果，如图 6-48 所示。

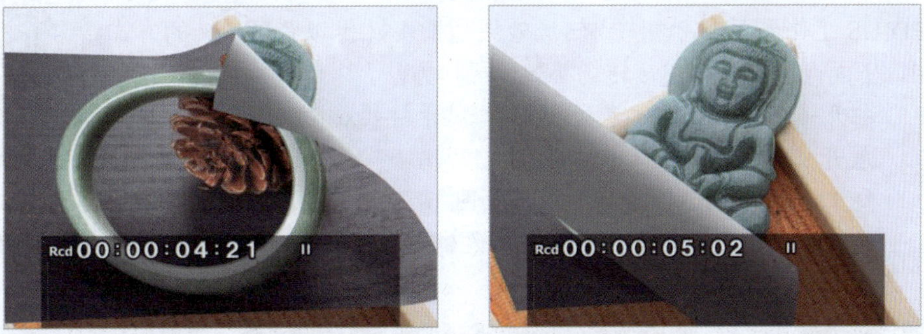

图 6-48　预览“3D 翻出-向左下”转场效果

6.3.4　制作四页转场特效

在 EDIUS 工作界面中，“四页”转场效果是指素材 A 以四页卷动或剥离的方式显示素材 B。下面向读者介绍四页转场特效的操作方法。

步骤 01　打开一个工程文件(素材\第 6 章\玫瑰花香.ezp)，如图 6-49 所示。

步骤 02　展开“特效”面板，在“GPU”|“四页”|“剥离”转场组中，选择“四页剥离”转场效果，如图 6-50 所示，单击鼠标左键并拖曳至视频轨中的两幅图像素材之间，释放鼠标左键，即可添加“四页剥离”转场效果。

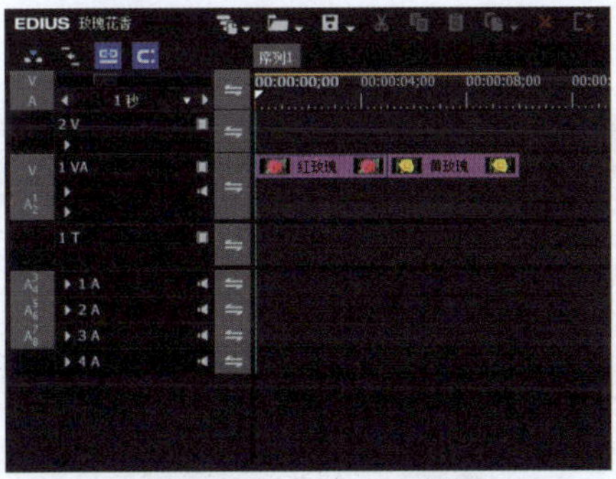

图 6-49　打开一个工程文件

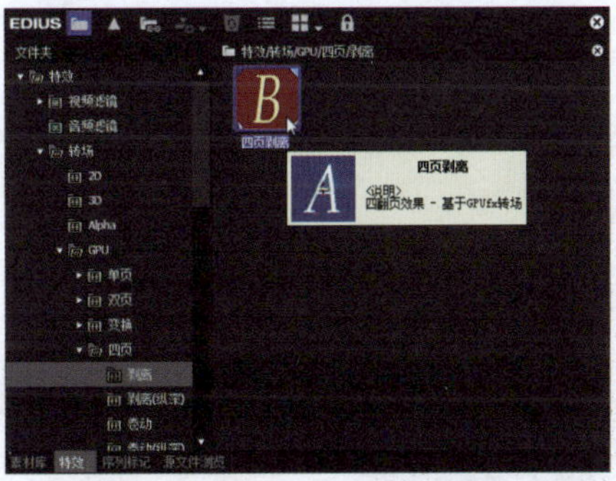

图 6-50　选择“四页剥离”转场效果

步骤 03　单击“播放”按钮，预览“四页剥离”转场效果，如图 6-51 所示。

图 6-51　预览“四页剥离”转场效果

6.3.5 制作扭转视频特效

在 EDIUS 工作界面中，“扭转”转场效果是指素材 A 以各种扭转的方式显示素材 B。下面向读者介绍扭转转场特效的操作方法。

步骤 01 打开一个工程文件（素材\第 6 章\风景特效.ezp），如图 6-52 所示。

步骤 02 展开“特效”面板，在“GPU”|“扭转”|“环绕”转场组中，选择“扭转（环绕）-向上扭转 1”转场效果，如图 6-53 所示，单击鼠标左键并拖曳至视频轨中的两幅图像素材之间，释放鼠标左键，即可添加“扭转（环绕）-向上扭转 1”转场效果。

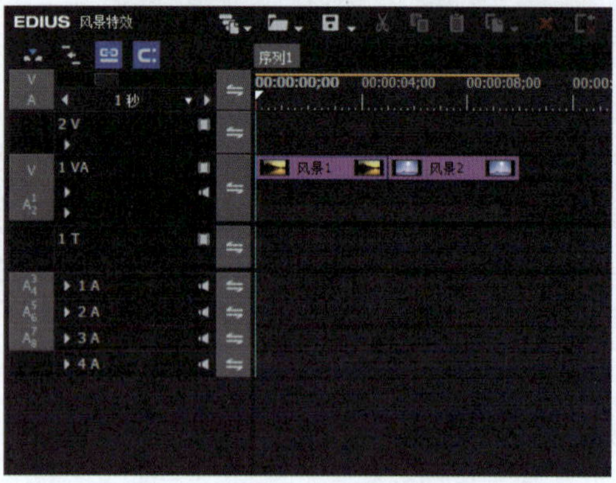

图 6-52 打开一个工程文件

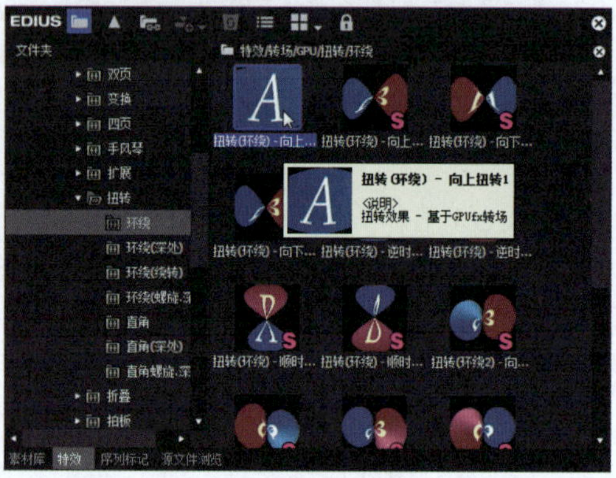

图 6-53 选择转场效果

步骤 03 单击“播放”按钮，预览添加的转场效果，如图 6-54 所示。

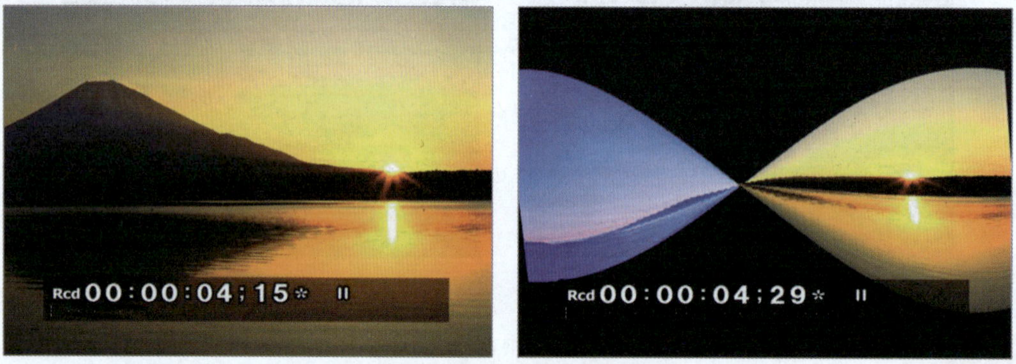

图 6-54 预览转场效果

6.3.6 制作旋转视频特效

在 EDIUS 工作界面中，“旋转”转场效果是指素材 A 以各种旋转运动的方式显示素材 B。下面向读者介绍旋转转场特效的操作方法。

步骤 01 打开一个工程文件（素材\第 6 章\克拉恋人.ezp），如图 6-55 所示。

步骤 02 展开“特效”面板，在“GPU”|“旋转”|“分割”转场组中，选择“分割旋转转出-顺时针”转场效果，如图 6-56 所示，单击鼠标左键并拖曳至视频轨中的两幅图像素材之间，释放鼠标左键，即可添加“分割旋转转出-顺时针”转场效果。

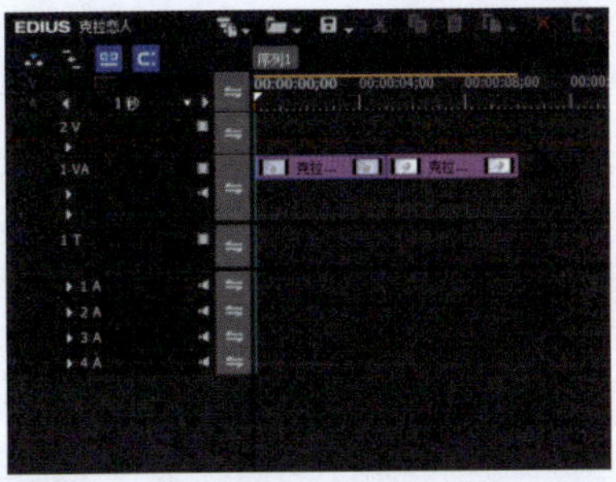

图 6-55　打开一个工程文件

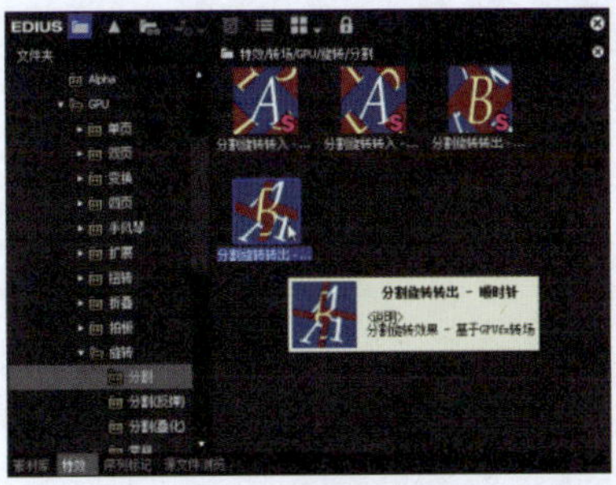

图 6-56　选择“分割旋转转出-顺时针”转场效果

步骤 03　单击“播放”按钮，预览添加的转场效果，如图 6-57 所示。

图 6-57　预览转场效果

本章小结

本章使用大量篇幅，全面介绍了 EDIUS 9.0 中转场效果的添加、设置、复制以及移动转场效果的具体操作方法和技巧，同时对常用的转场效果运用实例的形式向读者做了详尽的说明和效果展示。通过本章的学习，读者应该全面、熟练地掌握 EDIUS 9.0 中转场效果的添加、删除以及应用方法，并对转场效果所产生的画面作用有所了解。

课后习题

鉴于本章知识的重要性，为了帮助读者更好地掌握所学知识，本节将通过上机习题，帮助读者巩固和强化前面所学内容，再次提升读者的应用能力。

本习题需要掌握在“管状”转场组中，应用“横管出现（淡出.环转）”转场，效果如图 6-58 所示。

图 6-58　应用“横管出现（淡出.环转）”转场效果

第 7 章　制作专业的滤镜特效

7

滤镜是一种插件模块，能够对图像中的像素进行操作，也可以模拟一些特殊的光照效果或带有装饰性的纹理效果。在 EDIUS 9.0 中，提供了各种各样的滤镜特效，使用这些滤镜特效，用户无须耗费大量的时间和精力就可以快速地制作出如滚动、模糊、马赛克、手绘、浮雕以及各种混合滤镜效果等。本章主要向读者介绍应用各种滤镜效果的操作方法。

本章重点

- 视频滤镜简介
- 滤镜的添加与删除
- 视频滤镜特效的精彩应用

7.1 视频滤镜简介

视频滤镜可以说是 EDIUS 软件的一大亮点，越来越多的滤镜特效出现在各种电视节目中，它可以使美丽的画面更加生动、绚丽多彩，从而创作出非常神奇的、变幻莫测的媲美好莱坞大片的视觉效果。本节主要向读者介绍视频滤镜简介。

7.1.1 滤镜效果简介

对素材添加视频滤镜后，滤镜效果将会应用到视频素材的每一幅画面上，通过调整滤镜的属性，可以控制起始帧到结束帧之间的滤镜强度、效果及速度等。下面为添加了各种视频滤镜后的视频画面特效，如图 7-1 所示。

“光栅滚动”视频滤镜

“浮雕”视频滤镜

“宽银幕”视频滤镜

“平滑马赛克”视频滤镜

图 7-1 添加各种视频滤镜后的视频画面特效

▶ 专家指点

在 EDIUS 工作界面中，左侧的播放窗口中显示的是视频素材原画面，右侧的录制窗口中显示的是已经添加视频滤镜后的视频画面特效。

7.1.2 滤镜特效面板

在 EDIUS 9.0 中，提供了多种视频滤镜特效，都存在于“特效”面板中，如图 7-2 所示。在视频中合理地运用这些滤镜特效，可以模拟制作出各种艺术效果，对素材进行美化操作。

图 7-2 “视频滤镜”和“色彩校正”特效

> **▶ 专家指点**
>
> 在 EDIUS 工作界面中，当用户为视频轨中的视频素材添加相应的滤镜效果后，添加的滤镜效果会显示在“信息”面板中。

7.2 滤镜的添加与删除

视频滤镜是指可以应用到视频素材上的效果，它可以改变视频文件的外观和样式。本节主要向读者介绍滤镜的添加与删除的操作方法，主要包括添加视频滤镜、添加多个视频滤镜以及删除视频滤镜等内容。

7.2.1 添加单个滤镜

在素材上添加相应的视频滤镜效果，可以制作出特殊的视频画面。下面向读者介绍添加单个滤镜视频特效的操作方法。

步骤 01 打开一个工程文件（素材\第 7 章\厦门大学.ezp），如图 7-3 所示。

步骤 02 展开“特效”面板，在滤镜组中选择“铅笔画”滤镜，如图 7-4 所示。

图 7-3 打开一个工程文件

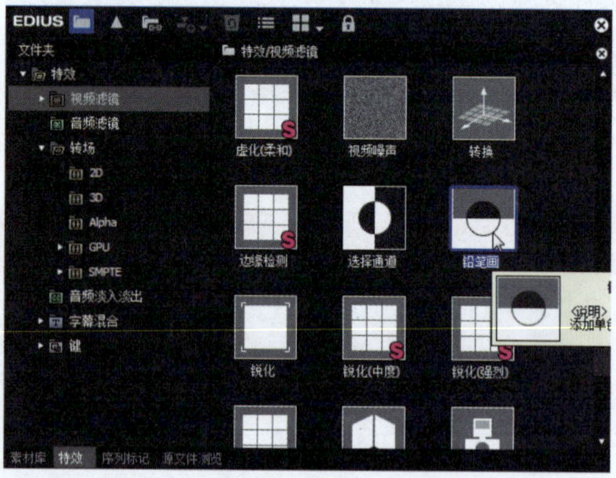

图 7-4 选择“铅笔画”滤镜

步骤 03 单击鼠标左键并拖曳至视频轨中的静态图像上，如图 7-5 所示。

步骤 04　已添加的视频滤镜会显示在“信息”面板中，如图 7-6 所示。

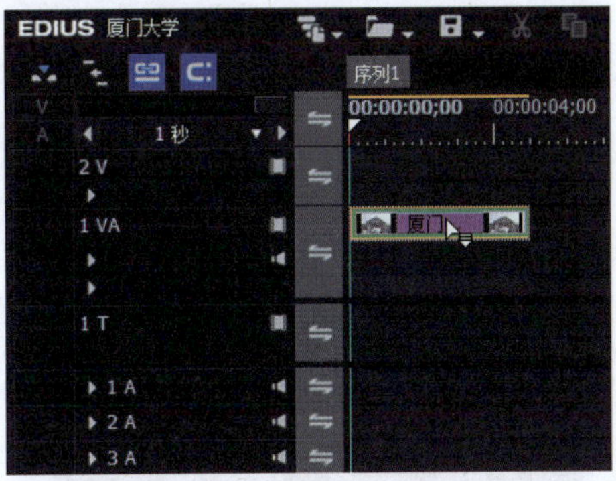

图 7-5　拖曳至静态图像上

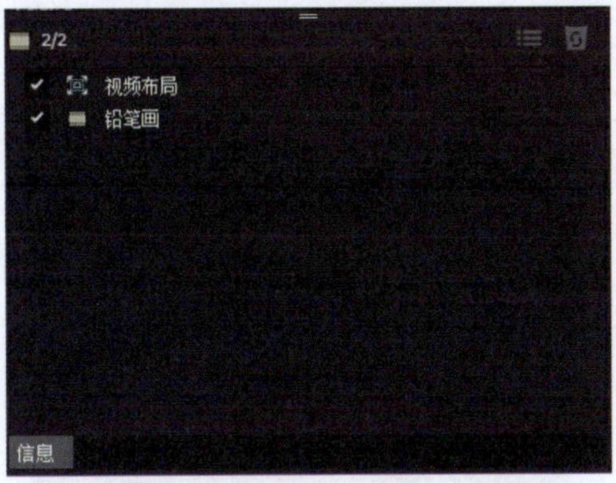

图 7-6　显示在“信息”面板中

步骤 05　在录制窗口中可以查看添加滤镜后的视频画面特效，如图 7-7 所示。

图 7-7　查看添加滤镜后的视频画面特效

7.2.2　添加多个滤镜

在 EDIUS 工作界面中，用户可以根据需要为素材图像添加多个视频滤镜效果，使素材画面效果更加丰富。下面向读者介绍添加多个滤镜视频特效的操作方法。

步骤 01　打开一个工程文件（素材\第 7 章\古镇画面.ezp），如图 7-8 所示。

步骤 02　展开“特效”面板，在滤镜组中选择“锐化”滤镜，如图 7-9 所示。

图 7-8　打开一个工程文件

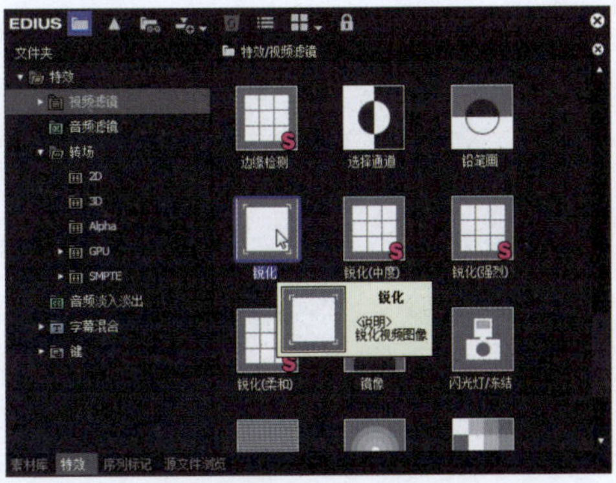

图 7-9　选择“锐化”滤镜

步骤 03 单击鼠标左键并拖曳至视频轨中的图像上，释放鼠标左键，即可添加“锐化”滤镜，在“视频滤镜”滤镜组中选择“马赛克”滤镜，如图 7-10 所示。

步骤 04 单击鼠标左键并拖曳至视频轨中的图像上，释放鼠标左键，即可添加“马赛克”滤镜，在“信息”面板中显示了添加的两个视频滤镜特效，如图 7-11 所示。

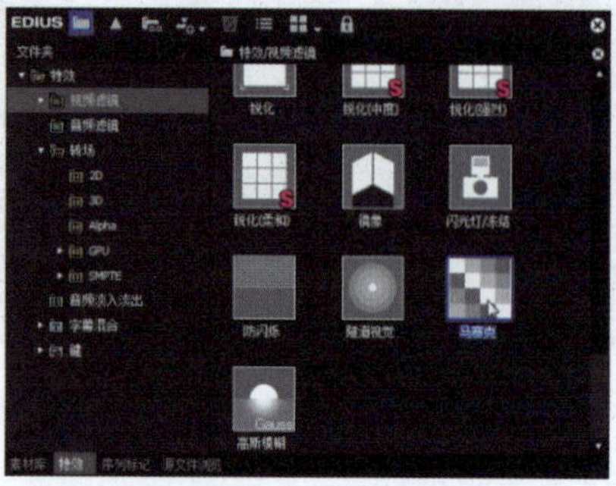

图 7-10　选择“马赛克”滤镜

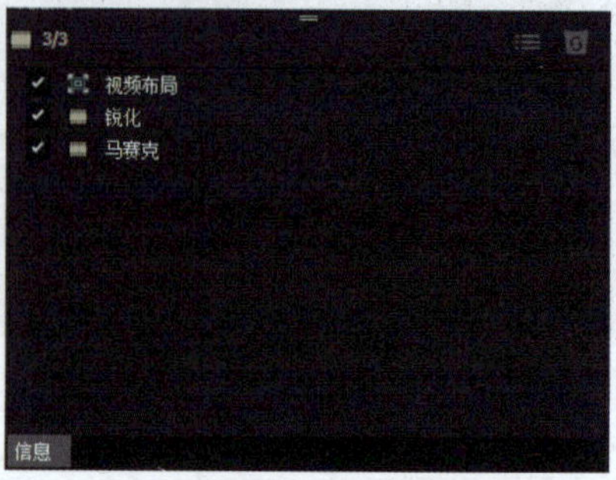

图 7-11　显示添加的滤镜特效

步骤 05 在录制窗口中可以查看添加多个滤镜后的视频画面特效，如图 7-12 所示。

图 7-12　查看添加多个滤镜后的视频画面

7.2.3　删除滤镜特效

如果用户在素材图像上添加滤镜效果后，发现所添加的滤镜效果不是自己需要的效果时，可以将该滤镜效果删除。下面向读者介绍删除滤镜视频特效的操作方法。

步骤 01 打开一个工程文件（素材\第 7 章\老电影画面.ezp），如图 7-13 所示。

步骤 02 在录制窗口中，单击“播放”按钮，预览视频滤镜画面特效，如图 7-14 所示。

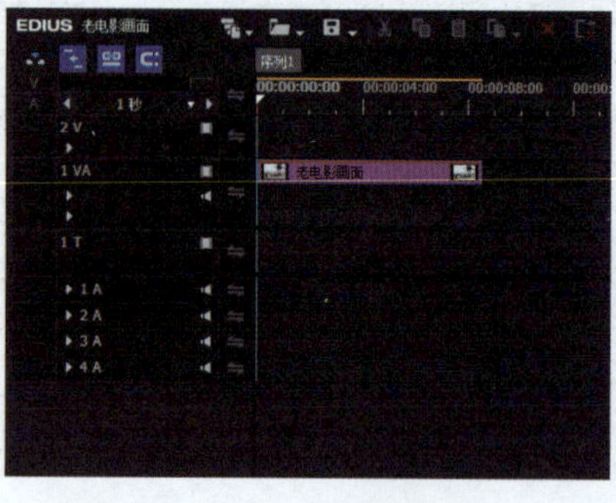

图 7-13　打开一个工程文件

图 7-14　预览视频滤镜画面特效

步骤 03　在“信息”面板中，选择需要删除的视频滤镜，这里选择“色彩平衡”选项，然后单击右侧的“删除”按钮，如图 7-15 所示。

步骤 04　执行上述操作后，即可删除选择的视频滤镜特效，此时的“信息”面板如图 7-16 所示。

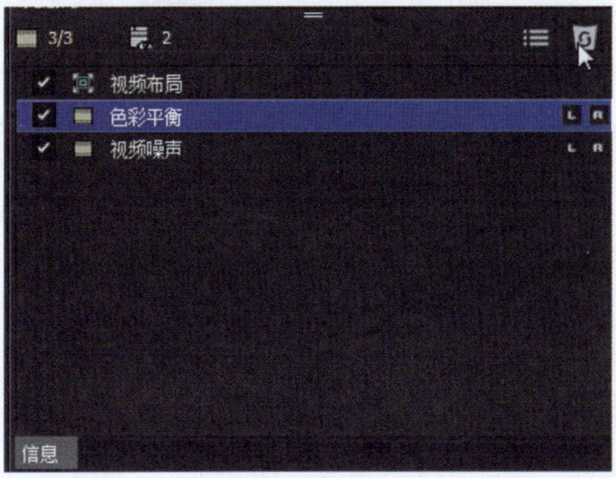

图 7-15　单击右侧的“删除”按钮

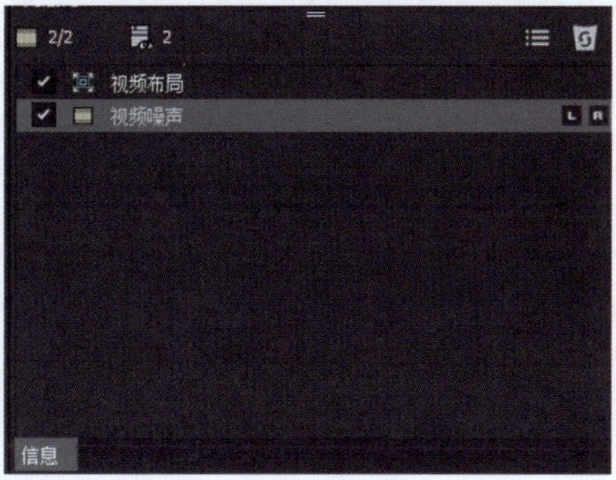

图 7-16　删除视频滤镜

步骤 05　在录制窗口中可以查看删除视频滤镜后的视频画面，如图 7-17 所示。

图 7-17　查看删除视频滤镜后的视频画面

7.3　视频滤镜特效的精彩应用

在 EDIUS 9.0 中，为用户提供了大量的滤镜效果，主要包括“光栅滚动”滤镜、“动态模糊”滤镜、“块颜色”滤镜、“浮雕”滤镜以及“老电影”滤镜等，用户可以根据需要应用这些滤镜效果，制作出精美的视频画面。本节主要向读者介绍应用视频滤镜的操作方法。

7.3.1　制作视频浮雕特效

在 EDIUS 9.0 中，“浮雕”滤镜可以让图像立体感看起来像石版画。下面向读者介绍添加“浮雕”视频滤镜的操作方法。

步骤 01　打开一个工程文件（素材\第 7 章\可爱动物.ezp），如图 7-18 所示。

步骤 02　在录制窗口中，可以查看导入的素材画面效果，如图 7-19 所示。

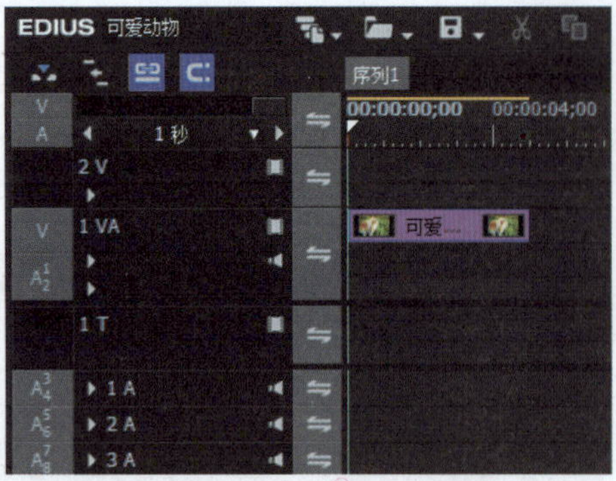

图 7-18　打开一个工程文件

图 7-19　查看导入的素材画面

步骤 03　展开“特效”面板，在“视频滤镜”滤镜组中选择“浮雕”滤镜效果，如图 7-20 所示。

步骤 04　在选择的滤镜效果上，单击鼠标左键，并拖曳至“信息”面板下方，如图 7-21 所示。

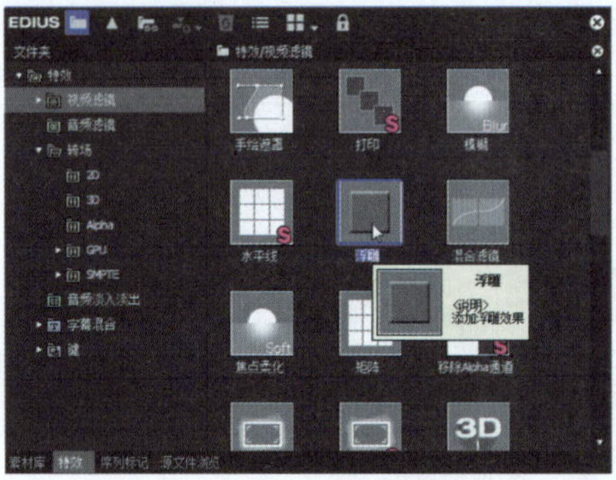

图 7-20　选择“浮雕”滤镜效果

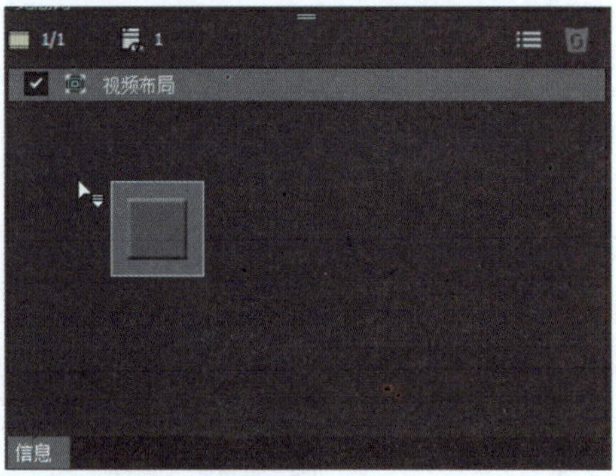

图 7-21　拖曳至“信息”面板下方

步骤 05　释放鼠标左键，即可为素材添加“浮雕”滤镜效果，如图 7-22 所示。

步骤 06　在选择的滤镜效果上，双击鼠标左键，弹出“浮雕”对话框，在其中设置“深度”为 3，如图 7-23 所示。

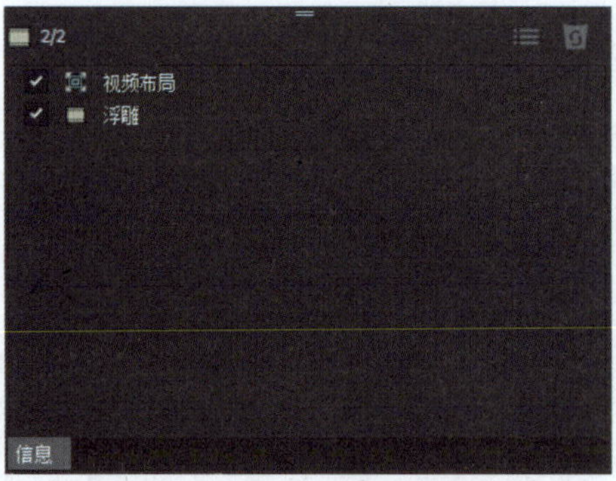

图 7-22　添加“浮雕”滤镜效果

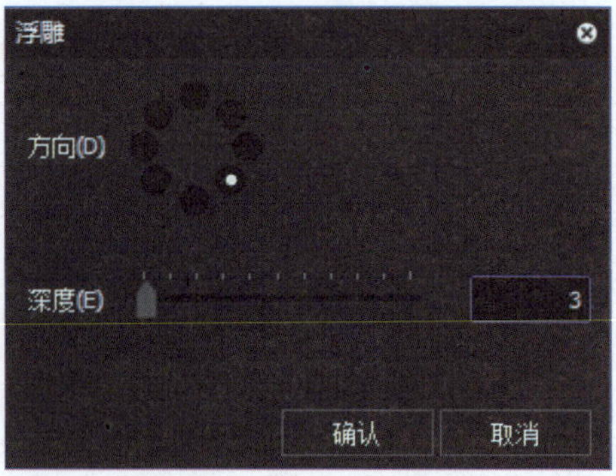

图 7-23　设置“深度”为 3

步骤 07　设置完成后，单击“确认”按钮，在录制窗口中，可以预览添加“浮雕”滤镜后的视频画面效果，如图 7-24 所示。

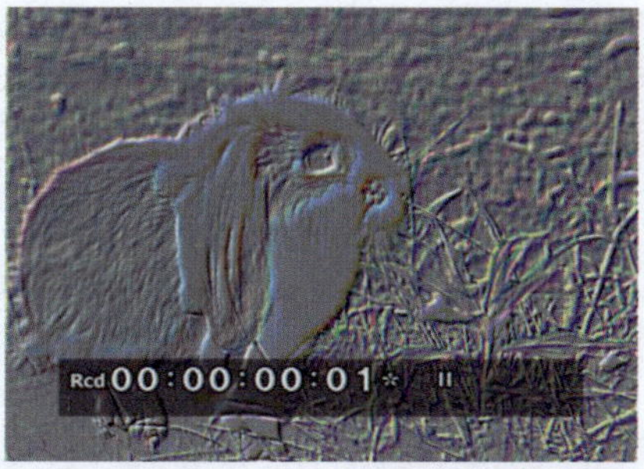

图 7-24　预览添加“浮雕”滤镜后的视频画面效果

7.3.2　制作视频镜像特效

在“镜像”滤镜中，可以对视频画面进行垂直或者水平镜像操作。下面向读者介绍添加“镜像”视频滤镜的操作方法。

步骤 01　打开一个工程文件（素材\第 7 章\荷花特效.ezp），如图 7-25 所示。

步骤 02　在录制窗口中，可以查看导入的素材画面效果，如图 7-26 所示。

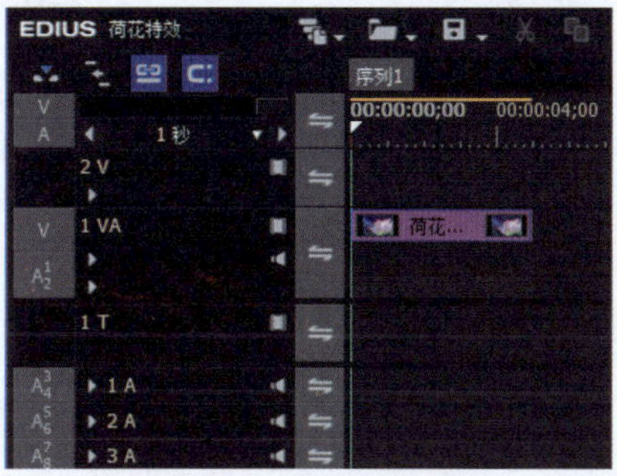

图 7-25　打开一个工程文件

图 7-26　查看导入的素材画面

步骤 03　展开“特效”面板，在“视频滤镜”滤镜组中选择“镜像”滤镜效果，如图 7-27 所示。

步骤 04　在选择的滤镜效果上，单击鼠标左键，并拖曳至“信息”面板下方，如图 7-28 所示。

图 7-27　选择“镜像”滤镜效果

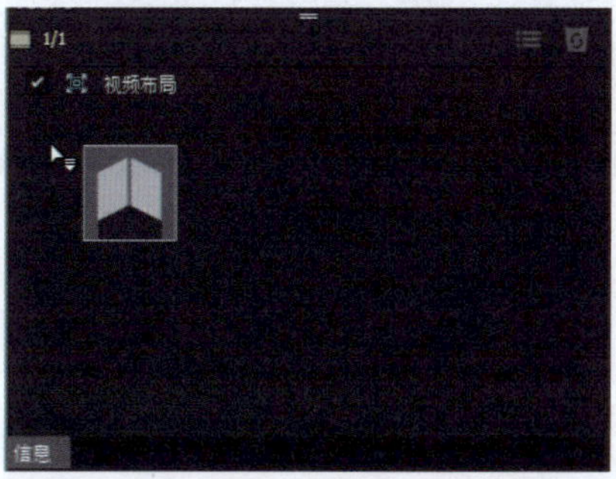

图 7-28　拖曳至“信息”面板下方

步骤 05　执行操作后，即可在视频中应用“镜像”滤镜效果，在录制窗口中，即可预览添加“镜像”滤镜后的视频画面效果，如图 7-29 所示。

图 7-29　预览添加“镜像”滤镜后的视频画面效果

7.3.3　制作组合滤镜特效

在 EDIUS 工作界面中，组合滤镜可以同时设置 5 个不同的滤镜效果，该滤镜通过不同滤镜的组合应用，可以得到一个全新的视频滤镜效果。下面向读者介绍组合滤镜特效的方法。

步骤 01　打开一个工程文件（素材\第 7 章\壮丽景色.ezp），如图 7-30 所示。

步骤 02　在录制窗口中，可以查看导入的素材画面效果，如图 7-31 所示。

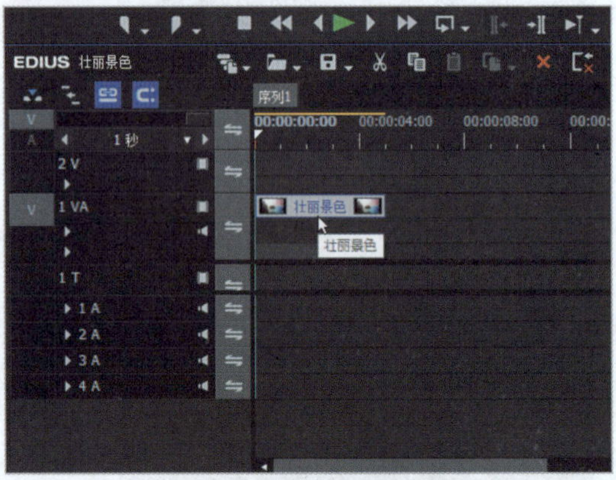

图 7-30　打开一个工程文件

图 7-31　查看导入的素材画面

步骤 03　展开特效面板，在“视频滤镜”滤镜组中选择“组合滤镜”效果，将选择的滤镜添加至视频轨中的图像素材上，如图 7-32 所示。

步骤 04　在“信息”面板中选择“组合滤镜”选项，单击鼠标右键，在弹出的快捷菜单中选择“打开设置对话框”选项，弹出“组合滤镜”对话框，取消选中最后 2 个复选框，选中前面 3 个复选框，表示同时应用 3 个滤镜效果，如图 7-33 所示。

图 7-32　在图像素材添加视频滤镜

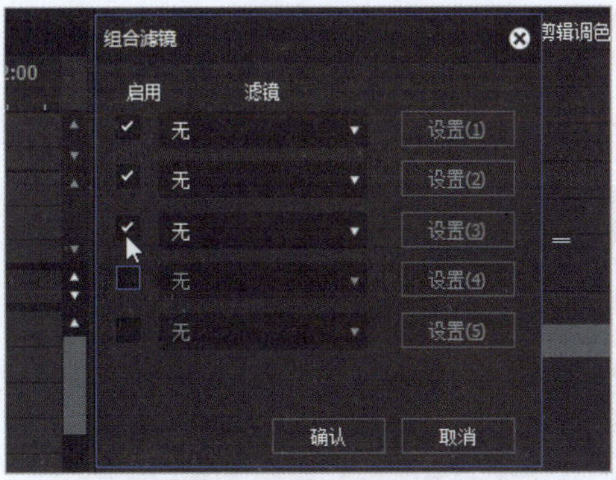

图 7-33　选中相应复选框

步骤 05　设置第 1 个滤镜为“色彩平衡”，单击右侧的“设置”按钮，如图 7-34 所示。

步骤 06　执行操作后，弹出“色彩平衡”对话框，在其中设置“红”为 6、“绿”为 - 13、“蓝”为 6，如图 7-35 所示，设置色彩平衡滤镜参数。

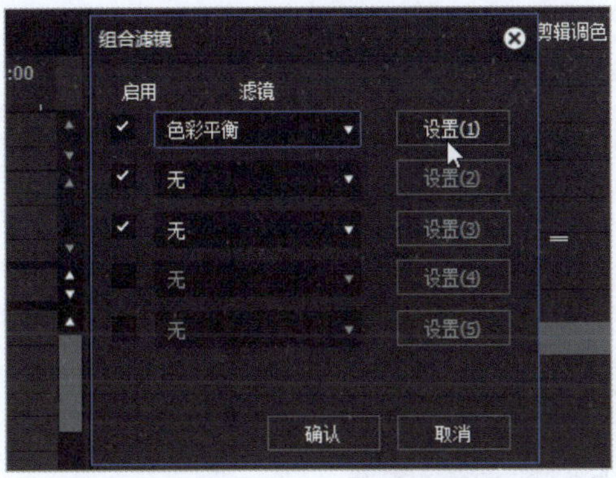

图 7-34　单击右侧的“设置”按钮

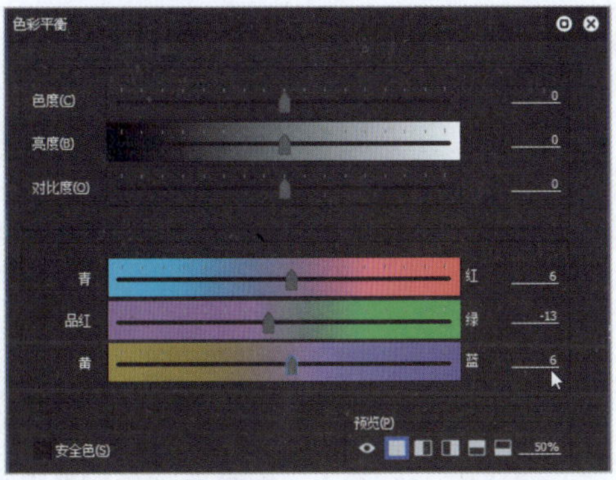

图 7-35　设置色彩平衡滤镜参数

步骤 07　设置完成后，单击“确定”按钮，返回“组合滤镜”对话框，设置第 2 个滤镜为“颜色轮”，单击右侧的“设置”按钮，如图 7-36 所示。

步骤 08　执行操作后，弹出“颜色轮”对话框，在其中设置“色调”为 8.50、“饱和度”为 - 16，如图 7-37 所示，设置颜色轮滤镜参数。

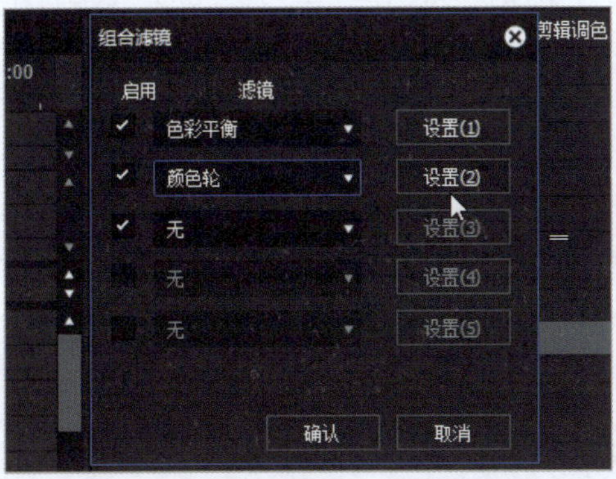

图 7-36　单击右侧的“设置”按钮

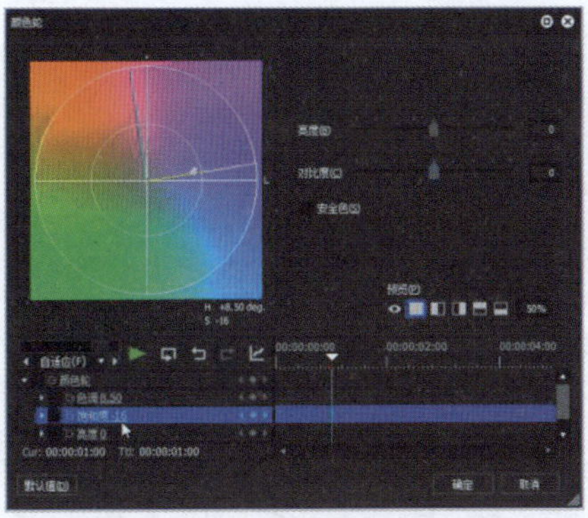

图 7-37　设置颜色轮滤镜参数

步骤 09 设置完成后，单击“确定”按钮，返回“组合滤镜”对话框，设置第 3 个滤镜为“锐化”，单击右侧的“设置”按钮，如图 7-38 所示。

步骤 10 执行操作后，弹出“锐化”对话框，设置“清晰度”为 25，如图 7-39 所示。

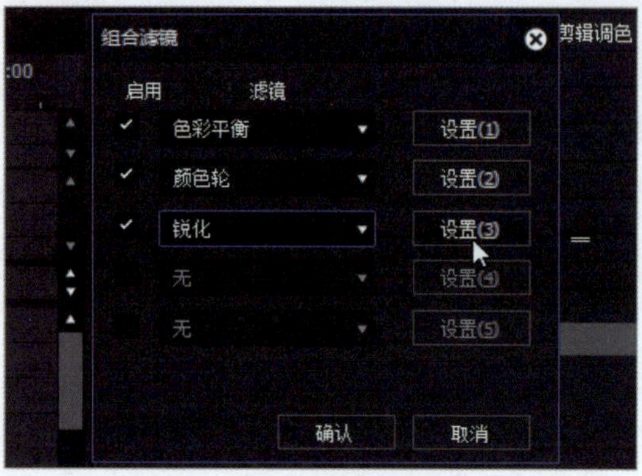

图 7-38　单击右侧的“设置”按钮

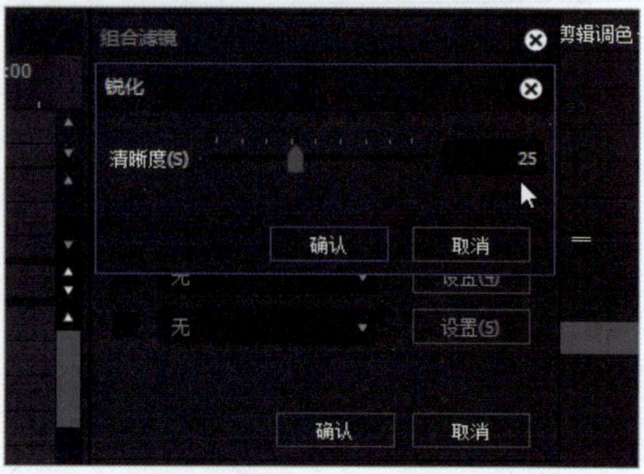

图 7-39　设置“清晰度”为 25

步骤 11 设置完成后，单击“确认”按钮，返回“组合滤镜”对话框，继续单击“确认”按钮，完成“组合滤镜”特效设置，单击录制窗口下方的“播放”按钮，预览添加“组合滤镜”滤镜后的画面效果，如图 7-40 所示。

图 7-40　预览添加“组合滤镜”滤镜后的画面效果

7.3.4　制作模糊滤镜特效

在 EDIUS 工作界面中，平滑马赛克滤镜可以使视频画面产生马赛克的效果。使用较大的马赛克值时，马赛克效果更好。下面向读者介绍制作马赛克动态模糊特效的操作方法。

步骤 01 打开一个工程文件（素材\第 7 章\梦幻少女.ezp），如图 7-41 所示。

步骤 02 在录制窗口中，可以查看导入的素材画面效果，如图 7-42 所示。

步骤 03 展开特效面板，在“视频滤镜”滤镜组中选择“平滑马赛克”滤镜，将选择的滤镜添加至视频轨中的图像素材上，在“信息”面板中可以看到，“平滑马赛克”滤镜效果是由“马赛克”与“动态模糊”两种视频滤镜设置转变而成的，选择“马赛克”选项，单击“打开设置对话框”按钮，弹出“马赛克”对话框，在其中设置“块大小”为 10，如图 7-43 所示。

步骤 04 单击“确认”按钮，返回 EDIUS 工作界面，单击录制窗口下方的“播放”按钮，预览添加“平滑马赛克”滤镜后的视频画面效果，如图 7-44 所示。

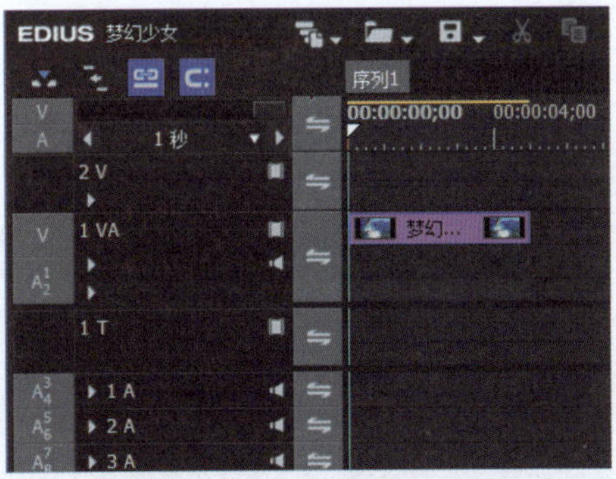

图 7-41　打开一个工程文件

图 7-42　查看导入的素材画面

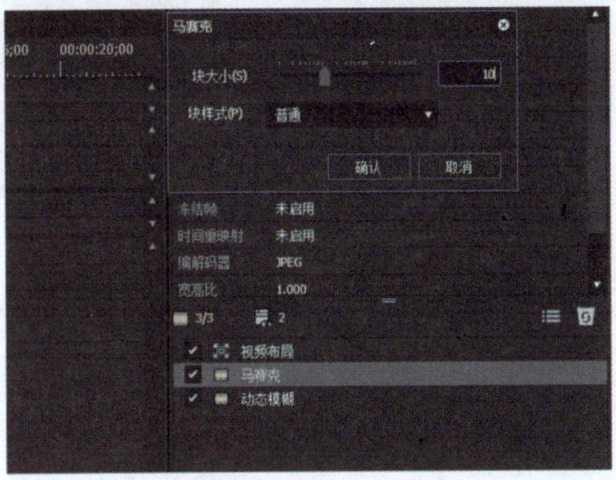

图 7-43　设置相应参数

图 7-44　预览添加滤镜后的视频画面效果

7.3.5　制作视频老电影特效

在“老电影”滤镜中，惟妙惟肖地模拟了老电影中特有的帧跳动、落在胶片上的毛发杂物等效果，配合色彩校正使其变得泛黄或者黑白化，可能真的无法分辨出哪个才是真正的“老古董”，也是使用频率较高的一类特效。下面向读者介绍制作视频老电影特效的方法。

步骤 01　打开一个工程文件（素材\第 7 章\回忆画面.ezp），如图 7-45 所示。

步骤 02　在录制窗口中，可以查看导入的素材画面效果，如图 7-46 所示。

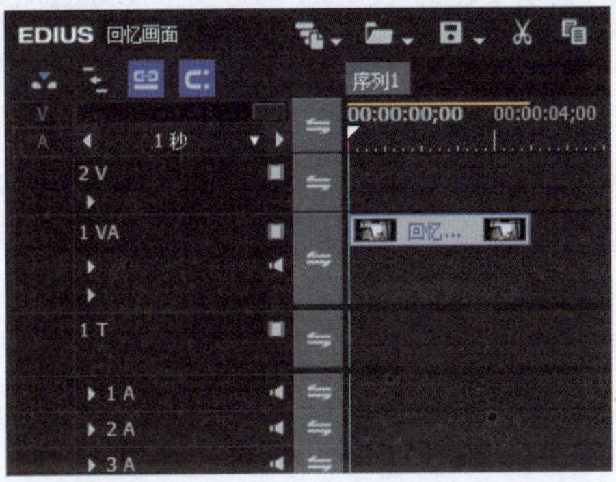

图 7-45　打开一个工程文件

图 7-46　查看导入的素材画面

步骤 03 展开特效面板，在“视频滤镜”滤镜组中选择“老电影”滤镜效果，如图 7-47 所示。

步骤 04 在选择的滤镜效果上，单击鼠标左键，并拖曳至“信息”面板下方，如图 7-48 所示，可以看到该“老电影”滤镜是由“色彩平衡”滤镜与“视频噪声”滤镜设置转变而成的。

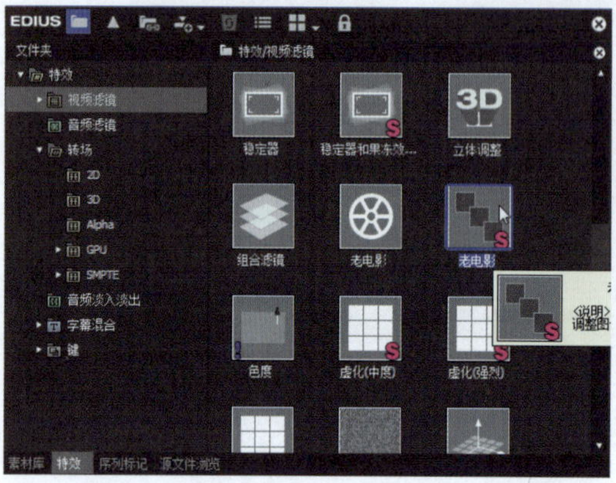

图 7-47 选择“老电影”滤镜效果

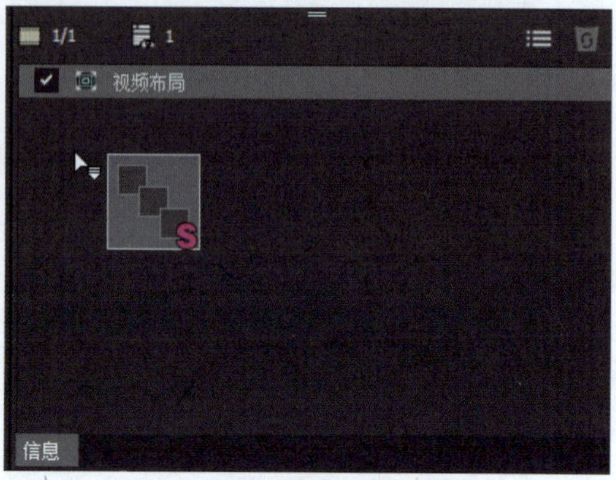

图 7-48 查看添加的滤镜

步骤 05 再次在特效面板中，选择另一个“老电影”滤镜效果，单击鼠标左键并拖曳至“信息”面板下方，再次添加一个“老电影”视频滤镜，如图 7-49 所示。

步骤 06 在“信息”面板的“色彩平衡”滤镜上，单击鼠标右键，在弹出的快捷菜单中选择“打开设置对话框”选项，弹出“色彩平衡”对话框在其中设置“色度”为 - 128，设置“红”为 19、“绿”为 4、“蓝”为-38，如图 7-50 所示。

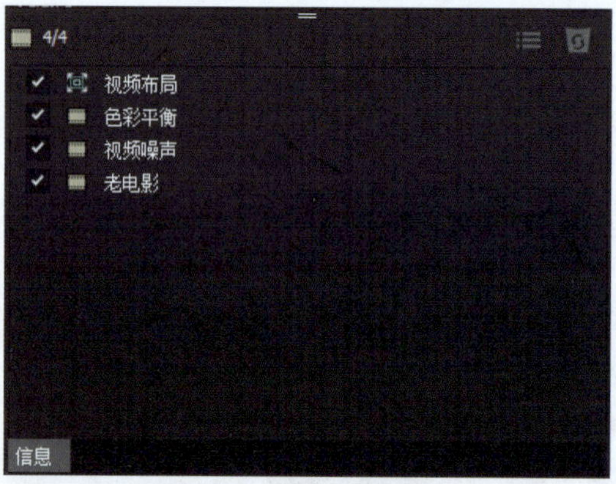

图 7-49 添加一个“老电影”视频滤镜

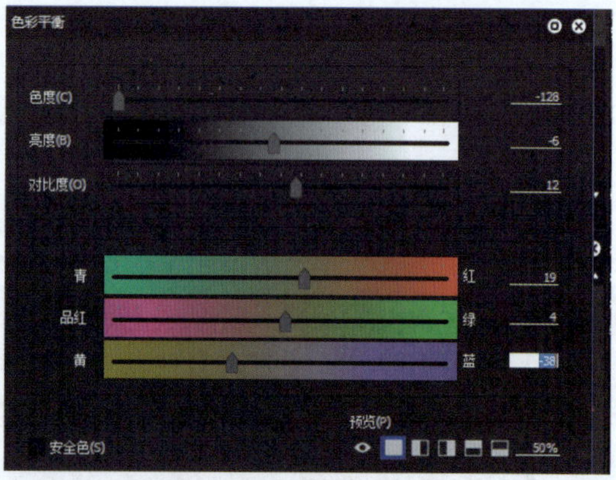

图 7-50 设置相应参数

步骤 07 设置完成后，单击对话框下方的“确定”按钮，完成“色彩平衡”滤镜的设置，在“信息”面板的“老电影”滤镜上，双击鼠标左键，弹出“老电影”对话框，在“尘粒和毛发”选项区中，设置“毛发比率”为 52、“大小”为 48、“数量”为 60、“亮度”为 40、“持续时间”为 8，在“刮痕和噪声”选项区中，设置“数量”为 30、“亮度”为 40、“移动性”为 128、“持续时间”为 80，在“帧跳动”选项区中，设置“偏移”为 60、“概率”为 10，在“闪烁”选项区中，设置“幅度”为 16，如图 7-51 所示。

步骤 08　设置完成后，单击“确认”按钮，完成对“老电影”滤镜效果的设置，在录制窗口中，单击“播放”按钮，即可预览添加“老电影”滤镜后的视频画面效果，如图 7-52 所示。

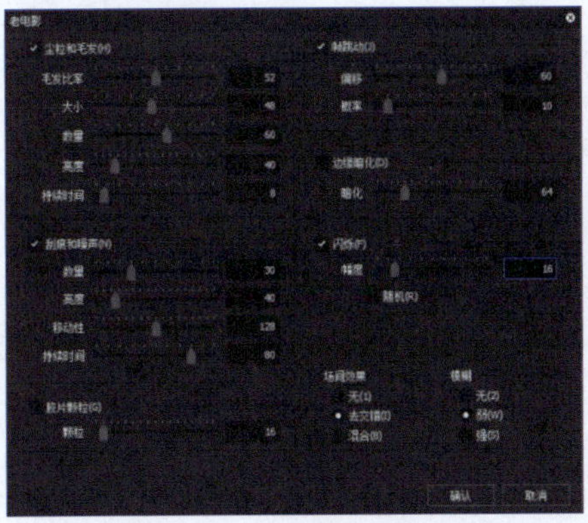

图 7-51　设置相应参数

图 7-52　预览添加滤镜后的视频画面效果

本章小结

本章全面介绍了 EDIUS 9.0 中视频滤镜效果的添加、删除以及设置的操作方法，本章以实例的形式将添加与编辑滤镜特效的每一种方法、每一个选项都进行了详细的介绍，以及对色彩校正滤镜的运用进行了详细讲解。通过本章的学习，用户可以熟练掌握 EDIUS 中视频滤镜的各种使用方法和技巧，并能够理论结合实践地将视频滤镜效果合理地运用到所制作的视频作品中。

课后习题

鉴于本章知识的重要性，为了帮助读者更好地掌握所学知识，本节将通过上机习题，帮助读者巩固和强化前面所学内容，再次提升读者的应用能力。

本习题需要掌握通过“剪辑”菜单中的“重命名”命令，在项目内更改素材名称，效果如图 7-53 所示。

图 7-53　重命名素材文件

第 8 章　制作画中画运动特效

合成运动特效是指在原有的视频画面中合成或创建移动、变形和缩放等运动效果。在EDIUS 9.0 中，为静态的素材加入适当的运动效果，可以让画面活动起来，显得更加逼真、生动。本章主要向读者介绍影视合成运动效果的制作方法，主要包括关键帧动画、视频布局动画、三维空间动画以及画面合成特效等，希望读者可以熟练掌握本章内容，制作出更多精彩的特效。

本章重点

- 制作二位与三维空间动画
- 制作视频混合模式特效
- 制作视频抠像与遮罩特效
- 制作画中画动态视频特效

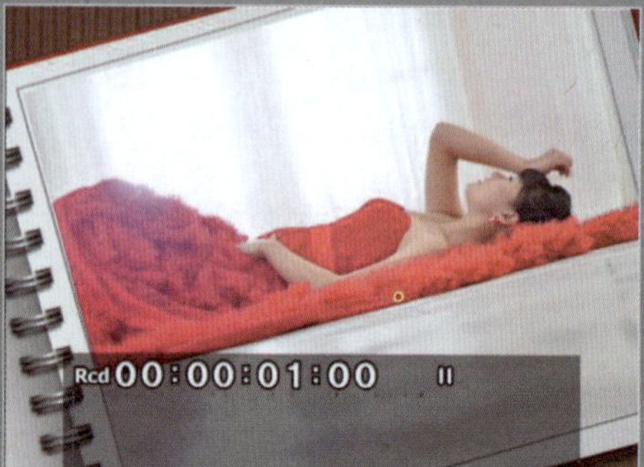

8.1　制作二维与三维空间动画

在 EDIUS 9.0 中，用户不仅可以设置滤镜参数的动画效果，更多的时候用户还需要设置图像的移动、旋转和缩放等动画，尤其是三维空间中的动画，这就是视频布局动画。本节主要向读者介绍制作二维与三维空间动画的操作方法，主要包括裁剪图像和三维变换图像等内容，希望读者可以熟练掌握。

8.1.1　视频布局概述

在 EDIUS 工作界面中，单击“素材”菜单，在弹出的菜单列表中单击“视频布局”命令，即可弹出“视频布局”对话框，如图 8-1 所示。

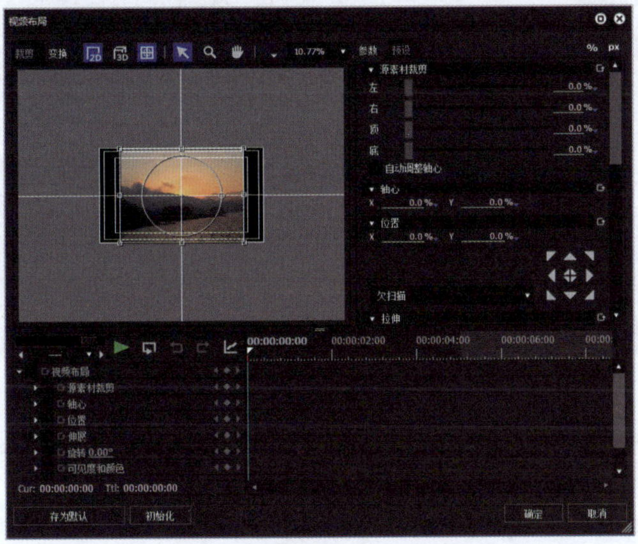

图 8-1　“视频布局”对话框

在“视频布局”对话框中，各部分含义如下。

➢　功能按钮：在“视频布局”对话框中，包含许多控制和功能的按钮，来决定图像不同的布局方式。比如，选择“裁剪”选项，图像只有裁剪功能可用，而 2D 模式、3D 模式和显示参考按钮变成灰色，不再可用。

➢　功能按钮：在“视频布局”对话框中，包含许多控制和功能的按钮，来决定图像不同的布局方式。比如，选择“裁剪”选项，图像只有裁剪功能可用，而 2D 模式、3D 模式和显示参考按钮变成灰色，不再可用。

➢　预览窗口：预览窗口中显示源素材视频和在布局窗口中对图像所作的变换。在“显示比例”列表框中，可以选择预览窗口的尺寸。或按【Ctrl+O】组合键，使预览窗口自动匹配布局窗口的尺寸。

➢　效果控制面板：在效果控制面板中，可以指定布局参数的数值，并设置相应的参数关键帧。

➢　“参数”面板：在“参数”面板中，显示了在布局窗口中与选择功能对应的可用的参数设置。

➢ “预设”面板：在“预设”面板中，可以应用 EDIUS 软件中预设的多种功能来调整图像的布局。

8.1.2 制作裁剪图像动画

为了构图的需要，用户有时需要重新裁剪素材的画面。单击“裁剪”选项卡，在预览窗口中直接拖曳裁剪控制框，就可以裁剪素材画面了，也可以在“参数”面板中设置“左”“右”“顶”“底”的裁剪比例来裁剪图像画面。下面向读者介绍制作裁剪图像动画的操作方法。

步骤 01 打开一个工程文件（素材\第 8 章\甜蜜恋人.ezp），如图 8-2 所示。

步骤 02 在视频轨中，选择需要进行裁剪的图像素材，如图 8-3 所示。

图 8-2 打开一个工程文件

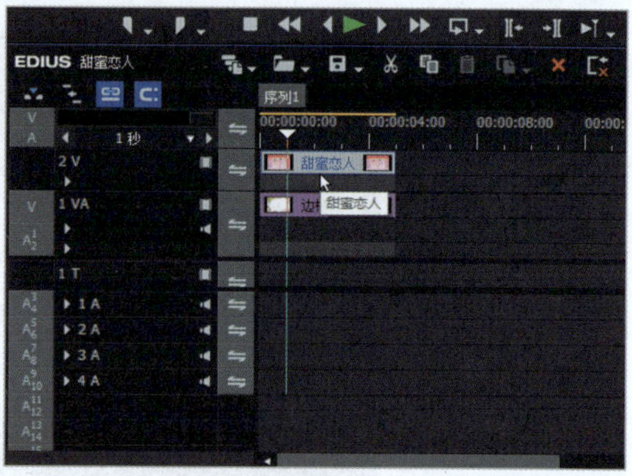

图 8-3 选择需要进行裁剪的图像素材

步骤 03 在菜单栏中，单击“素材”|“视频布局”命令，弹出“视频布局”对话框，在“裁剪”选项卡的“参数”面板中，设置“左”为 14.10%、“右”为 13.80%、“顶”为 10.1%、“底”为 12.20%，如图 8-4 所示。

步骤 04 设置完成后，单击“确定”按钮，返回 EDIUS 工作界面，在录制窗口中可以查看裁剪后的素材画面，效果如图 8-5 所示。

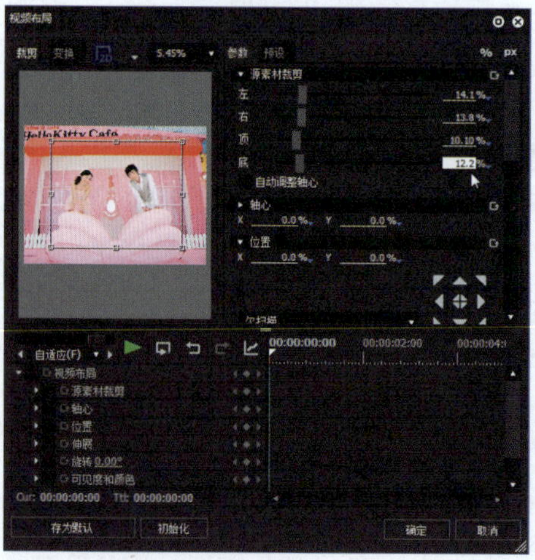

图 8-4 设置相应参数

图 8-5 查看裁剪后的素材画面

8.1.3　制作二维变换动画

在 EDIUS 9.0 中，除了裁剪素材外，对素材的操作大多都是变换操作。下面向读者介绍二维变换动画的制作方法。

步骤 01　打开一个工程文件（素材\第 8 章\美丽新娘.ezp），如图 8-6 所示。

步骤 02　在视频轨中，选择需要进行裁剪的图像素材，如图 8-7 所示。

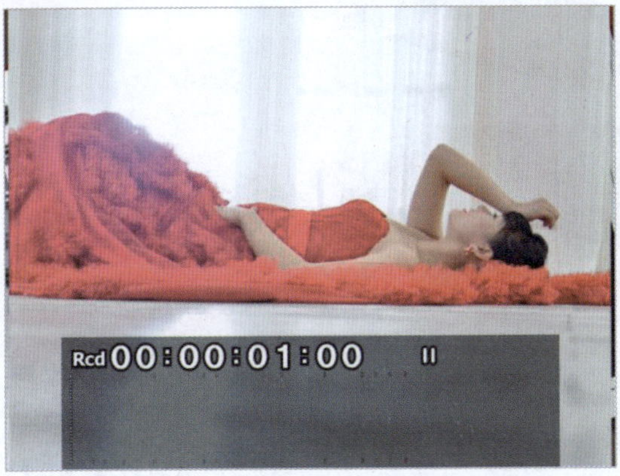

图 8-6　打开一个工程文件

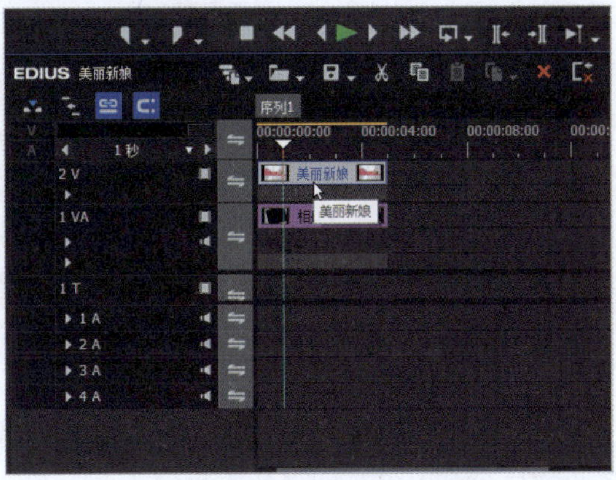

图 8-7　选择需要进行变换的图像素材

步骤 03　单击“素材”|“视频布局”命令，弹出“视频布局”对话框，切换至“变换”选项卡，在“参数”面板中设置“左”为 7.20%，对图像进行裁剪操作，如图 8-8 所示。

步骤 04　在左侧的预览窗口中，通过拖曳四周的控制柄，调整素材的大小与位置，并对素材进行旋转操作，如图 8-9 所示。

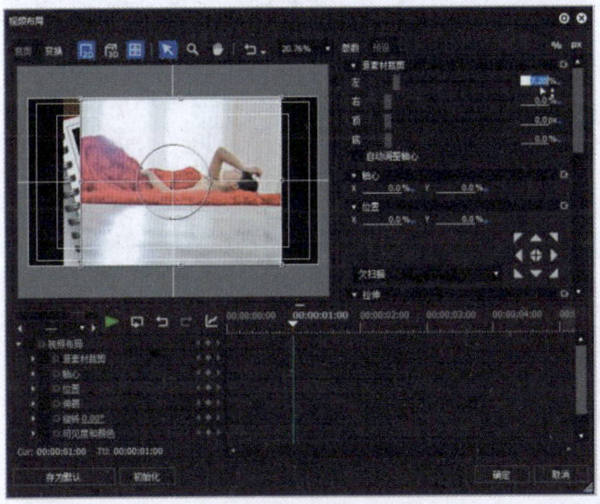

图 8-8　对图像进行裁剪操作

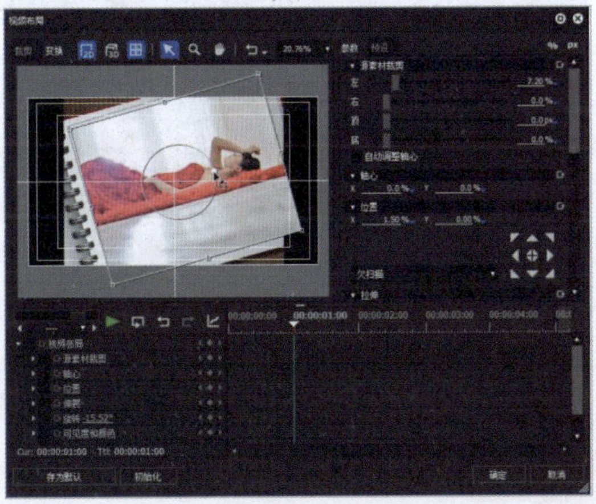

图 8-9　对素材进行旋转操作

> **▶ 专家指点**
>
> 在 EDIUS 9.0 中，用户还可以通过以下两种方法打开“视频布局”对话框：
>
> ➢ 按【F7】键，可以快速弹出“视频布局”对话框。
>
> ➢ 在“信息”面板中，双击“视频布局”选项，也可以弹出“视频布局”对话框。

步骤 05 设置完成后，单击“确定”按钮，返回 EDIUS 工作界面，在录制窗口中可以查看变换后的素材画面，效果如图 8-10 所示。

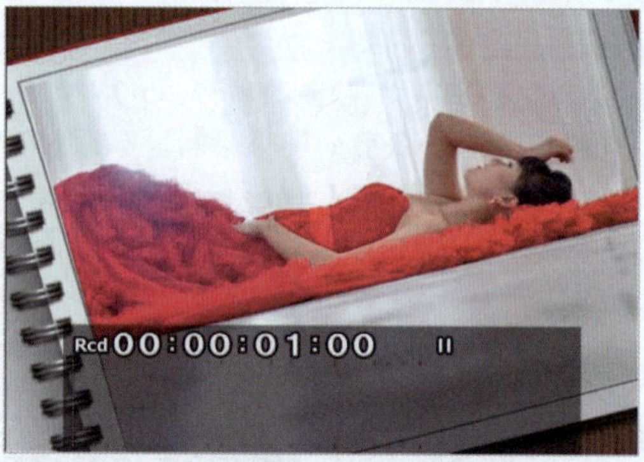

图 8-10 查看变换后的素材画面

8.1.4 制作三维变换动画

在“视频布局”对话框中，单击“3D 模式”按钮，激活三维空间，在预览窗口中可以看到图像的变换轴向与二维空间的不同，在该空间中可以对图像进行三维空间变换。下面向读者介绍制作三维空间变换特效的操作方法。

步骤 01 打开一个工程文件（素材\第 8 章\山清水秀.ezp），如图 8-11 所示。

步骤 02 在录制窗口中，可以查看导入的素材画面效果，如图 8-12 所示。

图 8-11 打开一个工程文件

图 8-12 查看素材画面效果

步骤 03 在视频轨中，选择需要进行三维空间变换的素材，如图 8-13 所示。

步骤 04 单击“素材”|“视频布局”命令，弹出“视频布局”对话框，单击上方的“3D 模式”按钮，如图 8-14 所示。

步骤 05 执行操作后，进入“3D 模式”编辑界面，如图 8-15 所示。

步骤 06 在“参数”面板的“轴心”选项区中设置 X 为 - 20px、Y 为 20.0%、Z 为 - 10%，在“位置”选项区中，设置 X 为 - 75.5px、Y 为 4.4%、Z 为 - 8.2%，在“拉伸”选项区中，设置 X 为 1 458.3px、Y 为 1 093.9px，如图 8-16 所示。

图 8-13　选择需要进行三维空间变换的素材

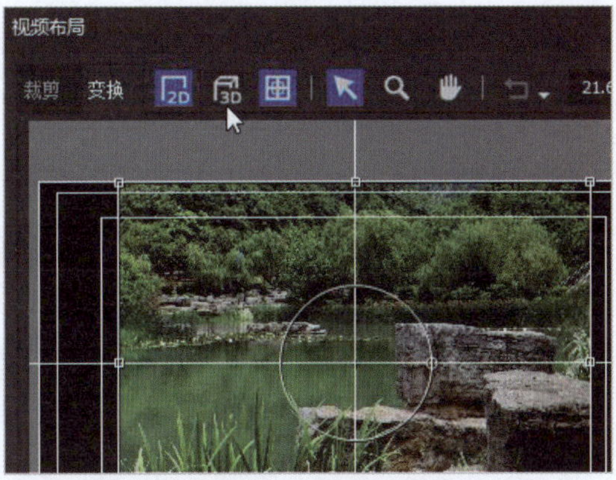

图 8-14　单击相应按钮

图 8-15　进入“3D 模式”编辑界面

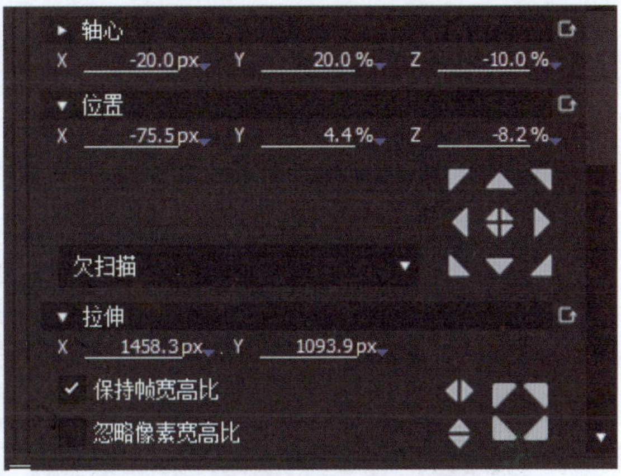

图 8-16　设置相应参数

步骤 07　在“旋转”选项区中，设置 X 为 1.80°、Y 为 20.50°、Z 为 14.00°，在“透视”选项区中，设置“透视”为 0.50，如图 8-17 所示。

步骤 08　设置完成后，单击“确定”按钮，返回 EDIUS 工作界面，在录制窗口中可以查看三维空间变换后的素材画面，效果如图 8-18 所示。

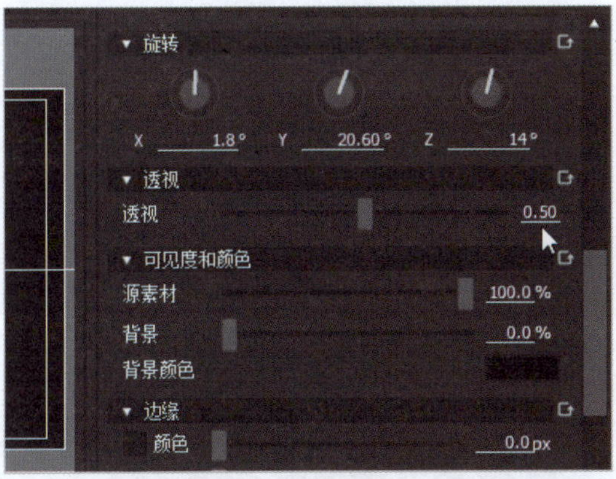

图 8-17　设置相应参数

图 8-18　查看三维空间变换后的素材画面

> ▶ 专家指点
>
> 在“参数”面板的“旋转”选项区中，用户还可以拖曳各旋转按钮，通过上下拖曳的方式，调整“旋转”的参数值。

8.2 制作视频混合模式特效

在 EDIUS 工作界面中，用户可以使用一些特定的色彩混合算法将两个轨道的视频叠加在一起，这对于某些特效的合成来与非常有效。本节主要向读者介绍制作视频混合模式特效等内容。

8.2.1 应用变暗模式

在 EDIUS 9.0 中，变暗模式是指取上下两像素中较低的值成为混合后的颜色，总的颜色灰度级降低，造成变暗的效果。下面向读者介绍应用变暗模式的操作方法。

步骤 01 打开一个工程文件（素材\第 8 章\女孩写真.ezp），如图 8-19 所示。

步骤 02 展开“特效”面板，在“键”|“混合”特效组中，选择“变暗模式”特效，如图 8-20 所示。

图 8-19 导入两张静态图像

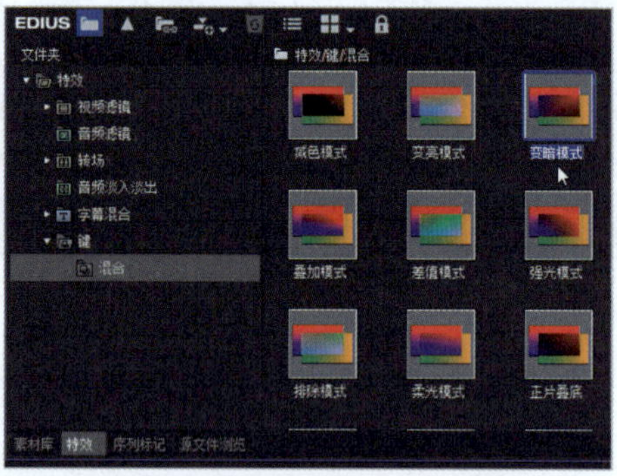

图 8-20 选择“变暗模式”特效

步骤 03 单击鼠标左键并拖曳至视频轨中的图像缩略图下方，如图 8-21 所示。

步骤 04 释放鼠标左键，即可添加“变暗模式”特效，在录制窗口中可以预览添加“变暗模式”特效后的视频画面效果，如图 8-22 所示。

图 8-21 拖曳“变暗模式”特效

图 8-22 视频画面效果

8.2.2　应用叠加模式

在 EDIUS 9.0 中，叠加模式是指以中性灰（RGB＝128，128，128）为中间点，大于中性灰（更亮），则提高背景图亮度；反之则变暗，中性灰不变。下面向读者介绍叠加模式的操作方法。

步骤 01　打开一个工程文件（素材\第 8 章\广告.ezp），在预览窗口中，可以查看两幅素材图像画面效果，如图 8-23 所示。

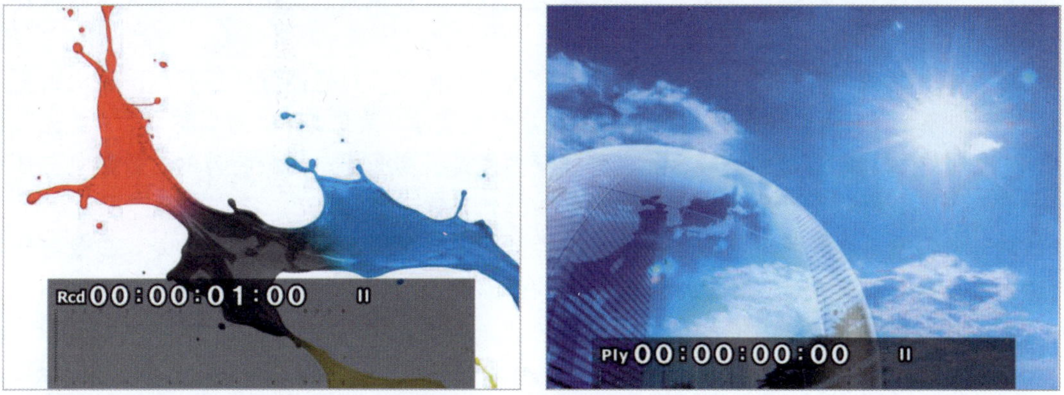

图 8-23　打开一个工程文件

步骤 02　展开“特效”面板，在“键”|“混合”特效组中，选择“叠加模式”特效，单击鼠标左键并拖曳至视频轨中的图像缩略图下方，如图 8-24 所示。

步骤 03　释放鼠标左键，即可添加“叠加模式”特效，在录制窗口中可以预览添加“叠加模式”特效后的画面效果，效果如图 8-25 所示。

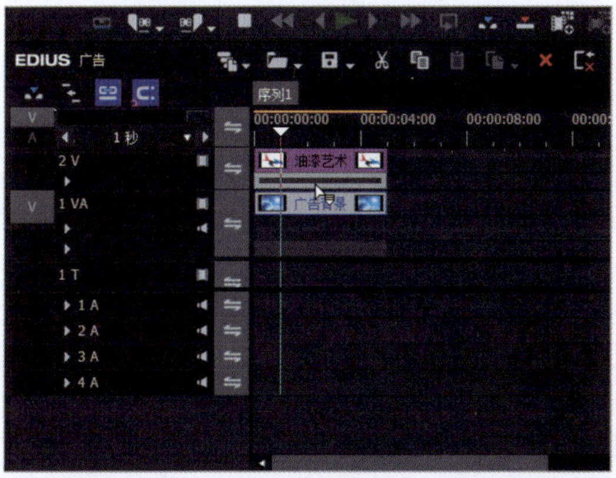

图 8-24　拖曳至视频轨中的图像缩略图下方

图 8-25　预览添加特效后的视频画面

> ▶ 专家指点
>
> 在“特效”面板的“混合”特效组中，选择“叠加模式”特效后，在选择的特效上，单击鼠标右键，在弹出的快捷菜单中选择“添加到时间线”选项，也可以快速将该特效添加到素材画面上。

▶ 专家指点

在“特效”面板的“混合”特效组中，其他部分特效的含义如下。

➢ 变亮模式：将上下两像素进行比较后，取高值成为混合后的颜色，因而总的颜色灰度级升高，造成变亮的效果。用黑色合成图像时无作用，用白色时则仍为白色。

➢ 差值模式：将上下两像素相减后取绝对值，常用来创建类似负片的效果。

➢ 排除模式：与差值模式的作用类似，但效果比较柔和，产生的对比度比较低。

➢ 强光模式：根据图像像素与中性灰的比较，进行提亮或变暗，幅度较大，效果特别强烈。

➢ 柔光模式：同样以中性灰为中间点，大于中性灰，则提高背景图亮度；反之则变暗，中性灰不变。只是无论提亮还是变暗的幅度都比较小，效果柔和，所以称之为“柔光”。

➢ 滤色模式：应用到一般画面上的主要效果是提高亮度。比较特殊的是，黑色与任何背景叠加得到原背景，白色与任何背景叠加得到白色。

➢ 正片叠底：应用到一般画面上的主要效果是降低亮度。比较特殊的是，白色与任何背景叠加得到原背景，黑色与任何背景叠加得到黑色，与滤色模式正好相反。

➢ 减色模式：与正片叠底的作用类似，但效果更为强烈和夸张。

➢ 相加模式：将上下两像素相加成为混合后的颜色，因而画面变亮的效果非常强烈。

➢ 线性光模式：与柔光、强光等特效原理相同，只是在效果程度上有些许差别。

➢ 艳光模式：仍然是根据图像像素与中性灰的比较进行提亮或变暗，与强光模式相比效果显得更为强烈和夸张。

➢ 颜色加深：应用到一般画面上的主要效果是加深画面，且根据叠加的像素颜色相应增加底层的对比度。

➢ 颜色减淡：与颜色加深效果正相反，主要是减淡画面。

8.3 制作视频抠像与遮罩特效

在 EDIUS 工作界面中，用户可以使用一些特定的色彩混合算法将两个轨道的视频叠加在一起，这对于某些特效的合成来与非常有效。本节主要向读者介绍制作视频抠像与遮罩特效等内容。

8.3.1 应用色度键抠取图像

在“特效”面板中，选择“键”特效组中的“色度键”特效，可以对图像进行色彩的抠像处理。下面向读者介绍应用色度键抠取图像的操作方法。

步骤 01 打开一个工程文件（素材\第 8 章\比翼双飞.ezp），如图 8-26 所示。

步骤 02 在“键”特效组中，选择“色度键”特效，如图 8-27 所示。

步骤 03 单击鼠标左键并拖曳至视频轨中的素材上，如图 8-28 所示，为素材添加“色度键”特效。

步骤 04 在“信息”面板中，选择“色度键”特效，单击鼠标右键，在弹出的快捷菜单中选择“打开设置对话框”选项，弹出“色度键”对话框，选中上方的“键显示”复选框，如图 8-29 所示。

图 8-26　导入一张静态图像

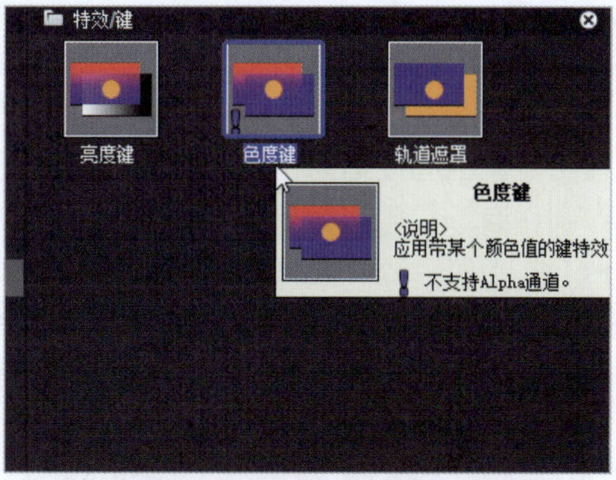

图 8-27　选择“色度键”特效

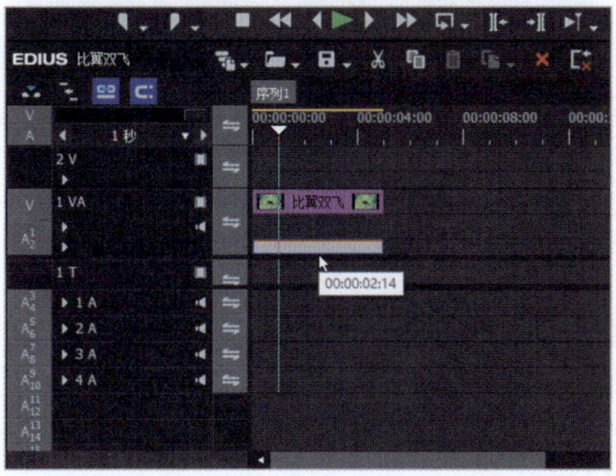

图 8-28　为素材添加“色度键”特效

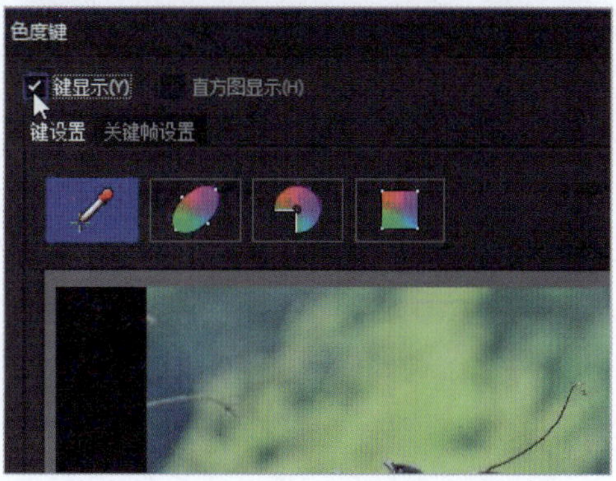

图 8-29　选中上方的“键显示”复选框

步骤 05　将鼠标移至对话框中的预览窗口内，在图像中的适当位置上，单击鼠标左键，获取图像颜色，如图 8-30 所示。

步骤 06　单击“确定”按钮，完成图像的抠图操作，在录制窗口中可以预览抠取的图像效果，如图 8-31 所示。

图 8-30　获取图像颜色

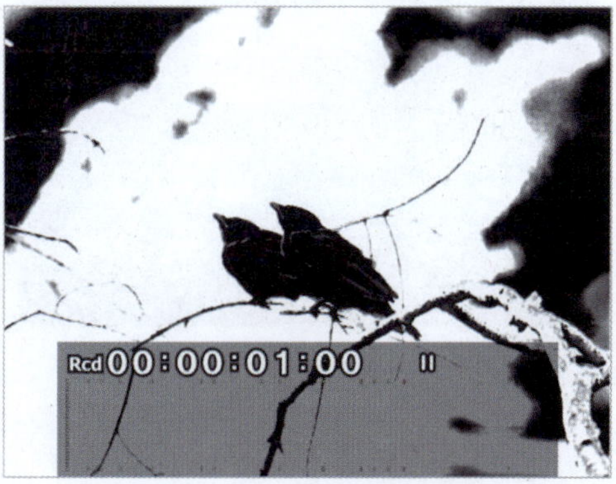

图 8-31　预览抠取的图像效果

▶ 专家指点

在“色度键”对话框中用户可以根据自身或者画面的需求选中相应的复选框，如果用户不确定选中哪一个复选框使画面变得好看，可以依次选中查看录制窗口的预览图效果。

8.3.2 应用亮度键抠取图像

在 EDIUS 9.0 中，除了针对色彩抠像的“色度键”特效外，在某些场景中可能使用对象的亮度信息能得到更为清晰准确的遮罩范围。下面向读者介绍亮度键：制作商场广告视频特效操作方法。

步骤 01 打开一个工程文件（素材\第 8 章\商场广告.ezp），如图 8-32 所示。

步骤 02 在“键”特效组中，选择“亮度键”特效，单击鼠标左键并拖曳至视频轨中的素材上，如图 8-33 所示，为素材添加“亮度键”特效。

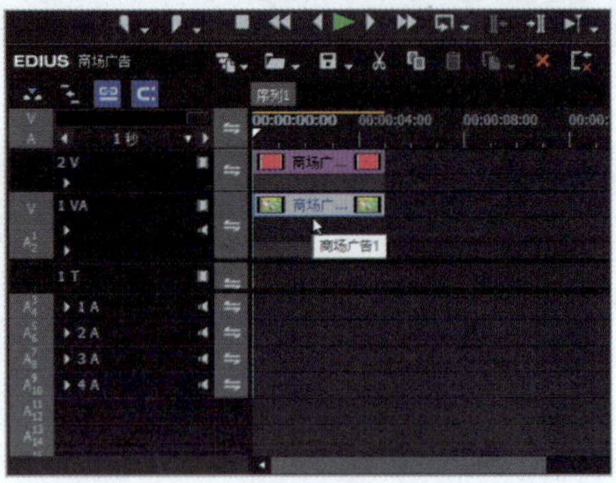

图 8-32 打开一个工程文件

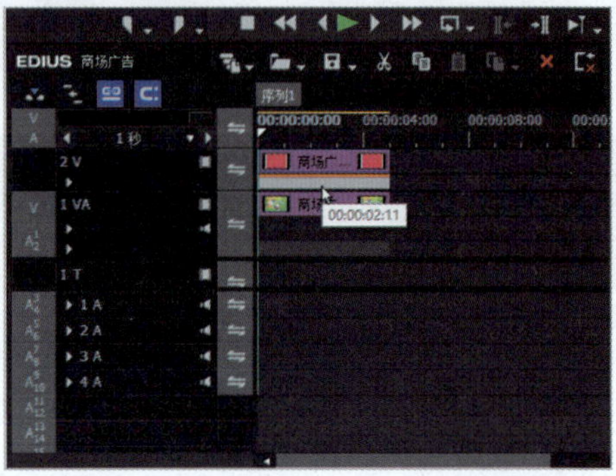

图 8-33 为素材添加“亮度键”特效

步骤 03 在“信息”面板中的“亮度键”特效上，双击鼠标左键，弹出“亮度键”对话框，在其中设置“亮度上限”为 130、“过渡”为 125，如图 8-34 所示。

步骤 04 设置完成后，单击“确定”按钮，完成图像的抠图操作，在录制窗口中可以预览抠图的图像效果，如图 8-35 所示。

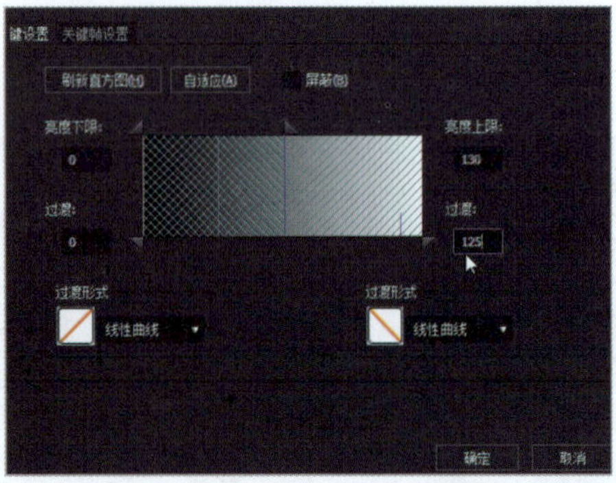

图 8-34 设置相应参数

图 8-35 预览抠取的图像效果

8.3.3 创建视频遮罩特效

在 EDIUS 工作界面中，主要通过“手绘遮罩”滤镜创建视频遮罩特效。下面向读者介绍创建遮罩视频特效的操作方法。

步骤 01 打开一个工程文件（素材\第 8 章\宠物专题.ezp），如图 8-36 所示。

步骤 02 在“视频滤镜”滤镜组中，选择“手绘遮罩”滤镜效果，将该滤镜效果拖曳至视频轨中的图像素材上方，如图 8-37 所示，添加滤镜。

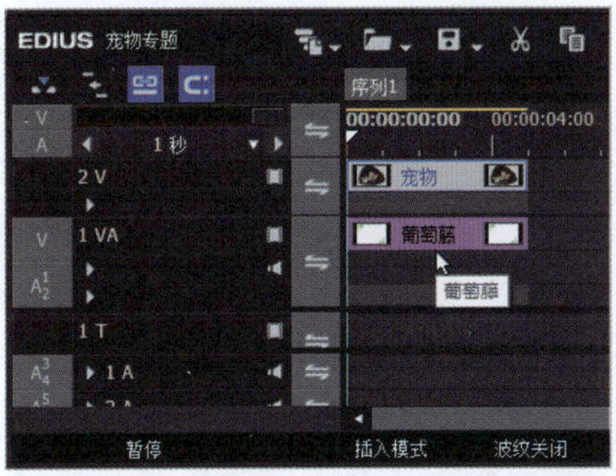

图 8-36　导入两张静态图像

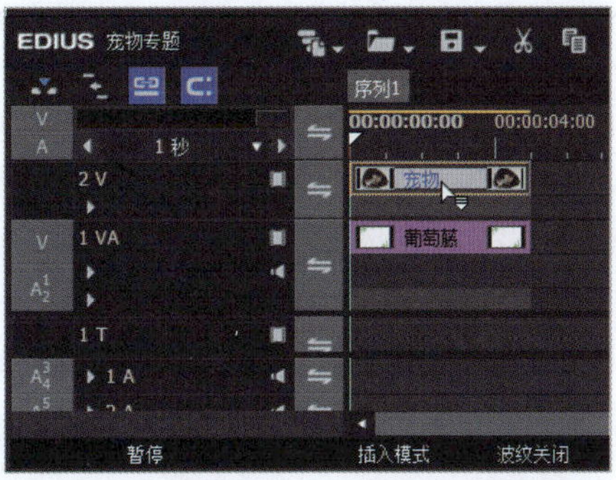

图 8-37　添加滤镜

步骤 03　在“信息”面板中，选择添加的“手绘遮罩”滤镜效果，单击鼠标右键，在弹出的快捷菜单中选择“打开设置对话框”选项，弹出“手绘遮罩”对话框，单击“绘制矩形”按钮，如图 8-38 所示。

步骤 04　在中间的预览窗口中，单击鼠标左键并拖曳，绘制一个矩形遮罩形状，如图 8-39 所示。

图 8-38　单击“绘制矩形”按钮

图 8-39　绘制一个矩形遮罩形状

步骤 05　在右侧的“外部”选项区中，设置“可见度”为 0%，选中“滤镜”复选框，在“边缘”选项区中选中“柔化”复选框，设置“宽度”为 130.0px，如图 8-40 所示。

步骤 06　设置完成后，单击“确定”按钮，返回 EDIUS 工作界面，在录制窗口中即可查看创建遮罩后的视频画面效果，如图 8-41 所示。

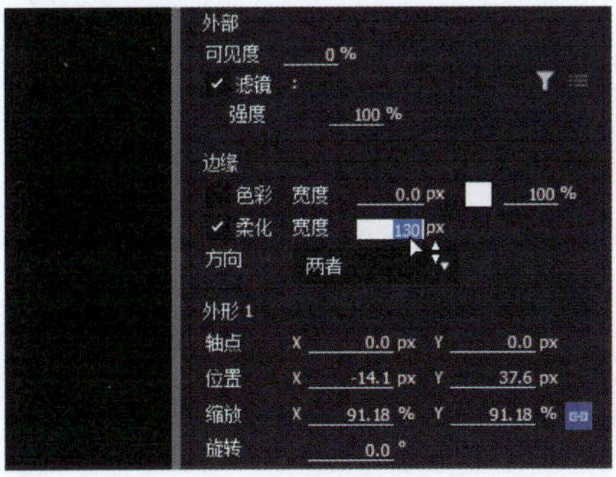

图 8-40　设置相应参数

图 8-41　查看创建遮罩后的视频画面效果

8.3.4 添加轨道蒙版遮罩

在 EDIUS 工作界面中，轨道遮罩也称之为轨道蒙版，其作用是为蒙版素材的亮度或者 Alpha 通道通过底层原始素材的 Alpha 通道来创建原始素材的遮罩蒙版效果。下面介绍创建轨道蒙版遮罩效果的操作方法，希望读者可以熟练掌握。

步骤 01 打开一个工程文件（素材\第 8 章\幸福新娘.ezp），如图 8-42 所示。

图 8-42 打开一个项目工程

步骤 02 在“键”特效组中，选择“轨道遮罩”特效，如图 8-43 所示。

步骤 03 将该特效添加至视频轨中的素材上方，如图 8-44 所示。

图 8-43 选择“轨道遮罩”特效

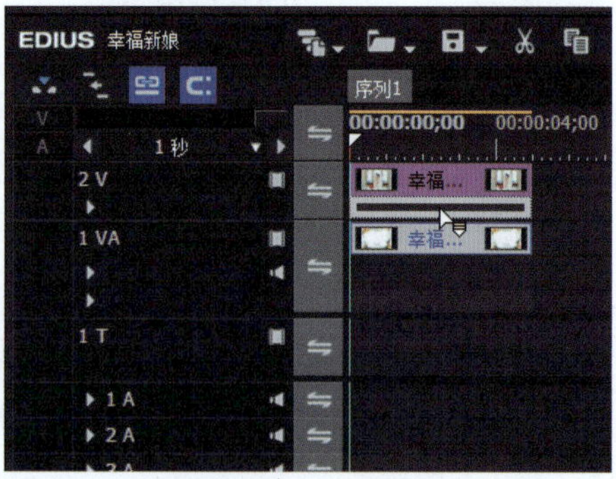

图 8-44 添加特效至素材上方

步骤 04 在录制窗口中，可以预览添加轨道蒙版后的视频遮罩效果，如图 8-45 所示。

图 8-45 预览视频遮罩效果

8.4　制作画中画动态视频特效

在“视频布局”对话框的“参数”面板中，各参数值的设置可以用来控制关键帧的动态效果，主要包括为素材的裁剪、位置、旋转、背景颜色、透视以及边框等参数关键帧的创建、复制以及粘贴等操作。下面向读者制作画中画动态视频特效的操作方法。

步骤 01　打开一个工程文件（素材\第 8 章\礼盒.ezp），如图 8-46 所示。

图 8-46　打开一个项目工程

步骤 02　在 2V 视频轨中选择“礼盒”素材文件，单击“素材”|“视频布局”命令，弹出“视频布局”对话框，单击上方的“3D 模式”按钮，进入“3D 模式”编辑界面，添加“位置”“伸展”“旋转”关键帧，如图 8-47 所示。

步骤 03　在“参数”面板的“位置”选项区中设置 X 为 32.10%、Y 为 22.10%，在“拉伸”选项区中设置 X 为 54.20%、Y 为 320.1px，如图 8-48 所示。

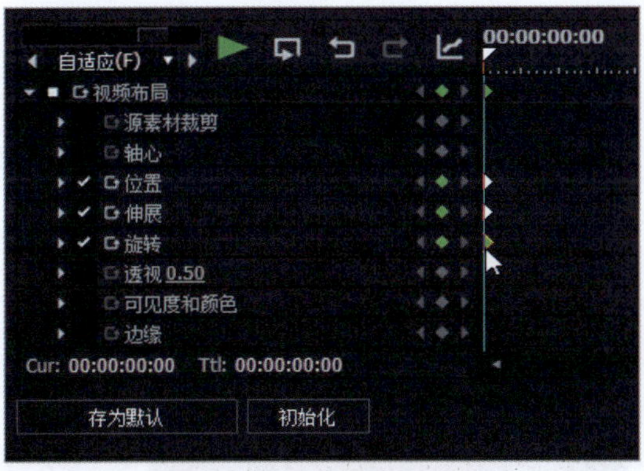

图 8-47　添加相应关键帧

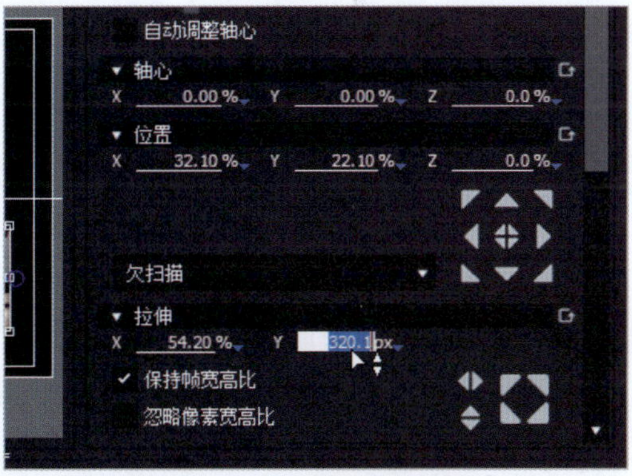

图 8-48　设置相应参数

步骤 04　在“旋转”选项区中，设置 Z 为 - 29.90°，如图 8-49 所示。

步骤 05　用与上同样的方法，在效果控制面板中的相应时间线位置，分别添加相应的关键帧，并在“参数”面板中设置关键帧的运动属性，如图 8-50 所示。

步骤 06　设置完成后，单击“确定”按钮，返回 EDIUS 工作界面，单击录制窗口下方的“播放”按钮，预览制作的三维空间动画效果，如图 8-51 所示。

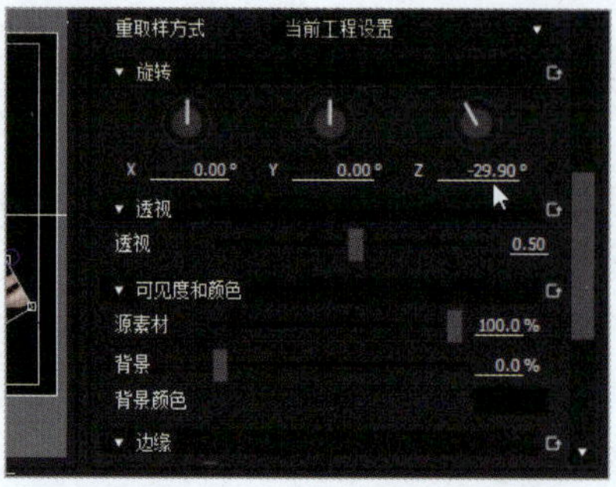

图 8-49　设置相应参数

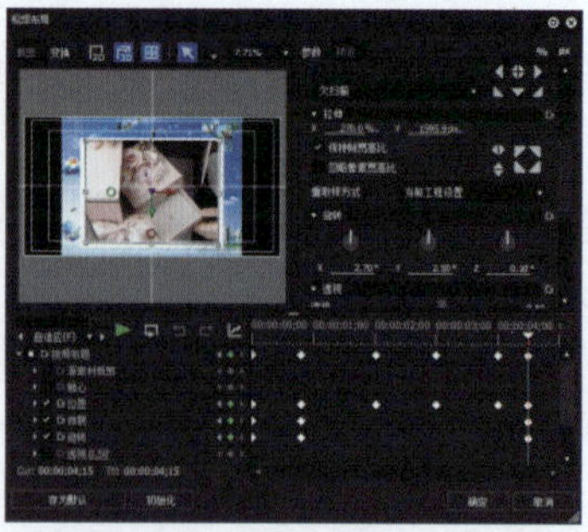

图 8-50　设置关键帧的运动属性

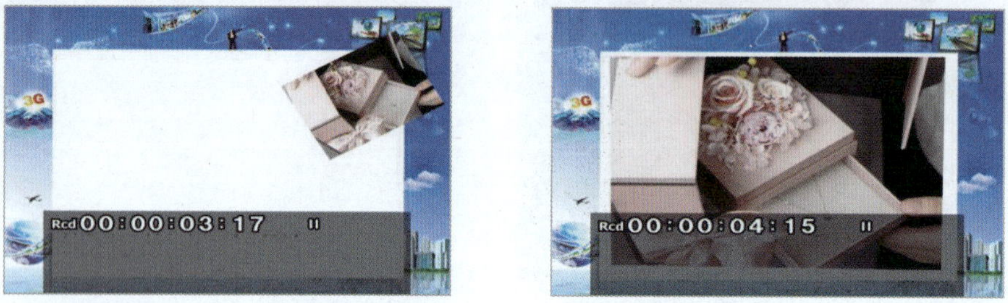

图 8-51　预览制作的三维空间动画效果

本章小结

合成运动特效就是画面的叠加，在屏幕上同时显示多个画面效果，通过 EDIUS 9.0 中的合成运动特效功能，可以很轻松地制作出静态以及动态的画中画效果，从而使视频作品更具有观赏性。本章全面介绍了 EDIUS 9.0 中的合成运动功能，这对于读者在实际视频编辑工作中，制作丰富的视频叠加效果起到了很大的作用。通过本章的学习，用户在进行视频编辑时，可以大胆地使用 EDIUS 9.0 提供的各种合成运动模式，使制作的视频更加多样化和生动。

课后习题

鉴于本章知识的重要性，为了帮助读者更好地掌握所学知识，本节将通过上机习题，帮助读者巩固和强化前面所学内容，再次提升读者的应用能力。

本习题需要掌握应用减色模式合成视频画面效果的操作方法，效果如图 8-52 所示。

图 8-52　重命名素材文件

第 9 章　制作精彩的字幕特效

9

字幕是以各种字体、浮雕和动画等形式出现在画面中的文字总称，字幕设计与书写是影视造型的艺术手段之一。在各种各样的影视广告中，字幕的应用越来越频繁，这些精美的字幕不仅能够起到为影视增色的目的，还能够直接向观众传递影视信息或制作理念。本章主要介绍制作影视字幕的方法。

本章重点

- 标题字幕的添加
- 标题字幕属性的设置
- 制作标题字幕特殊效果
- 制作标题字幕动态效果

9.1 标题字幕的添加

在 EDIUS 9.0 中，标题字幕是视频中必不可少的元素，好的标题不仅可以传送画面以外的信息，还可以增强视频的艺术效果。为视频设置漂亮的标题字幕，可以使视频更具有吸引力和感染力。本节主要向读者介绍标题字幕的添加操作方法。

9.1.1 创建单个标题字幕

在各种影视画面中，字幕是不可缺少的一个重要组成部分，起着解释画面、补充内容的作用，有画龙点睛之效。下面向读者介绍创建单个标题字幕的操作方法。

步骤 01 打开一个工程文件（素材\第 9 章\玉龙别墅城.ezp），如图 9-1 所示。

步骤 02 在轨道面板上方，单击“创建字幕”按钮，在弹出的列表框中选择“在 1T 轨道上创建字幕”选项，如图 9-2 所示。

图 9-1 打开一个工程文件

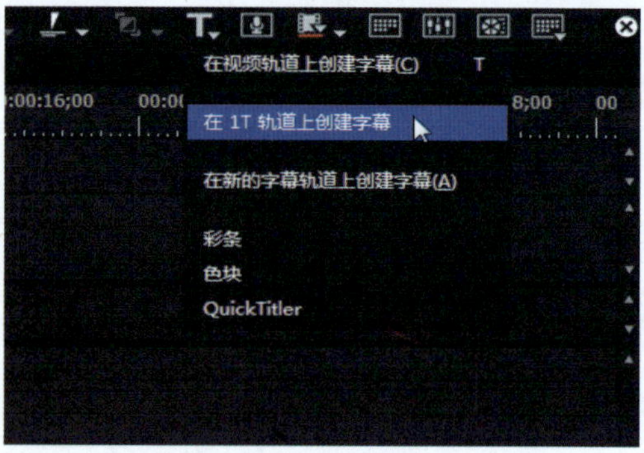

图 9-2 选择相应的选项

步骤 03 执行操作后，即可打开字幕窗口，如图 9-3 所示。

步骤 04 在左侧的工具箱中，选取横向文本工具 ，如图 9-4 所示。

图 9-3 打开字幕窗口

图 9-4 选取横向文本工具

> ▶ 专家指点
>
> 在字幕窗口左侧的工具箱中，按住横向文本工具不放，即可弹出隐藏的其他文本工具，用户还可以选取纵向文本工具，在预览窗口中输入纵向文本内容。

步骤 05　在预览窗口中的适当位置，双击鼠标左键，定位光标位置，然后输入相应文本内容，如图 9-5 所示。

步骤 06　在“文本属性”面板中，根据需要设置文本的相应属性，如图 9-6 所示。

图 9-5　输入相应文本内容

图 9-6　设置文本的相应属性

步骤 07　单击字幕窗口上方的“保存”按钮，保存字幕，退出字幕窗口，在录制窗口中即可预览制作的标题字幕效果，如图 9-7 所示。

图 9-7　预览制作的标题字幕效果

9.1.2　创建模板标题字幕

在 EDIUS 9.0 的字幕窗口中，提供了丰富的预设标题样式，用户可以直接应用现成的标题模板样式创建各种标题字幕。下面介绍应用标题模板创建标题字幕的操作方法。

步骤 01　打开一个工程文件（素材\第 9 章\西藏秘史.ezp），如图 9-8 所示。

步骤 02　展开“素材库”面板中，选择需要创建模板标题的字幕对象，如图 9-9 所示。

▶ 专家指点

在 EDIUS 9.0 中，用户还可以通过以下 3 种方法打开字幕窗口。

➢　按【Ctrl + Enter】组合键，即可快速打开字幕窗口。

➢　在 1T 字幕轨道中，双击需要编辑的字幕对象，即可快速打开字幕窗口。

➢　在“素材库”面板中，选择需要编辑的标题字幕，单击鼠标右键，在弹出的快捷菜单中选择“编辑”选项，即可快速打开字幕窗口。

图 9-8　打开一个工程文件

图 9-9　选择相应字幕对象

步骤 03　在选择的字幕对象上，双击鼠标左键，打开字幕窗口，在左侧的工具箱中选取选择对象工具，在预览窗口中选择相应文本对象，如图 9-10 所示。

步骤 04　在字幕窗口的下方，选择需要应用的标题字幕模板，在选择的模板上双击鼠标左键，如图 9-11 所示，应用标题字幕模板。

图 9-10　选择相应文本对象

图 9-11　应用标题字幕模板

步骤 05　在预览窗口中，拖曳标题字幕四周的控制柄，调整标题字幕的大小，并调整标题字幕的显示位置，如图 9-12 所示。

步骤 06　单击字幕窗口上方的“保存”按钮，如图 9-13 所示，退出字幕窗口。

图 9-12　调整标题字幕的大小

图 9-13　单击上方的“保存”按钮

步骤 07　在录制窗口中，即可预览应用标题字幕模板后的画面效果，如图 9-14 所示。

图 9-14　预览应用标题字幕模板后的画面效果

9.1.3　创建多个标题字幕

在 EDIUS 9.0 中，用户可以根据需要在字幕轨道中创建多个标题字幕，使制作的字幕效果更加符合用户的需求。下面向读者介绍创建多个标题字幕的操作方法。

步骤 01　在视频轨中，导入一张静态图像（素材\第 9 章\奔腾汽车.jpg），如图 9-15 所示。

步骤 02　在轨道面板上方，单击“创建字幕”按钮，在弹出的列表框中选择“在 1T 轨道上创建字幕”选项，如图 9-16 所示。

图 9-15　导入一张静态图像

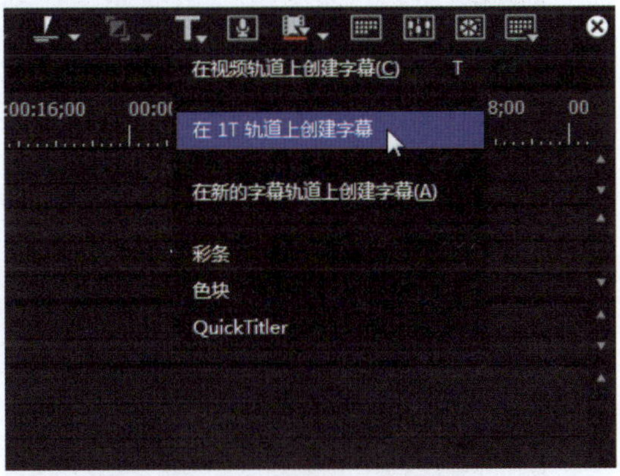

图 9-16　选择相应的选项

步骤 03　执行操作后，打开字幕窗口，选取工具箱中的横向文本工具，在预览窗口中的适当位置输入文本“奔腾汽车”，在“文本属性”面板的“变换”选项区中，设置 X 为 745、Y 为 135、“宽度”为 1159、“高度”为 244、“字距”为 100；在“字体”选项区中，设置“字体”为“黑体”、“字号”为 80；在“填充颜色”选项区中，设置“颜色”为黑色和橙色渐变，设置完成后，此时字幕窗口中的字幕效果如图 9-17 所示。

步骤 04　单击字幕窗口上方的“保存”按钮，保存字幕效果，退出字幕窗口，在 1T 字幕轨道中，显示了刚创建的标题字幕，如图 9-18 所示。

图 9-17　字幕窗口中的字幕效果

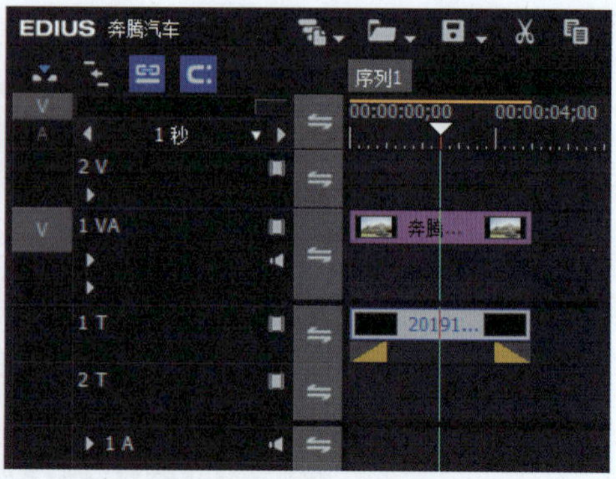

图 9-18　显示了刚创建的标题字幕

步骤 05　确定时间线在视频轨中的开始位置，在轨道面板上方单击“创建字幕”按钮，在弹出的列表框中选择“在新的字幕轨道上创建字幕”选项，如图 9-19 所示。

步骤 06　执行操作后，打开字幕窗口，运用横向文本工具，在预览窗口中的适当位置输入相应文本内容，在“文本属性”面板中，设置文本的相应属性，此时字幕窗口中创建的文本效果如图 9-20 所示。

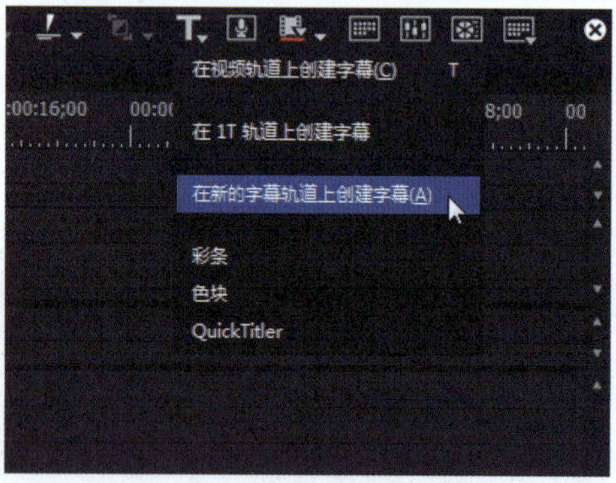

图 9-19　选择相应的选项

图 9-20　创建的字幕效果

步骤 07　单击字幕窗口上方的“保存”按钮，保存字幕效果，退出字幕窗口，在 2T 字幕轨道中，显示了刚创建的第 2 个标题字幕，如图 9-21 所示。

步骤 08　在“素材库”面板中，显示了创建的两个标题字幕文件，如图 9-22 所示。

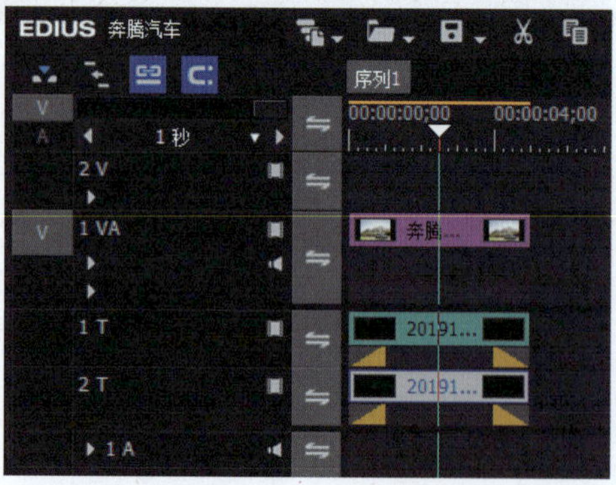

图 9-21　显示了创建的字幕

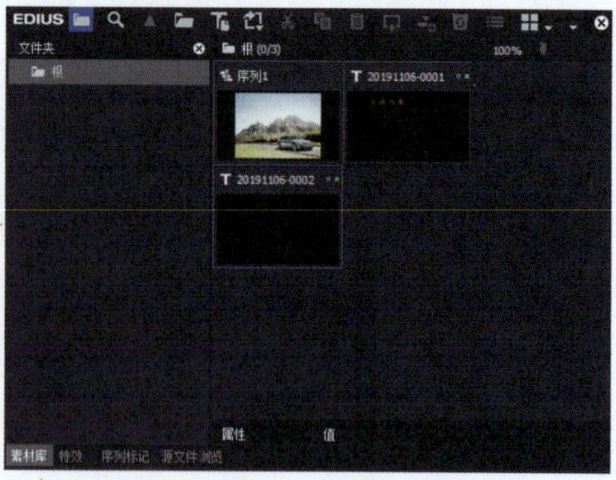

图 9-22　显示了创建的两个标题

步骤 09　在录制窗口中，可以预览创建的多个标题字幕，效果如图 9-23 所示。

图 9-23　预览创建的多个标题字幕

9.2　标题字幕属性的设置

EDIUS 9.0 中的字幕编辑功能与 Word 等文字处理软件相似，提供了较为完善的字幕编辑和设置功能，用户可以对文本或其他字幕对象进行编辑和美化操作。本节主要向读者介绍标题字幕属性的设置的各种操作方法。

9.2.1　变换标题字幕

在字幕窗口中，变换标题字幕是指调整标题字幕在视频中的 X 轴和 Y 轴的位置，以及调整字幕的宽度与高度等属性，使制作的标题字幕更加符合用户的需求。下面介绍变换标题字幕特效的操作方法。

步骤 01　打开一个工程文件（素材\第 9 章\元旦快乐.ezp），如图 9-24 所示。

步骤 02　在 1T 字幕轨道中，选择需要变换的标题字幕，如图 9-25 所示。

图 9-24　打开一个工程文件

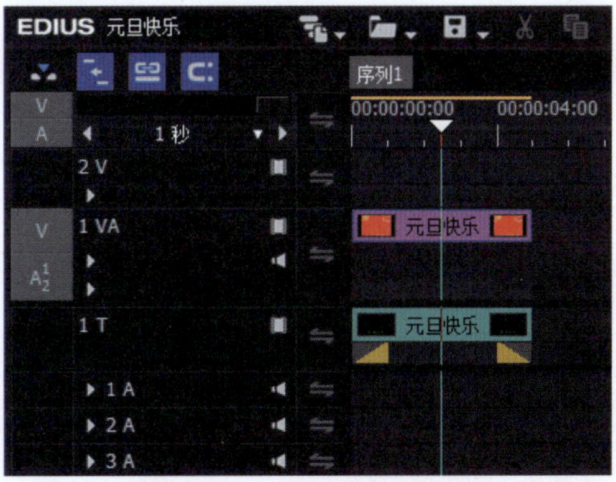

图 9-25　在轨道中选择字幕

步骤 03　在选择的标题字幕上，双击鼠标左键，打开字幕窗口，运用选择对象工具，在预览窗口中选择需要变换的标题字幕内容，如图 9-26 所示。

步骤 04　在“文本属性”面板的“变换”选项区中，设置 X 为 569、Y 为 470，如图 9-27 所示，变换文本内容。

图 9-26　在预览窗口中选择字幕

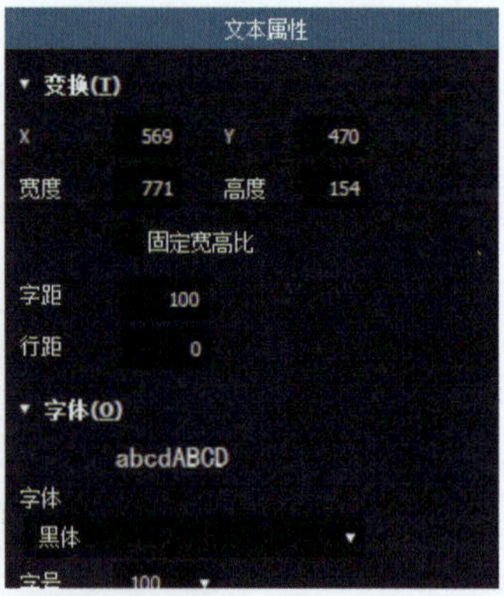

图 9-27　设置各参数

步骤 05　单击字幕窗口上方的“保存”按钮，保存更改后的标题字幕，退出字幕窗口，将时间线移至素材的开始位置，单击“播放”按钮，预览变换标题字幕后的视频效果，如图 9-28 所示。

图 9-28　预览变换标题字幕后的视频效果

> ▶ 专家指点
>
> 在字幕窗口的预览窗口中，用户还可以运用选择对象工具，通过鼠标拖曳的方式，变换标题字幕的摆放位置，使制作的标题字幕更加美观。

9.2.2　设置字幕间距

在 EDIUS 工作界面中，如果制作的标题字幕太过紧凑，影响了视频的美观程度，此时可以通过调整字幕的间距，使制作的标题字幕变得宽松。下面向读者介绍设置标题字幕间距的操作方法。

步骤 01　打开一个工程文件（素材\第 9 章\性感美女.ezp），如图 9-29 所示。

步骤 02　在 1T 字幕轨道中，选择需要设置间距的标题字幕，如图 9-30 所示。

步骤 03　在选择的标题字幕上，双击鼠标左键，打开字幕窗口，运用选择对象工具，在预览窗口中选择需要设置间距的标题字幕内容，如图 9-31 所示。

步骤 04　在“文本属性”面板中，设置“字距”为 120，如图 9-32 所示。

图 9-29　打开一个工程文件

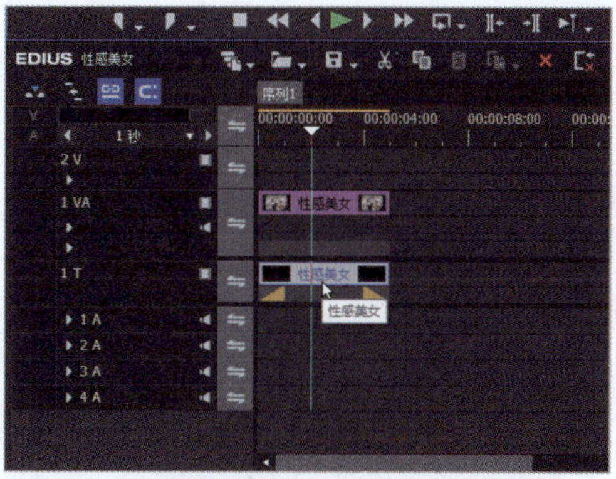

图 9-30　在轨道中选择字幕

图 9-31　在预览窗口中选择字幕

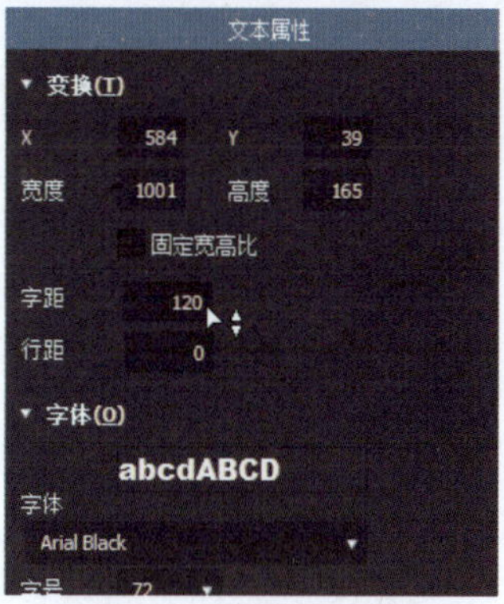

图 9-32　设置字幕间距

步骤 05　设置完成后，运用选择对象工具调整字幕位置，单击“保存”按钮，退出字幕窗口，单击“播放”按钮，预览设置标题字幕间距后的视频效果，如图 9-33 所示。

图 9-33　预览设置标题字幕间距后的视频效果

▶ 专家指点

在轨道面板中创建的字幕效果，EDIUS 都会为字幕效果默认添加淡入淡出特效，使制作的字幕效果与视频更加融合在一起，保持画面的流畅程度。

9.2.3 设置字幕行距

在 EDIUS 工作界面中，用户可以根据需要调整字幕的行距，使制作的字幕更加美观。下面向读者介绍设置字幕行距的操作方法。

步骤 01 打开一个工程文件（素材\第 9 章\漂流瓶的约定.ezp），如图 9-34 所示。

步骤 02 在 1T 字幕轨道中，选择需要设置行距的标题字幕，如图 9-35 所示。

图 9-34 打开一个工程文件

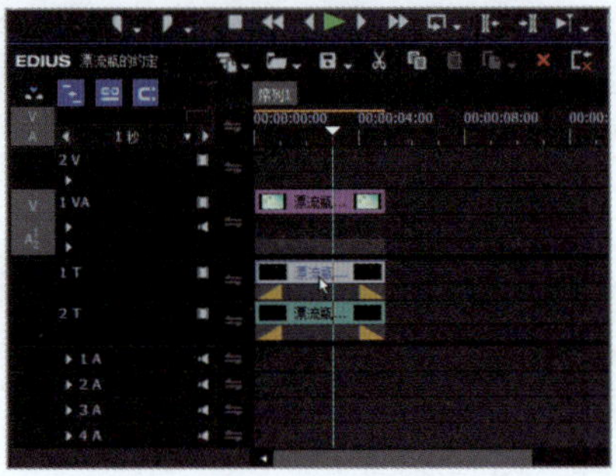

图 9-35 选择需要设置行距的标题字幕

步骤 03 在选择的标题字幕上，双击鼠标左键，打开字幕窗口，运用选择对象工具，在预览窗口中选择需要设置行距的标题字幕内容，如图 9-36 所示。

步骤 04 在“文本属性”面板中，设置“行距”为 100，如图 9-37 所示。

图 9-36 在预览窗口中选择字幕

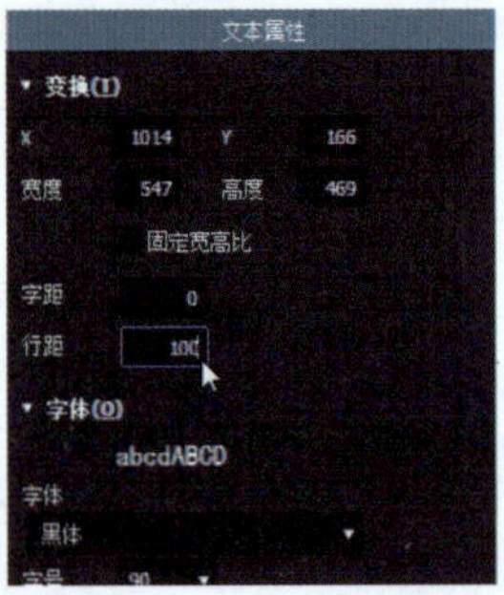

图 9-37 设置字幕行距

步骤 05 设置完成后，单击“保存”按钮，退出字幕窗口，单击“播放”按钮，预览设置标题字幕行距后的视频效果，如图 9-38 所示。

图 9-38 预览设置标题字幕行距后的视频效果

9.2.4　设置字体类型

EDIUS 软件中所使用的字体，本身只是 Windows 系统的一部分，而不属于 EDIUS 程序，因而在 EDIUS 中可以使用的字体类型取决于用户在 Windows 系统中安装的字体，如果要在 EDIUS 中使用更多的字体，就必须在系统中添加字体。在 EDIUS 中创建的字幕效果，默认字体类型为宋体，如果用户觉得创建的字体类型不美观，或者不能满足用户的需求，此时用户可以对字体类型进行修改，使制作的标题字幕更符合要求。

步骤 01　打开一个工程文件（素材\第 9 章\自由驰骋.ezp），如图 9-39 所示。

步骤 02　在 1T 字幕轨道中，选择需要设置字体类型的标题字幕，如图 9-40 所示。

图 9-39　打开一个工程文件

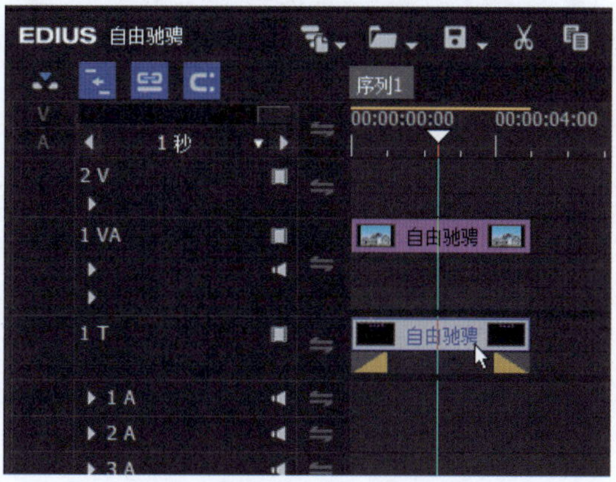

图 9-40　在轨道中选择字幕

步骤 03　在选择的标题字幕上，双击鼠标左键，打开字幕窗口，运用选择对象工具，在预览窗口中选择需要设置字体类型的标题字幕内容，如图 9-41 所示。

步骤 04　在“文本属性”面板中，单击“字体”右侧的下三角按钮，在弹出的列表框中选择“黑体”选项，如图 9-42 所示，设置标题字幕的字体类型。

图 9-41　在预览窗口中选择字幕

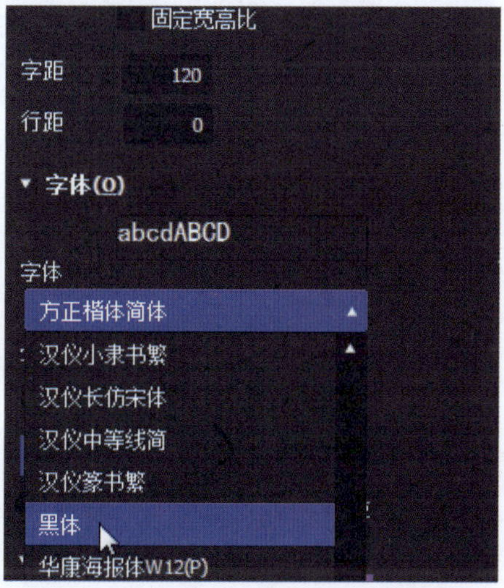

图 9-42　选择“黑体”选项

步骤 05 设置完成后，单击“保存”按钮，退出字幕窗口，单击“播放”按钮，预览设置标题字幕字体类型后的视频效果，如图 9-43 所示。

图 9-43 预览设置标题字幕字体类型后的视频效果

> ▶ 专家指点
>
> 在 EDIUS 工作界面中，有些文本中既包含中文汉字又包含英文字母，系统默认状态下，当用户选择一种西文字体并改变其字体时，只改变选定文本中的西文字符；选择一种中文字体改变字体后，则中文和英文都会发生改变。

9.2.5 设置字号大小

在 EDIUS 工作界面中，字号是指文本的大小，不同的字体大小对视频的美观程度有一定的影响。下面向读者介绍设置文本字号大小的操作方法。

步骤 01 打开一个工程文件（素材\第 9 章\父亲节快乐.ezp），如图 9-44 所示。

步骤 02 在 1T 字幕轨道中，选择需要设置字号大小的标题字幕，如图 9-45 所示。

图 9-44 打开一个工程文件

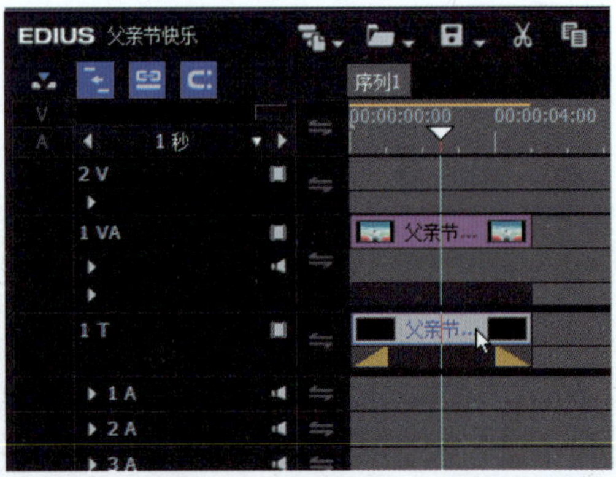

图 9-45 在轨道中选择字幕

步骤 03 在选择的标题字幕上，双击鼠标左键，打开字幕窗口，运用选择对象工具，在预览窗口中选择需要设置字号大小的标题字幕内容，如图 9-46 所示。

步骤 04 在“文本属性”面板中，设置“字号”为 90，如图 9-47 所示，设置标题字幕的字号大小，在预览窗口中调整标题字幕至合适位置。

图 9-46　在预览窗口中选择字幕

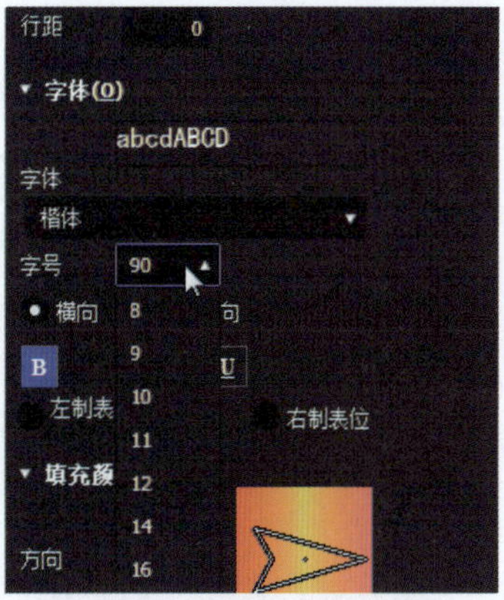

图 9-47　设置“字号”为 90

步骤 05　设置完成后，单击“保存”按钮，退出字幕窗口，单击“播放”按钮，预览设置标题字幕字号大小后的视频效果，如图 9-48 所示。

图 9-48　预览设置标题字幕字号大小后的视频效果

9.2.6　更改字幕方向

在 EDIUS 字幕窗口中，用户可以根据视频的要求，随意更改文本的显示方向。下面向读者介绍更改字幕方向的操作方法。

步骤 01　打开一个工程文件(素材\第 9 章\浓情金秋.ezp)，如图 9-49 所示。

步骤 02　在 1T 字幕轨道中，选择需要设置显示方向的标题字幕，如图 9-50 所示。

图 9-49　打开一个工程文件

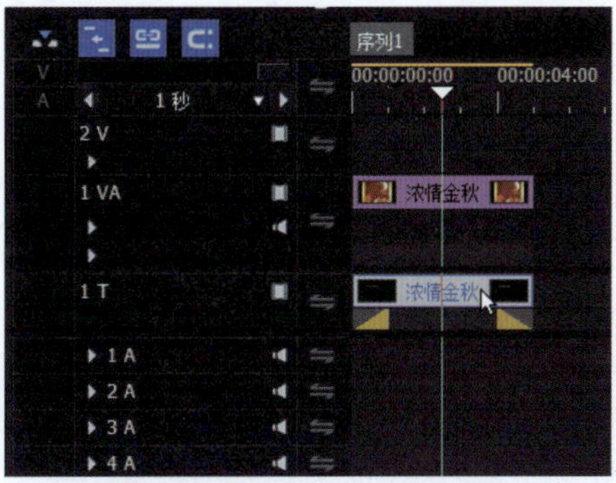

图 9-50　在轨道中选择字幕

步骤 03 打开字幕窗口，在预览窗口中选择标题字幕内容，如图 9-51 所示。

步骤 04 在“文本属性”面板中，选中“纵向”单选按钮，如图 9-52 所示。

图 9-51 在预览窗口中选择字幕

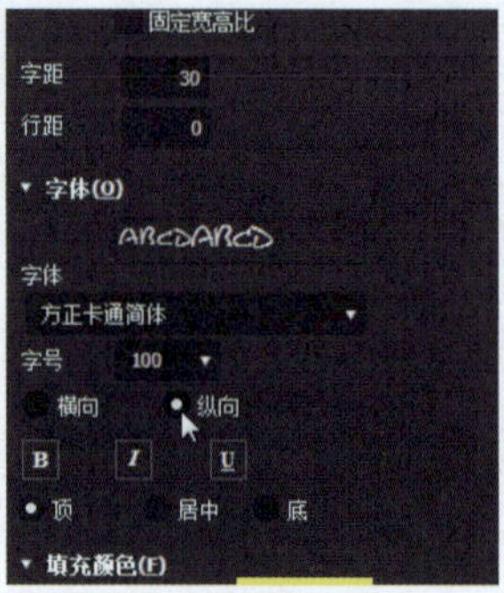

图 9-52 选中“纵向”单选按钮

步骤 05 设置完成后，单击“保存”按钮，退出字幕窗口，单击“播放”按钮，预览设置标题字幕方向后的视频效果，如图 9-53 所示。

图 9-53 预览设置标题字幕方向后的视频效果

9.2.7 添加文本划线

在影视广告中，如果用户需要突出标题字幕的显示效果，此时可以为标题字幕添加下划线，以此来突出显示文本内容。下面向读者介绍添加文本下划线的操作方法。

步骤 01 打开一个工程文件（素材\第 9 章\海蓝湾沙滩.ezp），如图 9-54 所示。

步骤 02 在 1T 字幕轨道中，选择需要添加下划线的标题字幕，如图 9-55 所示。

图 9-54 打开一个工程文件

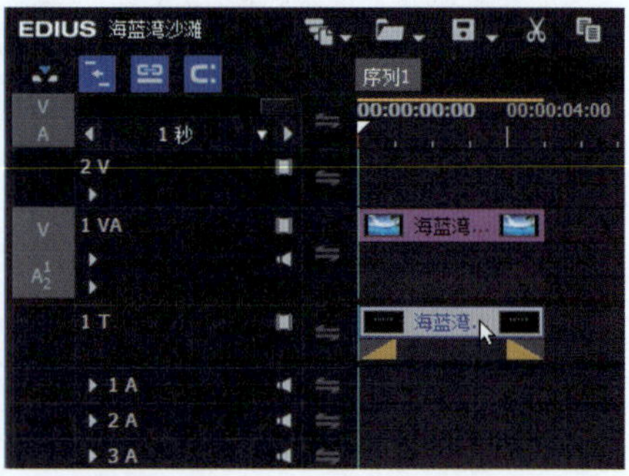

图 9-55 在轨道中选择字幕

步骤 03　打开字幕窗口，在预览窗口中选择标题字幕内容，如图 9-56 所示。

步骤 04　在“文本属性”面板中，单击“下划线”按钮，如图 9-57 所示，即可为标题字幕添加下划线效果。

图 9-56　在预览窗口中选择字幕

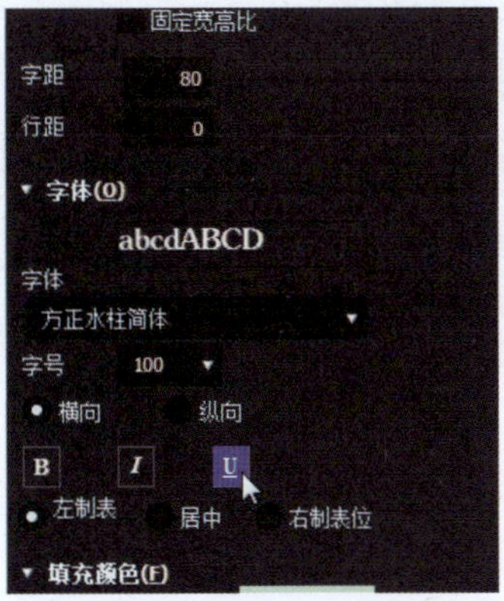

图 9-57　单击“下划线”按钮

步骤 05　设置完成后，单击“保存”按钮，退出字幕窗口，单击“播放”按钮，预览添加文本下划线后的视频效果，如图 9-58 所示。

图 9-58　预览添加文本下划线后的视频效果

9.2.8　调整字幕时长

在 EDIUS 工作界面中，当用户在轨道面板中添加相应的标题字幕后，可以调整标题的时间长度，以控制标题文本的播放时间。下面向读者介绍调整字幕时间长度的方法。

步骤 01　打开一个工程文件（素材\第 9 章\童年记忆.ezp），如图 9-59 所示。

步骤 02　在 1T 字幕轨道中，选择需要调整时间长度的标题字幕，在选择的标题字幕上，单击鼠标右键，在弹出的快捷菜单中选择“持续时间”选项，如图 9-60 所示。

▶ 专家指点

在 1T 字幕轨道中，选择需要调整时间长度的字幕后，将鼠标移至字幕右侧的黄色标记上，单击鼠标左键并向右拖曳，也可以手动调整标题字幕的时间长度。只是该操作对于时间调整得不太精确，不适合比较精细的标题剪辑操作。

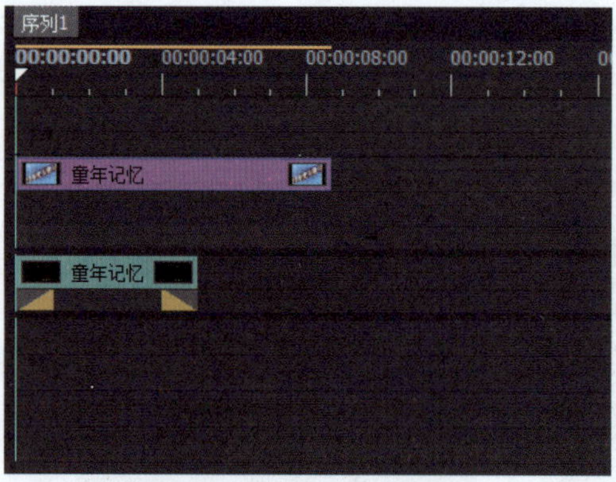

图 9-59　打开一个工程文件

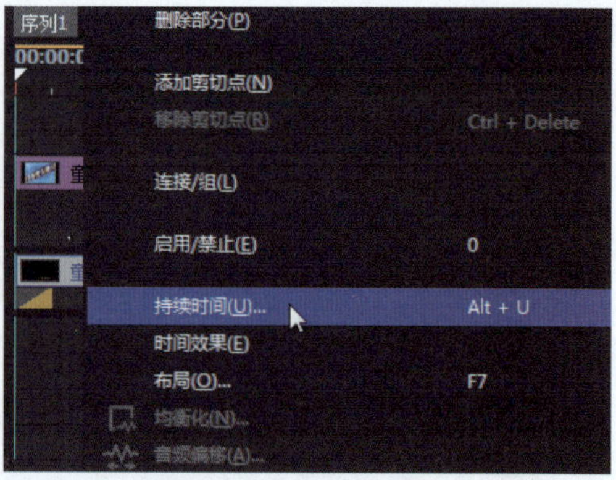

图 9-60　选择“持续时间”选项

步骤 03　执行操作后，弹出“持续时间”对话框，在其中设置“持续时间”为 00:00:08:18，如图 9-61 所示。

步骤 04　设置完成后，单击“确定”按钮，返回 EDIUS 工作界面，此时 1T 字幕轨道中的标题字幕时间长度将发生变化，如图 9-62 所示。

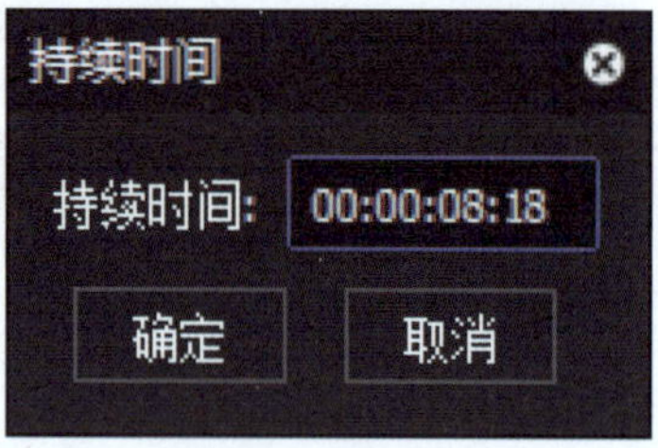

图 9-61　设置持续时间

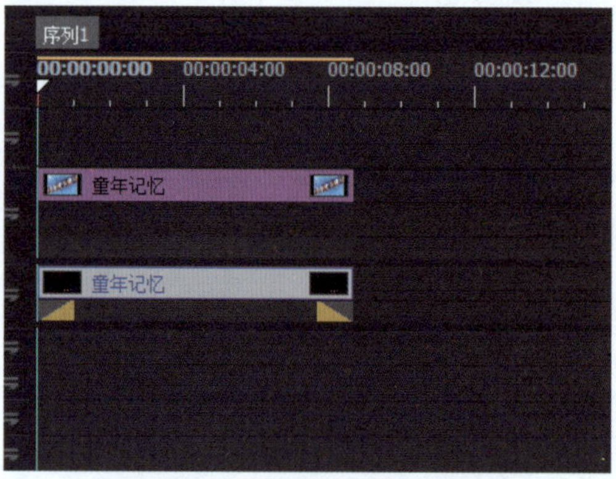

图 9-62　字幕时间长度发生变化

步骤 05　单击“播放”按钮，预览设置标题字幕时间长度后的视频画面效果，如图 9-63 所示。

图 9-63　预览视频画面效果

9.3　制作标题字幕特殊效果

在 EDIUS 工作界面中，除了改变标题字幕的间距、行距、字体以及大小等属性外，还可以为标题字幕添加一些装饰因素，从而使视频广告更加出彩。本节主要向读者介绍制作标题字幕特殊效果的操作方法，希望读者可以熟练掌握。

9.3.1　制作颜色填充字幕

在 EDIUS 9.0 中，用户可以通过多种颜色混合填充标题字幕，该功能可以制作出五颜六色的标题字幕特效。下面向读者介绍运用颜色填充标题字幕的操作方法。

步骤 01　打开一个工程文件（素材\第 9 章\音乐小明星.ezp），如图 9-64 所示。

步骤 02　在 1T 字幕轨道中，选择需要运用颜色填充的标题字幕，如图 9-65 所示。

图 9-64　打开一个工程文件

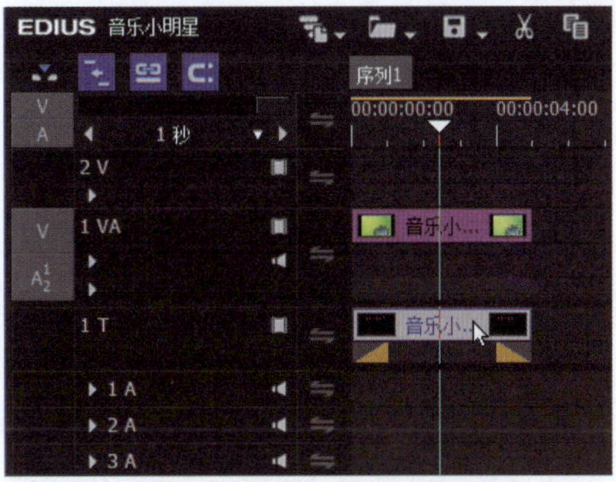

图 9-65　在轨道中选择字幕

步骤 03　在选择的标题字幕上，双击鼠标左键，打开字幕窗口，运用选择对象工具，在预览窗口中选择标题字幕内容，如图 9-66 所示。

步骤 04　在“文本属性”面板“填充颜色”选项区中，设置“颜色”为 5，如图 9-67 所示。

图 9-66　在预览窗口中选择字幕

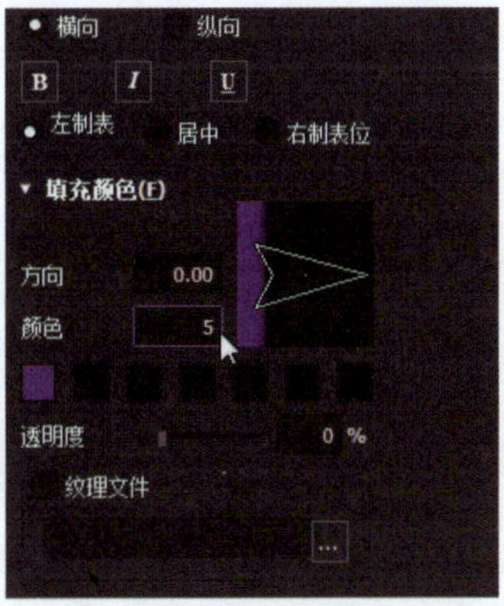

图 9-67　设置“颜色”为 5

步骤 05　单击下方第 2 个色块，弹出“色彩选择-709”对话框，设置“红”为 138、“绿”为 20、“蓝”为 131，如图 9-68 所示，设置完成后，单击“确定”按钮。

步骤 06 单击下方第 3 个色块，弹出“色彩选择 - 709”对话框，设置“红”为 248、“绿”为 33、“蓝”为 - 4，如图 9-69 所示，设置完成后，单击“确定”按钮。

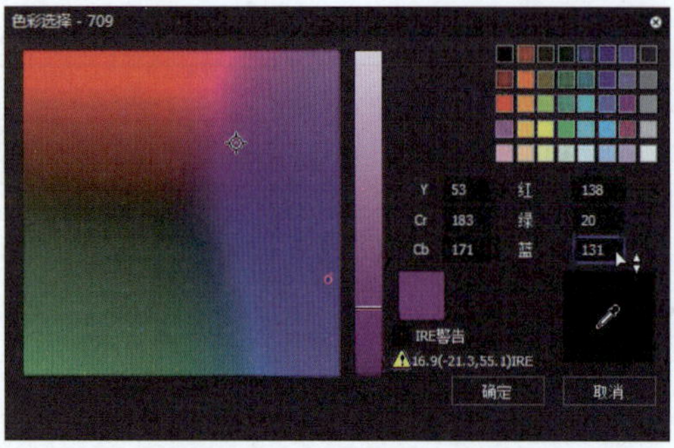

图 9-68 设置“颜色”为紫色

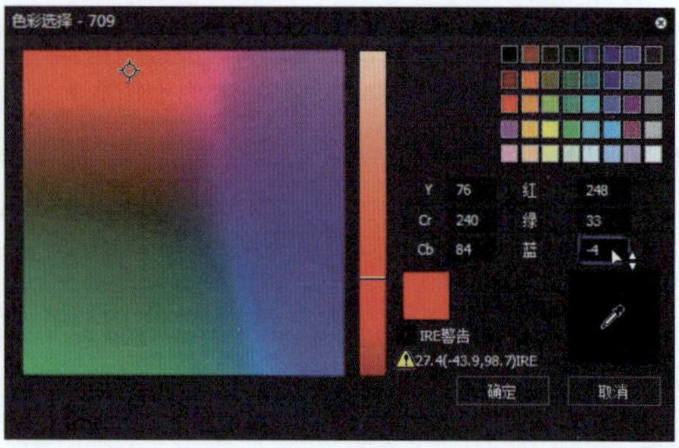

图 9-69 设置“颜色”为橘红色

步骤 07 单击下方第 4 个色块，弹出“色彩选择 - 709”对话框，设置“红”为 - 10、“绿”为 108、“蓝”为 - 3，如图 9-70 所示，设置完成后，单击“确定”按钮。

步骤 08 单击下方第 5 个色块，弹出“色彩选择-709”对话框，设置“红”为 162、“绿”为 58、“蓝”为 - 4，如图 9-71 所示，设置完成后，单击“确定”按钮。

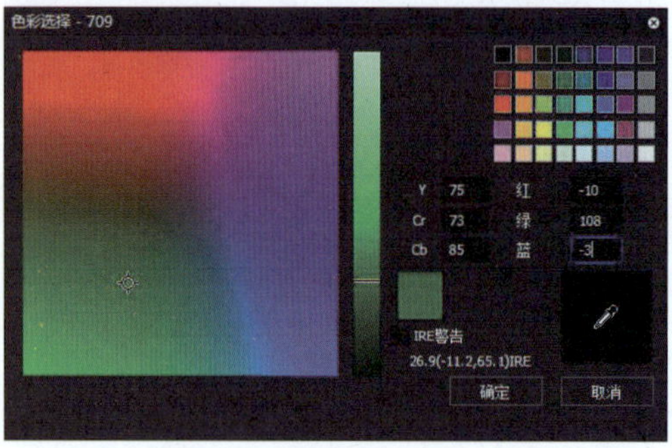

图 9-70 设置“颜色”为绿色

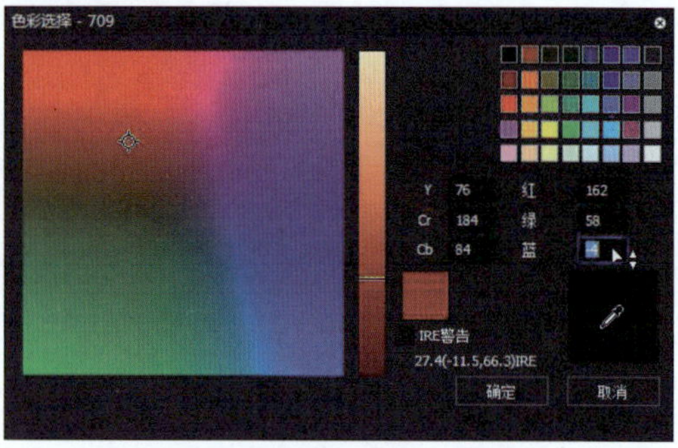

图 9-71 设置“颜色”为棕色

步骤 09 设置完成后，单击“保存”按钮，退出字幕窗口，单击“播放”按钮，预览填充标题字幕颜色后的视频画面效果，如图 9-72 所示。

图 9-72 预览视频画面效果

9.3.2　制作描边字幕特效

在编辑视频的过程中，为了使标题字幕的样式更具艺术美感，用户可以为字幕添加描边效果。下面向读者介绍制作字幕描边效果的操作方法。

步骤 01　打开一个工程文件（素材\第 9 章\女孩的梦想.ezp），如图 9-73 所示。

步骤 02　在 1T 字幕轨道中，选择需要描边的标题字幕，如图 9-74 所示。

图 9-73　打开一个工程文件

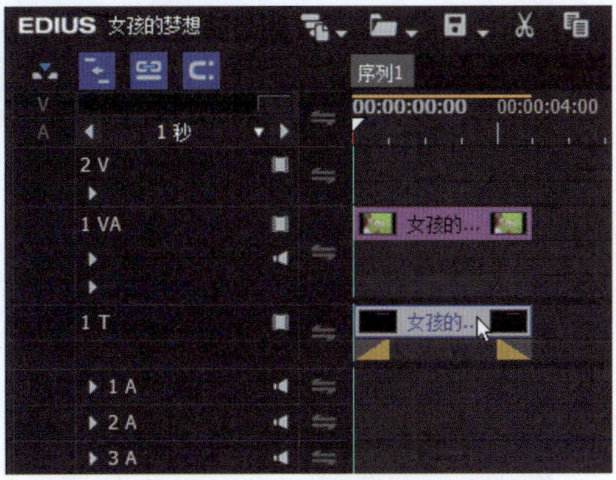

图 9-74　在轨道中选择字幕

步骤 03　在选择的标题字幕上，双击鼠标左键，打开字幕窗口，运用选择对象工具，在预览窗口中选择标题字幕内容，如图 9-75 所示。

步骤 04　在“文本属性”面板中，选中“边缘”复选框，在下方设置“实边宽度”为 5，如图 9-76 所示。

图 9-75　在预览窗口中选择字幕

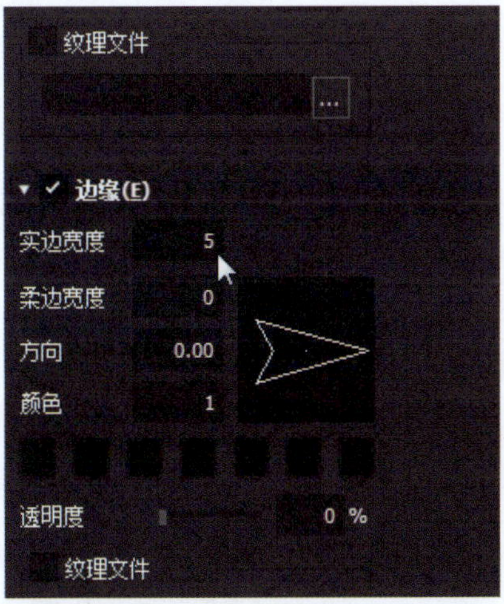

图 9-76　设置“实边宽度”为 5

步骤 05　单击下方第 1 个色块，弹出“色彩选择 - 709”对话框，在其中设置“颜色”为白色，如图 9-77 所示。

步骤 06　设置完成后，单击“确定”按钮，返回字幕窗口，在其中可以查看设置描边颜色后的色块属性，如图 9-78 所示。

图 9-77　设置"颜色"为白色

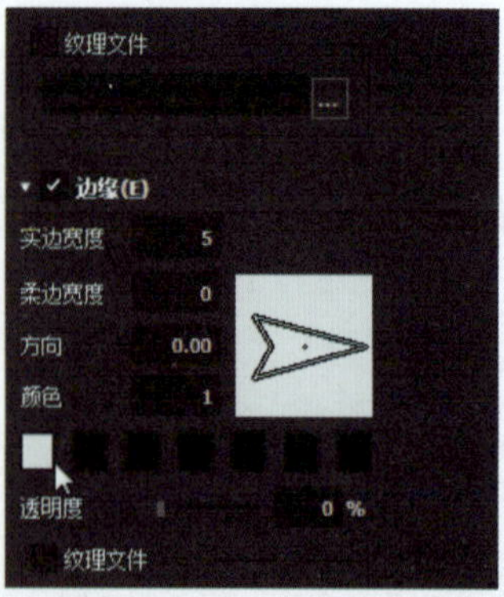

图 9-78　查看设置的描边颜色

步骤 07　设置完成后，单击"保存"按钮，退出字幕窗口，单击"播放"按钮，预览制作描边字幕后的视频画面效果，如图 9-79 所示。

图 9-79　预览视频画面效果

9.3.3　制作阴影字幕特效

制作视频的过程中，如果需要强调或突出显示字幕文本，此时可以设置字幕的阴影效果。下面向读者介绍制作字幕阴影效果的操作方法。

步骤 01　打开一个工程文件(素材\第 9 章\绿色环保.ezp)，如图 9-80 所示。

步骤 02　在 1T 字幕轨道中，选择需要制作阴影的标题字幕，如图 9-81 所示。

图 9-80　打开一个工程文件

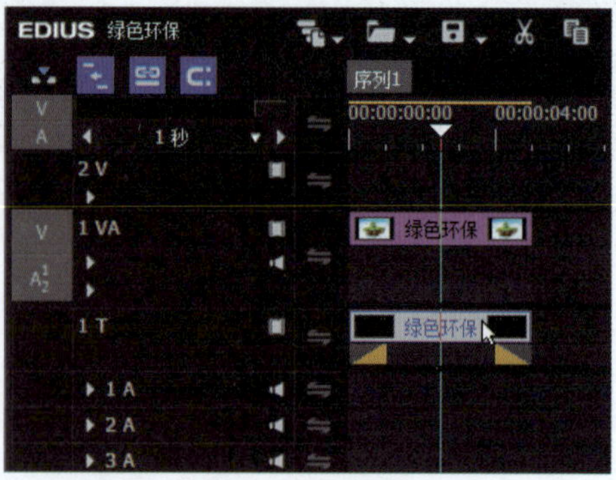

图 9-81　在轨道中选择字幕

步骤 03　在选择的标题字幕上，双击鼠标左键，打开字幕窗口，运用选择对象工具，在预览窗口中选择标题字幕内容，如图 9-82 所示。

步骤 04　在“文本属性”面板中，选中“阴影”复选框，在下方设置“颜色”为黑色、“横向”为 8、“纵向”为 8，如图 9-83 所示。

图 9-82　在预览窗口中选择字幕

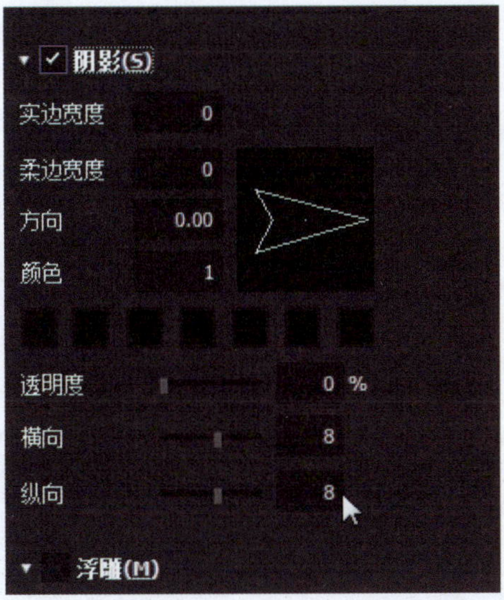

图 9-83　设置各参数

步骤 05　设置完成后，单击“保存”按钮，退出字幕窗口，单击“播放”按钮，预览制作字幕阴影后的视频画面效果，如图 9-84 所示。

图 9-84　预览视频画面效果

▶ 专家指点

在“文本属性”面板的“阴影”选项区中，用户还可以拖曳“透明度”选项右侧的滑块，来调整阴影的透明程度，使制作的阴影效果与视频更加协调。

9.4 制作标题字幕动态效果

如果说转场是专为视频准备的出入屏方式，那么字幕混合特效就是为字幕轨道准备的出入屏方式。制作字幕运动特效，可以使影片更具有吸引力和感染力。下面主要向读者介绍制作字幕运动特效的操作方法，增强字幕的艺术档次。

9.4.1 制作划像运动特效

在“字幕混合”特效组中，向读者提供了划像运动效果，其中包括多种不同的划像特效，如向上划像、向下划像、向右划像以及向左划像等，下面主要向读者详细介绍制作向上划像运动特效的操作方法。

步骤 01 打开一个工程文件（素材\第 9 章\果粒缤纷.ezp），如图 9-85 所示。

步骤 02 展开“特效”面板，在“划像”特效组中，选择“向上划像”运动效果，如图 9-86 所示。

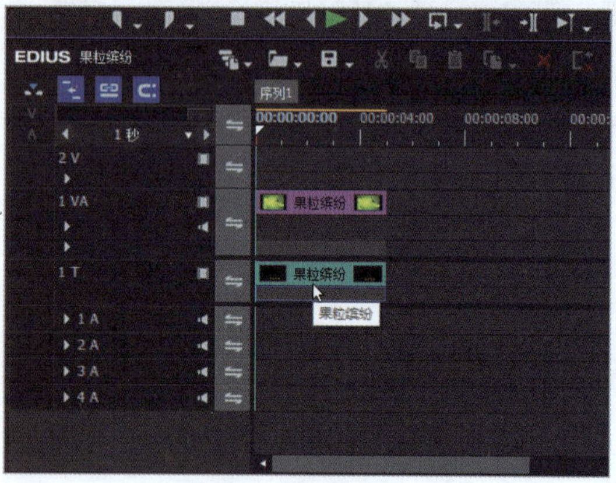

图 9-85 打开一个工程文件

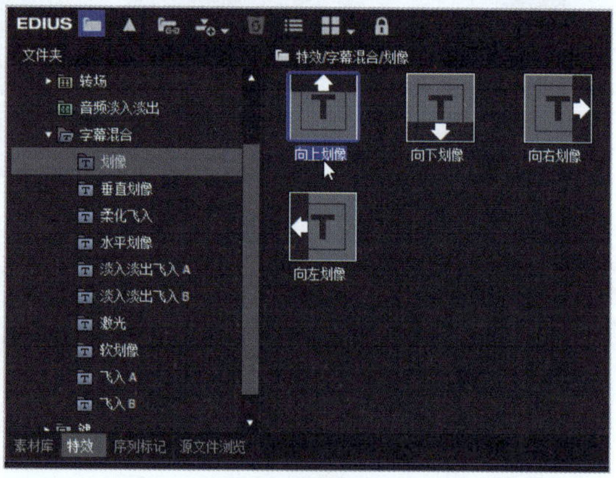

图 9-86 选择“向上划像”运动效果

步骤 03 在选择的运动效果上，单击鼠标左键并拖曳至 1T 字幕轨道中的字幕文件上，如图 9-87 所示，释放鼠标左键，即可添加“向上划像”运动效果。

步骤 04 展开“信息”面板，在其中可以查看添加的“向上划像”运动效果，如图 9-88 所示。

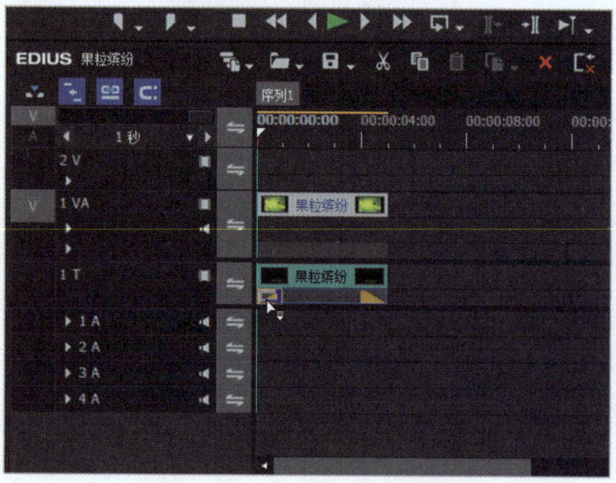

图 9-87 拖曳至相应文件上

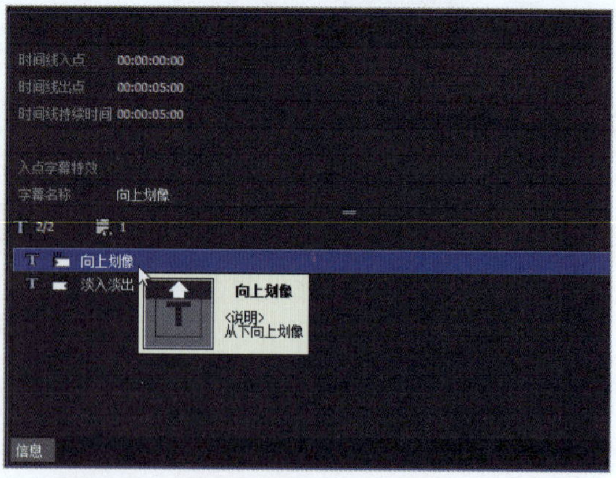

图 9-88 查看添加的“向上划像”运动效果

步骤 05　将时间线移至轨道面板中的开始位置，单击“播放”按钮，预览添加“向上划像”运动效果后的标题字幕，效果如图 9-89 所示。

图 9-89　“向上划像”字幕运动效果

> ▶ 专家指点
>
> 除了运用上述的方法将选择的字幕特效添加至 1T 字幕轨道中的字幕文件上，还可以在“字幕混合”特效组中，选择相应的字幕特效后，单击鼠标右键，在弹出的快捷菜单中选择“添加到时间线”|“全部”|“中心”选项，即可将选择的字幕特效添加至 1T 字幕轨道中的字幕文件上，按【空格】键，可以快速预览添加的字幕混合运动特效。

9.4.2　制作柔化飞入特效

在 EDIUS 9.0 中，柔化飞入的运动效果与划像的运动效果基本相同，只是边缘做了柔化处理。在“柔化飞入”特效组中，一共包含 4 种不同的柔化飞入动画效果，用户可以根据实际需要进行相应选择。下面主要向读者介绍制作柔化飞入运动效果的操作方法，希望读者可以熟练掌握。

步骤 01　打开一个工程文件（素材\第 9 章\彩色风帆.ezp），如图 9-90 所示。

步骤 02　展开“特效”面板，在“柔化飞入”特效组中，选择“向上软划像”运动效果，如图 9-91 所示。

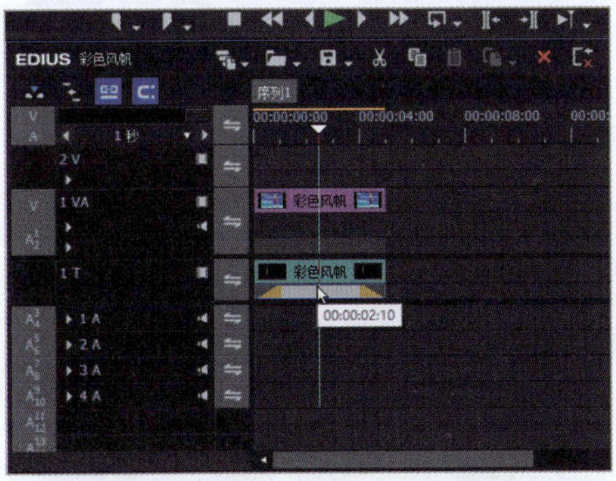

图 9-90　打开一个工程文件

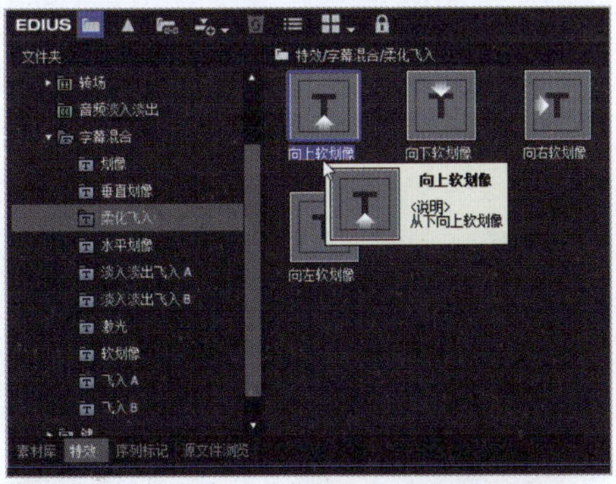

图 9-91　选择“向上软划像”运动效果

步骤 03　在选择的运动效果上，单击鼠标左键并拖曳至 1T 字幕轨道中的字幕文件上，释放鼠标左键，即可添加运动效果，单击“播放”按钮，预览添加“向上软划像”运动效果后的标题字幕，效果如图 9-92 所示。

图 9-92　预览添加“向上软划像”运动效果后的标题字幕

9.4.3　制作淡入淡出特效

在 EDIUS 9.0 中，淡入淡出飞入是指标题字幕以淡入淡出的方式显示或消失字幕的动画效果。下面主要向读者介绍制作淡入淡出飞入运动特效的操作方法，希望读者可以熟练掌握。

步骤 01　打开一个工程文件（素材\第 9 章\乡村雪景.ezp），如图 9-93 所示。

步骤 02　展开“特效”面板，在“淡入淡出飞入 A”特效组中，选择“向上淡入淡出飞入 A”运动效果，单击鼠标左键并拖曳至 1T 字幕轨道中的字幕文件上，释放鼠标左键，即可添加运动效果，如图 9-94 所示。

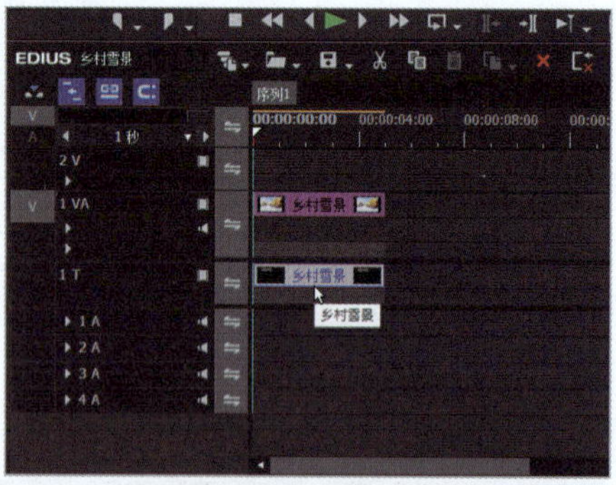

图 9-93　打开一个工程文件

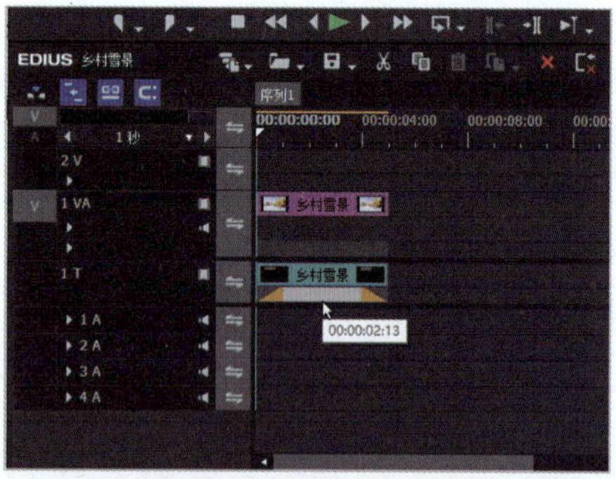

图 9-94　添加运动效果

步骤 03　单击“播放”按钮，预览添加“向上淡入淡出飞入 A”运动效果后的标题字幕，效果如图 9-95 所示。

图 9-95　“向上淡入淡出飞入 A”字幕运动效果

9.4.4　制作激光运动特效

在 EDIUS 9.0 中，激光运动效果是指标题字幕以激光反射的方式显示或消失字幕的动画效果。下面主要向读者介绍制作激光运动特效的操作方法。

步骤 01 打开一个工程文件（素材\第 9 章\书的魅力.ezp），如图 9-96 所示。

步骤 02 展开“特效”面板，在“激光”特效组中，选择“上面激光”运动效果，单击鼠标左键并拖曳至 1T 字幕轨道中的字幕文件上，释放鼠标左键，即可添加运动效果，展开“信息”面板，在其中可以查看添加的“上面激光”运动效果，如图 9-97 所示。

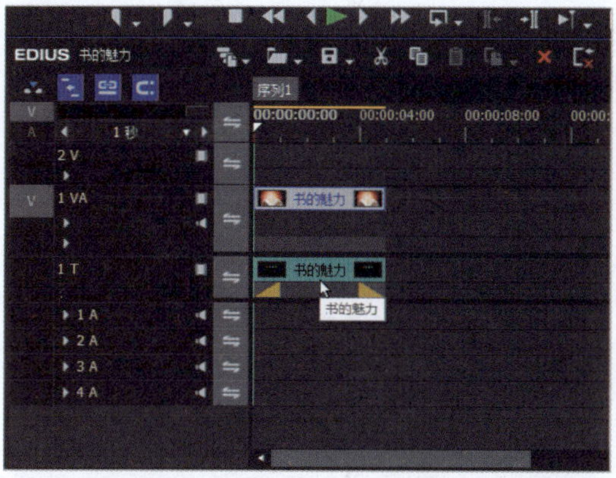

图 9-96　打开一个工程文件

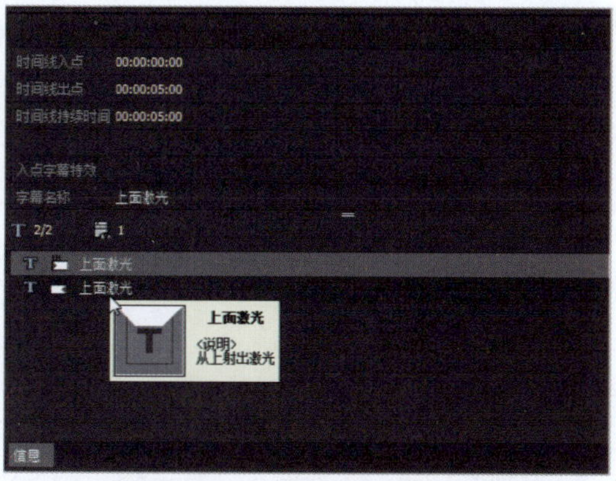

图 9-97　查看添加运动效果

步骤 03 单击“播放”按钮，预览添加“上面激光”运动效果后的标题字幕，效果如图 9-98 所示。

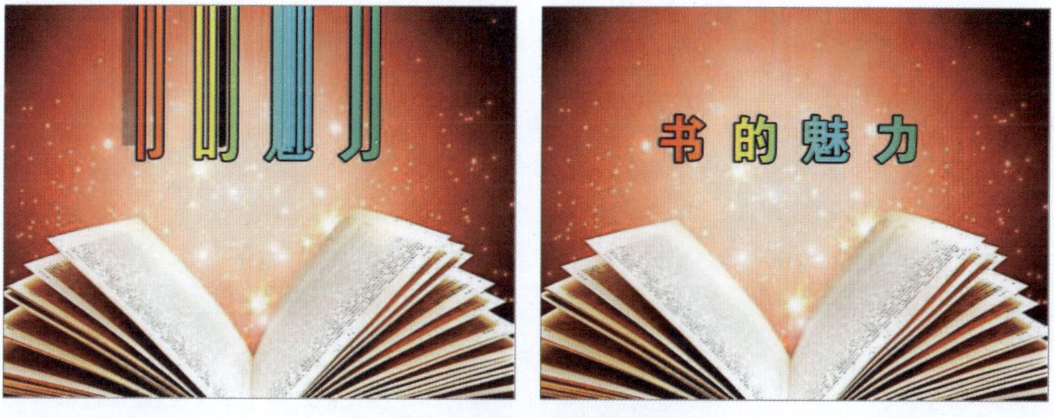

图 9-98　“上面激光”字幕运动效果

本章小结

在各类影视广告中，标题字幕是不可缺少的设计元素，它可以直接传达设计者的表达意图，好的标题字幕布局和设计效果会起到画龙点睛的作用。因此，对标题字幕的设计与编排是不容忽视的。制作标题字幕的本身并不复杂，但是要制作出好的标题字幕还需要用户多加练习，这样对熟练掌握标题字幕有很大帮助。

本章通过大量的实例制作，全面、详尽地讲解了 EDIUS 9.0 中标题字幕的创建、设置以及特效制作技巧，以便用户更深入地掌握标题字幕功能。

课后习题

鉴于本章知识的重要性，为了帮助读者更好地掌握所学知识，本节将通过上机习题，帮助读者巩固和强化前面所学内容，再次提升读者的应用能力。

本习题需要掌握通过“向右软划像”字幕特效，制作软划像运动字幕特效的操作方法，效果如图 9-99 所示。

图 9-99　向右软划像字幕特效

第 10 章　添加与编辑音频素材

10

音频是一部影片的灵魂，在后期制作中，音频的处理相当重要，如果声音运用恰到好处，往往给观众带来耳目一新的感觉。本章主要向读者介绍制作背景声音特效的各种操作方法，包括添加与录制音频文件、剪辑与调节音频文件以及应用音频滤镜特效等内容，希望读者可以熟练掌握。

本章重点

- 添加背景音频素材
- 修剪与调整音频素材
- 管理音频素材库
- 应用音频声音特效

10.1 添加背景音频素材

如果一部影片缺少了声音，再优美的画面也将是黯然失色，而优美动听的背景音乐和款款深情的配音不仅可以为影片起到锦上添花的作用，更能使影片颇有感染力，从而使影片更上一个台阶。本节主要向读者介绍添加音频文件的操作方法。

10.1.1 通过命令添加音频文件

在 EDIUS 9.0 中，用户可以通过“添加素材”命令，将音频文件添加至 EDIUS 轨道中。下面向读者介绍通过命令添加音频文件的操作方法。

步骤 01 新建一个工程文件，然后单击“文件”|“添加素材”命令，如图 10-1 所示。

步骤 02 执行上述操作后，弹出“添加素材”对话框，在其中选择需要添加的音频文件（素材\第 10 章\音频 1.wav），如图 10-2 所示。

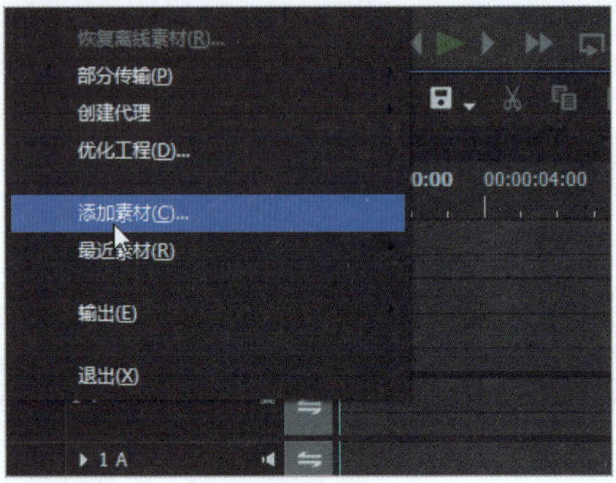

图 10-1 单击相应命令

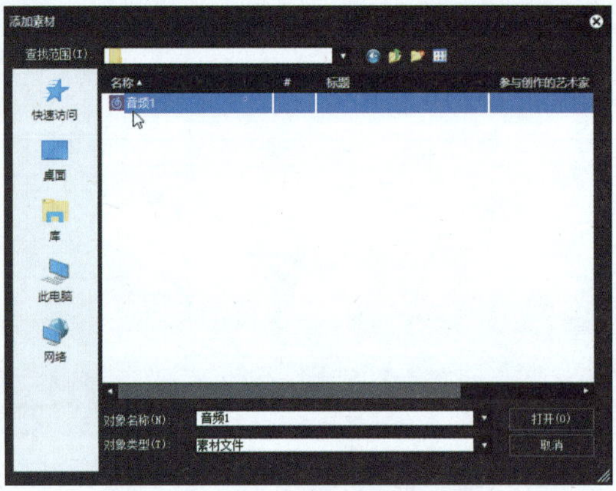

图 10-2 选择需要添加的音频文件

步骤 03 单击“打开”按钮，即可将选择的音频文件导入至 EDIUS 工作界面中，在播放窗口中的黑色空白位置上，单击左键并拖曳至 1A 音频轨道中，如图 10-3 所示。

步骤 04 释放鼠标左键，即可将导入的音频文件添加至音频轨道中，如图 10-4 所示。

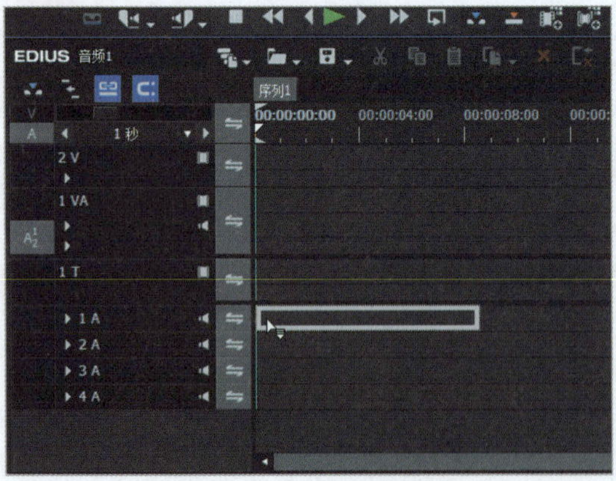

图 10-3 拖曳至 1A 音频轨道中

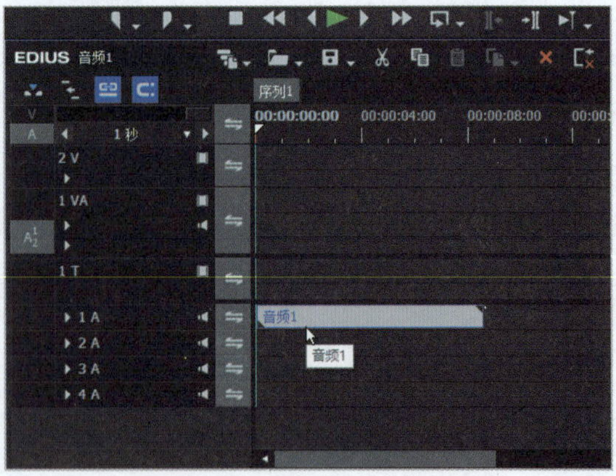

图 10-4 添加至音频轨道中

▶ 专家指点

除了上述的方法弹出“添加素材”对话框，还可以单击“文件”菜单，在弹出的菜单列表中按【C】键，也可以快速弹出“添加素材”对话框。

10.1.2 通过轨道添加音频文件

在 EDIUS 9.0 中，用户不仅可以通过命令添加音频文件，还可以通过轨道面板导入音频文件。下面向读者介绍通过轨道添加音频文件的操作方法。

步骤 01 新建一个工程文件，在轨道面板中，选择 1A 音频轨道，然后将时间线移至轨道的开始位置，如图 10-5 所示。

步骤 02 在音频轨道中的空白位置上，单击鼠标右键，在弹出的快捷菜单中选择“添加素材”选项，如图 10-6 所示。

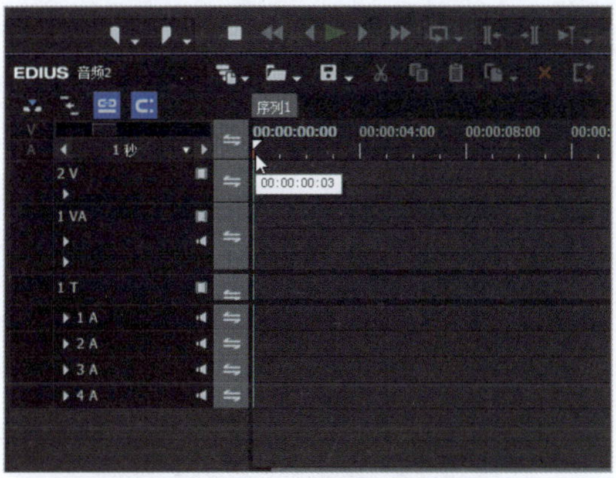

图 10-5 移至轨道的开始位置

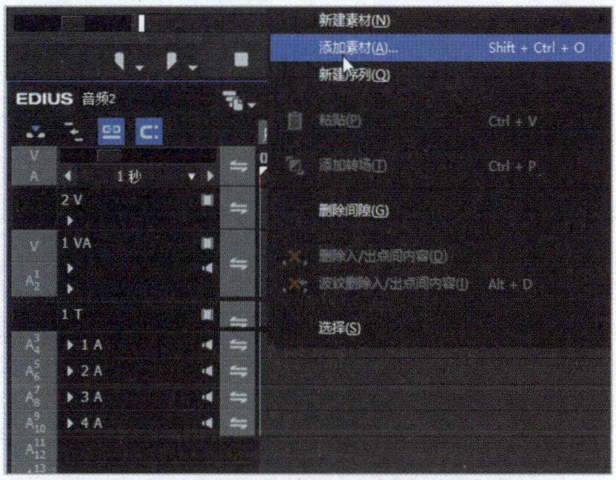

图 10-6 选择“添加素材”选项

步骤 03 执行操作后，弹出“打开”对话框，在其中选择需要添加的音频文件（素材\第 10 章\音频 2.mp3），如图 10-7 所示。

步骤 04 单击“打开”按钮，即可在 1A 音频轨道的时间线位置，添加音频文件，如图 10-8 所示。

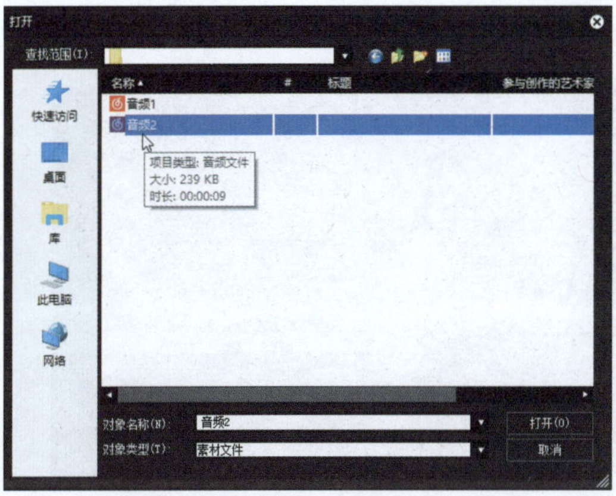

图 10-7 选择需要添加的音频文件

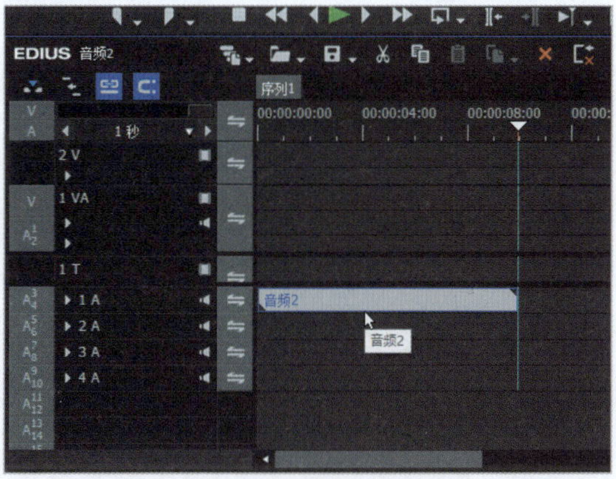

图 10-8 添加音频文件

> ▶ 专家指点
>
> 除了运用上述的方法添加音频文件，还可以在“我的电脑”文件夹中，选择相应的音频文件后，直接将音频文件拖曳至 EDIUS 工作界面的 1A 音频轨道中，也可以完成音频文件的添加操作。

10.1.3 通过素材库添加音频文件

在 EDIUS 工作界面中，用户可以先将音频文件添加至素材库中，然后再从素材库中将需要的音频文件添加至音频轨道中。下面向读者介绍通过素材库添加音频文件的方法。

步骤 01 新建一个工程文件，在“素材库”面板中的空白位置上，单击鼠标右键，在弹出的快捷菜单中选择“添加文件”选项，如图 10-9 所示。

步骤 02 执行操作后，弹出“打开”对话框，在其中选择需要添加的音频文件（素材\第 10 章\音频 3.mp3），如图 10-10 所示。

图 10-9 选择“添加文件”选项

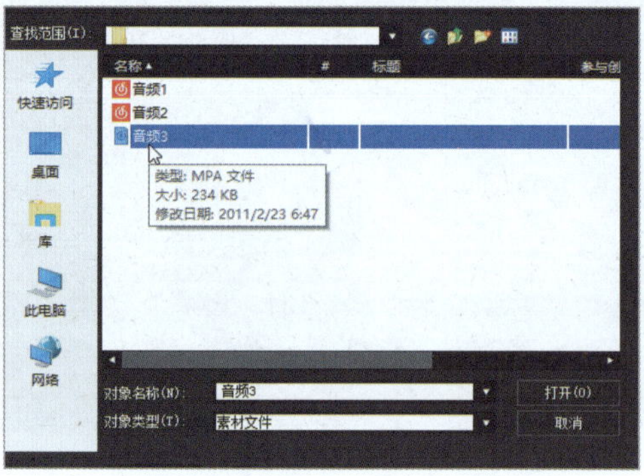

图 10-10 选择需要添加的音频文件

步骤 03 单击“打开”按钮，即可将音频文件添加至“素材库”面板中，在音频文件的缩略图上，显示了音频的音波，如图 10-11 所示。

步骤 04 在添加的音频文件上，单击鼠标左键并拖曳至 1A 音频轨道中的开始位置，释放鼠标左键，即可将音频文件添加至轨道中，如图 10-12 所示，单击“播放”按钮，可以试听添加的音频效果。

图 10-11 显示音频的音波

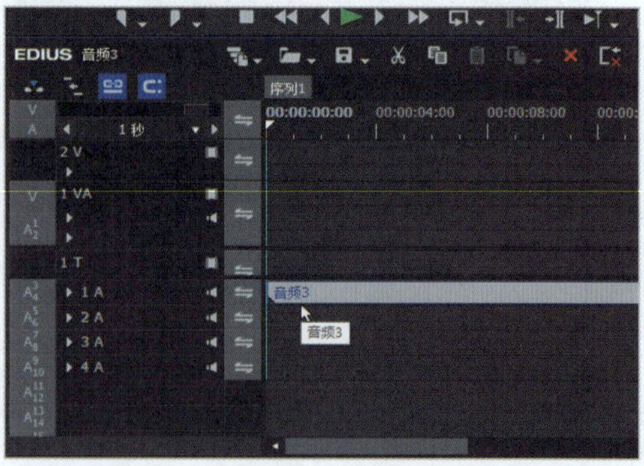

图 10-12 将音频文件添加至轨道中

10.2　修剪与调整音频素材

在 EDIUS 9.0 中，将声音或背景音乐添加到声音轨道后，用户可以根据影片的需要编辑和修剪音频素材。本节主要向读者介绍修剪与调整音频素材的操作方法。

10.2.1　分割背景声音片段

在 EDIUS 工作界面中，用户可以根据需要对音频文件进行分割操作，将添加的音频文件分割为两节。下面向读者介绍剪辑音频，分割背景声音片段的操作方法。

步骤 01　打开一个工程文件（素材\第 10 章\音频 4.ezp），如图 10-13 所示。

步骤 02　在轨道面板中，将时间线移至 00:00:07:00 的位置处，如图 10-14 所示。

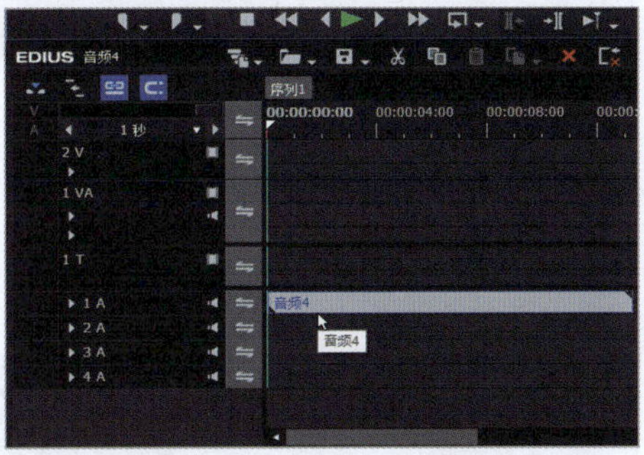

图 10-13　打开一个工程文件

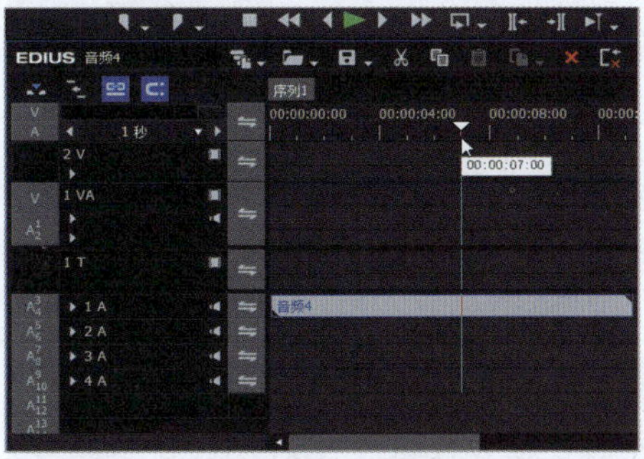

图 10-14　时间线移至相应位置处

步骤 03　单击“编辑”|“添加剪切点”|“选定轨道”命令，执行操作后，即可在音频素材之间添加剪切点，对音频素材进行分割操作，如图 10-15 所示。

步骤 04　选择分割后的音频文件，按【Delete】键，即可将音频文件进行删除操作，如图 10-16 所示。

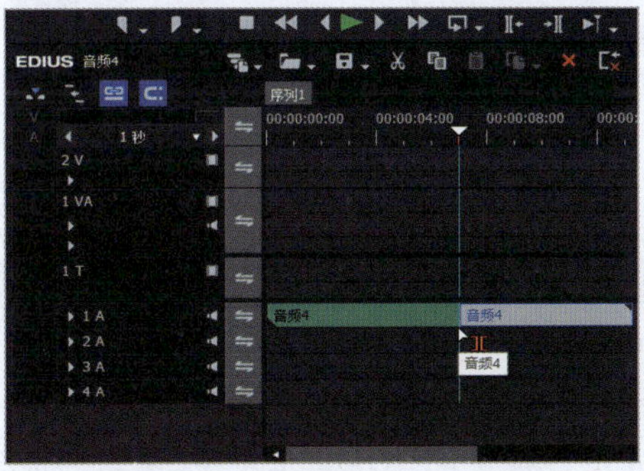

图 10-15　对音频素材进行分割操作

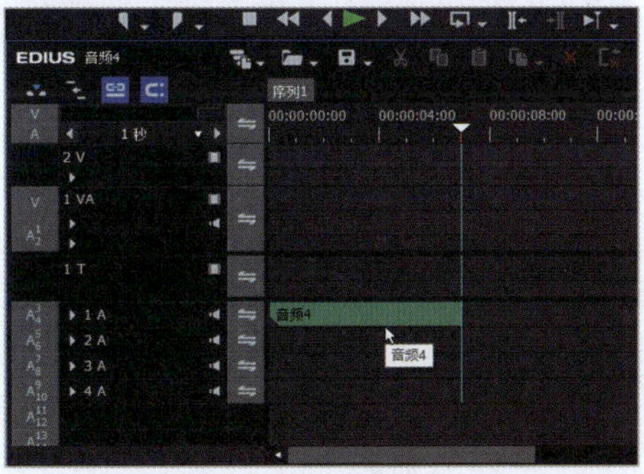

图 10-16　将音频文件进行删除操作

10.2.2　修整音频区间长度

在制作视频的过程中，如果音频文件的区间不能满足用户的需求，此时用户可以对音频的区间进行修整操作，可以根据用户的音频文件来进行调整。

下面向读者介绍调整长度，修整音频的区间的操作方法。

步骤 01 打开一个工程文件（素材\第 10 章\音频 5.ezp），如图 10-17 所示。

步骤 02 选择音频轨道中的音频文件，将鼠标移至音频文件末尾处的黄色标记上，如图 10-18 所示。

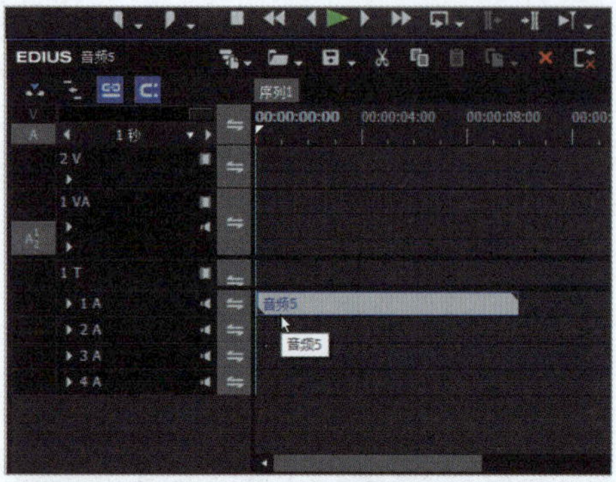

图 10-17　打开一个工程文件

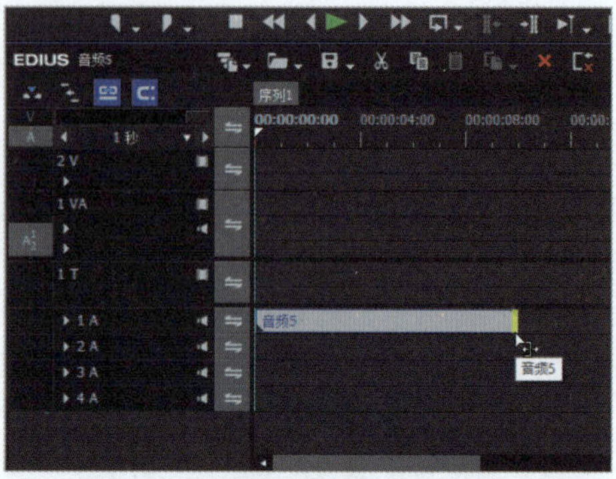

图 10-18　移至音频末尾处的黄色标记上

步骤 03 在黄色标记上，单击鼠标左键并向左拖曳至合适位置，如图 10-19 所示。

步骤 04 释放鼠标左键，即可通过区间修整音频文件，单击“播放”按钮，试听修整后的音频声音，如图 10-20 所示。

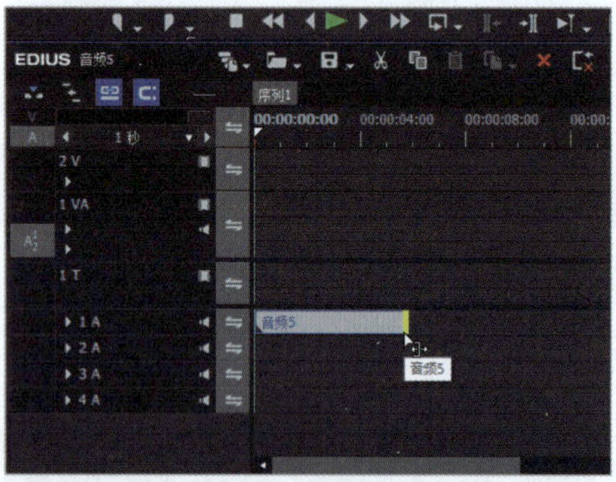

图 10-19　拖曳至合适位置

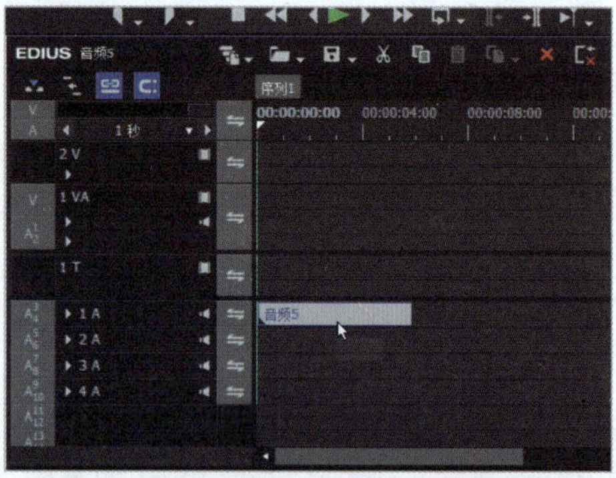

图 10-20　试听修整后的音频声音

10.2.3　调整音频播放速度

在 EDIUS 中，用户还可以通过改变音频的播放速度来修整音频文件的时间长度。下面向读者介绍调整音频播放速度的操作方法。

步骤 01 打开一个工程文件（素材\第 10 章\音频 6.ezp），如图 10-21 所示。

步骤 02 选择添加的音频文件，单击鼠标右键，在弹出的快捷菜单中选择“时间效果”|“速度”选项，如图 10-22 所示。

步骤 03 执行操作后，弹出“素材速度”对话框，在其中设置“比率”为 140，如图 10-23 所示。

步骤 04 设置完成后，单击“确定”按钮，完成音频播放速度的修改，此时在 1A 音频轨道中，可以看到音频的播放速度已发生变化，如图 10-24 所示。

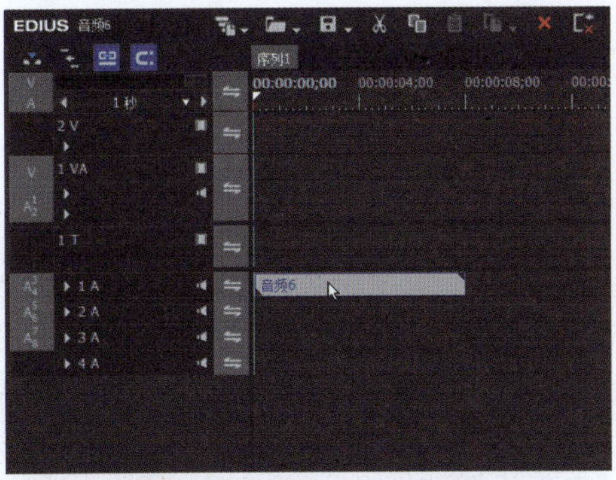

图 10-21　打开一个工程文件

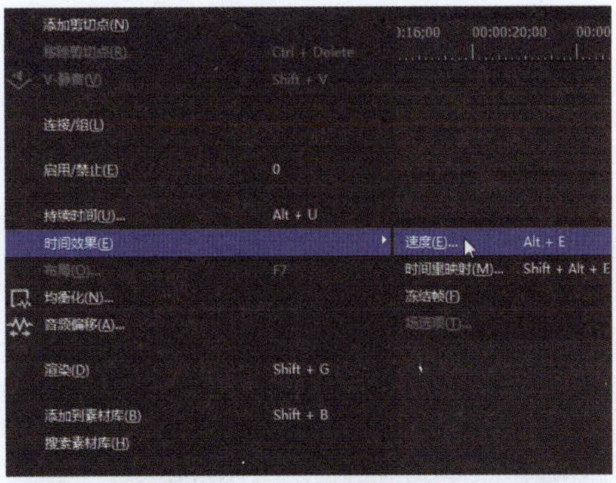

图 10-22　选择相应选项

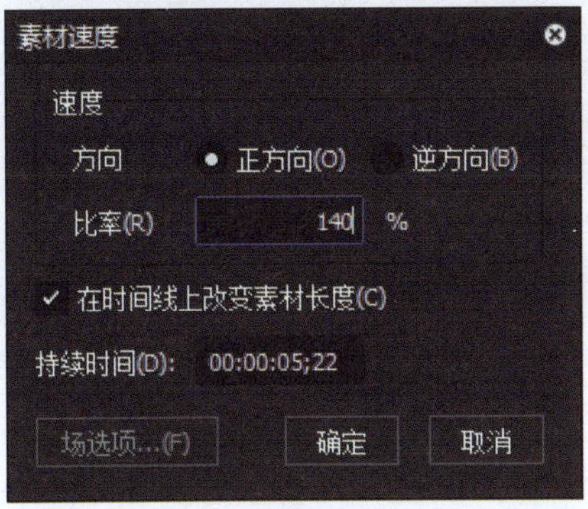

图 10-23　设置“比率”参数

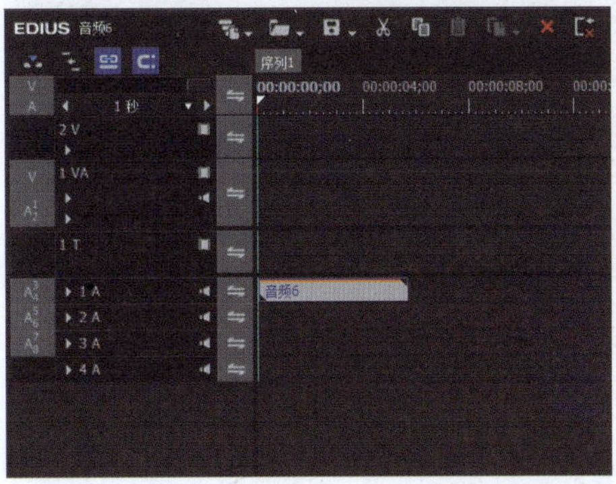

图 10-24　完成音频播放速度的修改

10.2.4　调整整个音频音量

用户在制作视频的过程中，如果背景音乐的音量过大，则会让人感觉背景音乐很杂、很吵；如果背景音乐的音量过小，也会让人感觉视频不够大气。只有调整至合适的音量，才能制作出非常优质的声效。在 EDIUS 工作界面中，用户可以针对整个音频轨道中的音频音量进行统一调整，该方法既方便，又快捷。下面向读者介绍调整整个音频音量的操作方法。

步骤 01　打开一个工程文件（素材\第 10 章\音频 7.ezp），如图 10-25 所示。

步骤 02　在轨道面板上方，单击“切换调音台显示”按钮，如图 10-26 所示。

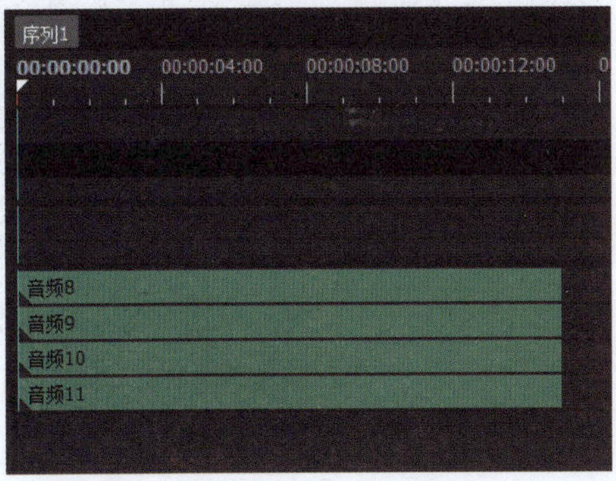

图 10-25　打开一个工程文件

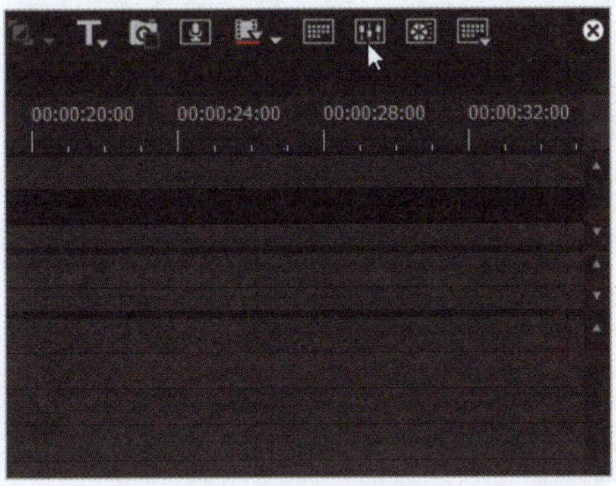

图 10-26　单击“切换调音台显示”按钮

步骤 03　执行操作后，弹出“调音台（峰值计）”对话框，如图 10-27 所示。

步骤 04　单击对话框右下角的“播放”按钮，试听 4 个音频轨道中的声音大小，此时显示 4 个音轨中的音量起伏变化，如图 10-28 所示。

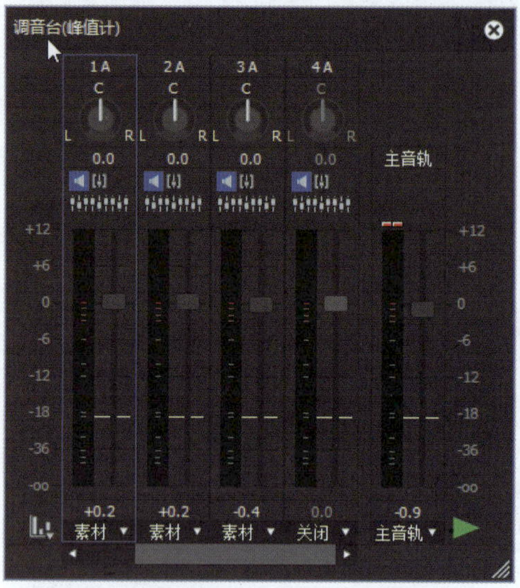

图 10-27　弹出相应对话框

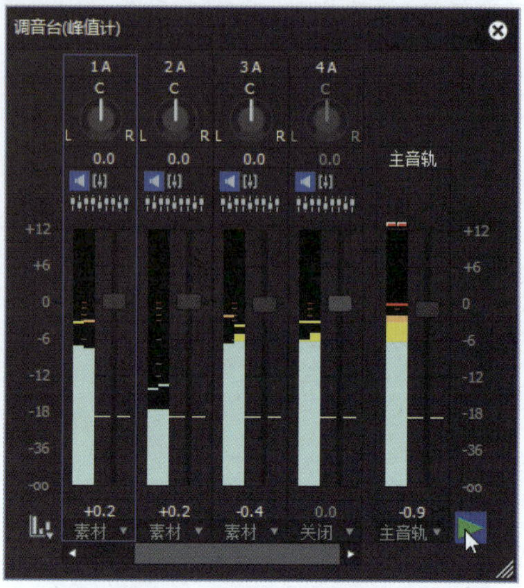

图 10-28　单击相应按钮

步骤 05　在对话框中，将鼠标移至 1A 音频轨道中的滑块上，单击鼠标左键并向下拖曳，使该轨道中的音频音量变小，如图 10-29 所示。

步骤 06　将鼠标移至 2A 音频轨道中的滑块上，单击鼠标左键并向上拖曳，放大该音频轨道中的音频声音，如图 10-30 所示。

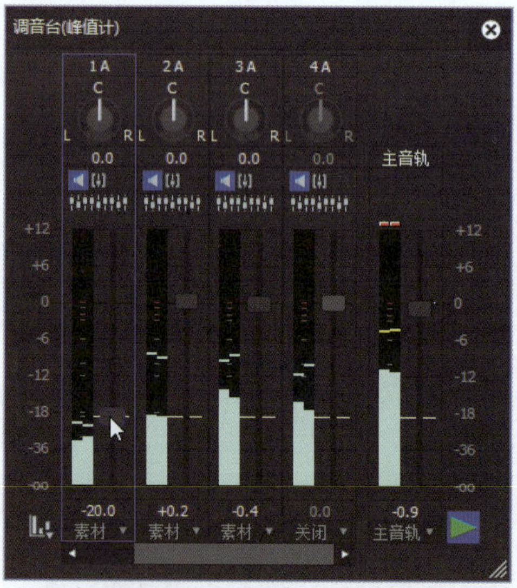

图 10-29　将 1A 音频声音变小

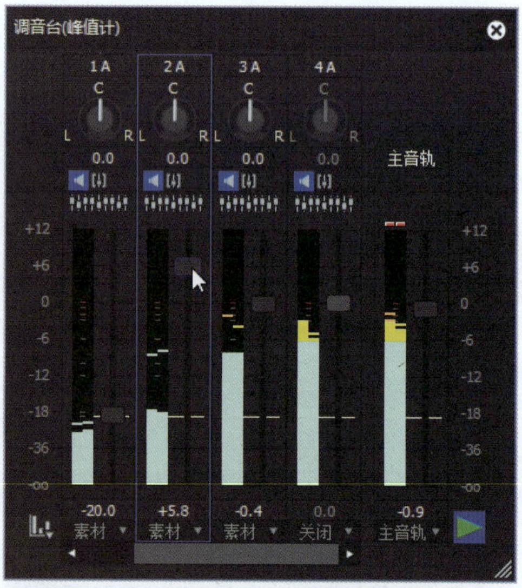

图 10-30　放大 2A 轨道中的音频声音

步骤 07　将鼠标移至 3A 音频轨道中的滑块上，单击鼠标左键并向下拖曳，使该轨道中的音频音量比标准的声音小一点，如图 10-31 所示。

步骤 08　将鼠标移至主音轨调节滑块上，单击鼠标左键并向下拖曳，将所有轨道中的声音都调小一点，如图 10-32 所示。至此，完成各轨道中音频音量的调整，然后单击右上角的“关闭”按钮，退出“调音台（峰值计）”对话框。

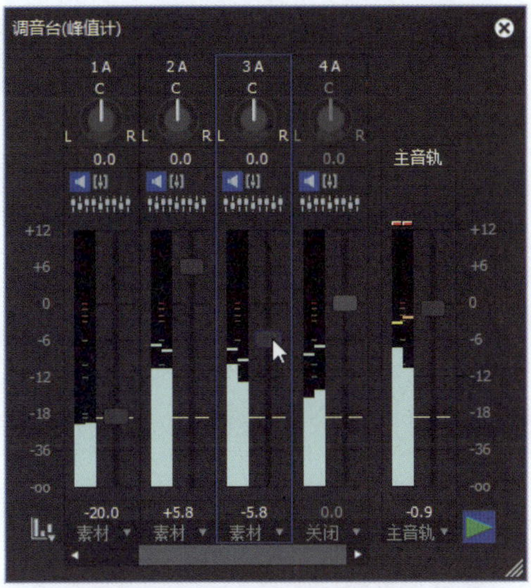

图 10-31　将 3A 音频声音变小

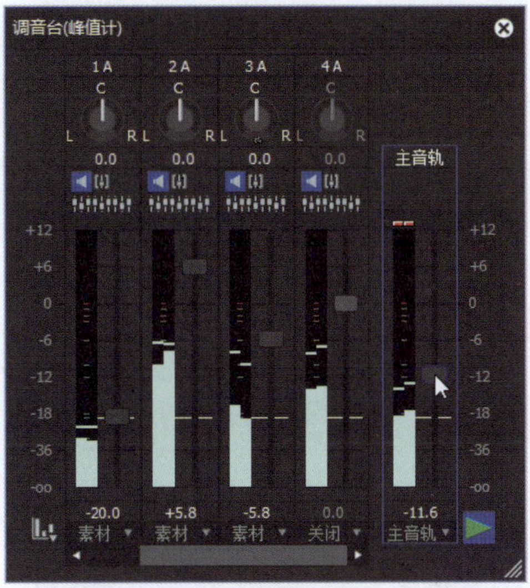

图 10-32　将所有轨道声音调小一点

10.2.5　使用调节线调整音量

在 EDIUS 9.0 中，用户不仅可以使用调音台对不同轨道中的音频文件的音量进行调整，还可以通过调节线对音频文件的局部声音进行调整。下面向读者介绍使用调节线调整音量的操作方法。

步骤 01　打开一个工程文件（素材\第 10 章\音频 12.ezp），如图 10-33 所示。

步骤 02　单击“音量/声相”按钮，进入 VOL 音量控制状态，如图 10-34 所示。

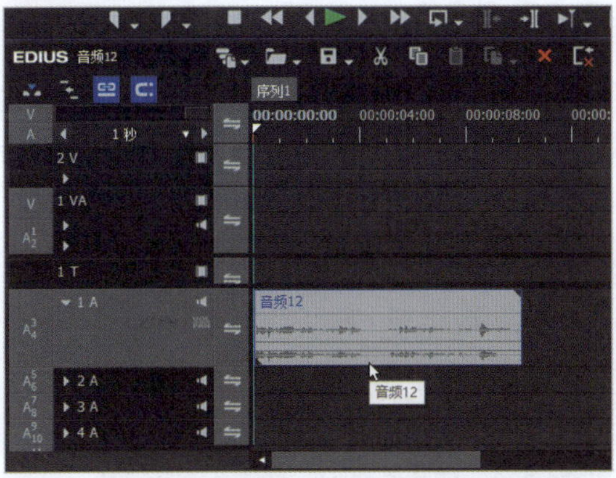

图 10-33　打开一个工程文件

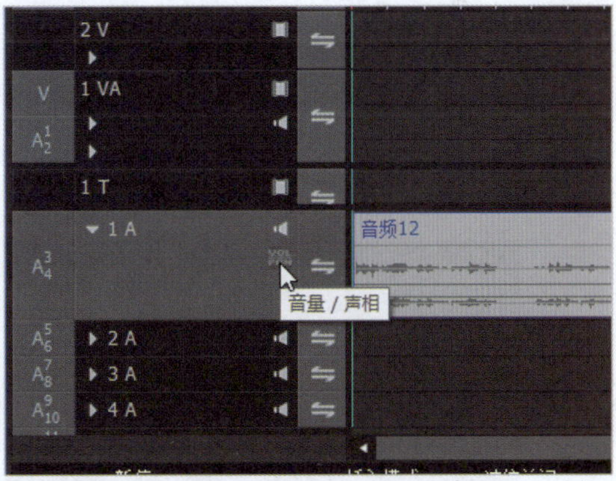

图 10-34　单击“音量/声相”按钮

步骤 03　在橙色调节线的合适位置，单击鼠标左键并向下拖曳，添加一个音量控制关键帧，控制音量的大小，如图 10-35 所示。

步骤 04　再次在调节线上添加第二个关键帧，控制音量的大小，如图 10-36 所示。

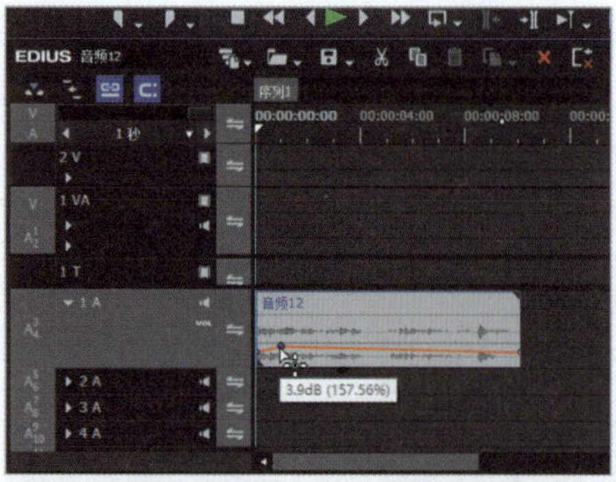

图 10-35　添加一个音量控制关键帧

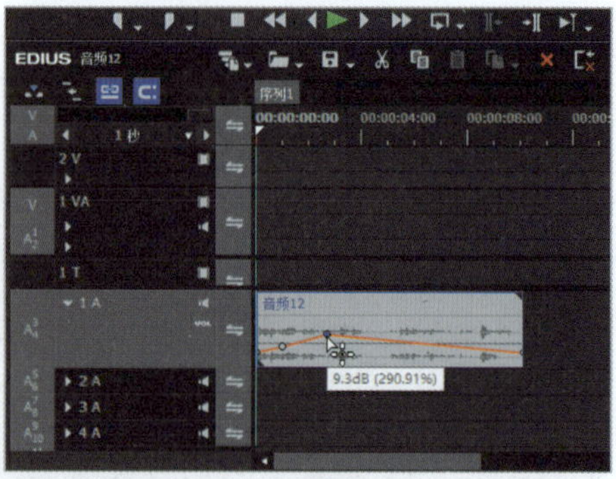

图 10-36　添加第二个关键帧

步骤 05　在调节线上添加第三个关键帧，控制音量的大小，如图 10-37 所示，使整段音量的音波得到起伏变化。

步骤 06　在 1A 音频轨道中，单击“音量”按钮，切换至 PAN 声相控制状态，显示一根蓝色调节线，如图 10-38 所示。

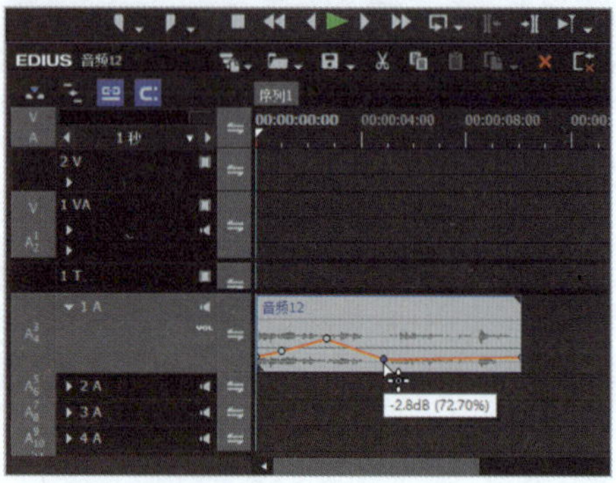

图 10-37　添加第三个关键帧

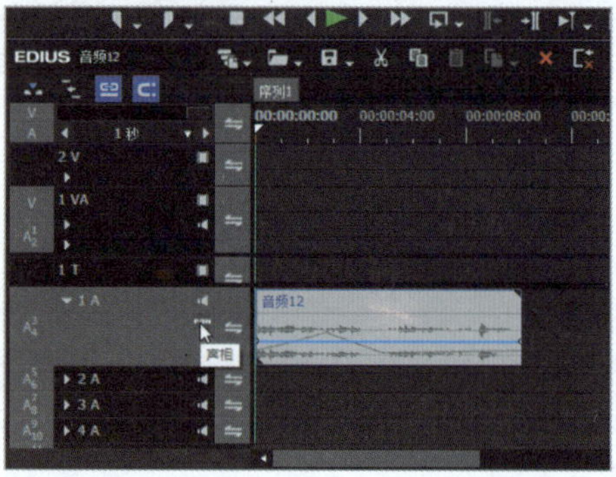

图 10-38　切换至 PAN 声相控制状态

步骤 07　在蓝色调节线的合适位置，单击鼠标左键并向下拖曳，添加一个声相控制关键帧，控制声相的大小，如图 10-39 所示。

步骤 08　用与上同样的方法，在蓝色调节线上添加第二个关键帧，控制声相的大小，如图 10-40 所示，单击“播放”按钮，试听调整音量后的音频效果。至此，通过调节线调节声量操作完毕。

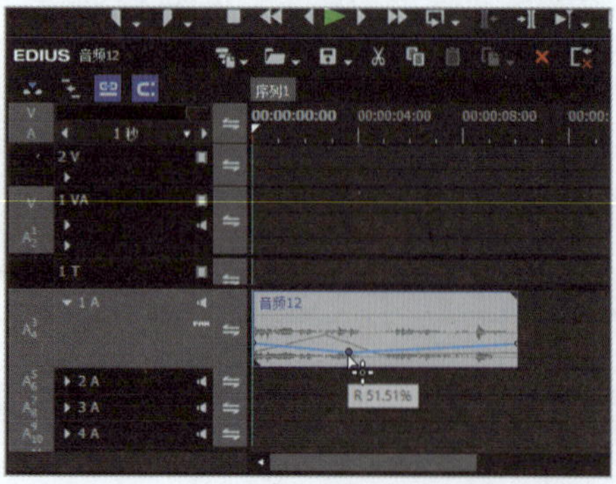

图 10-39　添加一个声相控制关键帧

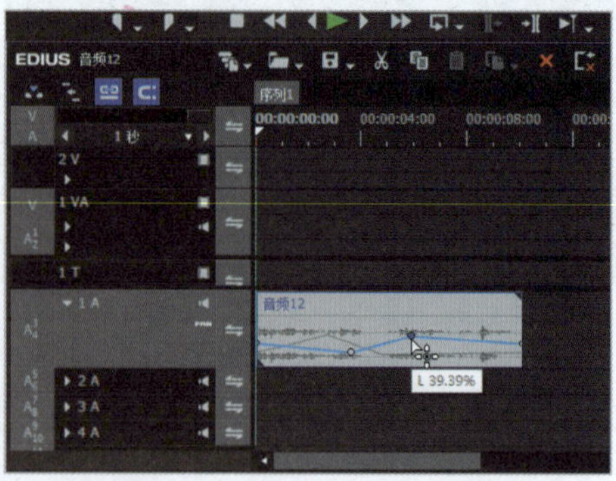

图 10-40　添加第二个关键帧

10.2.6　设置音频文件静音

在 EDIUS 工作界面中，为了更好的编辑视频，用户还可以将音频文件设置为静音状态。下面向读者介绍关闭声音，设置音频文件静音的操作方法。

步骤 01　打开一个工程文件（素材\第 10 章\音频 13.ezp），如图 10-41 所示。

步骤 02　在 1A 音频轨道中，单击“音频静音”按钮，如图 10-42 所示，即可将音频文件设置为静音状态。

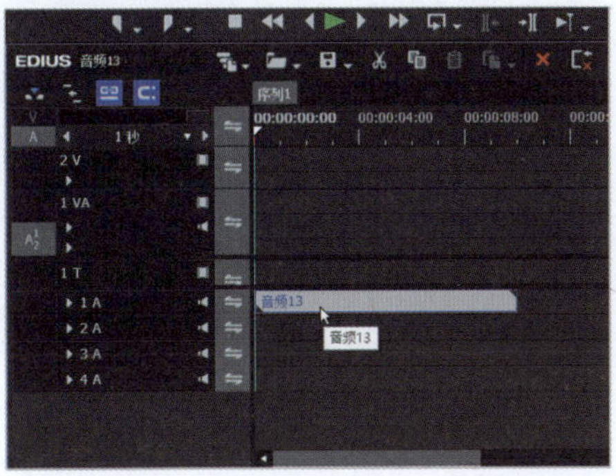

图 10-41　打开一个工程文件

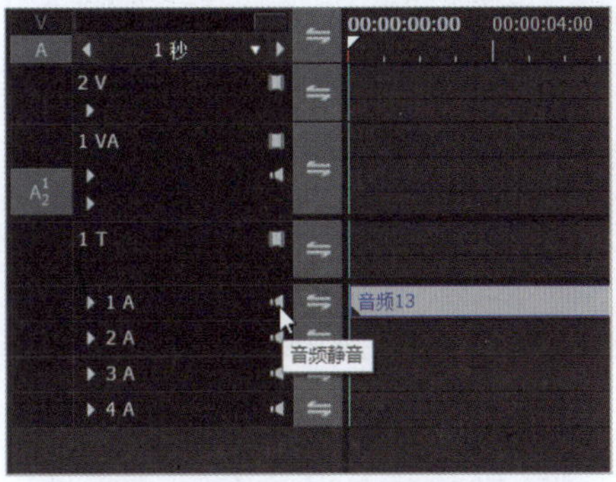

图 10-42　单击“音频静音”按钮

10.3　管理音频素材库

通过对前面知识点的学习，读者已经基本掌握了音频素材的添加与修剪的方法。本节主要介绍管理音频素材的方法，包括重命名素材和删除音频素材的方法，希望读者可以熟练掌握本节内容。

10.3.1　在素材库中重命名素材

在 EDIUS 工作界面中，用户可以对“素材库”面板中的音频文件进行重命名操作，方便音频素材的管理。下面向读者介绍在素材库中重命名素材的操作方法。

步骤 01　打开一个工程文件（素材\第 10 章\音频 14.ezp），如图 10-43 所示。

步骤 02　选择素材库中的音频文件，单击鼠标右键，在弹出的快捷菜单中选择“重命名”选项，如图 10-44 所示。

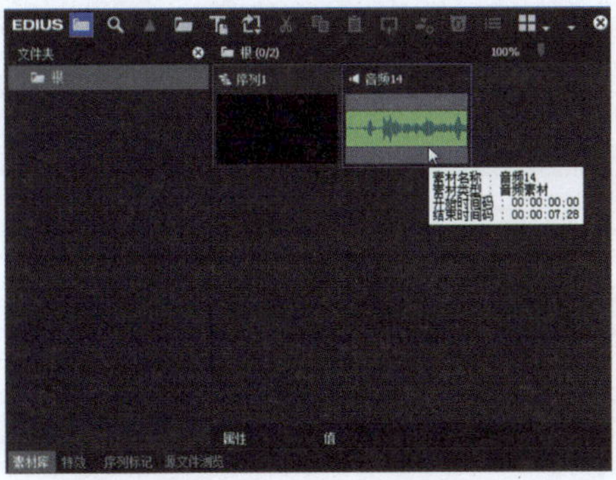

图 10-43　打开一个工程文件

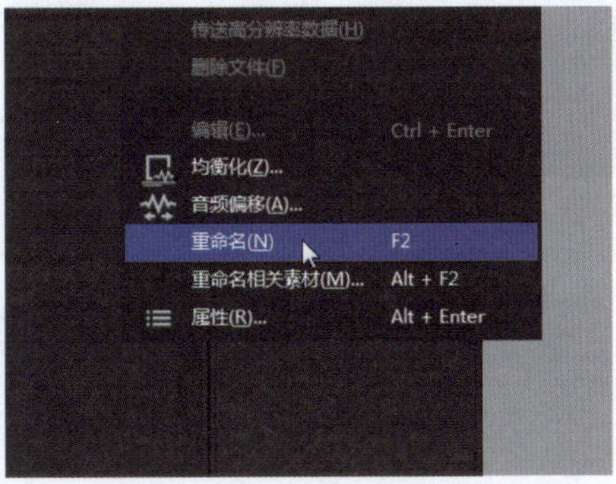

图 10-44　选择“重命名”选项

步骤 03　执行操作后，此时音频文件的名称呈可编辑状态，如图 10-45 所示。

步骤 04　选择一种合适的输入法，重新输入音频文件的名称，然后按【Enter】键确认，即可完成音频文件的重命名操作，如图 10-46 所示。

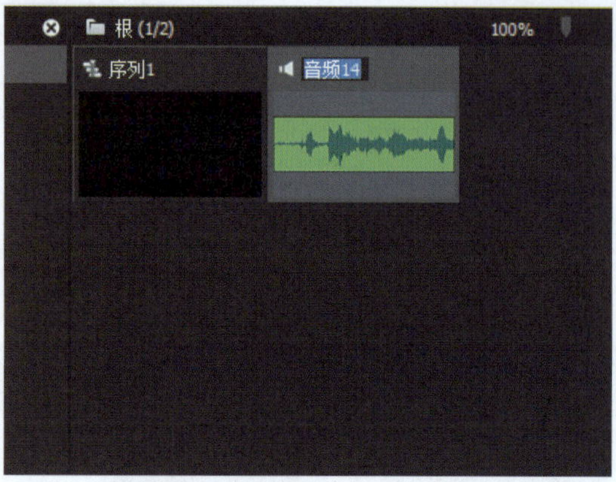

图 10-45　呈可编辑状态

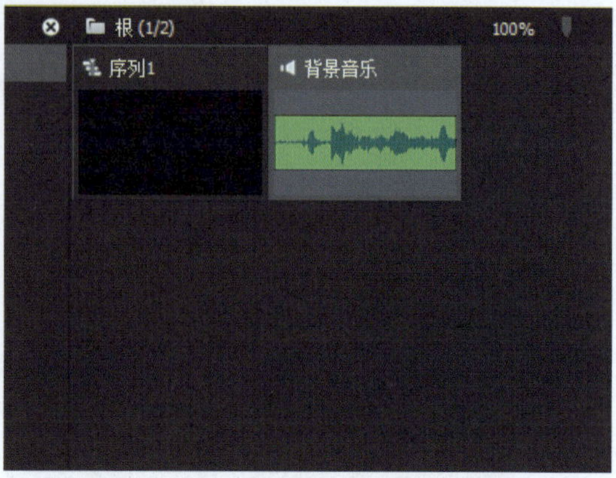

图 10-46　完成音频文件的重命名操作

10.3.2　删除素材库中的音频

在 EDIUS 的“素材库”面板中，如果某些音频素材不再需要使用时，此时可以将该音频素材删除。下面向读者介绍删除素材库中的音频素材的操作方法。

步骤 01　打开上一例中的效果文件，在“素材库”面板中，选择需要删除的音频素材，单击鼠标右键在弹出的快捷菜单中选择“删除”选项，如图 10-47 所示。

步骤 02　执行操作后，即可将音频素材从“素材库”面板中删除，如图 10-48 所示。

图 10-47　选择“删除”选项

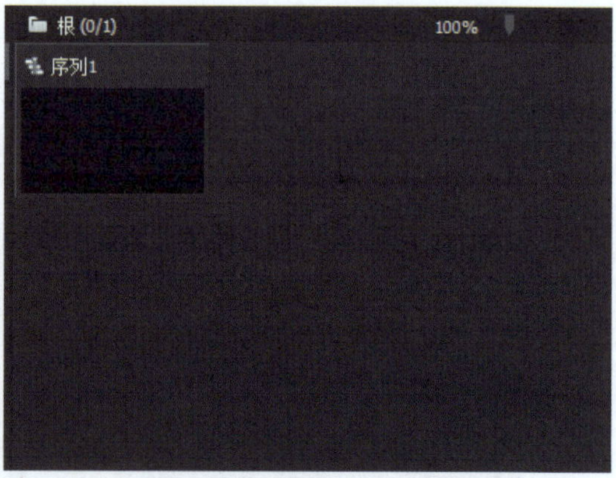

图 10-48　从“素材库”面板中删除

10.4　应用音频声音特效

在 EDIUS 9.0 中，为声音文件添加不同的特效，可以制作出优美动听的音乐效果。本节主要介绍制作音频声音特效的操作方法。

10.4.1　应用参数平衡器特效

在 EDIUS 9.0 中，参数平衡器特效可以提升或衰减不同频率的声音信号，以补偿声音中欠缺的频率成分和抑制过多的频率成分。下面介绍具体操作步骤。

步骤 01　打开一个工程文件（素材\第 10 章\满满的爱心.ezp），如图 10-49 所示。

步骤 02　在“音频滤镜”特效组中，选择“参数平衡器”特效，如图 10-50 所示。

图 10-49　打开一个工程文件

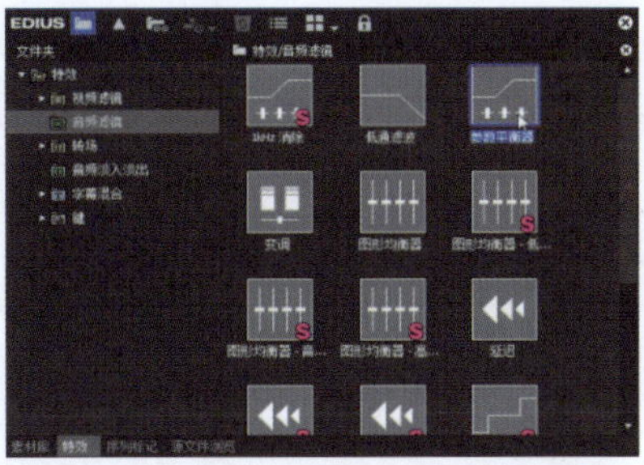

图 10-50　选择“参数平衡器”特效

步骤 03　在选择的特效上，按住鼠标左键并拖曳至轨道面板的声音文件上，如图 10-51 所示，为声音文件添加“参数平衡器”特效。

步骤 04　在“信息”面板中，选择添加的“参数平衡器”特效，如图 10-52 所示。

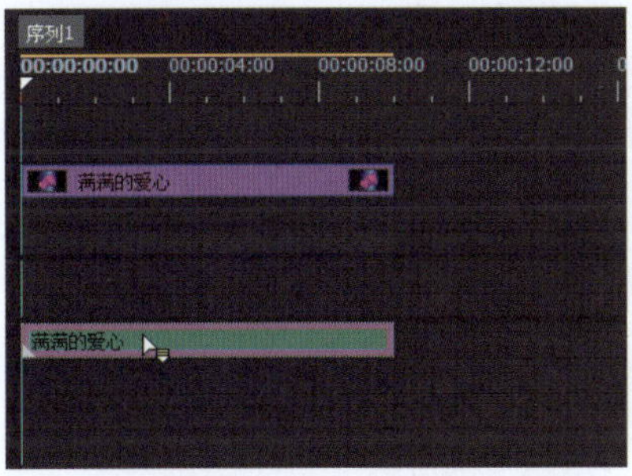

图 10-51　拖曳至声音文件上

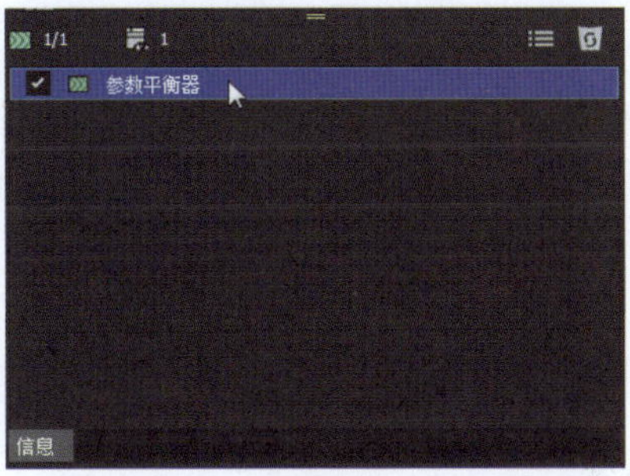

图 10-52　选择添加的声音特效

步骤 05　在选择的特效上双击，弹出“参数平衡器”对话框，在“波段 1（蓝）”选项区中，设置“频率”为 90 Hz，“增益”为-10.0 dB；在“波段 2（绿）”选项区中，设置“频率”为 970 Hz、“增益”为 10.0 dB；在“波段 3（红）”选项区中，设置“频率”为 7746 Hz，“增益”为-11.0 dB，如图 10-53 所示。单击“确定”按钮，返回 EDIUS 工作界面，单击录制窗口中的“播放”按钮，试听制作的声音特效。

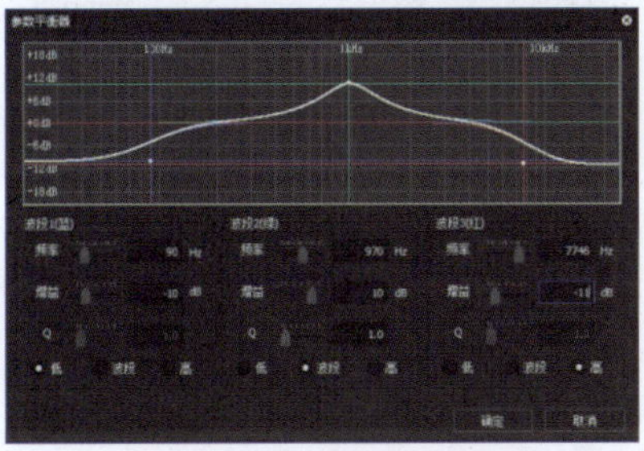

图 10-53　设置相应参数

10.4.2　应用图形均衡器特效

在 EDIUS 中，图形均衡器特效可以将整个音频频率范围分为若干个频段，然后对其中不同频率的声音信号进行不同的编辑操作。下面向读者介绍运用图形均衡器滤镜处理音频文件的操作方法。

步骤 01 打开一个工程文件（素材\第 10 章\卡通动画.ezp），如图 10-54 所示。

步骤 02 在“音频滤镜”特效组中，选择“图形均衡器”特效，如图 10-55 所示。

图 10-54　打开一个工程文件

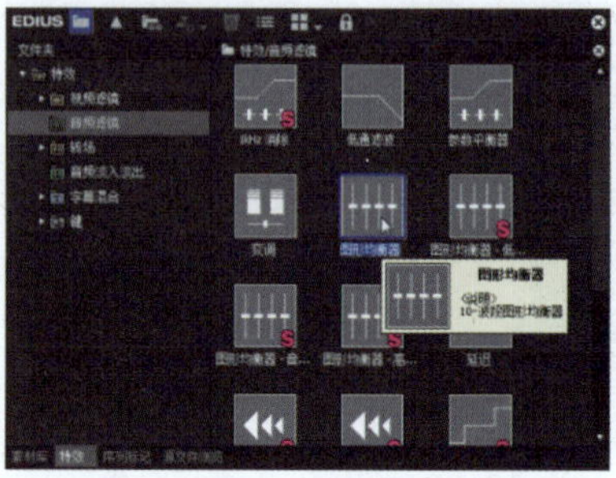

图 10-55　选择“图形均衡器”特效

步骤 03 将选择的特效拖曳至轨道面板的声音文件上，如图 10-56 所示。

步骤 04 在“信息”面板中，选择添加的“图形均衡器”特效，如图 10-57 所示。

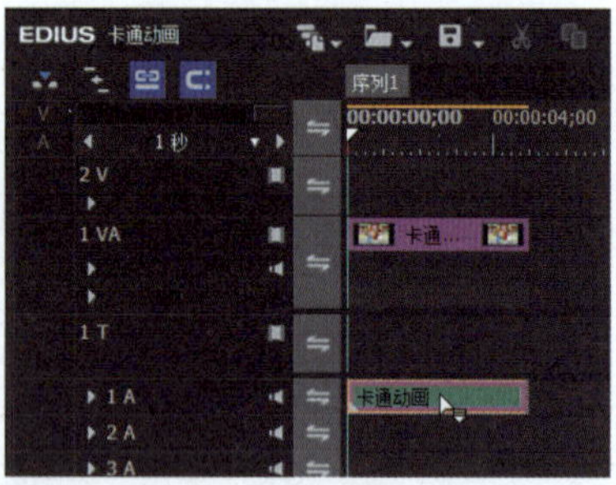

图 10-56　拖曳特效

图 10-57　选择添加的“图形均衡器”特效

步骤 05 在选择的特效上双击，弹出“图形均衡器”对话框，在其中拖曳各滑块或输入数值，调节各频段的参数，如图 10-58 所示。单击“确定”按钮，返回 EDIUS 工作界面，单击录制窗口中的“播放”按钮，试听制作的声音特效。

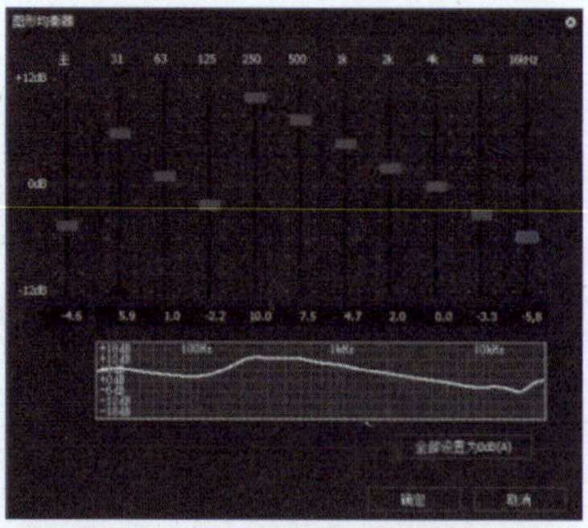

图 10-58　调节各频段的参数

10.4.3　应用音调控制器特效

在 EDIUS 中，音调控制器特效可以控制不同频段中的声音音调。下面向读者介绍运用音调控制器滤镜特效处理音频文件的操作方法。

步骤 01　打开一个工程文件(素材\第 10 章\卡通动画.ezp)，如图 10-59 所示。

步骤 02　在“音频滤镜”特效组中，选择“音调控制器”特效，如图 10-60 所示。

图 10-59　打开一个工程文件

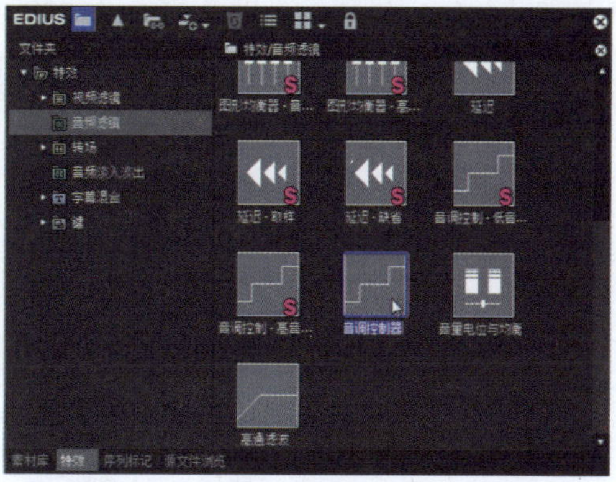

图 10-60　选择“音调控制器”特效

步骤 03　将选择的特效拖曳至时间线面板的声音文件上，如图 10-61 所示。

步骤 04　在“信息”面板中，选择并双击添加的“音调控制器”特效，弹出“音调控制器”对话框，在其中设置“低音”为 - 7.8 dB、“高音”为 8.9 dB，如图 10-62 所示，调整声音中低音与高音的音调增益属性。

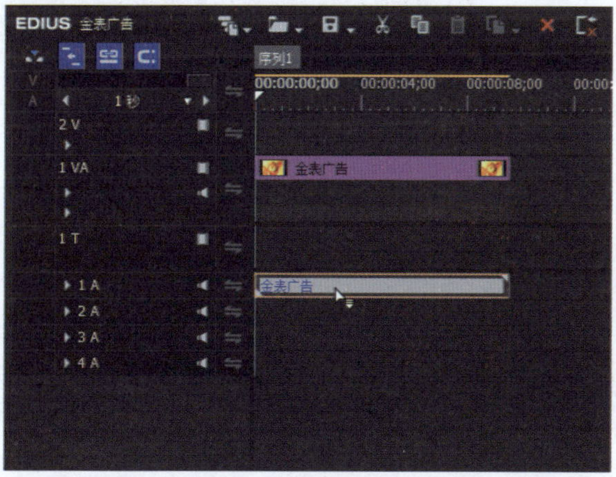

图 10-61　拖曳特效

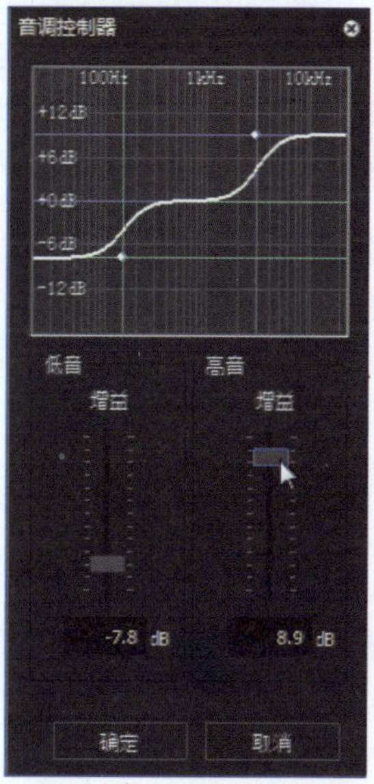

图 10-62　设置各参数

本章小结

优美动听的背景音乐和款款深情的配音不仅可以为影片起到锦上添花的作用，更能使影片颇有感染力，从而使影片更上一个台阶。本章主要介绍了如何使用 EDIUS 为影片添加背景音乐或者声音的操作方法，以及如何修剪音频文件和合理地调整各轨道中的音频音量、添加音频滤镜特效等，以便得到满意的效果。

通过本章的学习，可以使读者掌握和了解在影片中，音频的添加与混合效果的制作，从而为自己的影视作品做出完美的音乐声效。

课后习题

鉴于本章知识的重要性，为了帮助读者更好地掌握所学知识，本节将通过上机习题，帮助读者巩固和强化前面所学内容，再次提升读者的应用能力。

本习题需要掌握通过“延迟”音频滤镜，调节声音的延迟参数，效果如图 10-63 所示。

图 10-63　使用延迟音频滤镜

第 11 章　渲染与输出视频文件

通过 EDIUS 中提供的输出和渲染功能，用户可以将编辑完成的视频画面进行输出和渲染操作。本章主要向读者介绍输出和渲染视频文件的各种操作方法，主要包括输出视频文件、渲染视频文件等内容，希望读者可以熟练掌握本章内容，全面了解视频输出过程。

本章重点

- 渲染视频文件
- 输出视频文件

11.1 渲染视频文件

在 EDIUS 中，用户可以对整个轨道面板中的视频文件进行快速渲染操作。下面向读者介绍渲染全部视频的操作方法。

步骤 01 打开一个工程文件(素材\第 11 章\化妆品广告.ezp)，如图 11-1 所示。

步骤 02 在轨道面板上方，单击“渲染入/出点间”按钮右侧的下三角按钮，在弹出的列表框中选择“渲染全部”|“渲染满载区域”选项，如图 11-2 所示。

图 11-1 打开一个工程文件

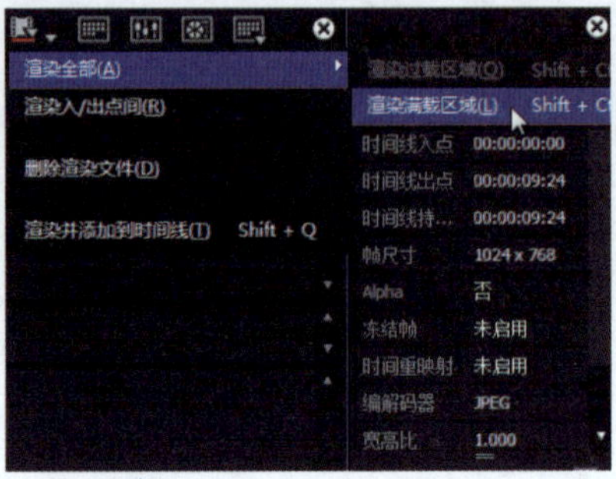

图 11-2 单击“渲染满载区域”选项

步骤 03 执行操作后，弹出“渲染-序列 1”对话框，即可对序列文件进行快速渲染操作，如图 11-3 所示，待渲染完成后即可。

图 11-3 对序列文件进行快速渲染操作

> **▶ 专家指点**
>
> 在 EDIUS 工作界面中，用户按【Shift + Ctrl + Alt + Q】组合键，也可以快速渲染序列文件中的全部视频。

11.2 输出视频文件

用户在创建并保存编辑完成的视频文件后，即可将其渲染并输出到计算机的硬盘中。本节主要向读者介绍输出视频文件的各种操作方法，主要包括输出 AVI 视频文件、输出 MPEG 视频文件以及输出入出点间的视频等内容。

11.2.1 输出 AVI 格式视频

AVI 主要应用在多媒体光盘上，用来保存电视、电影等各种影像信息，它的优点是兼容性好，图像质量好，只是输出的尺寸和容量有点偏大。下面向读者介绍输出 AVI 格式视频的操作方法。

步骤 01　打开一个工程文件（素材\第 11 章\湖边石雕.ezp），如图 11-4 所示。

步骤 02　在录制窗口下方，单击“输出”按钮，在弹出的列表框中选择“输出到文件”选项，弹出“输出到文件”对话框，在左侧窗口中选择 AVI 选项，如图 11-5 所示，是指输出的格式为 AVI 格式。

图 11-4　打开一个工程文件

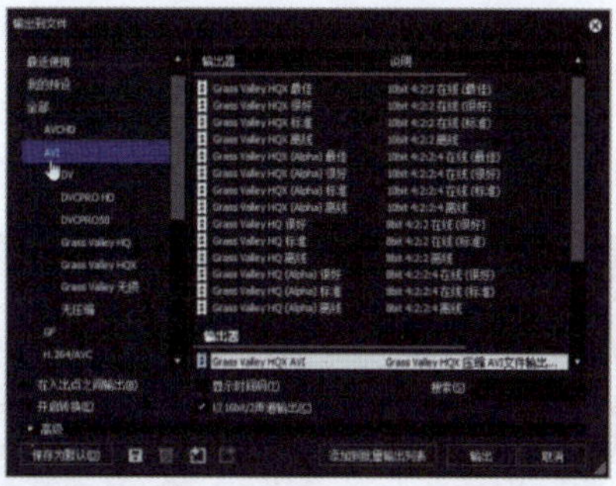

图 11-5　选择 AVI 选项

步骤 03　执行操作后，在右侧展开的选项区中选择“Grass Valley HQX（Alpha）标准”选项，如图 11-6 所示。

步骤 04　单击下方的“输出”按钮，弹出 Canopus HQX AVI 对话框，在其中设置“文件名”为“湖边石雕”，并设置视频的保存类型为 AVI，如图 11-7 所示。

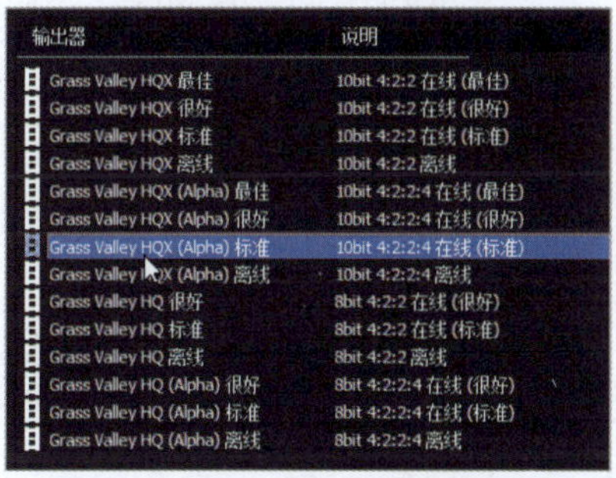

图 11-6　选择相应选项

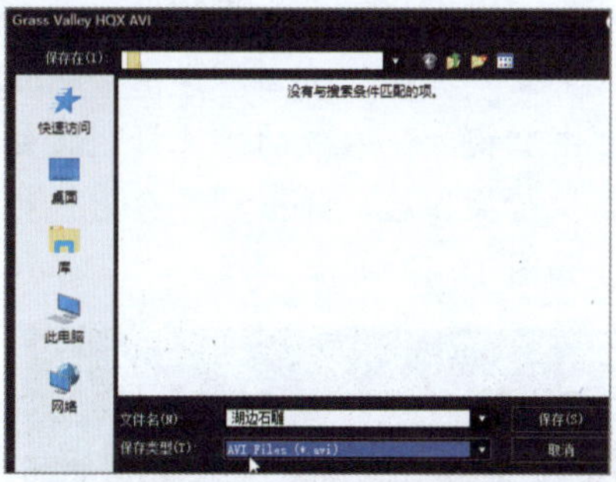

图 11-7　设置相应参数

步骤 05　单击“保存”按钮，执行操作后，弹出“渲染”对话框，开始输出 AVI 视频文件，并显示输出进度，如图 11-8 所示。

步骤 06　稍等片刻，待视频文件输出完成后，在“素材库”面板中，即可显示输出的 AVI 视频文件，如图 11-9 所示。

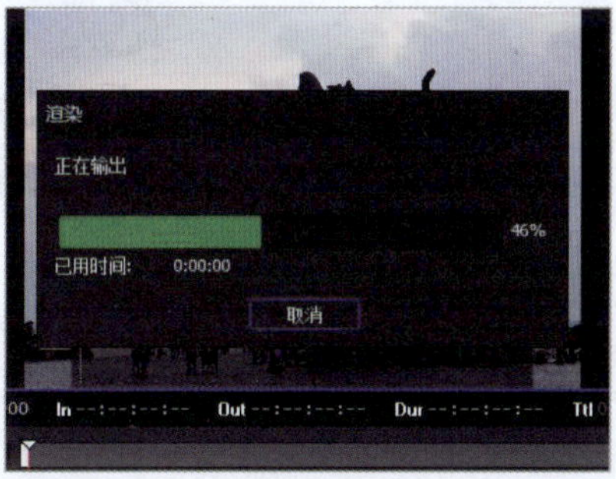

图 11-8　显示输出进度

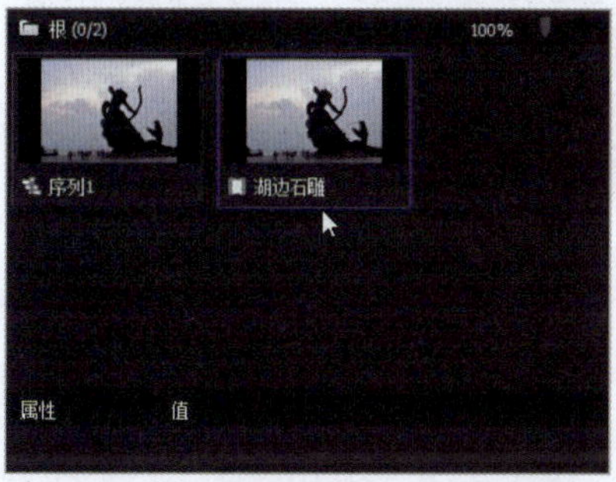

图 11-9　显示输出的 AVI 视频文件

11.2.2 输出 MPEG 格式视频

在 EDIUS 工作界面中，用户不仅可以输出 AVI 视频文件，还可以输出 MPEG 视频文件。下面向读者介绍输出 MPEG 格式视频的操作方法。

步骤 01 打开一个工程文件（素材\第 11 章\手表广告.ezp），如图 11-10 所示。

步骤 02 在录制窗口下方，单击“输出”按钮，在弹出的列表框中选择“输出到文件”选项，弹出“输出到文件”对话框，在左侧窗口中选择 MPEG 选项，如图 11-11 所示，是指输出的格式为 MPEG2 基本流格式。

图 11-10 打开一个工程文件

图 11-11 选择 MPEG 选项

步骤 03 单击“输出”按钮，弹出“MPEG2 基本流”对话框，在“目标”选项区中，单击“视频”右侧的“选择”按钮，如图 11-12 所示。

步骤 04 执行操作后，弹出“另存为”对话框，在其中设置文件的保存名称和保存类型，如图 11-13 所示。

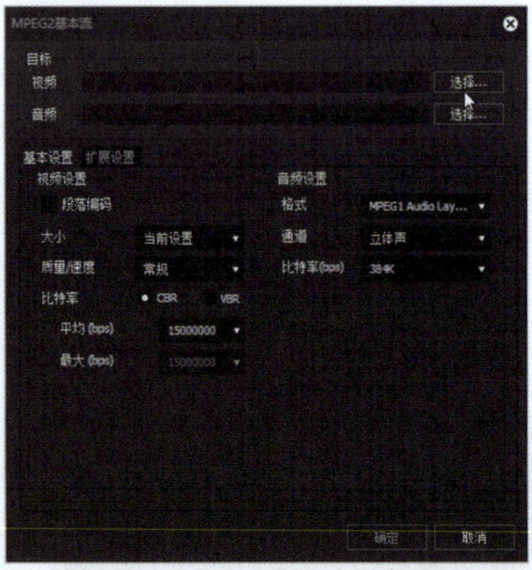

图 11-12 单击相应按钮

图 11-13 设置文件的保存名称和保存类型

步骤 05 单击“保存”按钮，返回“MPEG2 基本流”对话框，在“视频”右侧的文本框中，显示了视频文件的输出路径，单击“音频”右侧的“选择”按钮，弹出“另存为”对话框，在其中设置音频文件的保存名称与保存类型，如图 11-14 所示。

步骤 06　单击“保存”按钮，再次返回“MPEG2 基本流”对话框，在“音频”右侧的文本框中，也显示了音频文件的输出路径，如图 11-15 所示。

图 11-14　设置音频文件的相关设置

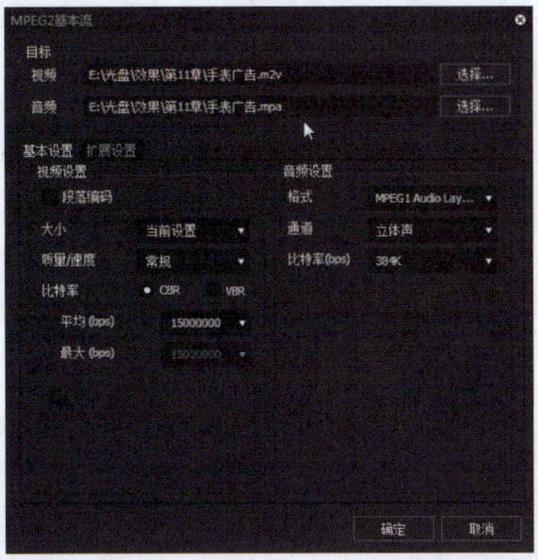

图 11-15　显示音频文件的输出路径

步骤 07　设置完成后，单击“确定”按钮，弹出“渲染”对话框；显示了视频文件的输出进度，如图 11-16 所示。

步骤 08　稍等片刻，待视频文件输出完成后，在“素材库”面板中，即可显示输出的视频文件与音频文件，如图 11-17 所示。

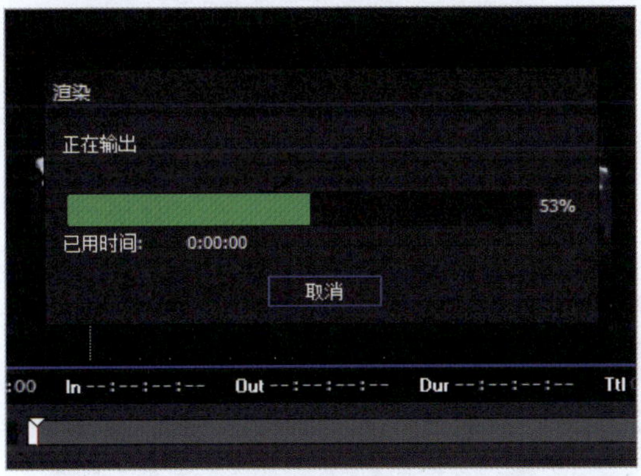

图 11-16　显示了视频文件的输出进度

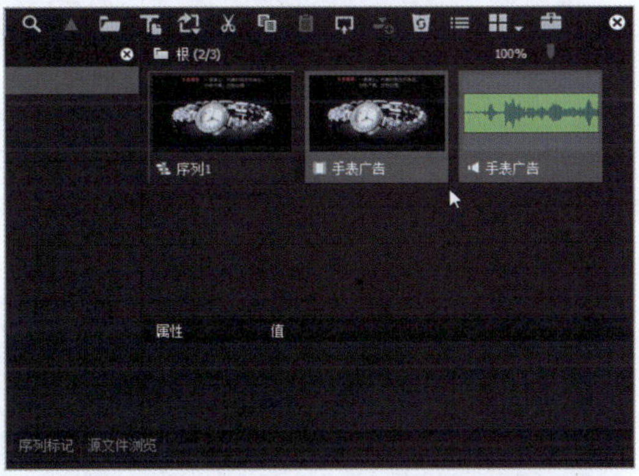

图 11-17　显示输出的视频文件与音频文件

11.2.3　输出部分片段视频

在 EDIUS 工作界面中，用户不仅可以输出不同格式的视频文件，还可以针对工程文件中入点与出点部分的视频区间进行单独输出。下面向读者介绍输出部分片段视频的操作方法。

步骤 01　打开一个工程文件（素材\第 11 章\室内广告.ezp），如图 11-18 所示。

步骤 02　在轨道面板中的视频文件上，创建入点与出点标记，如图 11-19 所示。

步骤 03　按【F11】键，弹出“输出到文件”对话框，在左侧窗口中选择相应选项，在下方选中“在入出点之间输出”复选框，单击“输出”按钮，如图 11-20 所示。

步骤 04　弹出对话框，在其中设置视频保存的文件名与保存类型，如图 11-21 所示。

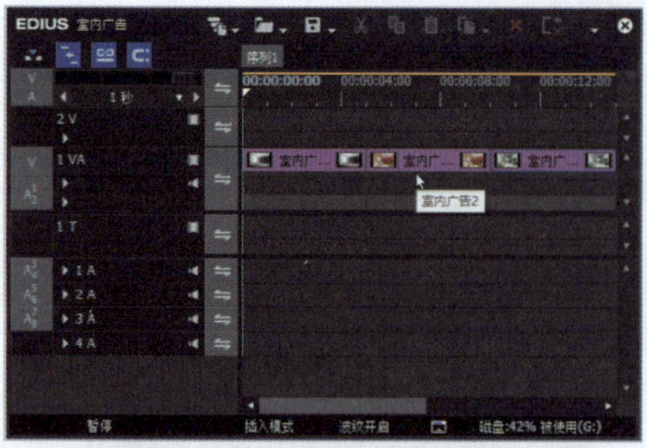

图 11-18 打开一个工程文件

图 11-19 创建入点与出点标记

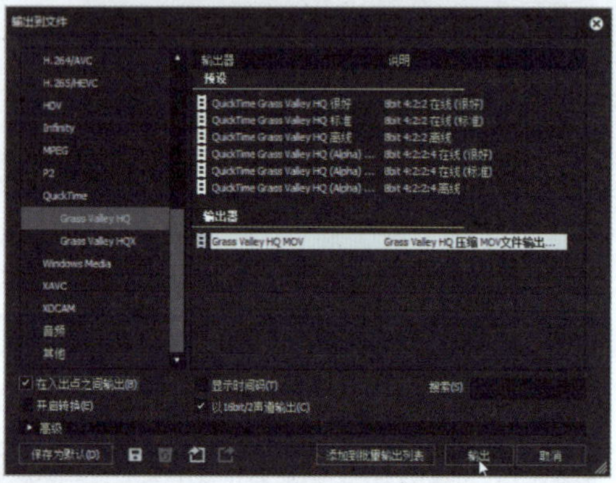

图 11-20 单击“输出”按钮

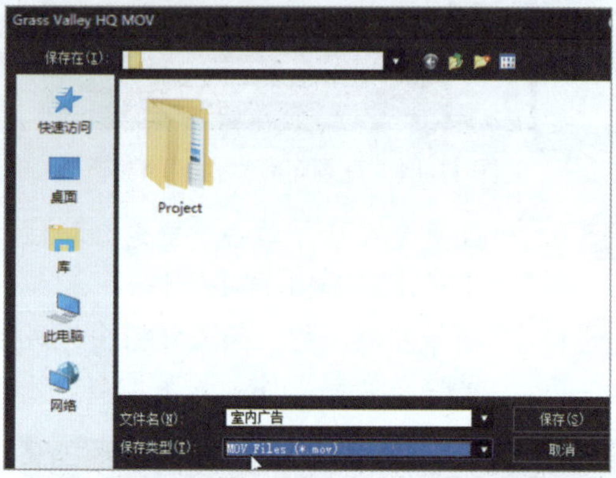

图 11-21 设置视频保存的文件名

步骤 05 单击“保存”按钮，弹出“渲染”对话框，渲染视频，如图 11-22 所示。

步骤 06 稍等片刻，待视频文件输出完成后，在“素材库”面板中，即可显示输出的入点与出点间的视频文件，如图 11-23 所示。

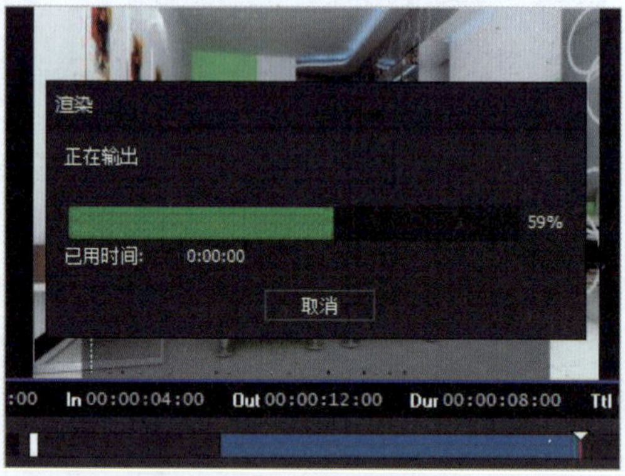

图 11-22 渲染视频

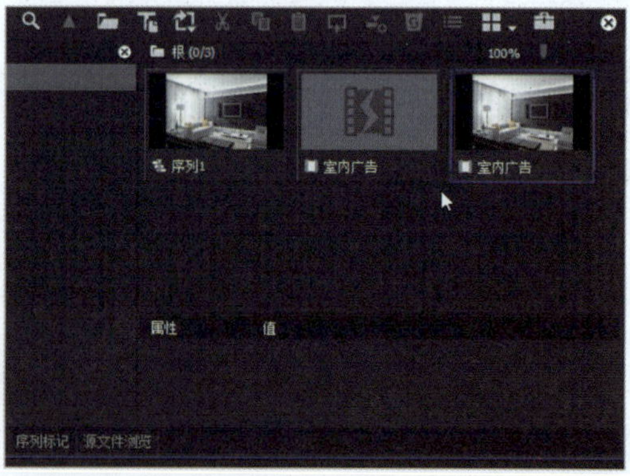

图 11-23 显示输出的入点与出点间的视频文件

11.2.4 批量输出视频文件

在 EDIUS 9.0 中，用户不仅可以单独输出视频，还可以批量输出多段不同区间内的视频文件。下面向读者介绍批量输出视频文件的操作方法。

步骤 01　打开一个工程文件（素材\第 11 章\珠宝广告.ezp），如图 11-24 所示。

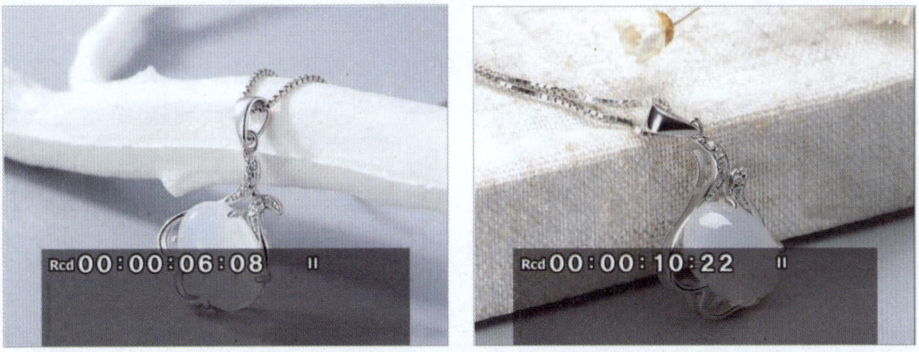

图 11-24　打开一个工程文件

步骤 02　在录制窗口下方，单击“输出”按钮，在弹出的列表框中选择“批量输出”选项，弹出“批量输出”对话框，单击上方的“添加到批量输出列表（渲染格式）”按钮，即可添加一个序列文件，如图 11-25 所示。

步骤 03　在“序列 1”文件的“入点”与“出点”时间码上，上下滚动鼠标，设置视频入点与出点的时间，如图 11-26 所示。

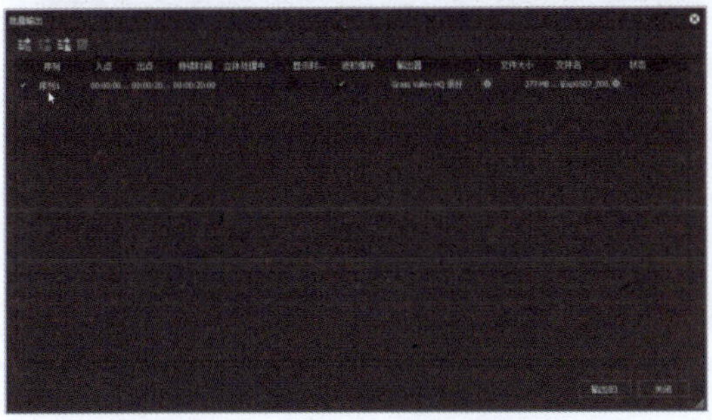

图 11-25　添加一个序列文件

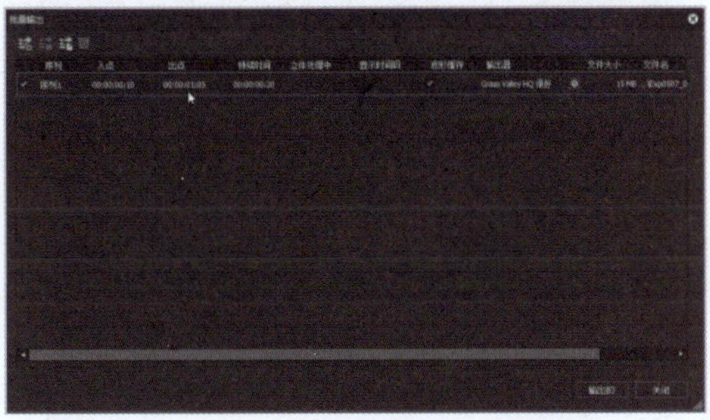

图 11-26　设置视频入点与出点的时间

步骤 04　用与上同样的方法，再次创建两个不同的视频区间序列，如图 11-27 所示。

步骤 05　创建完成后，单击“输出”按钮，即可开始批量输出视频区间，稍等片刻，待视频输出完成后，单击“关闭”按钮，退出“批量输出”对话框，在“素材库”面板中，显示了已批量输出的 3 个不同区间的视频片段，如图 11-28 所示。

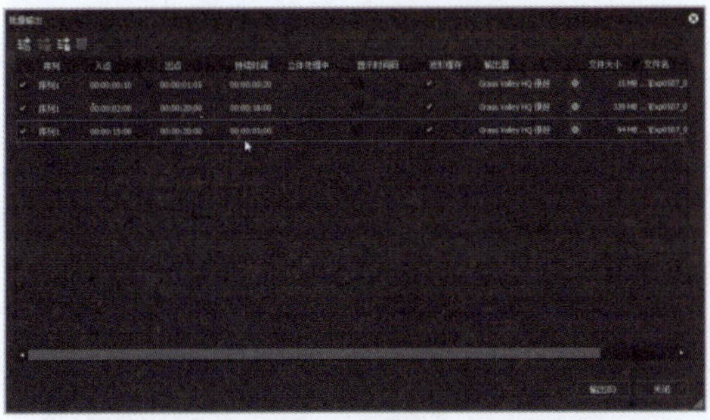

图 11-27　创建两个不同的视频区间序列

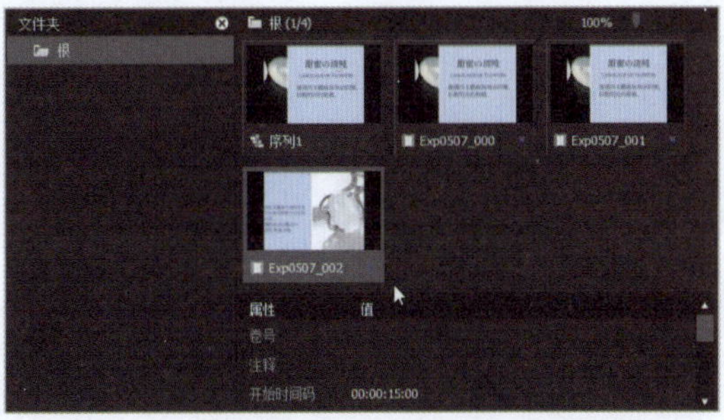

图 11-28　批量输出的 3 个不同区间的视频片段

本章小结

本章向读者详细介绍了输出与渲染视频文件的各种操作方法，以满足观赏者的需要。通过本章的学习，相信读者对影片的渲染输出有了一定的了解，并且能够熟练地将制作的工程文件成功输出。

课后习题

鉴于本章知识的重要性，为了帮助读者更好地掌握所学知识，本节将通过上机习题，帮助读者巩固和强化前面所学内容，再次提升读者的应用能力。

本习题需要掌握通过“渲染入/出点间”命令，快速渲染视频文件，效果如图 11-29 所示。

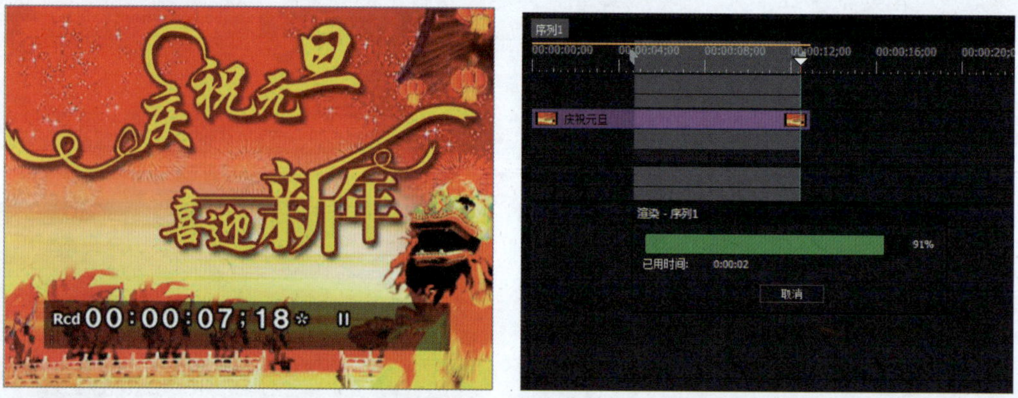

图 11-29 渲染入点与出点间的视频文件

第 12 章　制作完整影视视频综合案例

12

本章将重点介绍 3 个不同行业的专题案例，为大家讲解如何运用前面章节中所学知识，使用 EDIUS 9.0 中的字幕、转场、滤镜等特效及功能，制作一段完整的视频文件，希望用户学完本章，可以举一反三，制作更加精彩的视频。

本章重点

- 手表广告：制作《珍爱一生》
- 节目片头：制作《影视频道》
- 婚纱视频：制作《执子之手》

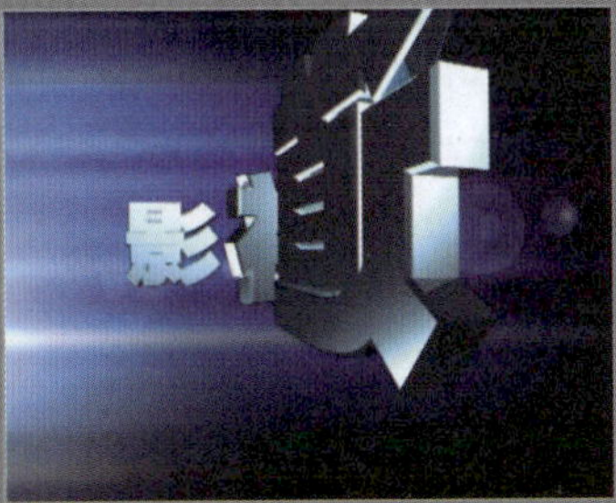

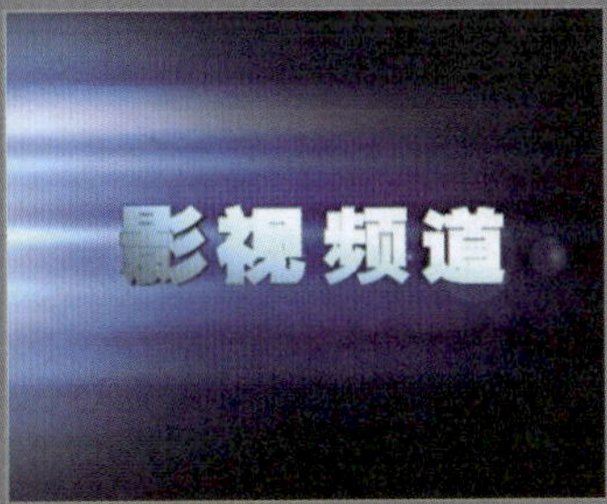

12.1　手表广告：制作《珍爱一生》

影视中的字幕特效是一种专门为了服务特定议题的信息表现手法，常用于电影海报、节目片头以及电视广告中，宣传类字幕特效的作用是促进观众对影视节目的吸引力，用来吸引观众的眼球。

在制作手表广告之前，首先带领读者预览《珍爱一生》手表广告视频的画面效果，如图 12-1 所示，并掌握项目技术提炼等内容，这样可以帮助读者理清手表广告的制作思路。

图 12-1　《珍爱一生》效果欣赏

12.1.1　导入手表广告素材

在制作手表广告之前，首先需要将手表广告素材导入至 EDIUS 工作界面中。下面向读者介绍导入手表广告素材的操作方法。

步骤 01 新建一个工程文件，在“素材库”面板中的空白位置上，单击鼠标右键，在弹出的快捷菜单中，选择“添加文件”选项，如图 12-2 所示。

步骤 02 执行相应操作后，在“素材库”面板中，导入相应的手表广告背景素材（素材\第 12 章\1、珍爱一生文件夹），如图 12-3 所示。

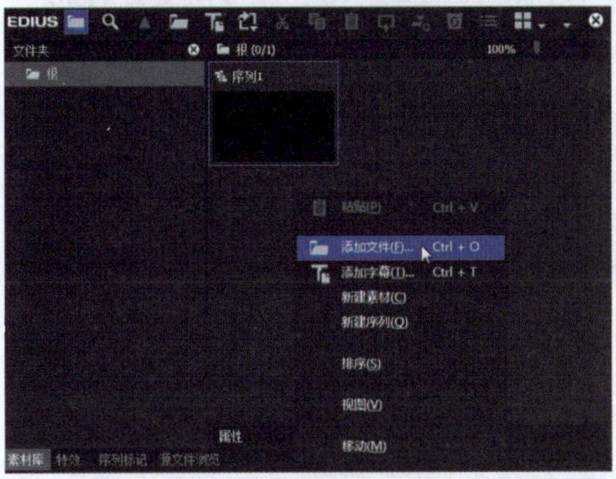

图 12-2　选择“添加文件”选项

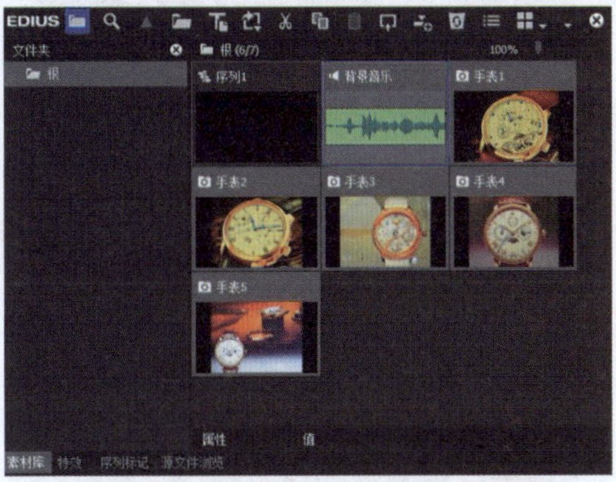

图 12-3　导入相应的手表广告背景素材

12.1.2　制作静态画面效果

将背景素材导入到“素材库”面板后，接下来在轨道面板中制作视频的背景画面效果。下面向读者介绍制作静态画面效果的方法。

步骤 01 将时间线移至视频轨中的 00:00:02:20 位置处，如图 12-4 所示。

步骤 02 在“素材库”面板中，选择“手表 1”素材单击鼠标左键并拖曳至视频轨中的 00:00:02:20 位置处，即可将“手表 1”素材添加至视频轨中，如图 12-5 所示。

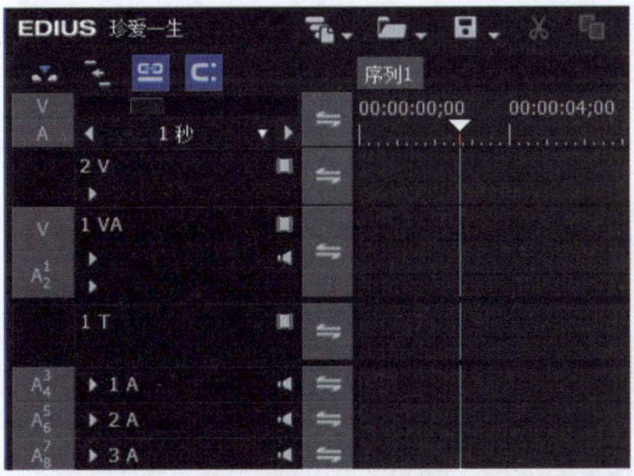

图 12-4　将时间线移至视频轨中的相应位置

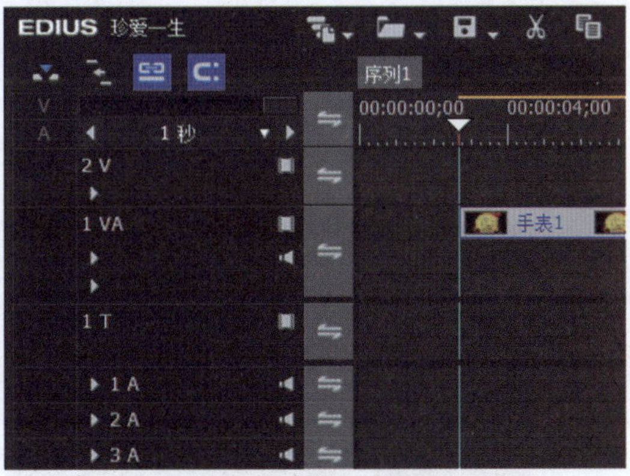

图 12-5　将相应素材添加至视频轨中

步骤 03 在“素材库”面板中，选择“手表 2”素材，按住鼠标左键并拖曳至视频轨中“手表 1”素材的结尾处，释放鼠标左键，在视频轨中添加“手表 2”素材，如图 12-6 所示。

步骤 04 用同样的方法依次将“素材库”面板中的“手表 3、手表 4、手表 5”素材拖曳至视频轨中，在视频轨中添加“手表 3、手表 4、手表 5”素材，如图 12-7 所示。

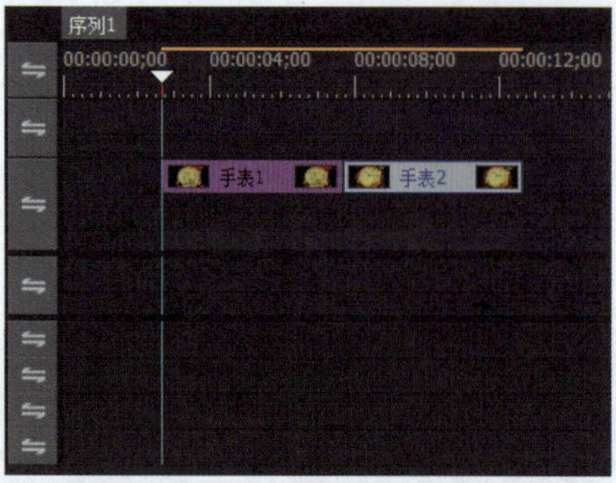

图 12-6　将相应素材添加至视频轨中

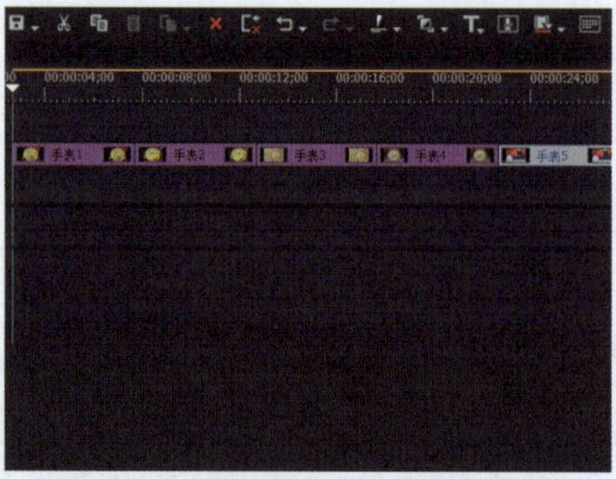

图 12-7　将相应素材添加至视频轨中

步骤 05 在视频轨中选择“手表 1”素材文件，单击鼠标右键弹出快捷菜单，选择“布局”选项，弹出“视频布局”对话框，单击上方的“2D 模式”按钮，如图 12-8 所示。

步骤 06 进入“2D 模式”编辑界面，在界面左下角选中“可见度和颜色”复选框，单击右侧的“添加/删除关键帧”按钮，即可添加 1 个关键帧，如图 12-9 所示。

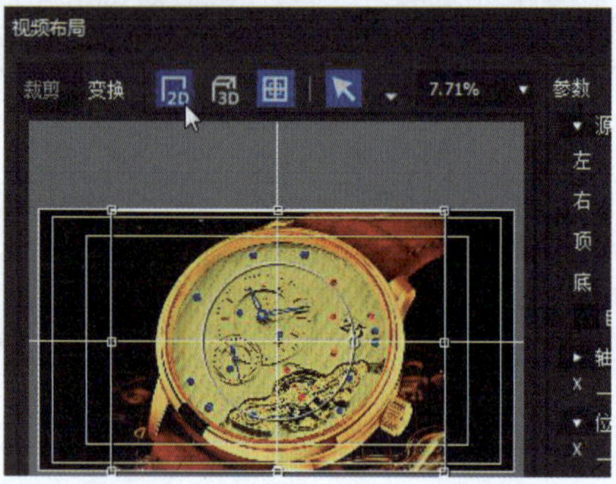

图 12-8　单击上方的“2D 模式”按钮

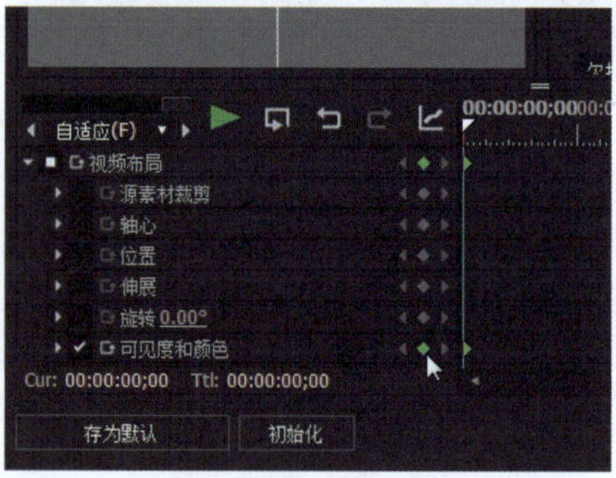

图 12-9　添加 1 个关键帧

步骤 07 在“参数”面板的“可见度和颜色”选项区中，设置“源素材”为 0%、“背景”为 0%，如图 12-10 所示。

步骤 08 在控制面板中，将时间线移至 00:00:04:00 的位置处，在“参数”面板的“可见度和颜色”选项区中，设置“源素材”为 100%、“背景”为 2.0%，如图 12-11 所示。

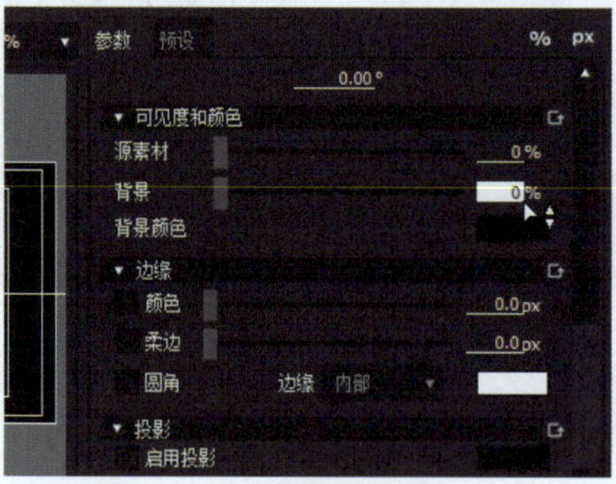

图 12-10　设置相应参数

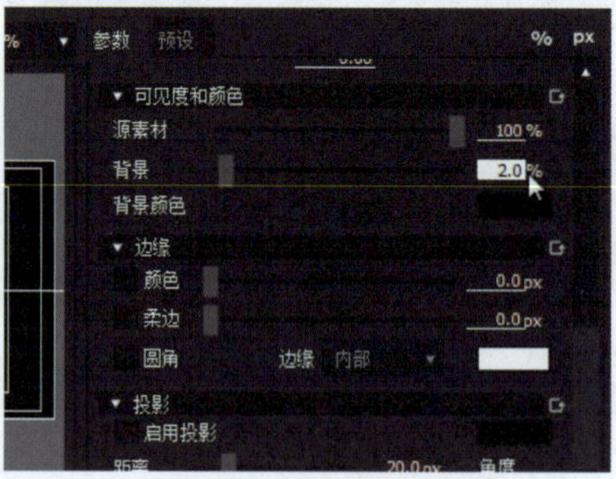

图 12-11　设置相应参数

步骤 09　即可在效果控制面板中的时间线位置，自动添加第 2 个关键帧，单击“确定”按钮，返回 EDIUS 工作界面，在视频轨中选择“手表 2”素材文件，用与上同样的方法，弹出“视频布局”对话框，进入“2D 模式”编辑界面，在效果控制面板中，将时间线移至 00:00:01:00 的位置处，在界面左下角选中“可见度和颜色”复选框，单击右侧的“添加/删除关键帧”按钮，即可添加 1 个关键帧，如图 12-12 所示。

步骤 10　在“参数”面板的“可见度和颜色”选项区中设置“源素材”为 0%、“背景”为 0%，如图 12-13 所示。

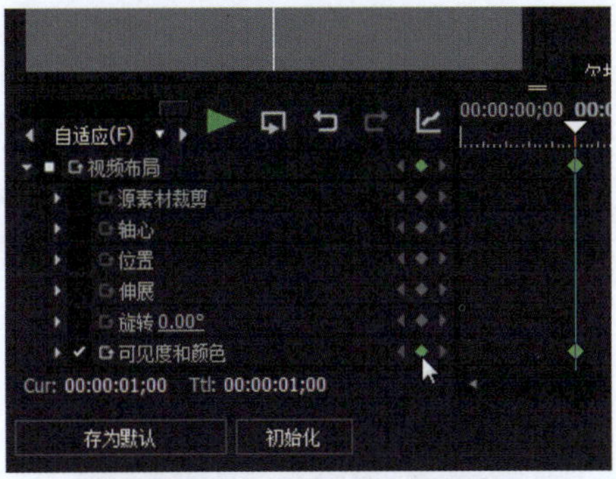

图 12-12　添加 1 个关键帧

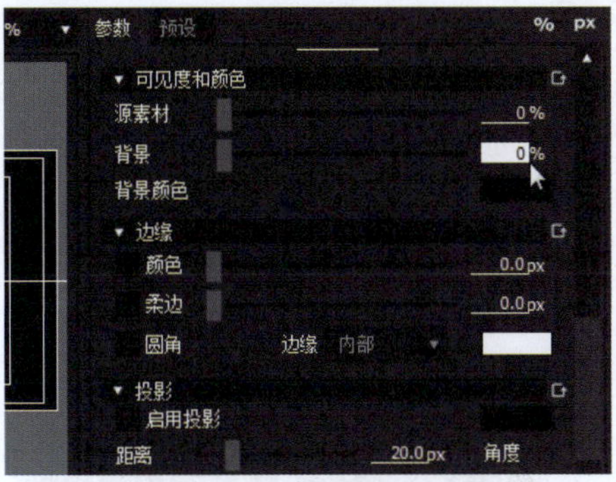

图 12-13　设置相应参数

步骤 11　在效果控制面板中，将时间线移至 00:00:03:00 的位置处，在“参数”面板的“可见度和颜色”选项区中设置“源素材”为 100%、“背景”为 0%，如图 12-14 所示。

步骤 12　即可在效果控制面板中的时间线位置，自动添加第 2 个关键帧，单击“确定”按钮，返回 EDIUS 工作界面，在视频轨中选择“手表 3”素材文件，用与上同样的方法，弹出“视频布局”对话框，进入“2D 模式”编辑界面，在效果控制面板中，将时间线移至 00:00:00:12 的位置处，在界面左下角选中“可见度和颜色”复选框，单击右侧的“添加/删除关键帧”按钮，即可添加 1 个关键帧，如图 12-15 所示。

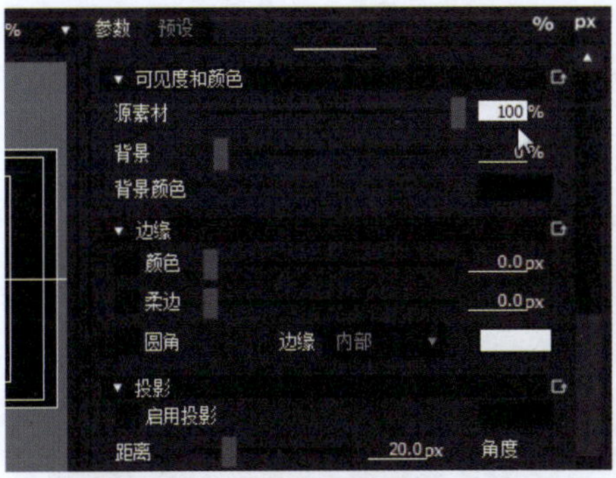

图 12-14　设置相应参数

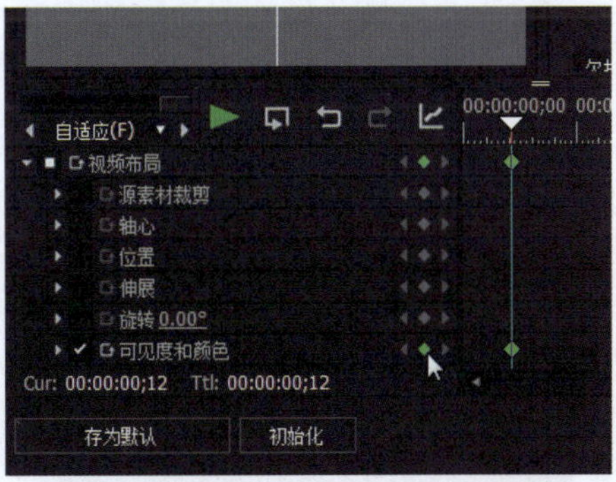

图 12-15　添加 1 个关键帧

步骤 13　在“参数”面板的“可见度和颜色”选项区中设置“源素材”为 0%、“背景”为 0%，如图 12-16 所示。

步骤 14　在效果控制面板中，将时间线移至 00:00:01:22 的位置处，在“参数”面板的“可见度和颜色”选项区中设置“源素材”为 53.8%，如图 12-17 所示。

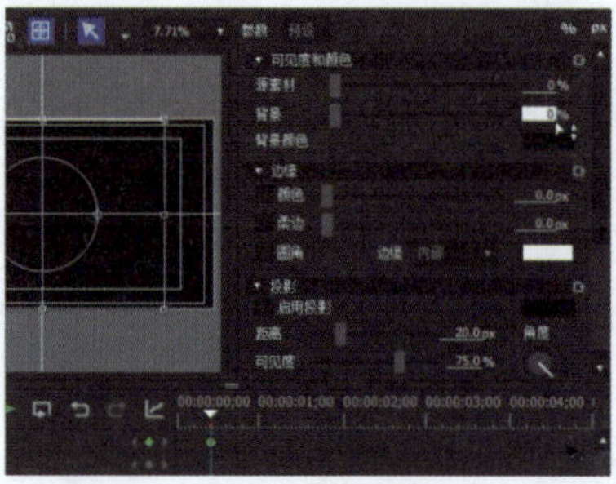

图 12-16　设置相应参数

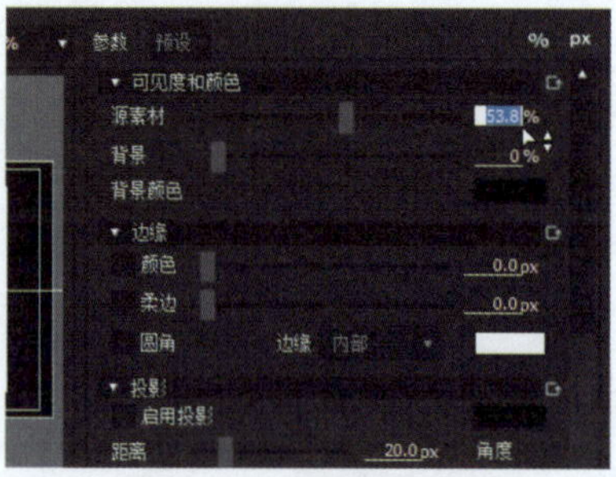

图 12-17　设置相应参数

步骤 15　即可在效果控制面板中的时间线位置，自动添加第 2 个关键帧，在效果控制面板中，将时间线移至 00:00:02:22 的位置处，在“参数”面板的在“可见度和颜色”选项区中设置“源素材”为 83.3%，如图 12-18 所示。

步骤 16　即可在效果控制面板中的时间线位置，自动添加第 3 个关键帧，在效果控制面板中，将时间线移至 00:00:04:12 的位置处，在“参数”面板的“可见度和颜色”选项区中设置“源素材”为 100%，如图 12-19 所示。

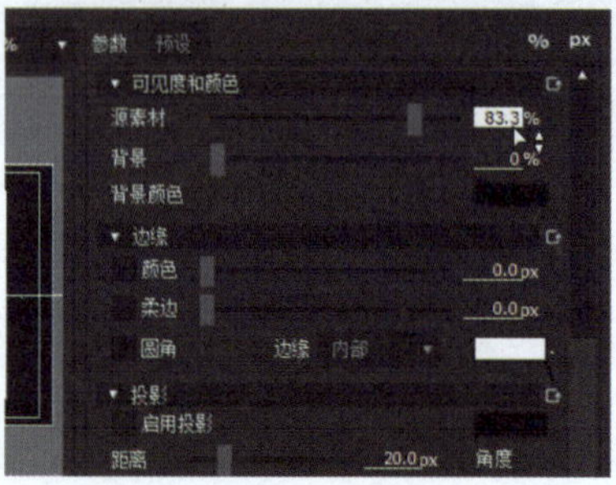

图 12-18　设置相应参数

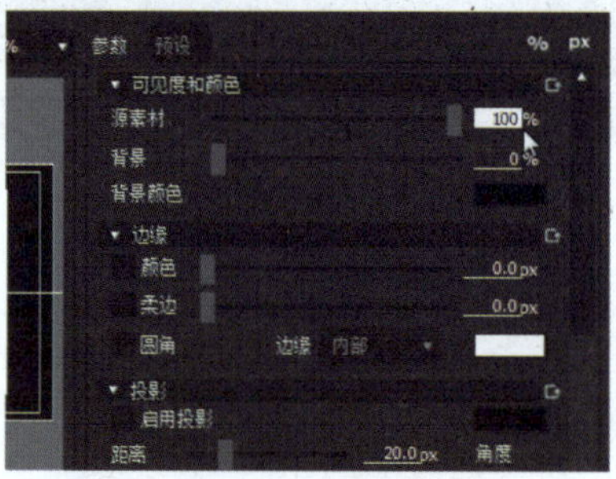

图 12-19　设置相应参数

步骤 17　即可在效果控制面板中的时间线位置，自动添加第 4 个关键帧，单击“确定”按钮，返回 EDIUS 工作界面，在视频轨中选择“手表 4”素材文件，用与上同样的方法，弹出“视频布局”对话框，进入“2D 模式”编辑界面，在效果控制面板中，将时间线移至 00:00:00:12 的位置处，在界面左下角选中“可见度和颜色”复选框，单击右侧的“添加/删除关键帧”按钮，即可添加 1 个关键帧，如图 12-20 所示。

步骤 18　在“参数”面板的“可见度和颜色”选项区中设置“源素材”为 0%、“背景”为 0%，如图 12-21 所示。

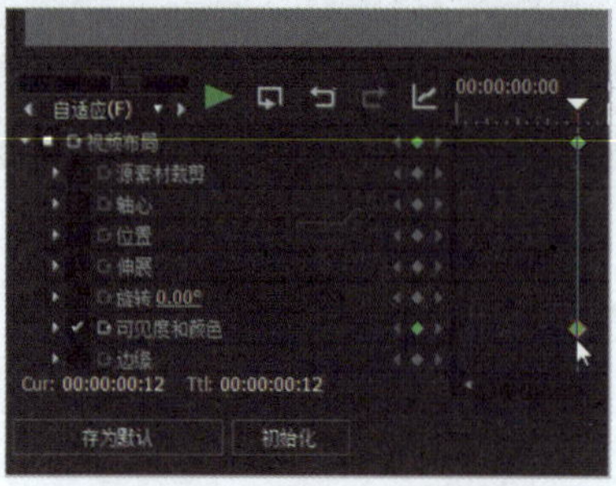

图 12-20　添加 1 个关键帧

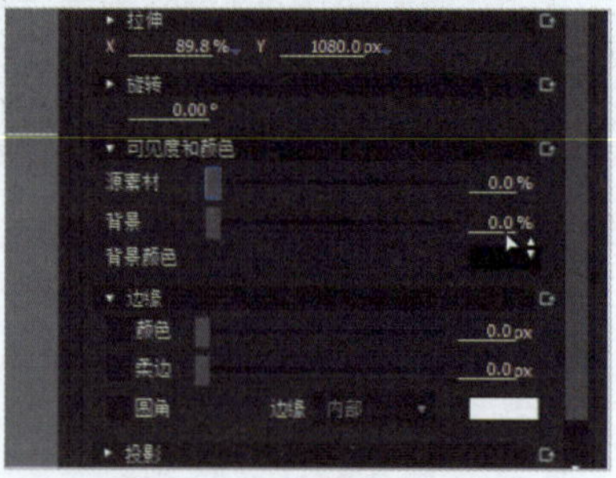

图 12-21　设置相应参数

步骤 19 在效果控制面板中，将时间线移至 00:00:04:12 的位置处，在“参数”面板的“可见度和颜色”选项区中设置“源素材”为 100%，如图 12-22 所示。

步骤 20 即可在效果控制面板中的时间线位置，自动添加第 2 个关键帧，单击“确定”按钮，返回 EDIUS 工作界面，在视频轨中选择“手表 5”素材文件，用与上同样的方法，弹出“视频布局”对话框，进入“2D 模式”编辑界面，在效果控制面板中，将时间线移至 00:00:00:12 的位置处，在界面左下角选中“可见度和颜色”复选框，单击右侧的“添加/删除关键帧”按钮，即可添加 1 个关键帧，如图 12-23 所示。

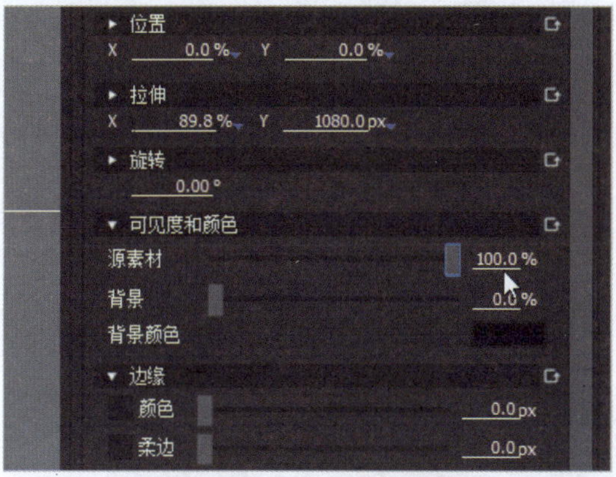

图 12-22　设置相应参数

图 12-23　添加 1 个关键帧

步骤 21 在“参数”面板的“可见度和颜色”选项区中设置“源素材”为 0%、“背景”为 0%，如图 12-24 所示。

步骤 22 在效果控制面板中，将时间线移至 00:00:02:12 的位置处，在“参数”面板的“可见度和颜色”选项区中设置“源素材”为 100%，如图 12-25 所示。

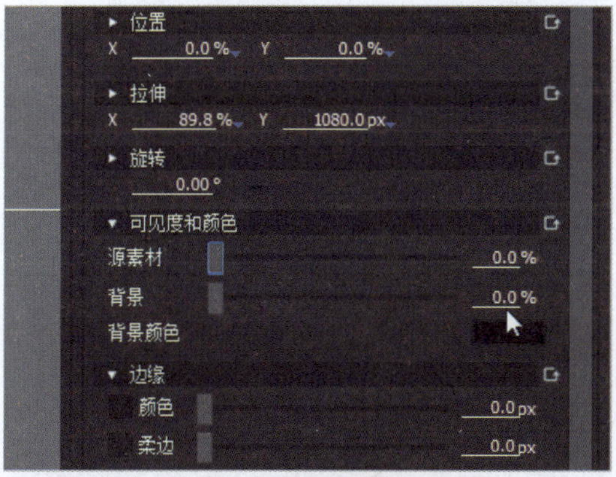

图 12-24　设置相应参数

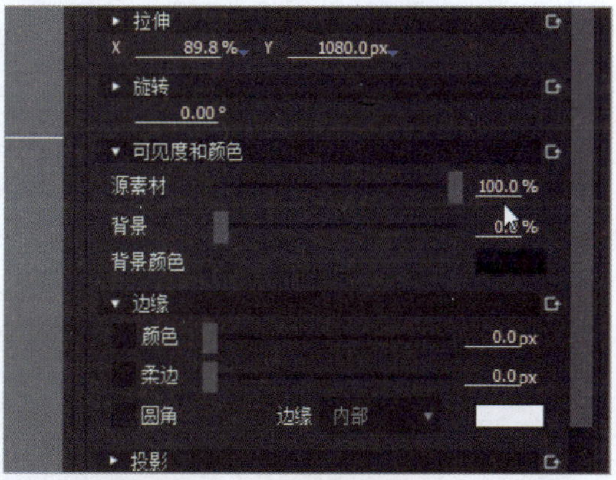

图 12-25　设置相应参数

步骤 23 即可在效果控制面板中的时间线位置，自动添加第 2 个关键帧，将时间线移至 00:00:03:12 的位置处，在“参数”面板的“可见度和颜色”选项区中设置“源素材”为 50%，如图 12-26 所示。

步骤 24 即可在效果控制面板中的时间线位置，自动添加第 3 个关键帧，将时间线移至 00:00:04:22 的位置处，在“参数”面板的“可见度和颜色”选项区中设置“源素材”为 9.6%，如图 12-27 所示。

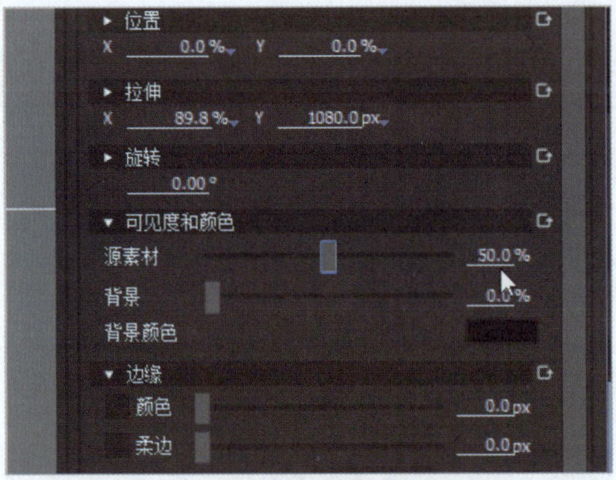

图 12-26 设置相应参数

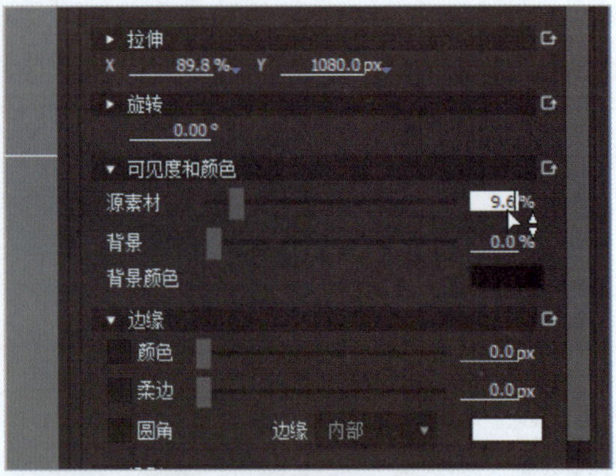

图 12-27 设置相应参数

步骤 25 即可在效果控制面板中的时间线位置，自动添加第 4 个关键帧，将时间线移至 00:00:05:00 的位置处，在“参数”面板的“可见度和颜色”选项区中设置“源素材”为 0%，即可在效果控制面板中的时间线位置，自动添加第 5 个关键帧，如图 12-28 所示。

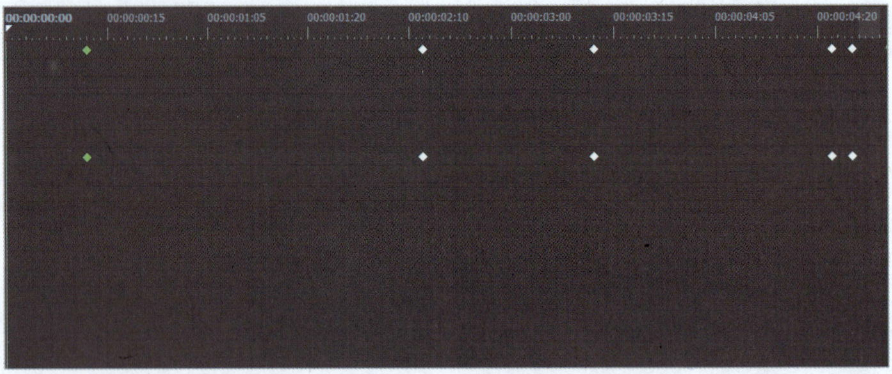

图 12-28 自动添加第 5 个关键帧

步骤 26 单击“确定”按钮，返回 EDIUS 工作界面，单击“播放”按钮，预览制作的视频效果，如图 12-29 所示。

图 12-29　预览制作的视频效果

12.1.3　制作画面转场效果

在制作视频的过程中运用视频转场是现在很普遍的事情。下面介绍制作画面转场效果的操作方法。

步骤 01　展开特效面板，在特效面板的 3D 素材库中，选择“卷页飞出”转场效果，单击鼠标左键并拖曳至视频轨中“手表 1”与“手表 2”之间，释放鼠标左键，即可在“手表 1”与“手表 2”素材之间添加“卷页飞出”转场效果，如图 12-30 所示。

步骤 02　在特效面板的 3D 素材库中，选择“双门”转场效果，单击鼠标左键并拖曳至视频轨中“手表 2”与“手表 3”之间，展开“信息”面板可以查看到添加的“双门”转场效果，如图 12-31 所示。

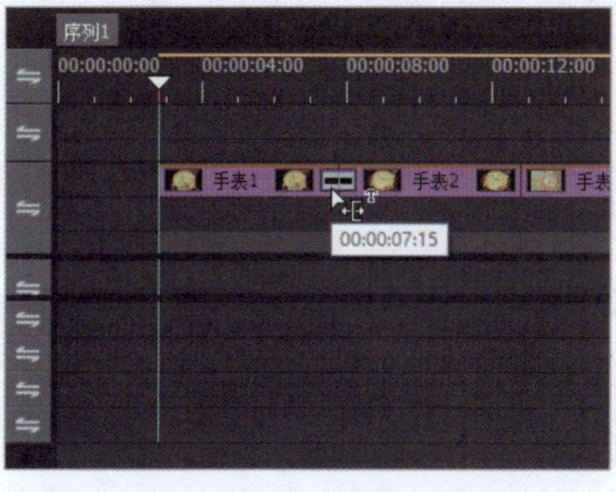

图 12-30　添加“卷页飞出”转场效果

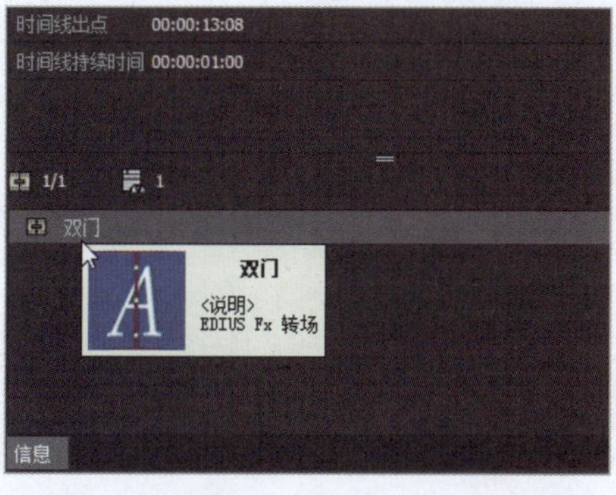

图 12-31　查看添加的“双门”转场效果

步骤 03 在特效面板的 3D 素材库中，选择“双页”转场效果，单击鼠标左键并拖曳至视频轨中“手表 3”与“手表 4”之间，展开“信息”面板可以查看到添加的“双页”转场效果，如图 12-32 所示。

步骤 04 在特效面板的 3D 素材库中，选择“飞出”转场效果，单击鼠标左键并拖曳至视频轨中“手表 4”与“手表 5”之间，展开“信息”面板可以查看到添加的“飞出”转场效果，如图 12-33 所示。

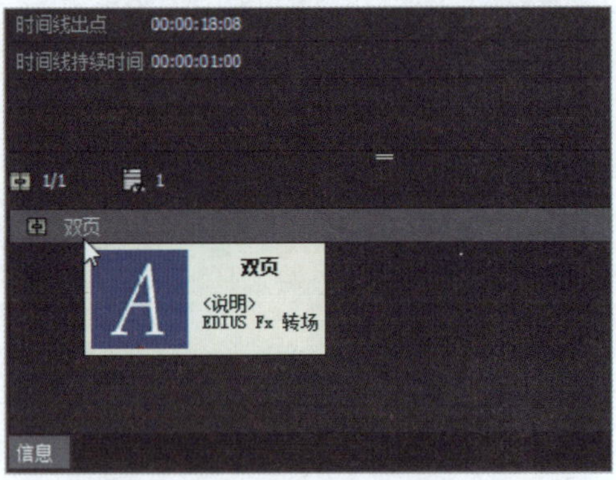

图 12-32 查看到添加的“双页”转场效果

图 12-33 查看到添加的“飞出”转场效果

步骤 05 将时间线移至 00:00:02:20 位置，单击录制窗口下方的“播放”按钮，预览各手表素材之间的转场特效，如图 12-34 所示。

图 12-34 预览各手表素材之间的转场特效

12.1.4　制作静态字幕效果

运用横向或纵向文本工具，可以在字幕窗口中创建横向或纵向文本内容。下面介绍制作静态字幕效果的操作方法。

步骤 01　在“素材库”面板中的空白位置上，单击鼠标右键，在弹出的快捷菜单中选择“添加字幕”选项，如图 12-35 所示。

步骤 02　打开字幕窗口，在左侧工具箱中，选取横向文本工具，如图 12-36 所示。

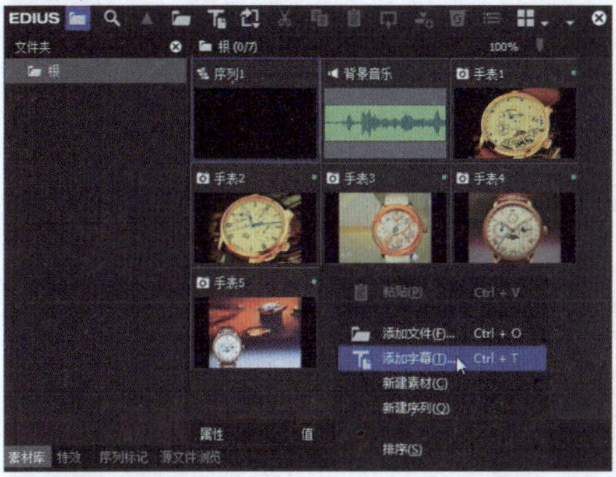

图 12-35　选择“添加字幕”选项

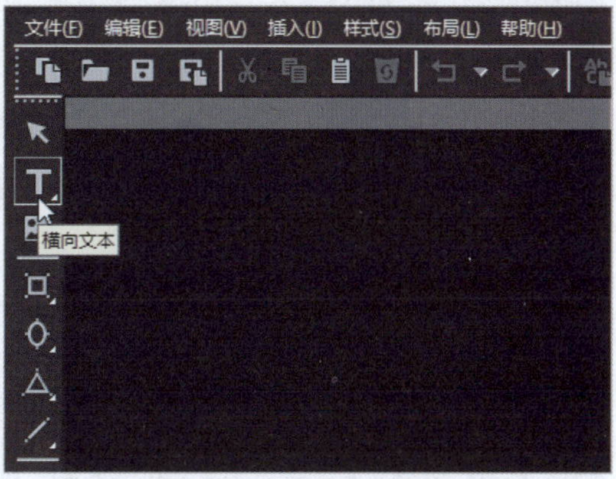

图 12-36　选取横向文本工具

步骤 03　在预览窗口中输入横向文本“珍爱一生”，选择文本对象，如图 12-37 所示。

步骤 04　在“变换”选项区中设置 X 为 671、Y 为 462、“宽度”为 569、“高度”为 133、“字距”为 50，在“字体”选项区中设置“字体”为“文鼎中特广告体”“字号”为 85，如图 12-38 所示。

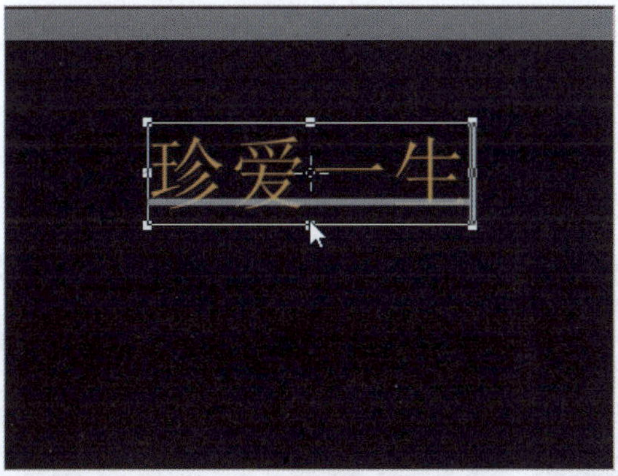

图 12-37　选择文本对象

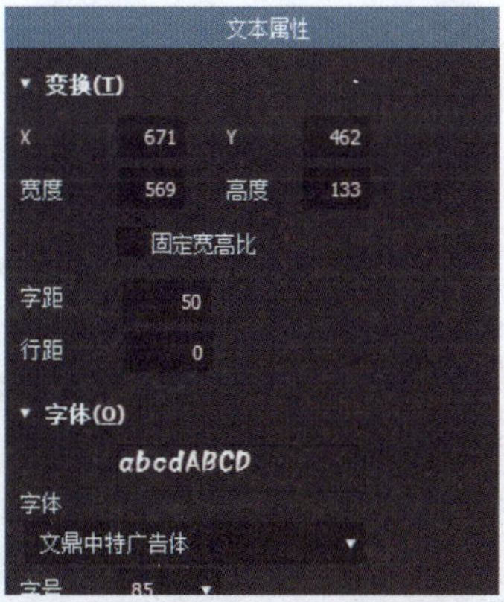

图 12-38　设置相应参数

步骤 05　在“填充颜色”选项区中，单击下方第 1 个色块，如图 12-39 所示。

步骤 06　弹出“色彩选择 - 709”对话框，在其中设置“红”为 255、“绿”为 217、“蓝”为 63，如图 12-40 所示，单击“确定”按钮，设置第 1 个色块的颜色。

步骤 07　在“边缘”选项区中，设置“实边宽度”为 3，单击下方第 1 个色块，如图 12-41 所示。

步骤 08 弹出“色彩选择-709”对话框，在其中设置“红”为 248、“绿”为 33、“蓝”为 0，如图 12-42 所示，单击“确定”按钮，设置第 1 个色块的颜色。

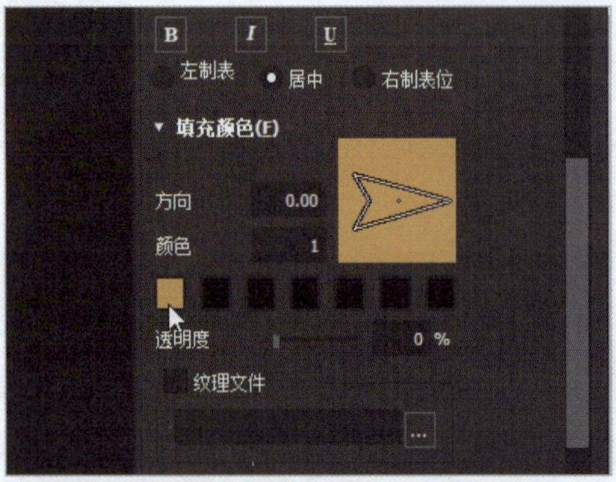

图 12-39　单击下方第 1 个色块

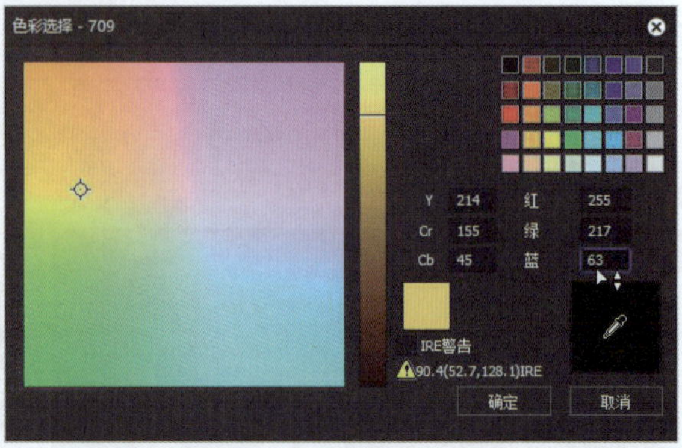

图 12-40　设置第 1 个色块的颜色

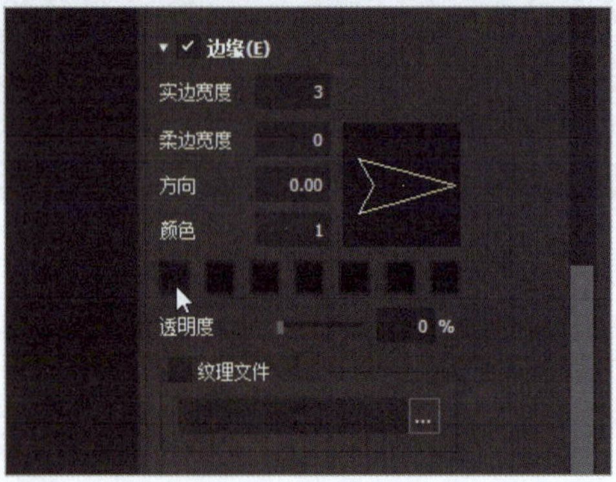

图 12-41　单击下方第 1 个色块

图 12-42　设置第 1 个色块的颜色

步骤 09 设置完成后，单击“文件”|“另存为”命令，保存制作好的字幕文件，如图 12-43 所示。

步骤 10 单击“保存”按钮，退出字幕窗口，在“素材库”面板中，显示了刚创建的字幕文本对象，如图 12-44 所示。

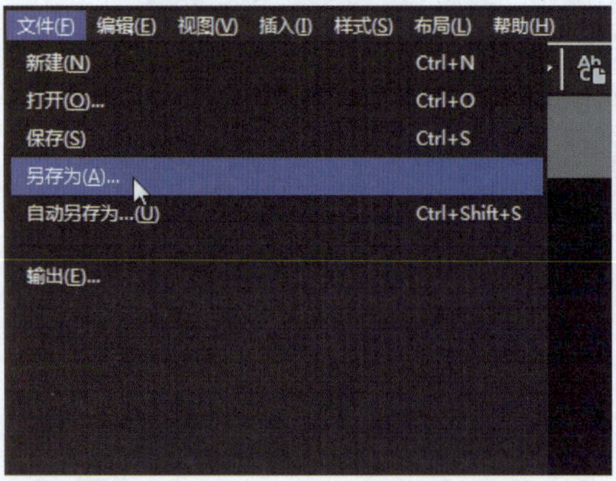

图 12-43　单击“另存为”命令

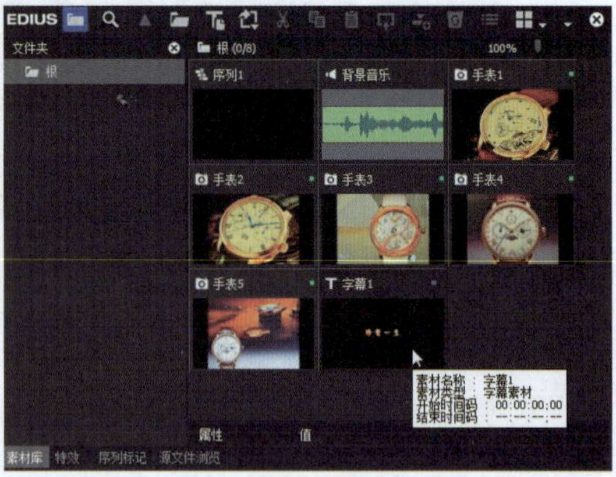

图 12-44　显示了刚创建的字幕文本对象

步骤 11　在选择的字幕文件上，单击鼠标左键并拖曳至 1T 字幕轨道中的开始位置，如图 12-45 所示。

步骤 12　用与上同样的方法打开字幕窗口，在左侧的工具箱中，选取横向文本工具，在预览窗口中的适当位置，输入相应文本内容，如图 12-46 所示。

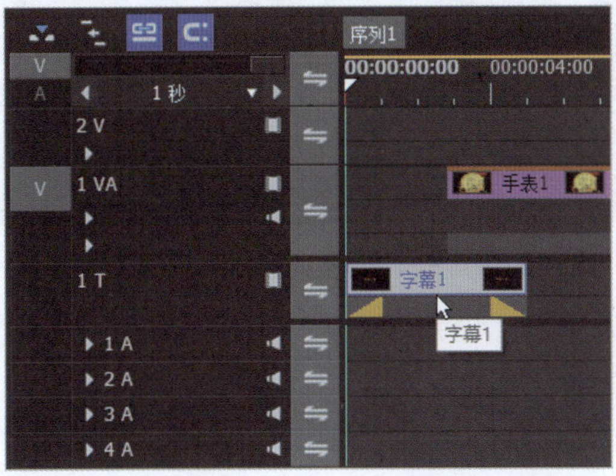

图 12-45　拖曳至 1T 字幕轨道中的开始位置

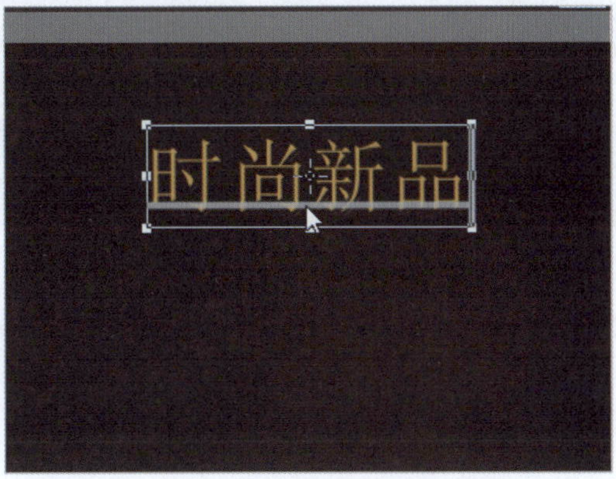

图 12-46　输入相应文本内容

步骤 13　在"文本属性"面板中，在"变换"选项区中设置 X 为 255、Y 为 917、"宽度"为 558、"高度"为 124、"字距"为 50，在"字体"选项区中设置"字体"为"文鼎中特广告体""字号"为 85，如图 12-47 所示。

步骤 14　在"填充颜色"选项区中，单击下方第 1 个色块，弹出"色彩选择 - 709"对话框，在其中设置"红"为 255、"绿"为 217、"蓝"为 63，如图 12-48 所示，单击"确定"按钮，设置第 1 个色块的颜色。

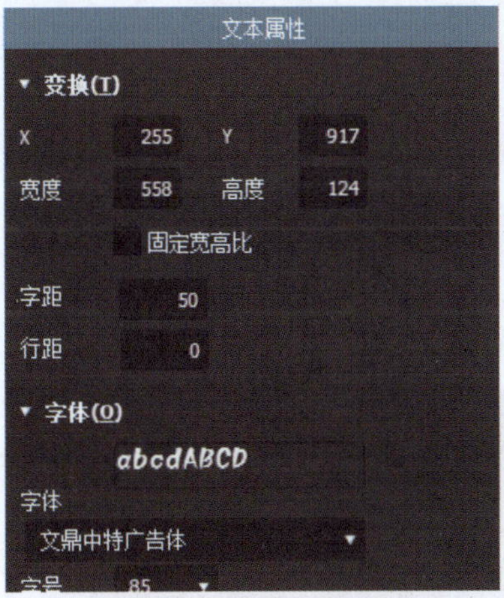

图 12-47　设置相应参数

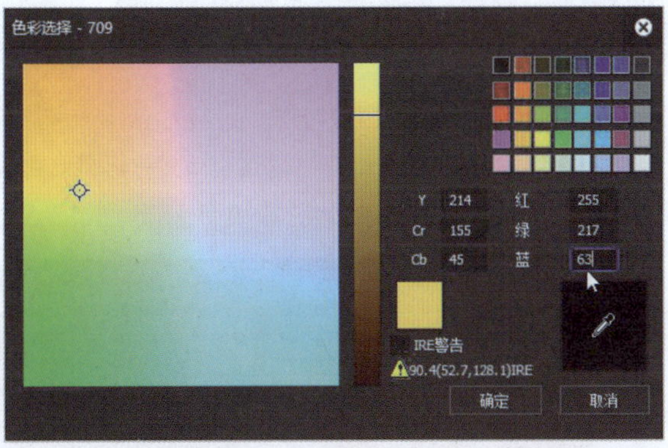

图 12-48　设置第 1 个色块的颜色

步骤 15　在"边缘"选项区中，设置"实边宽度"为 3，单击下方第 1 个色块，弹出"色彩选择-709"对话框，在其中设置"红"为 248、"绿"为 33、"蓝"为 0，如图 12-49 所示，单击"确定"按钮，设置第 1 个色块的颜色。

步骤 16　用与上同样的方法保存字幕文件，退出字幕窗口，在"素材库"面板中，显示了刚创建的字幕文本对象，如图 12-50 所示。

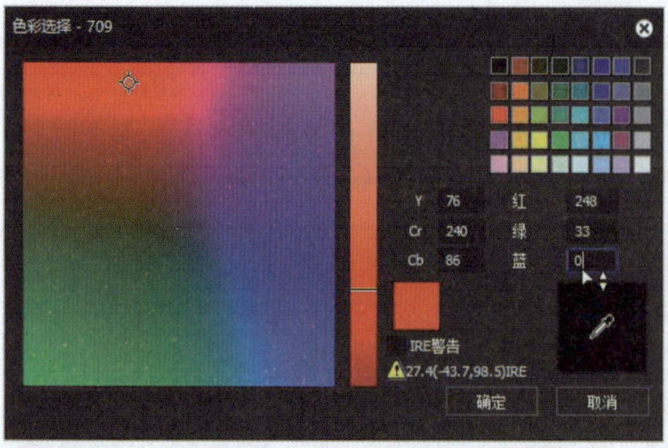

图 12-49　设置第 1 个色块的颜色

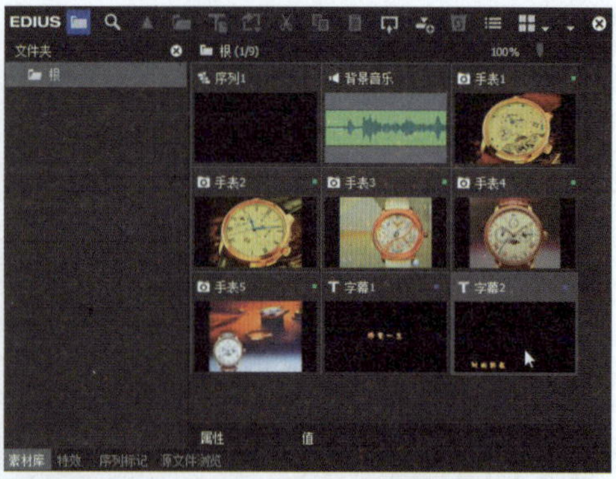

图 12-50　显示了刚创建的字幕文本对象

步骤 17　在素材库中选择“字幕 2”文件，单击鼠标左键并拖曳至 1T 字幕轨道中“字幕 1”的结尾处，即可在字幕轨道上添加字幕 2 文件，如图 12-51 所示。

步骤 18　用与上同样的方法，在素材库中添加“字幕 3、字幕 4、字幕 5”文件，如图 12-52 所示。

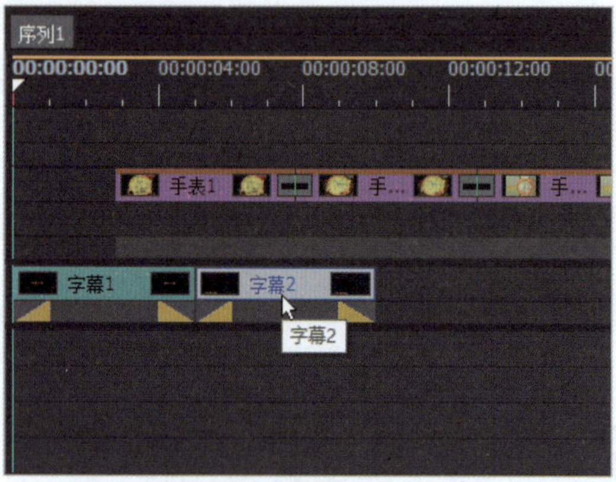

图 12-51　添加字幕 2 文件

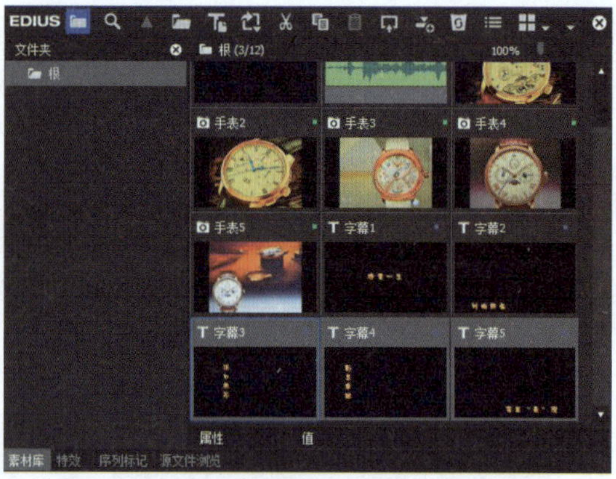

图 12-52　在素材库中添加相应文件

步骤 19　在素材库中依次将“字幕 3、字幕 4、字幕 5”文件拖曳至 1T 字幕轨道中，即可在字幕轨道中添加字幕文件，如图 12-53 所示。

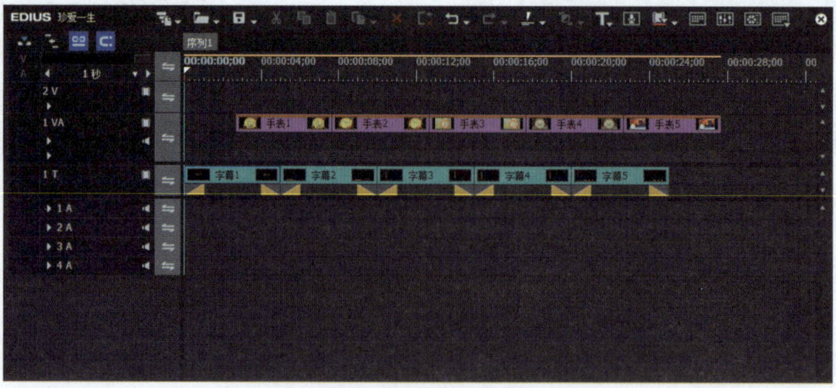

图 12-53　在字幕轨道中添加“字幕 3、字幕 4、字幕 5”文件

12.1.5　制作字幕运动特效

在 EDIUS 工作界面中，用户可以为制作的静态字幕添加运动效果。下面介绍制作字幕运动特效的操作方法。

步骤 01　将时间线移至 00:00:07:08 位置处，如图 12-54 所示。

步骤 02　按住【Ctrl】键的同时选择“字幕 2、字幕 3、字幕 4、字幕 5”文件，单击鼠标左键的同时拖曳至 00:00:07:08 位置后，如图 12-55 所示。

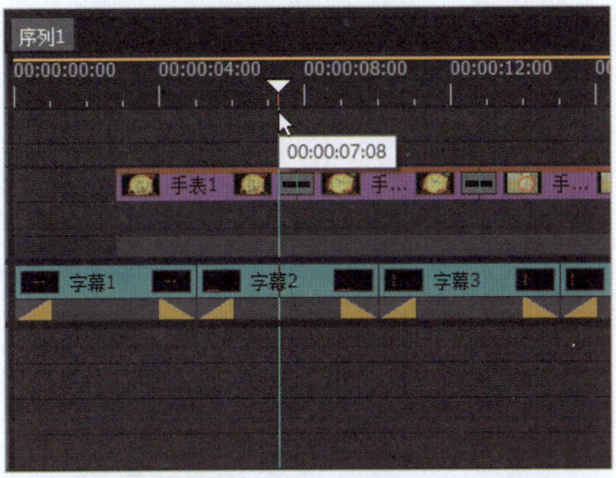

图 12-54　将时间线移至相应位置

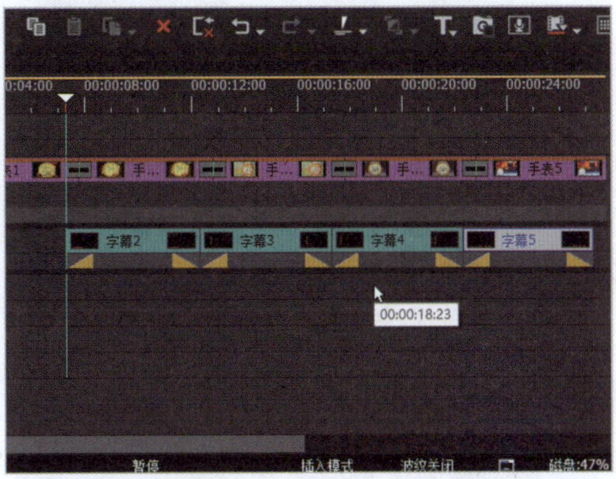

图 12-55　拖曳相应文件

步骤 03　在 1T 字幕轨道中选择“字幕 1”素材文件，单击鼠标右键，在弹出的快捷菜单中选择“持续时间”选项，弹出“持续时间”对话框，在其中设置“持续时间”为 00:00:07:08，如图 12-56 所示。

步骤 04　单击“确定”按钮，即可更改 1T 字幕轨道上的“字幕 1”素材文件时间长度，如图 12-57 所示。

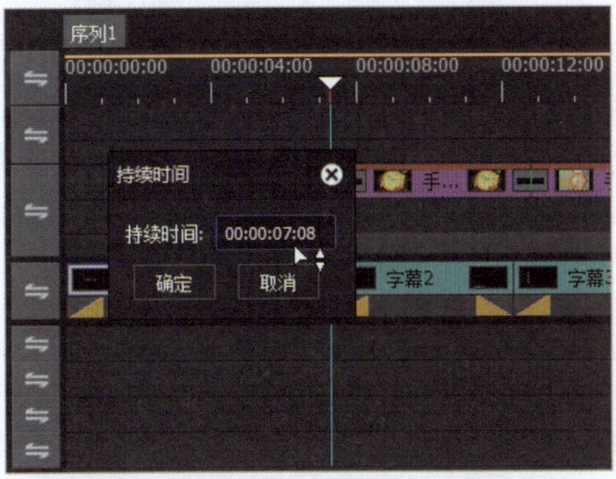

图 12-56　设置“持续时间”参数

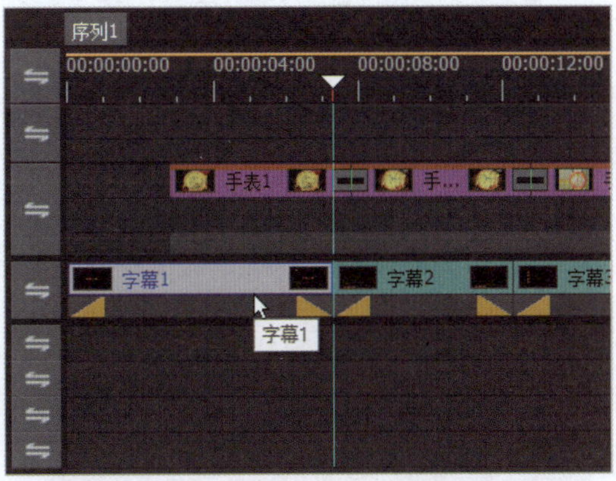

图 12-57　更改相应素材文件时间长度

步骤 05　将时间线移至 00:00:12:20 位置处，按住【Ctrl】键的同时选择“字幕 3、字幕 4、字幕 5”文件单击鼠标左键的同时拖曳至 00:00:012:20 位置后，如图 12-58 所示。

步骤 06　选择“字幕 2”文件，用与上同样的方法，调出“持续时间”对话框，在其中设置“持续时间”为 00:00:05:12，如图 12-59 所示。

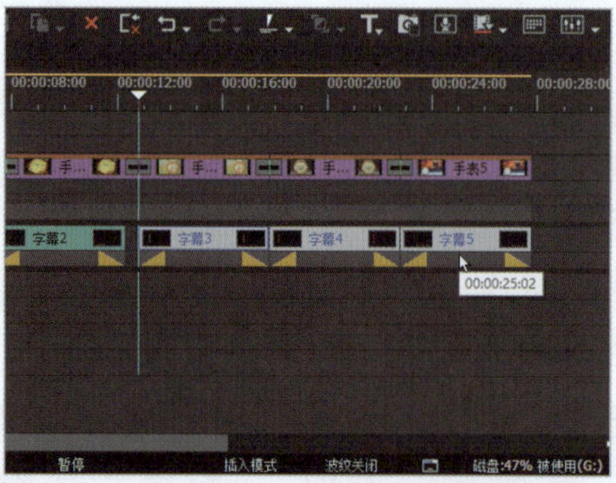

图 12-58　拖曳至相应位置

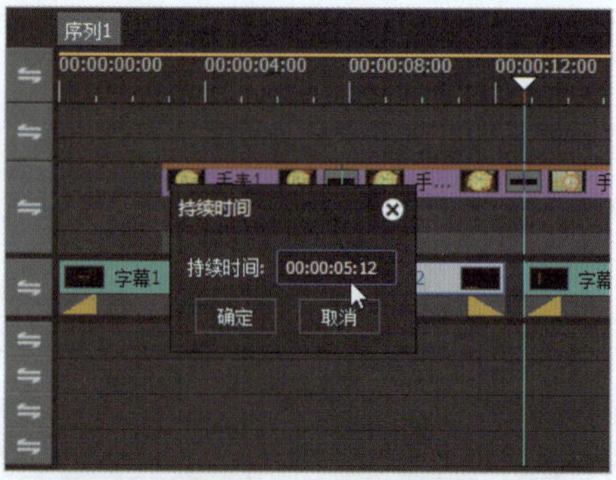

图 12-59　设置“持续时间”参数

步骤 07　单击“确定”按钮，即可更改 1T 字幕轨道上的“字幕 2”文件素材的时间长度，如图 12-60 所示。

步骤 08　在 1T 字幕轨道中，在“字幕 1”的淡入位置上，单击鼠标右键，在弹出的快捷菜单中选择“持续时间”|“入点”选项，弹出“持续时间”对话框，在其中设置字幕入点特效的“持续时间”为 00:00:02:20，如图 12-61 所示。

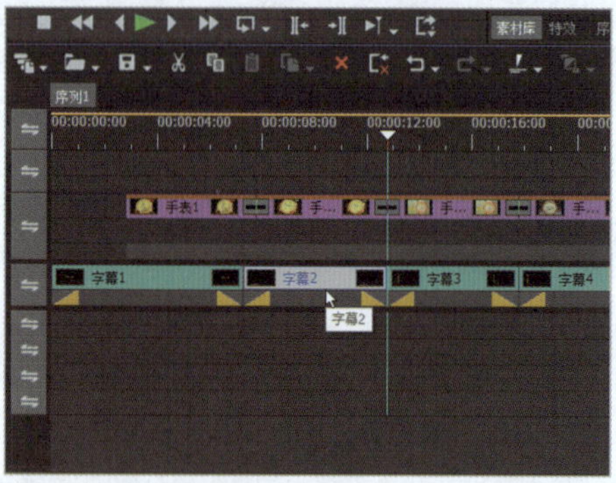

图 12-60　更改相应素材文件时间长度

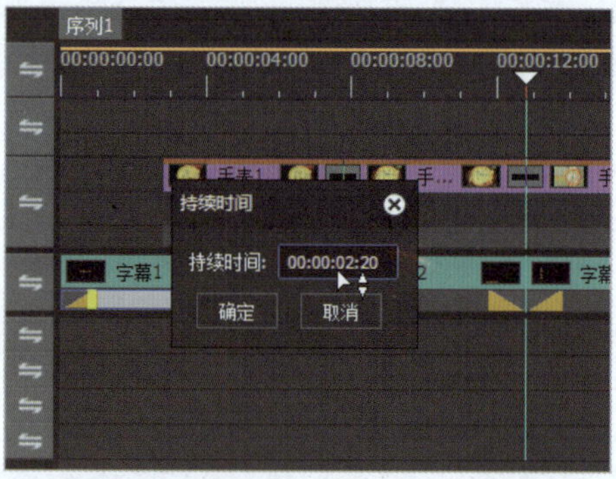

图 12-61　设置字幕入点特效持续时间

步骤 09　单击“确定”按钮，即可更改字幕入点特效的持续时间长度，如图 12-62 所示。

步骤 10　在 1T 字幕轨道中，在“字幕 5”的淡出位置上，单击鼠标右键，在弹出的快捷菜单中选择“持续时间”|“出点”选项，弹出“持续时间”对话框，在其中设置字幕出点特效的“持续时间”为 00:00:02:01，如图 12-63 所示。

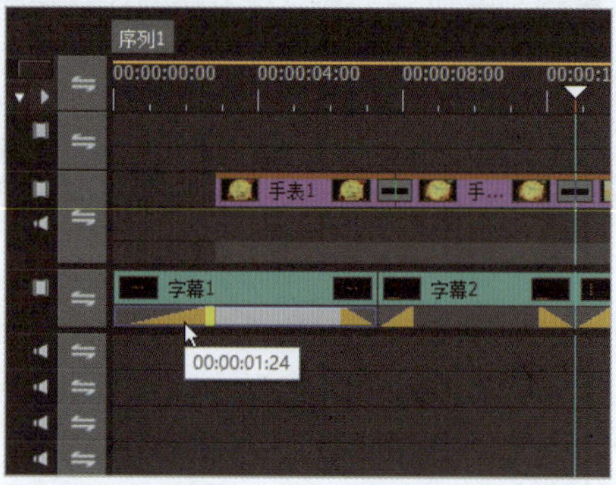

图 12-62　更改相应入点特效的持续时间长度

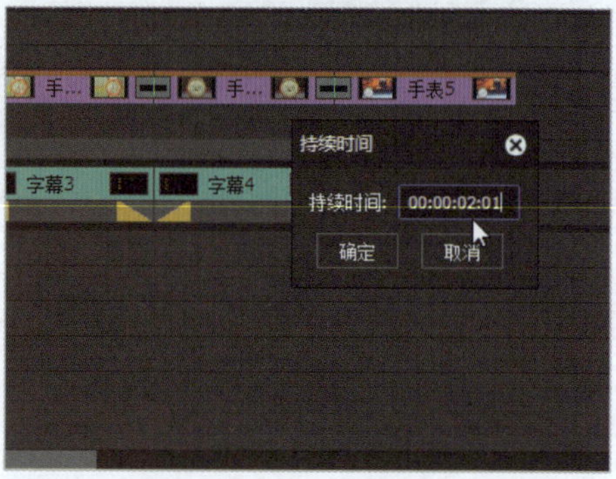

图 12-63　设置字幕出点特效持续时间

步骤 11　单击“确定”按钮，即可更改字幕 5 出点特效的持续时间长度，如图 12-64 所示。

步骤 12　展开“特效”面板，在“软划像”特效组中，选择“向右软划像”运动特效，单击鼠标左键并拖曳至 1T 字幕轨道中的“字幕 1”素材文件上方，即可添加“向右软划像”特效，在“信息”面板中，可以查看更改的字幕特效，如图 12-65 所示。

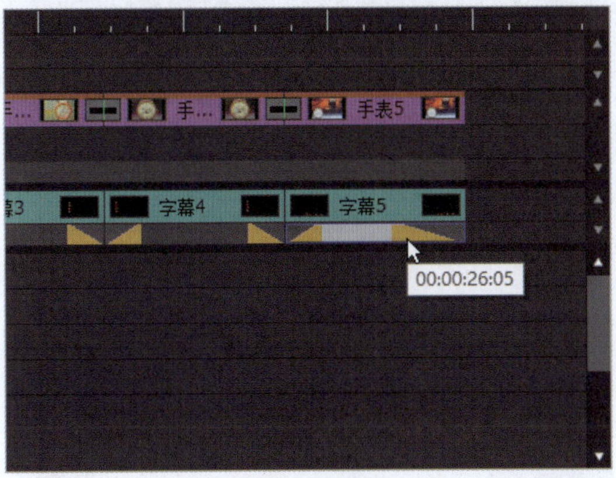

图 12-64　更改字幕 5 出点特效的持续时间长度

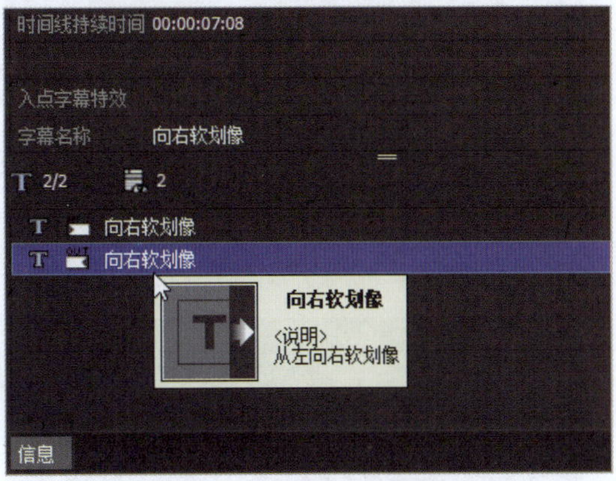

图 12-65　查看更改的字幕特效

步骤 13　在“特效”面板的“淡入淡出飞入 A”特效组中，选择“向上淡入淡出飞入 A”运动效果，用与上同样的方法添加“向上淡入淡出飞入 A”特效，在“信息”面板中，可以查看更改的字幕特效，如图 12-66 所示。

步骤 14　用与上同样的方法在“字幕 3”文件上添加“向下淡入淡出飞入 A”特效，在“信息”面板中，可以查看更改的字幕特效，如图 12-67 所示。

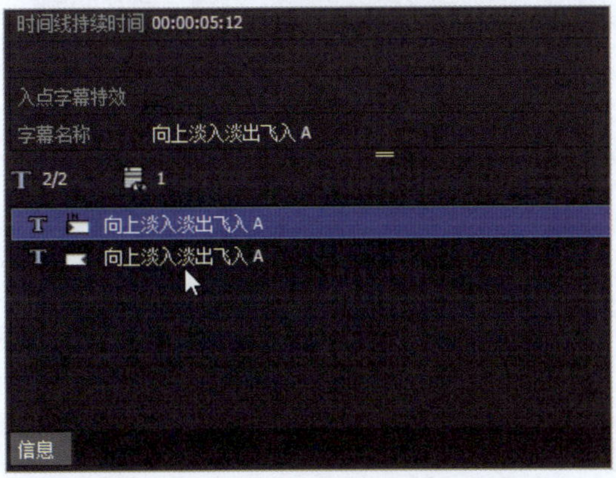

图 12-66　查看更改的字幕特效

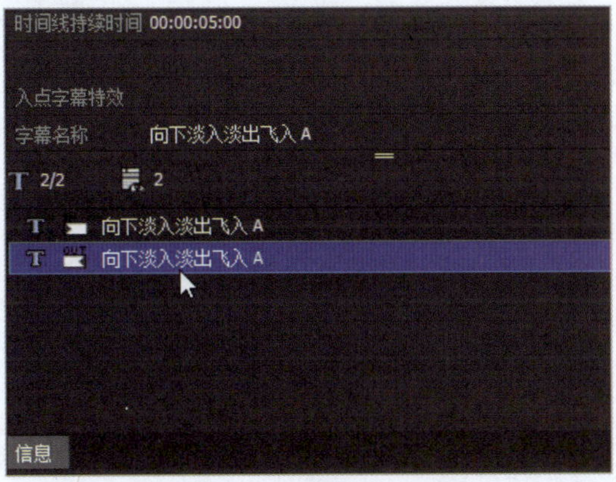

图 12-67　查看更改的字幕特效

步骤 15　用与上同样的方法在“字幕 4”文件上添加“向右淡入淡出飞入 A”特效，在“信息”面板中，可以查看更改的字幕特效，如图 12-68 所示。

步骤 16　用与上同样的方法在“字幕 5”文件上添加“向左淡入淡出飞入 A”特效，在“信息”面板中，可以查看更改的字幕特效，如图 12-69 所示。

步骤 17　字幕特效添加完成后，单击录制窗口下方的“播放”按钮，预览制作的字幕特效，如图 12-70 所示。

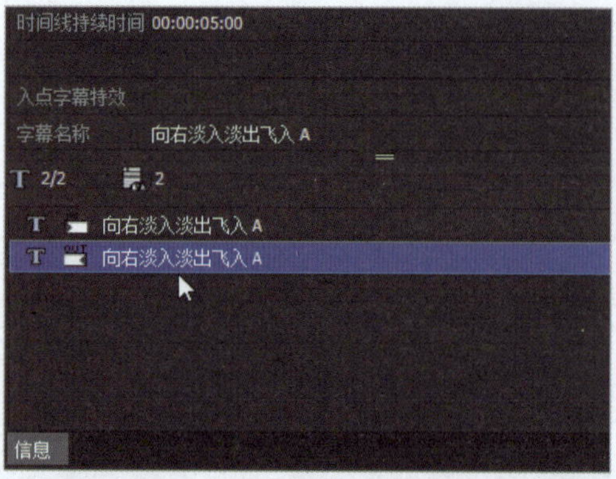

图 12-68　查看更改的字幕特效

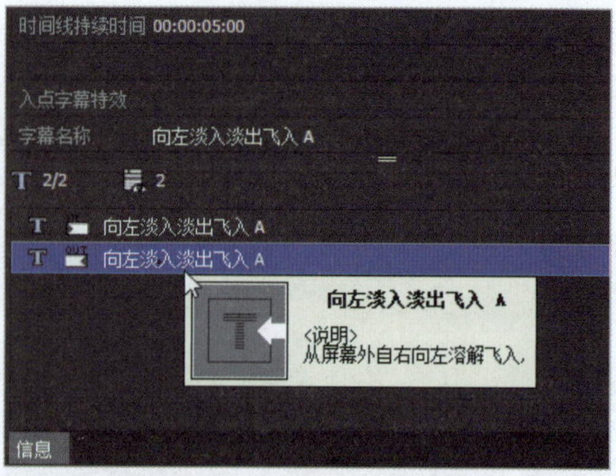

图 12-69　查看更改的字幕特效

图 12-70　预览制作的字幕特效

12.1.6　制作广告背景音乐

背景音乐不止在广告中是不可缺少的重要组成部分，背景音乐在影视、宣传片等方面都运用得较多，合理地添加音乐特效，可以为视频锦上添花，增加视频的吸引力。下面向读者介绍制作广告背景音乐的操作方法。

步骤 01　在时间线面板中，将时间线移至轨道中的开始位置处，如图 12-71 所示。

步骤 02　在素材库面板中选择“背景音乐”素材，单击鼠标左键并拖曳至 1A 音频轨道中的开始位置，即可在音频轨道中添加“背景音乐”素材，如图 12-72 所示。

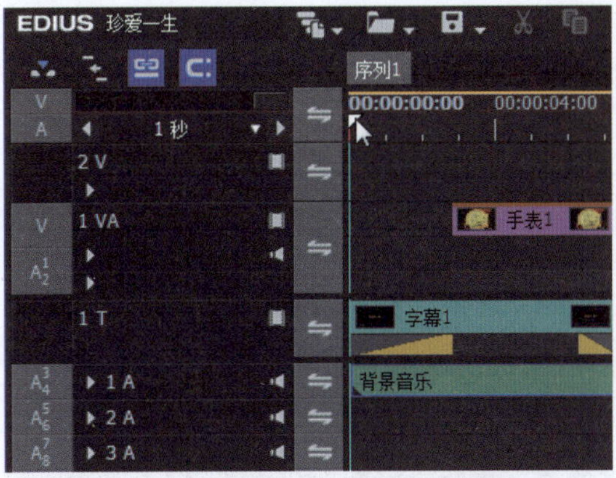

图 12-71　将时间线移至轨道中的开始位置处

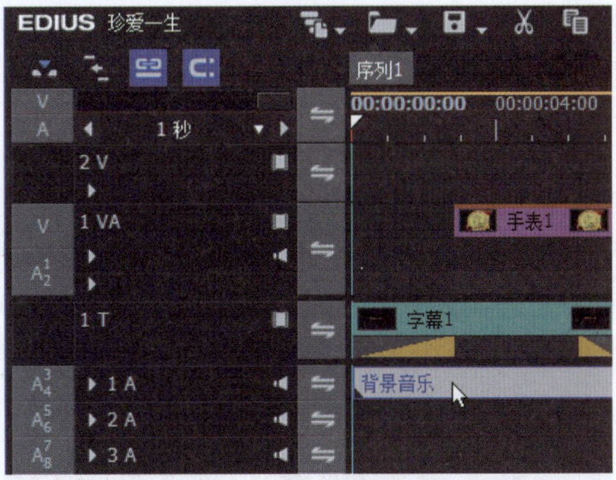

图 12-72　添加“背景音乐”素材

步骤 03　在时间线面板中，将时间线移至轨道中的 00:00:27:20 位置处，如图 12-73 所示。

步骤 04　选择“背景音乐”文件，在时间线位置，按【C】键，对“背景音乐”素材进行分割操作，如图 12-74 所示。

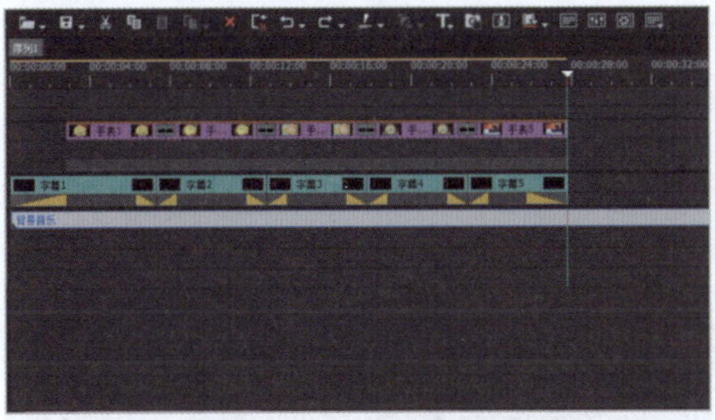

图 12-73　将时间线移至轨道中相应位置

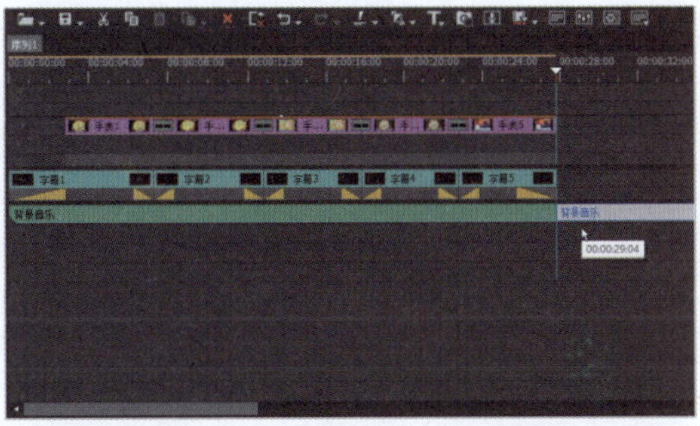

图 12-74　对“背景音乐”素材进行分割操作

步骤 05　按【Delete】键，删除分割后的“背景音乐”素材文件，如图 12-75 所示。

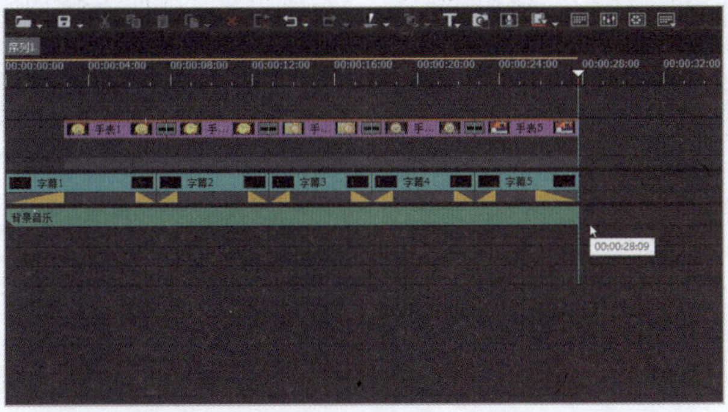

图 12-75　删除分割后的“背景音乐”素材文件

12.1.7　输出手表广告视频

经过一系列的视频编辑与修剪操作后，只需将视频输出即可完成视频的制作，最后向读者介绍输出手表广告视频文件的操作方法。

步骤 01 在菜单栏中，单击“文件”|“输出”|“输出到文件”命令，如图 12-76 所示。

步骤 02 弹出“输出到文件”对话框，在左侧窗格中选择 Windows Media 选项，然后单击“输出”按钮，如图 12-77 所示。

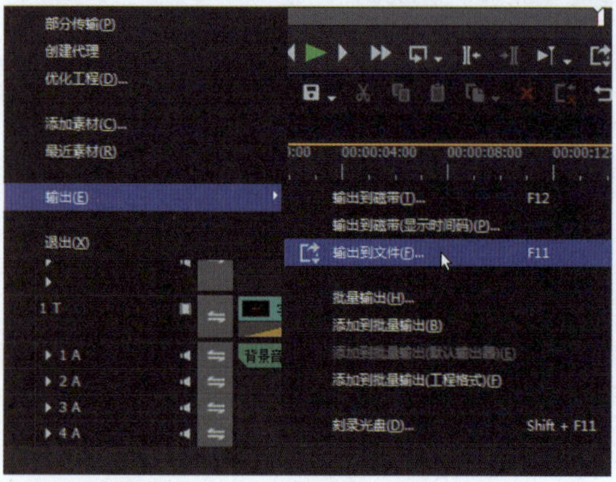

图 12-76 单击“输出到文件”命令

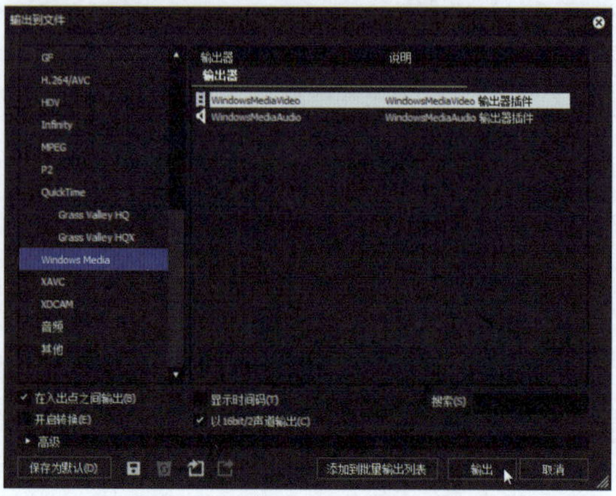

图 12-77 单击“输出”按钮

步骤 03 设置手表广告视频文件的文件名与保存位置后，弹出“渲染”对话框，提示用户正在输出视频文件，并显示输出进度，如图 12-78 所示。

步骤 04 稍等片刻，待视频文件输出完成后，即可显示在素材库面板中，如图 12-79 所示，双击输出的视频文件，在播放窗口中单击“播放”按钮，即可预览输出的视频文件画面效果。

图 12-78 显示输出进度

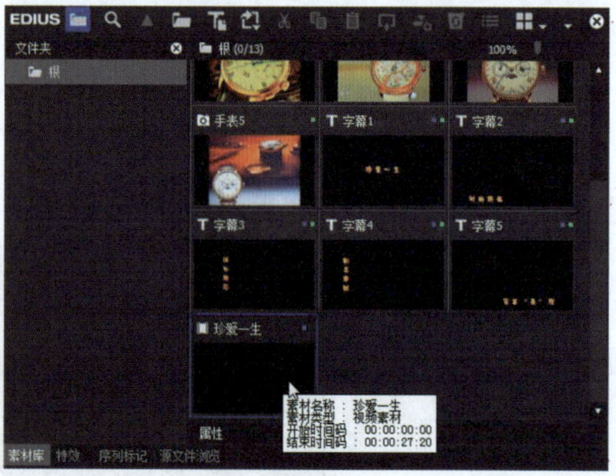

图 12-79 显示输出的视频文件

12.2 节目片头：制作《影视频道》

电视节目片头是电视栏目的重要组成部分，它对节目起着形象包装的作用，对定位起着有效诠释的作用。在现代生活中，节目片头一直是广大电视观众最关注的镜头。片头颜色以冷色调为主，体现着沉稳、大气。

在制作节目片头特效之前，首先带领读者预览《影视频道》视频的画面效果，如图 12-80 所示，并掌握项目技术提炼等内容，这样可以帮助读者理清片头动画设计思路。

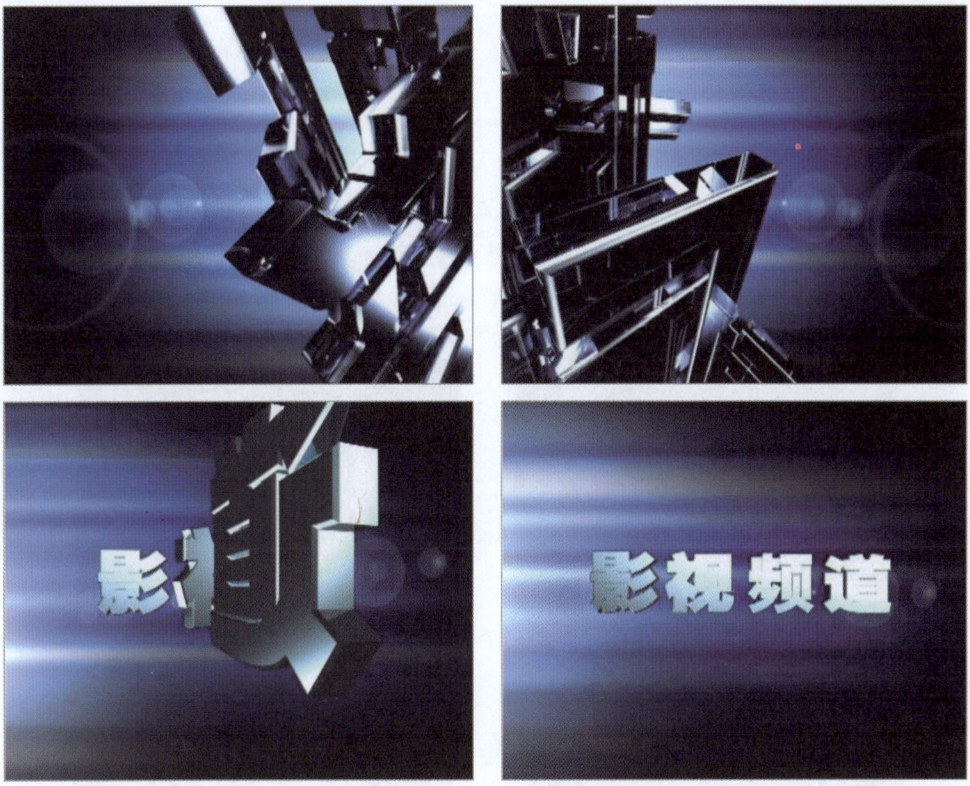

图 12-80　《影视频道》效果欣赏

12.2.1　导入节目片头素材

在制作节目片头特效之前，首先需要将视频素材导入至“素材库”面板中。下面向读者介绍导入节目片头素材的操作方法。

步骤 01 新建一个工程文件，在“素材库”面板中的空白位置上，单击鼠标右键，在弹出的快捷菜单中，选择“添加文件”选项，如图 12-81 所示。

步骤 02 执行相应操作后，在“素材库”面板中，导入相应的节目片头素材（素材\第 12 章\2、影视频道文件夹），如图 12-82 所示。

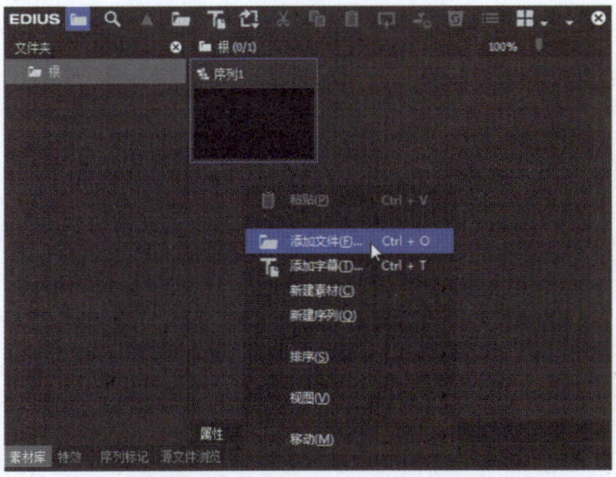

图 12-81　选择“添加文件”选项

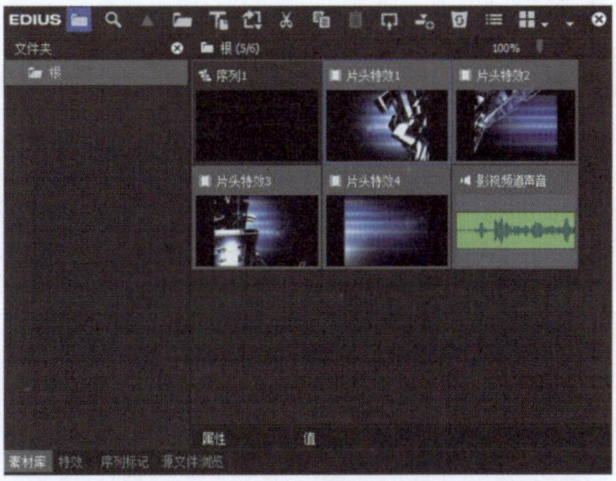

图 12-82　导入相应的节目片头素材

12.2.2 制作节目片头画面

将节目片头素材导入到“素材库”面板后，接下来需要在轨道面板中制作节目片头画面了。下面向读者介绍制作节目片头画面的操作方法。

步骤 01 在“素材库”面板中，选择“片头特效 1”视频素材，如图 12-83 所示。

步骤 02 在视频素材上，单击鼠标左键并拖曳至视频轨中的开始位置，此时用虚线表示视频将要摆放的位置，如图 12-84 所示。

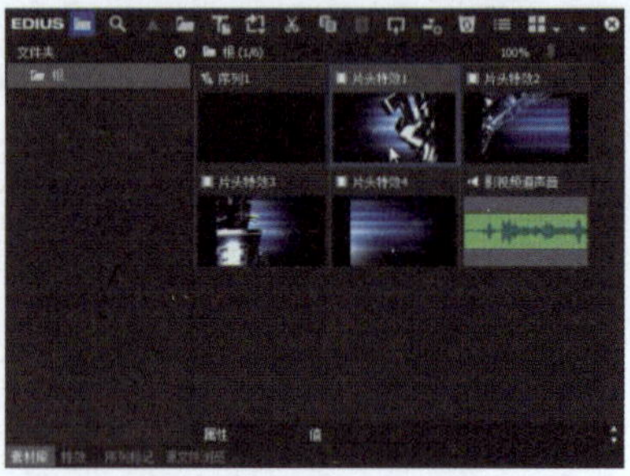

图 12-83 选择“片头特效 1”素材

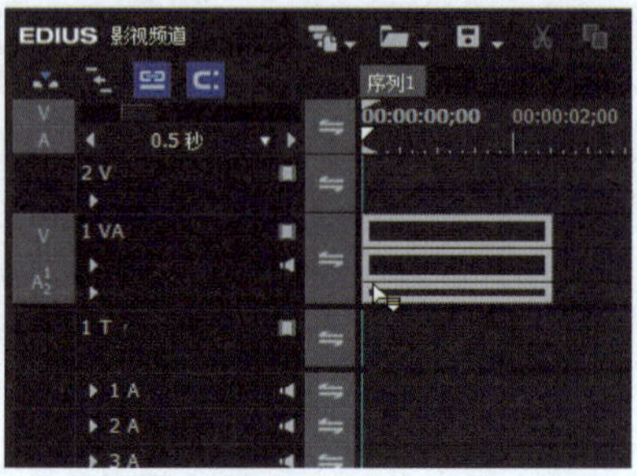

图 12-84 拖曳至视频轨中

步骤 03 释放鼠标左键，将“片头特效 1”素材添加至视频轨中，如图 12-85 所示。

步骤 04 在“素材库”面板中，选择“片头特效 2”视频素材，如图 12-86 所示。

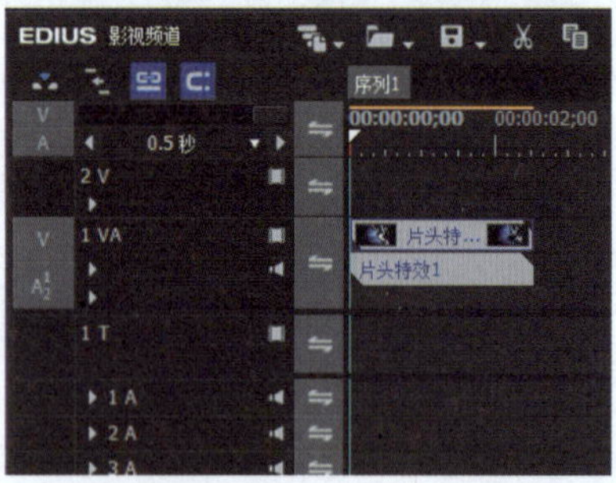

图 12-85 添加至视频轨中

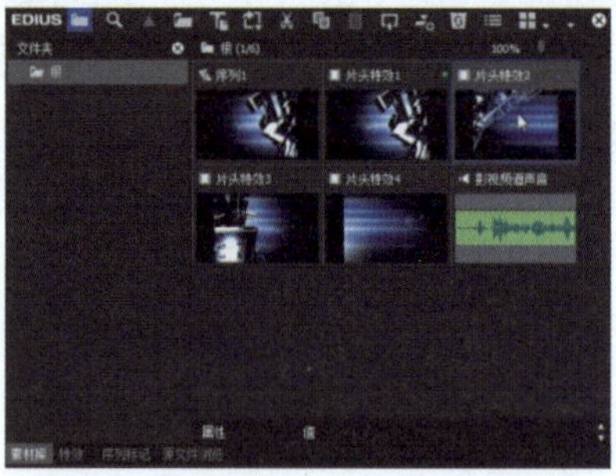

图 12-86 选择“片头特效 2”素材

步骤 05 在视频素材上，单击鼠标左键并拖曳至视频轨中“片头特效 1”素材的结尾处，将两段素材相接，如图 12-87 所示。

步骤 06 释放鼠标左键，即可在视频轨中添加“片头特效 2”素材，如图 12-88 所示。

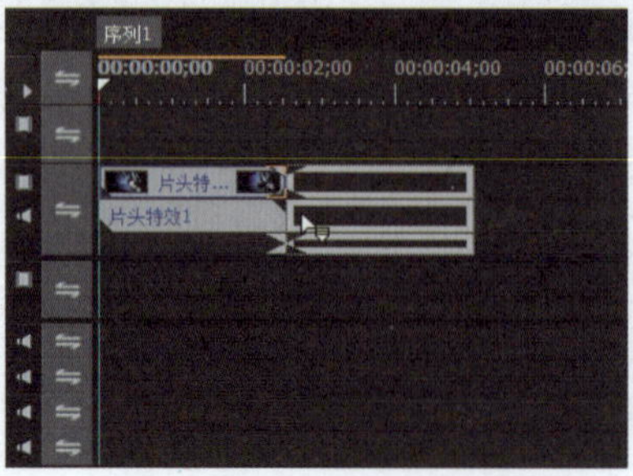

图 12-87 将两段素材相接

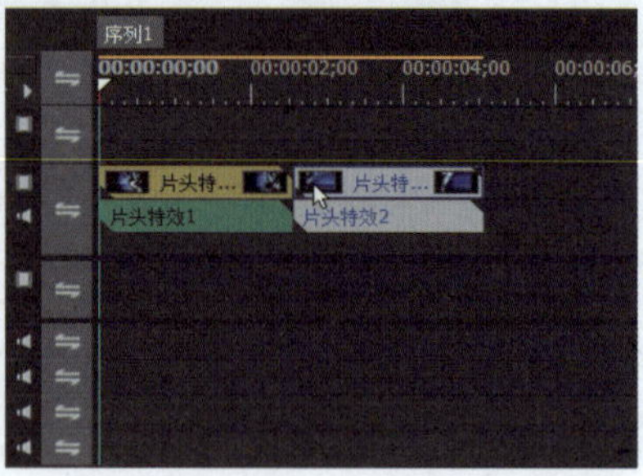

图 12-88 添加“片头特效 2”素材

步骤 07　在“素材库”面板中，按住【Shift】键，同时选择“片头特效 3”和“片头特效 4”视频素材，如图 12-89 所示。

步骤 08　在视频素材上，单击鼠标左键并拖曳至视频轨中“片头特效 2”素材的结尾处，如图 12-90 所示。

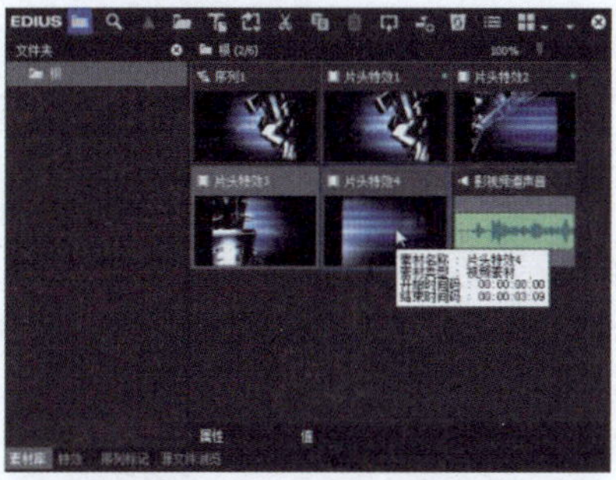

图 12-89　选择素材

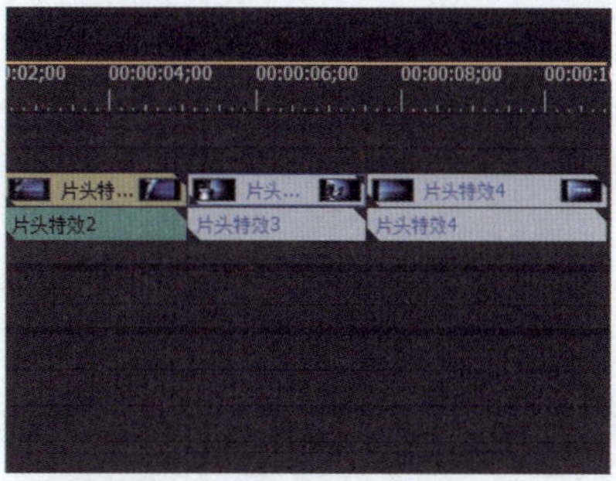

图 12-90　拖曳至视频轨中

步骤 09　将时间线移至视频轨中的开始位置，单击录制窗口下方的“播放”按钮，预览制作的节目片头画面效果，如图 12-91 所示。

图 12-91　预览制作的节目片头画面效果

12.2.3　制作视频淡入淡出

在各段视频之间，运用视频布局功能，制作视频间的淡入淡出特效，可以使视频间的过渡更加流畅、自然。下面向读者介绍制作视频淡入淡出的操作方法。

步骤 01　在视频轨道中，选择“片头特效 1”视频素材，如图 12-92 所示。

步骤 02　在菜单栏中，单击“素材”|“视频布局”命令，如图 12-93 所示。

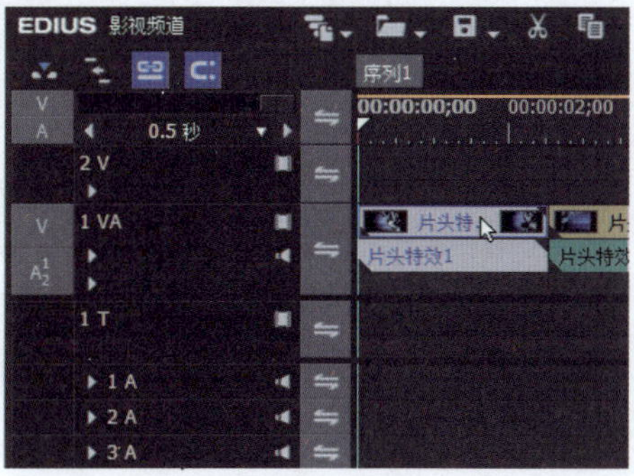

图 12-92　选择“片头特效 1”素材

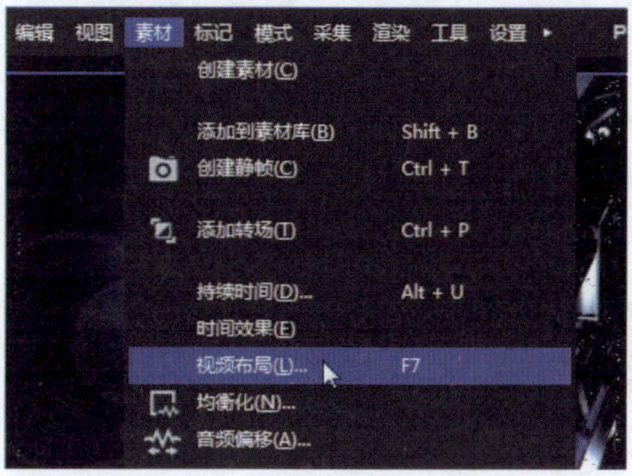

图 12-93　单击“视频布局”命令

步骤 03 执行操作后，弹出“视频布局”对话框，如图 12-94 所示。

步骤 04 在下方面板中，将时间线移至 00:00:01:21 的位置处，如图 12-95 所示。

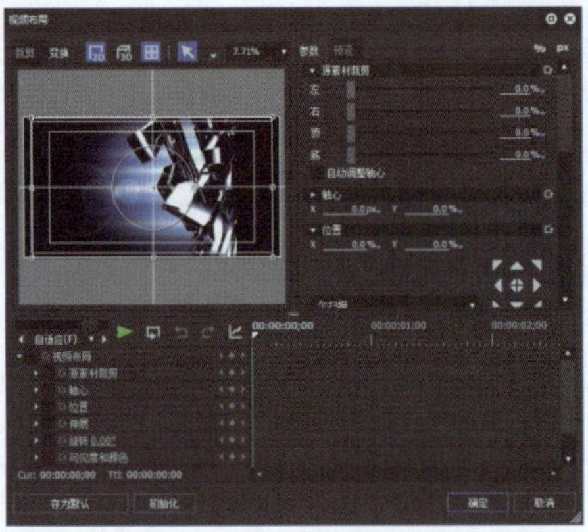

图 12-94 弹出“视频布局”对话框

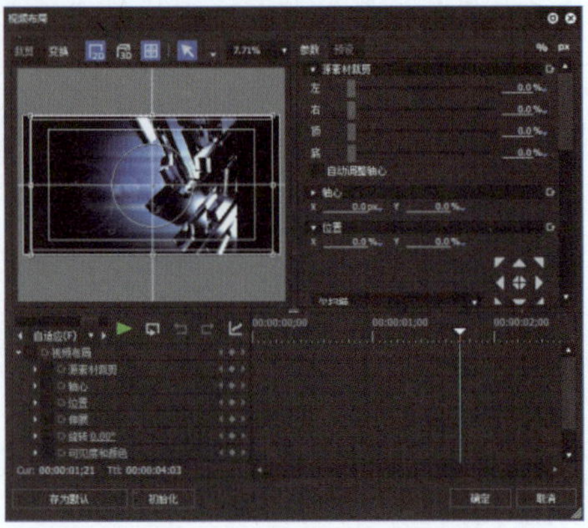

图 12-95 移动时间线的位置

步骤 05 在左侧，选中“可见度和颜色”复选框，如图 12-96 所示。

步骤 06 单击右侧的“添加/删除关键帧”按钮，如图 12-97 所示。

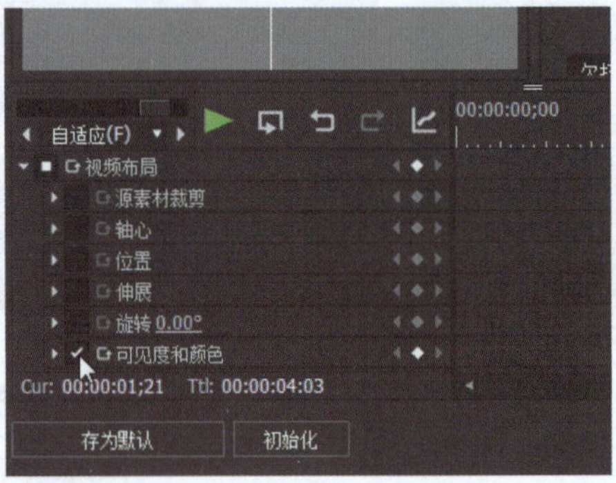

图 12-96 选中“可见度和颜色”复选框

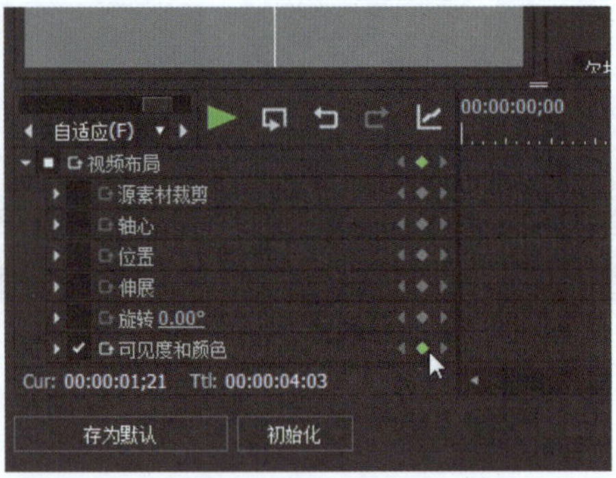

图 12-97 单击相应的按钮

步骤 07 在 00:00:01:21 的时间线位置处，添加一个关键帧，如图 12-98 所示。

步骤 08 在面板中，将时间线移至 00:00:02:14 的位置处，如图 12-99 所示。

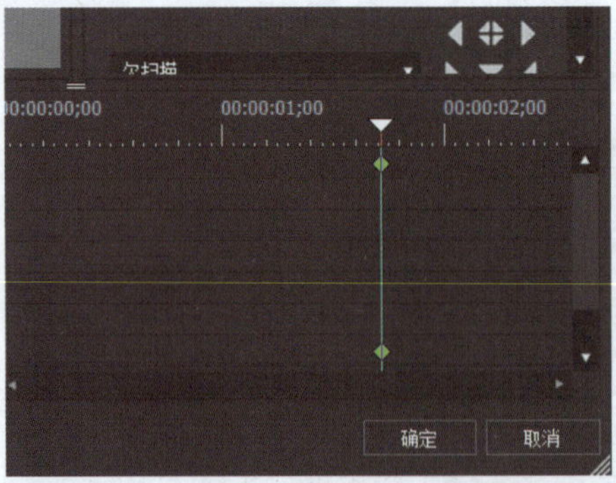

图 12-98 添加一个关键帧

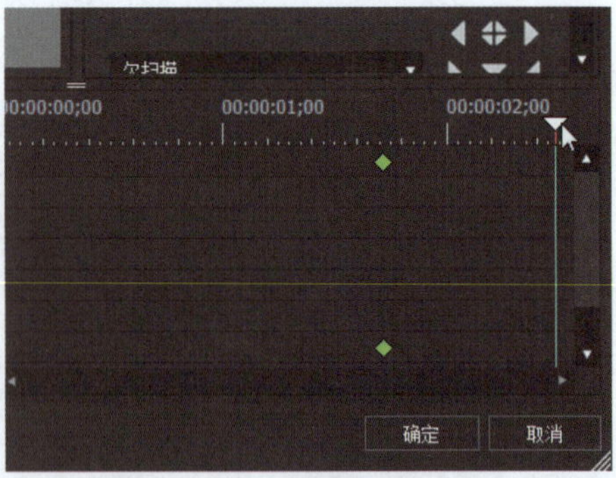

图 12-99 移动时间线的位置

步骤 09 在“参数”面板的“可见度和颜色”选项区中，选择“源素材”右侧的 100.0%

参数值，使其呈可编辑状态，如图 12-100 所示。

步骤 10 在数值框中，重新输入“源素材”参数值，这里输入 0，如图 12-101 所示。

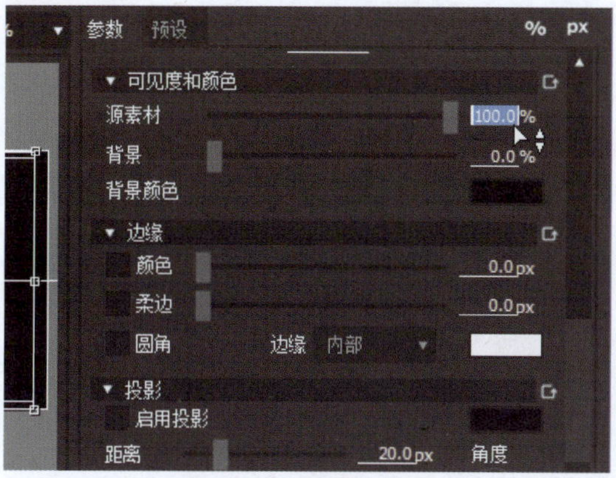

图 12-100　使其呈可编辑状态

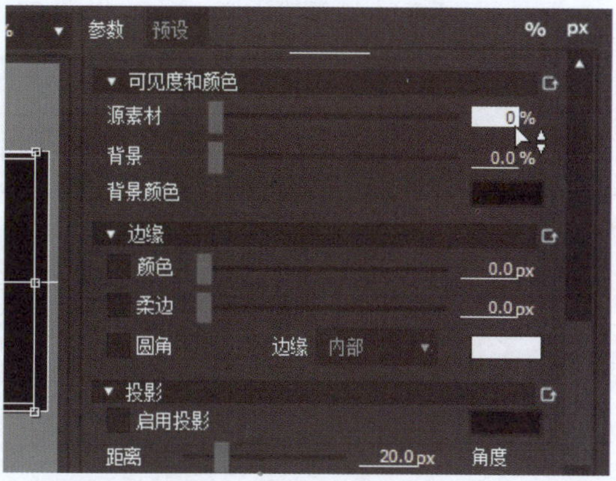

图 12-101　重新输入参数值

步骤 11 按【Enter】键确认，此时在 00:00:02:14 的时间线位置处，会自动添加一个关键帧，如图 12-102 所示。

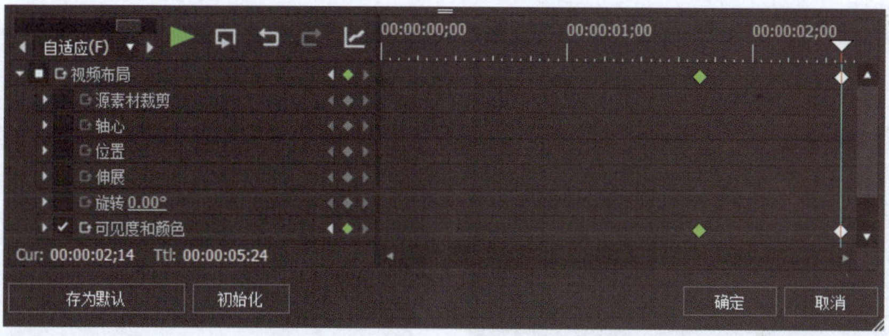

图 12-102　自动添加一个关键帧

步骤 12 设置完成后，单击“确定”按钮，返回 EDIUS 工作界面，在录制窗口下方单击“播放”按钮，预览制作的视频淡出特效，如图 12-103 所示。

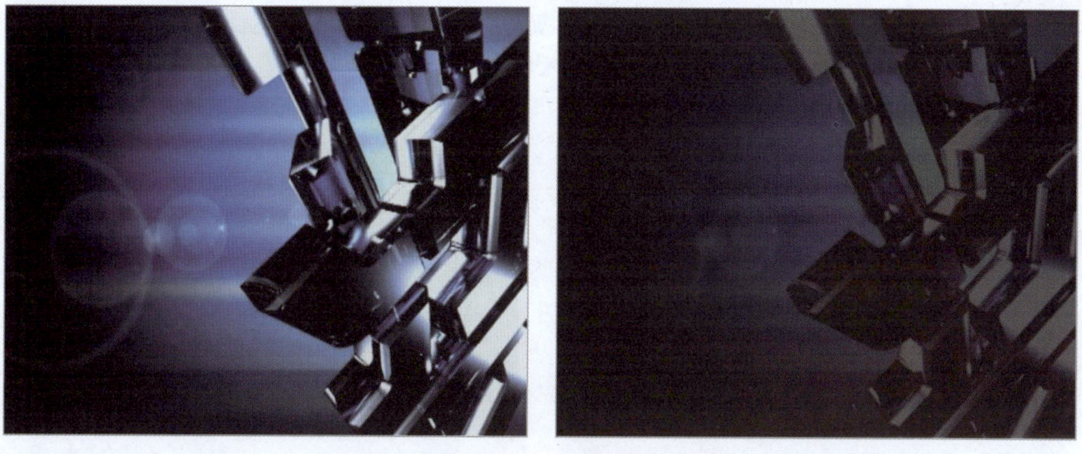

图 12-103　预览制作的视频淡出特效

步骤 13 在视频轨道中，选择“片头特效 2”视频素材，如图 12-104 所示。

步骤 14 按【F7】键，弹出“视频布局”对话框，在“参数”面板的“可见度和颜色”选项区中，设置“源素材”为 0.0%，如图 12-105 所示。

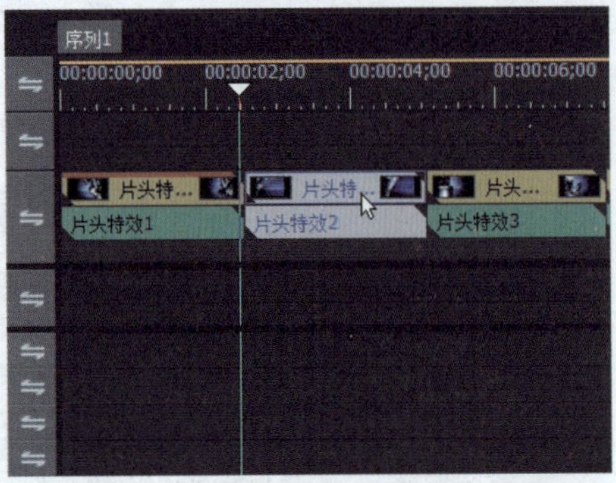

图 12-104　选择“片头特效 2”素材

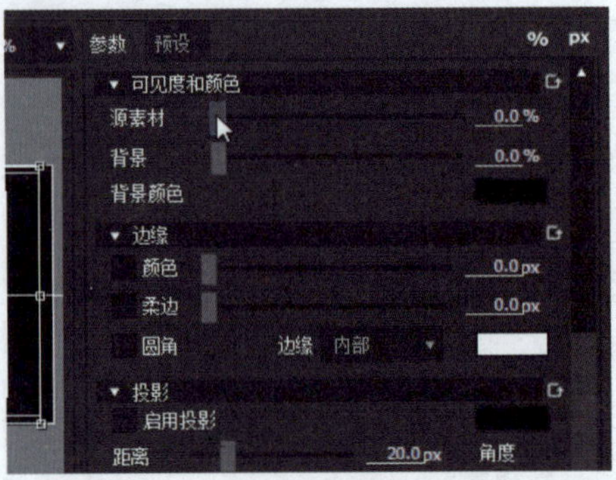

图 12-105　设置“源素材”为 0.0%

步骤 15 在下方面板中，选中“可见度和颜色”复选框，单击“添加/删除关键帧”按钮，添加一个关键帧，如图 12-106 所示。

步骤 16 在面板中，将时间线移至 00:00:00:15 的位置处，如图 12-107 所示。

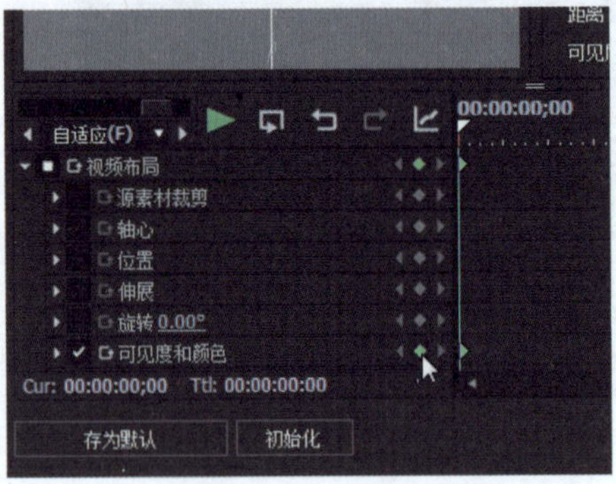

图 12-106　添加一个关键帧

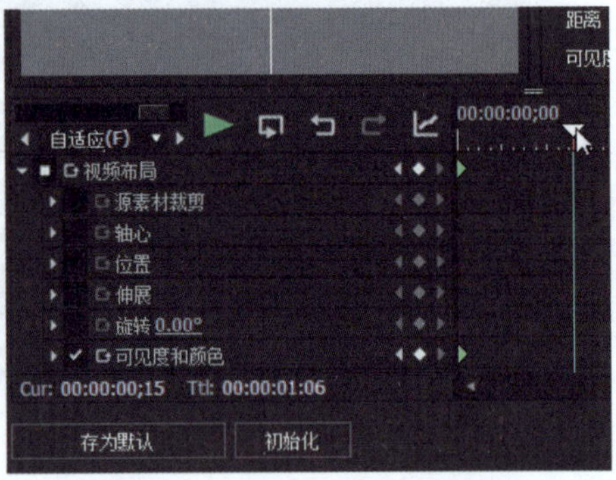

图 12-107　移动时间线的位置

步骤 17 在“可见度和颜色”选项区中设置“源素材”为 100.0%，如图 12-108 所示。

步骤 18 此时，在 00:00:00:15 的时间线位置处，会自动添加一个关键帧，如图 12-109 所示，制作视频从无到有的渐渐淡入特效。

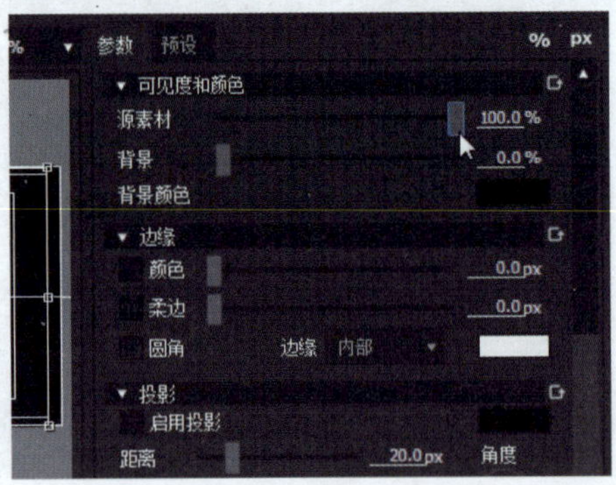

图 12-108　设置“源素材”为 100.0%

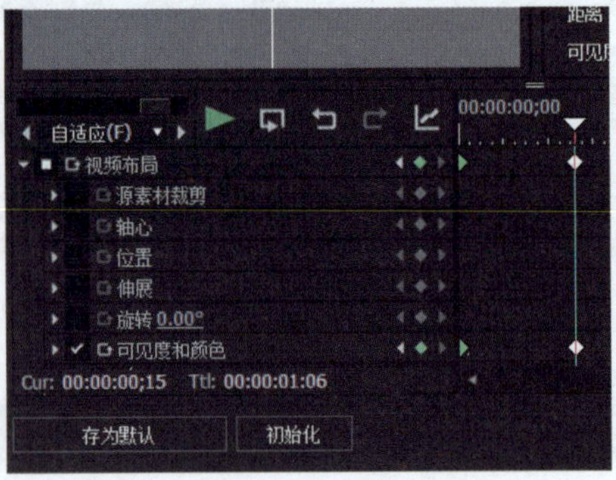

图 12-109　制作渐渐淡入特效

步骤 19 在面板中，再次将时间线移至 00:00:01:23 的位置处，单击“添加/删除关键帧”按钮，添加第 3 个关键帧，如图 12-110 所示。

步骤 20 将时间线移至 00:00:02:13 的位置处，在“参数”面板的“可见度和颜色”选项区中，设置“源素材”为 0.0%，此时，自动添加第 4 个关键帧，如图 12-111 所示，制作视频从有到无渐渐淡出特效。

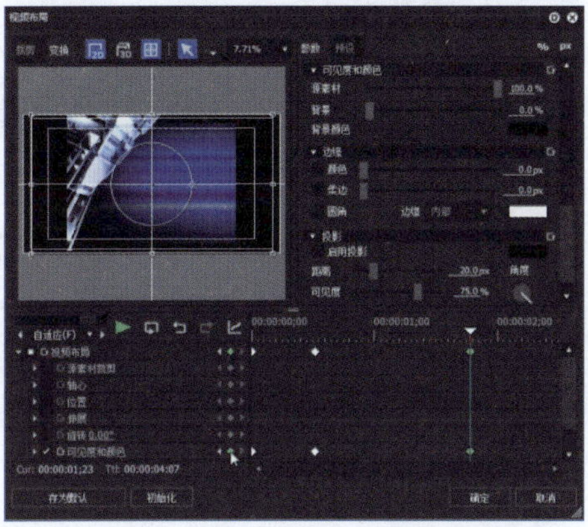

图 12-110　添加第 3 个关键帧

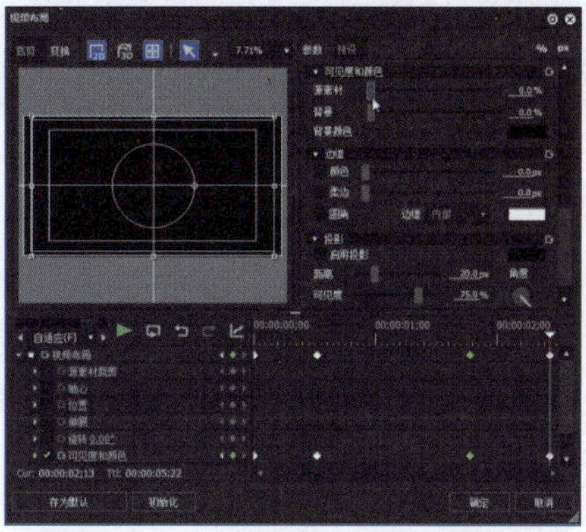

图 12-111　自动添加第 4 个关键帧

步骤 21 单击“确定”按钮，返回 EDIUS 工作界面，单击录制窗口下方的“播放”按钮，预览制作的视频淡入淡出特效，如图 12-112 所示。

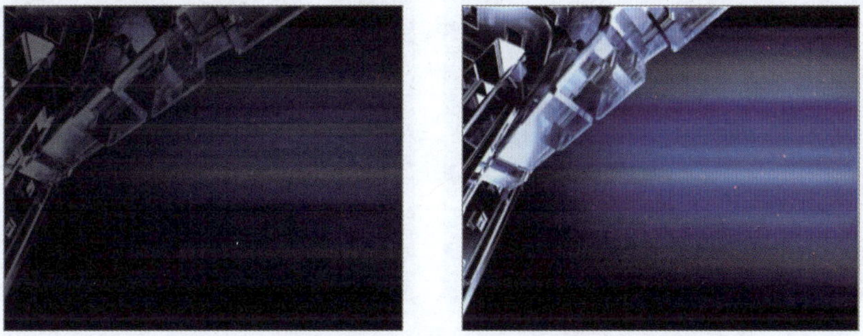

图 12-112　预览制作的视频淡入淡出特效

步骤 22 用与上同样的方法，在“视频布局”对话框中，为视频轨中的“片头特效 3”和“片头特效 4”视频素材制作可见度运动特效，单击录制窗口下方的“播放”按钮，预览视频淡入淡出效果，如图 12-113 所示。

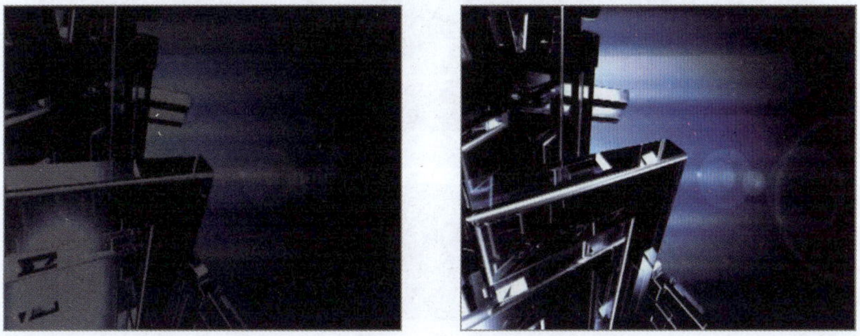

图 12-113　预览视频淡入淡出效果（1）

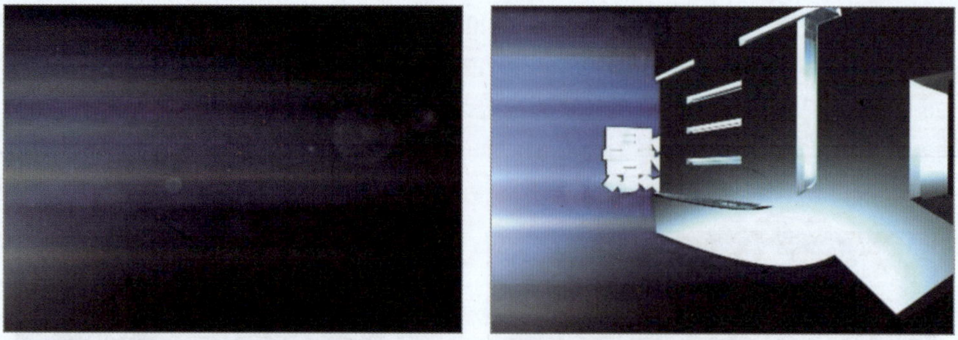

图 12-113　预览视频淡入淡出效果（2）

12.2.4　制作片头背景音乐

背景音乐是影视动画中不可缺少的重要组成部分，合理地添加音乐特效，可以为视频锦上添花，增加视频的吸引力。下面向读者介绍制作片头背景音乐的操作方法。

步骤 01　在“素材库”面板中，选择背景音乐素材，如图 12-114 所示。

步骤 02　单击鼠标左键，将其拖曳至音频轨道中，如图 12-115 所示。

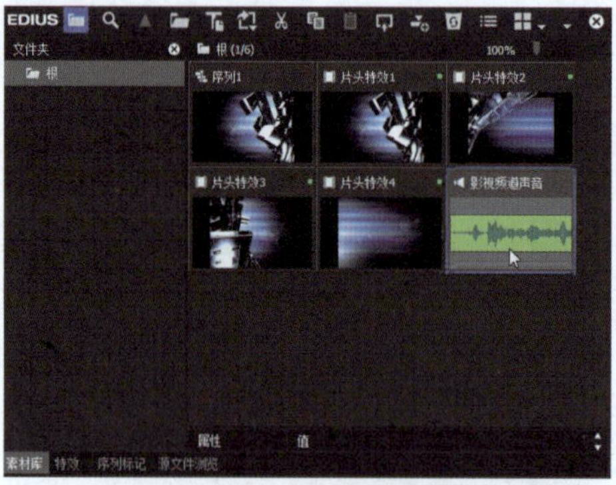

图 12-114　选择背景音乐素材

图 12-115　拖曳至音频轨道中

步骤 03　释放鼠标左键，即可将背景音乐添加至声音轨道中，如图 12-116 所示，单击录制窗口下方的“播放”按钮，试听添加背景音乐后的视频画面。

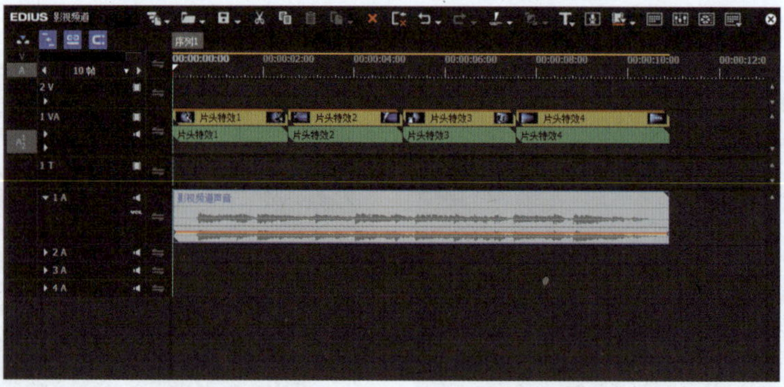

图 12-116　将背景音乐添加至声音轨道中

12.2.5　输出节目片头视频

制作好视频的背景音乐后，最后一步只需输出视频，就可以完成整部作品的制作了。下面向读者介绍输出节目片头视频的操作方法。

步骤 01　在录制窗口下方，单击“输出”按钮，在弹出的列表框中选择“输出到文件”选项，如图 12-117 所示。

步骤 02　弹出“输出到文件”对话框，在左侧窗口中选择 AVI 选项，在右侧窗口中选择相应的预设输出方式，单击“输出”按钮，如图 12-118 所示。

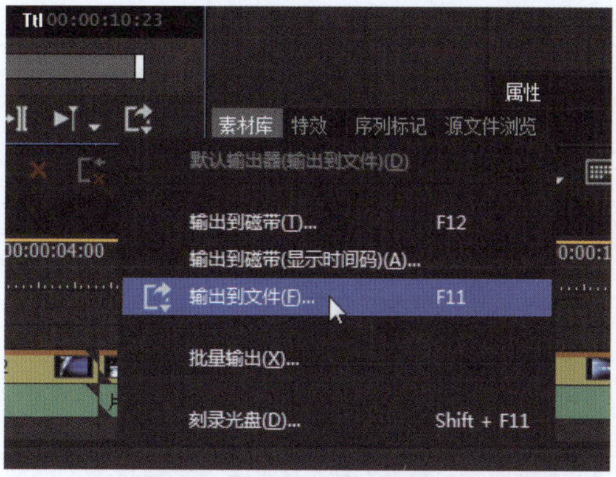

图 12-117　选择“输出到文件”选项

图 12-118　单击“输出”按钮

步骤 03　设置节目片头视频文件的文件名与保存位置后，弹出“渲染”对话框，提示用户正在输出视频文件，并显示输出进度，如图 12-119 所示。

步骤 04　稍等片刻，待视频文件输出完成后，在“素材库”面板中，即可显示输出后的视频文件，如图 12-120 所示，单击“播放”按钮，即可预览输出的视频文件画面效果。

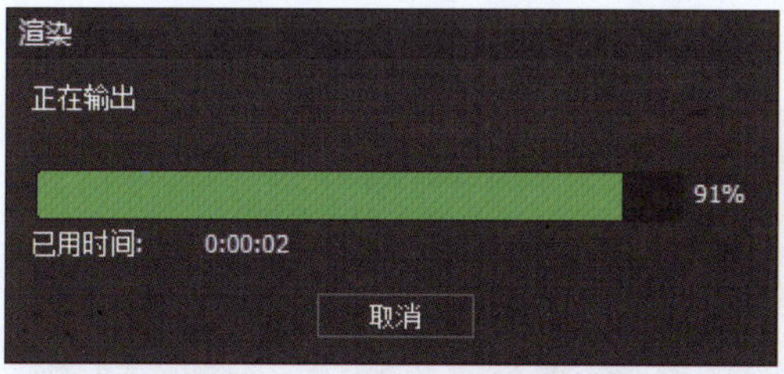

图 12-119　显示输出进度

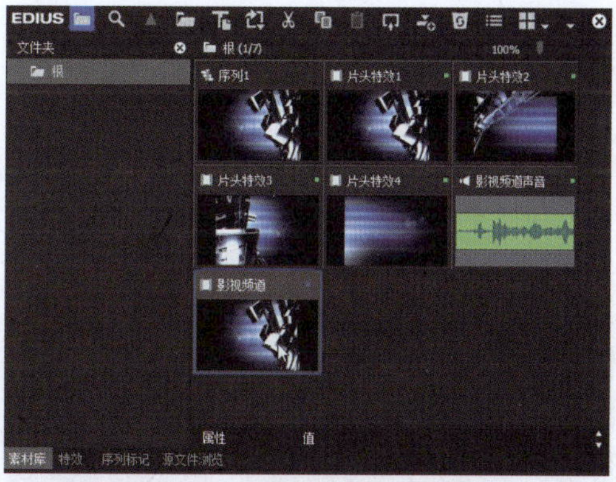

图 12-120　显示输出的视频文件

12.3　婚纱视频：制作《执子之手》

爱情是人与人之间强烈的依恋、亲近、向往，以及无私专一并且无所不尽其心的情感。当爱情上升到一定程度后，相爱的两个人会步入婚姻的殿堂。

在制作婚纱视频之前，首先带领读者预览《执子之手》视频的画面效果，如图 12-121 所示，并掌握项目技术提炼等内容，这样可以帮助读者更好的学习婚纱视频的制作方法。

图 12-121　《执子之手》效果欣赏

12.3.1　导入婚纱视频素材

在制作婚纱视频之前，首先需要将婚纱视频素材导入至 EDIUS 工作界面中。下面向读者介绍导入婚纱视频素材的操作方法。

步骤 01　新建一个工程文件，在“素材库”面板中的空白位置上，单击鼠标右键，在弹出的快捷菜单中，选择“添加文件”选项，如图 12-122 所示。

步骤 02　执行相应操作后，在“素材库”面板中，导入相应的婚纱视频背景素材（素材\第 12 章\3、执子之手文件夹），如图 12-123 所示。

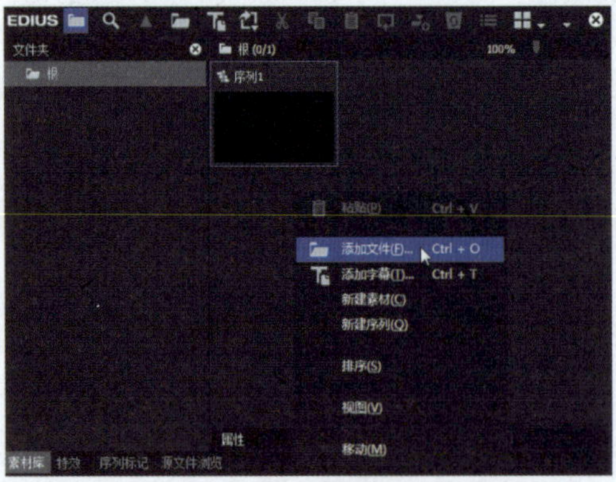

图 12-122　选择“添加文件”选项

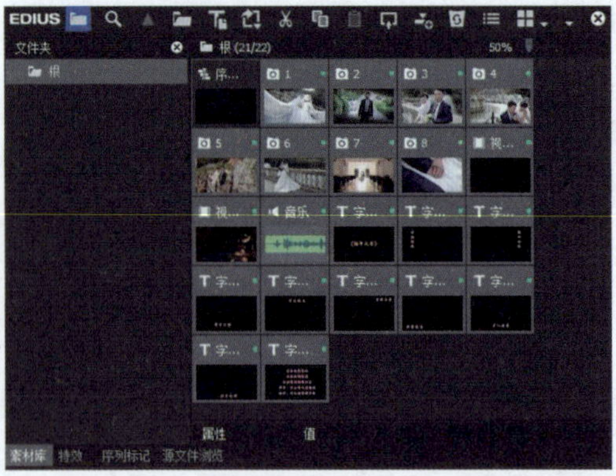

图 12-123　导入相应的手表广告背景素材

12.3.2　制作婚纱片头画面

将婚纱视频所有的素材导入到“素材库”面板后，接下来需要在轨道面板中制作婚纱片头画面，制作片头对于一个视频来说是非常重要的一个步骤，片头的美观性直接影响到视频给人的第一感觉。下面向读者介绍制作婚纱视频片头画面的操作方法。

步骤 01　在“素材库”面板中，选择“视频 1”视频素材，如图 12-124 所示。

步骤 02　在视频素材上，单击鼠标左键并拖曳至视频轨中的开始位置，此时用虚线表示视频将要摆放的位置，如图 12-125 所示。

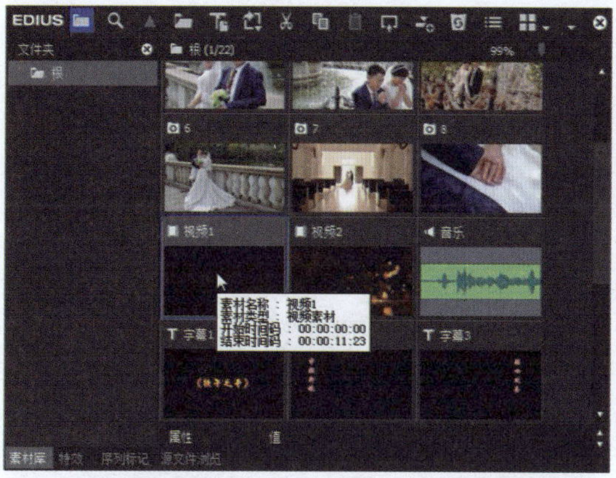

图 12-124　选择“视频 1”视频素材

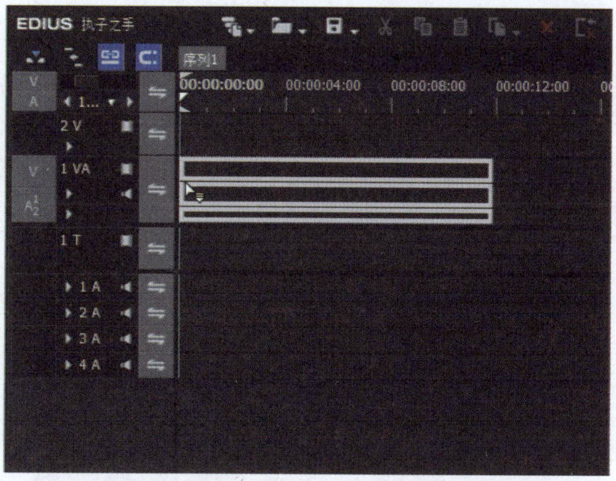

图 12-125　用虚线表示视频将要摆放的位置

步骤 03　释放鼠标左键，将“视频 1”素材添加至视频轨中，如图 12-126 所示。

步骤 04　将时间线移至视频轨中的 00:00:02:13 位置处，如图 12-127 所示。

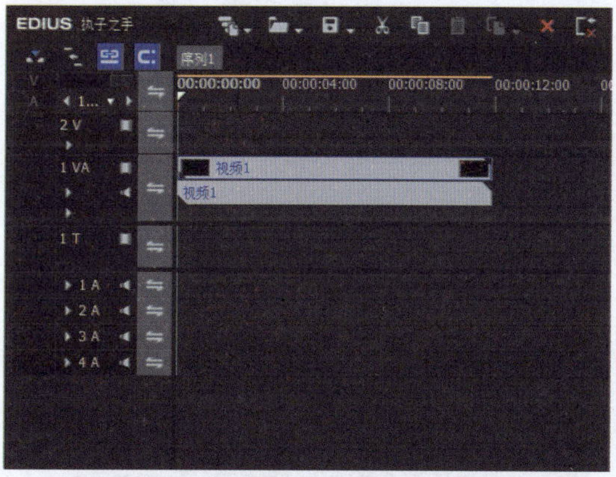

图 12-126　将“视频 1”素材添加至视频轨中

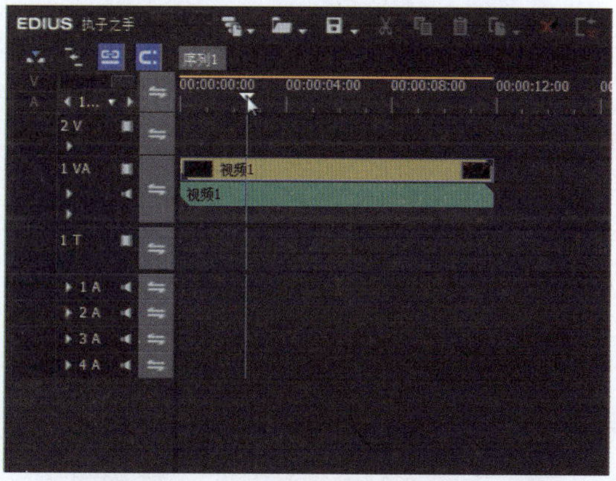

图 12-127　移至相应位置处

步骤 05　在“素材库”面板中，选择“字幕 1”视频素材，单击鼠标左键将素材拖曳至 1T 字幕轨道的 00:00:02:13 位置处，即可添加字幕 1，如图 12-128 所示。

步骤 06　在 1T 字幕轨道中，选择“字幕 1”单击鼠标右键弹出快捷菜单，选择“持续时间”选项，弹出“持续时间”对话框，在其中设置“持续时间”为 00:00:09:10，如图 12-129 所示。

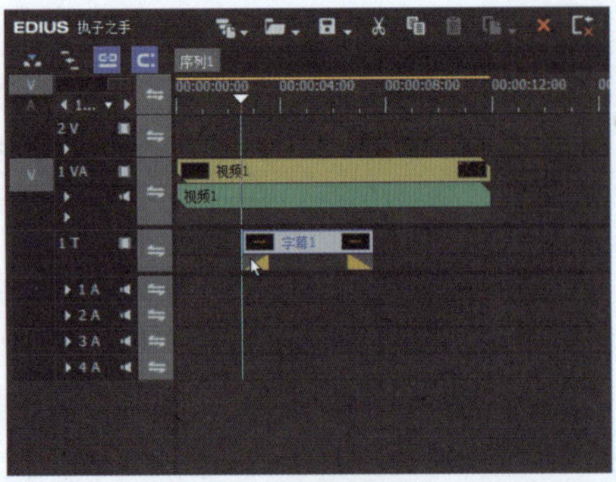

图 12-128　添加字幕 1

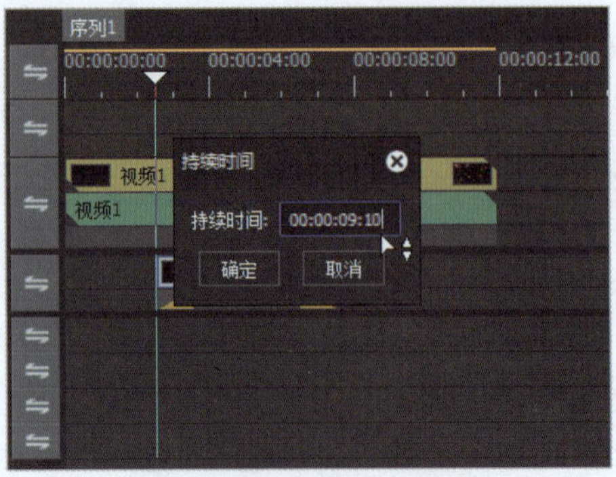

图 12-129　设置相应参数

步骤 07　单击“确定”按钮，即可设置字幕的长度，展开“特效”面板，在“激光”特效组中，选择“右面激光”运动效果，单击鼠标左键并拖曳至 1T 字幕轨道中的字幕文件的淡入位置，如图 12-130 所示。

步骤 08　释放鼠标左键，即可添加“右面激光”特效，在“信息”面板中，可以查看到两种字幕特效，如图 12-131 所示。

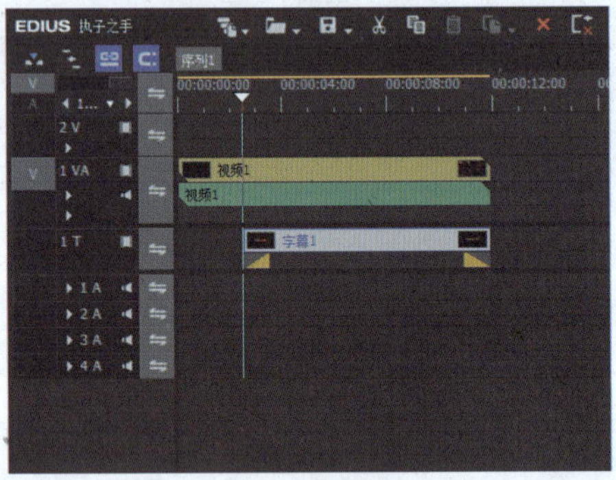

图 12-130　拖曳至相应位置

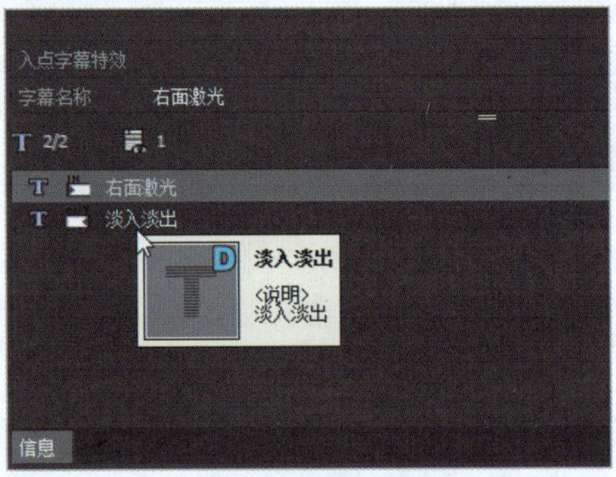

图 12-131　查看到两种字幕特效

步骤 09　将时间线移至 00:00:05:09 位置处，在 1T 字幕轨道中通过鼠标拖曳的方式调整下面激光特效播放时的区间长度，如图 12-132 所示。

步骤 10　将时间线移至视频轨的开始位置，单击录制窗口下方的“播放”按钮，预览制作的婚纱视频片头画面，效果如图 12-133 所示。

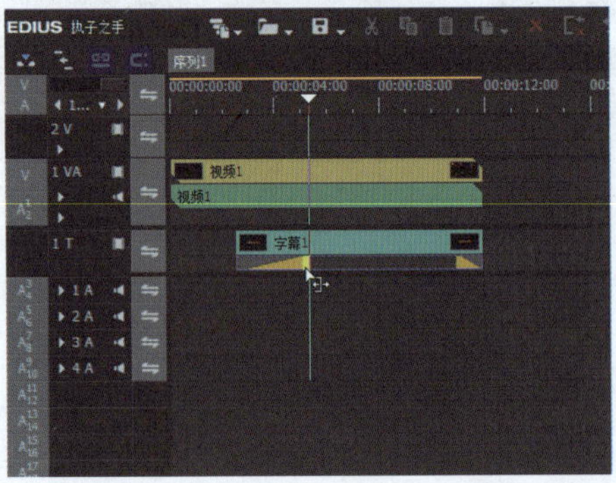

图 12-132　调整相应的区间长度

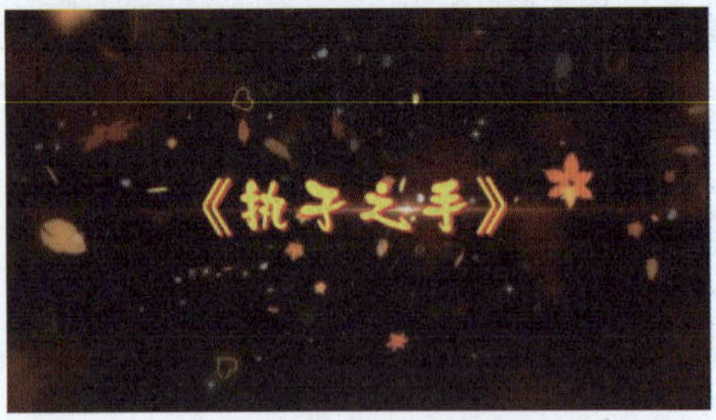

图 12-133　预览制作的婚纱视频片头画面

12.3.3　制作视频覆叠特效

在 EDIUS 中，用户可以通过“手绘遮罩”滤镜与视频布局制作婚纱视频的画中画特效。下面介绍制作视频画中画特效的操作方法。

步骤 01　在“素材库”面板中，选择“视频 2”视频素材，在视频素材上，单击鼠标左键并拖曳至视频轨中“视频 1”素材的结尾处，将两段素材相接，如图 12-134 所示。

步骤 02　释放鼠标左键，即可在视频轨中添加“视频 2”素材，如图 12-135 所示。

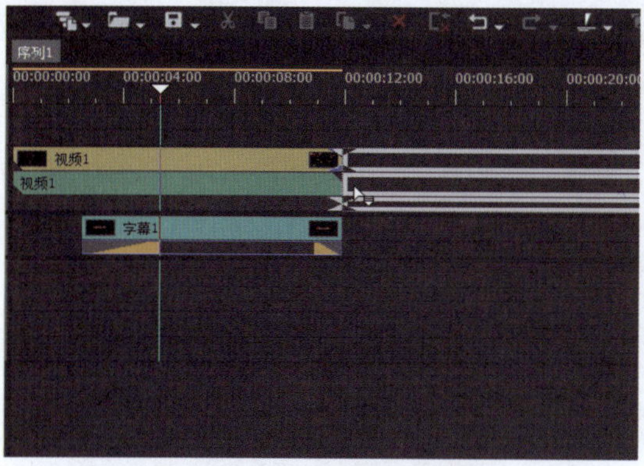

图 12-134　将两段素材相接

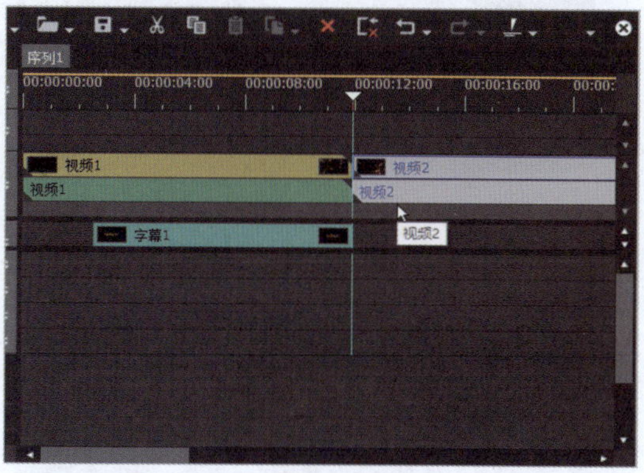

图 12-135　添加“视频 2”素材

步骤 03　在素材面板中依次将“1、2、3、4、5、6、7、8”素材拖曳至视频轨中，即可添加 8 张视频素材，如图 12-136 所示。

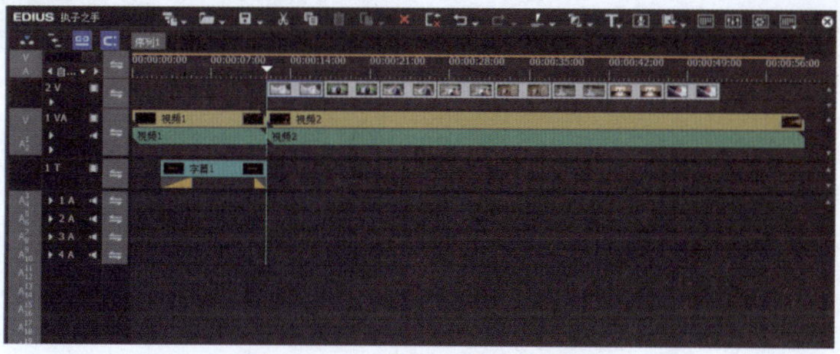

图 12-136　添加 8 张视频素材

步骤 04　切换至“特效”面板，展开“视频滤镜”特效组，在其中选择“手绘遮罩”滤镜效果，将其拖曳至 2V 视频轨中的“1”文件上，释放鼠标左键，添加“手绘遮罩”滤镜效果，在“信息”面板中，查看添加的“手绘遮罩”滤镜效果，如图 12-137 所示。

步骤 05　在“手绘遮罩”滤镜效果上，单击鼠标右键，在弹出的快捷菜单中选择“打开设置对话框”选项，弹出“手绘遮罩”对话框，单击上方的“绘制椭圆”按钮，如图 12-138 所示。

步骤 06　在预览窗口中的适当位置，按住鼠标左键并拖曳，绘制一个椭圆路径，并调整至相应的位置，如图 12-139 所示。

步骤 07　在“内部”选项区中，设置“可见度”为 80%、“强度”为 50%，在“外部”选项区中设置“可见度”为 20%，在“边缘”选项区中，选中“柔化”复选框，设置“宽度”为 100px、“方向”为“外部”，如图 12-140 所示，设置椭圆路径的参数。

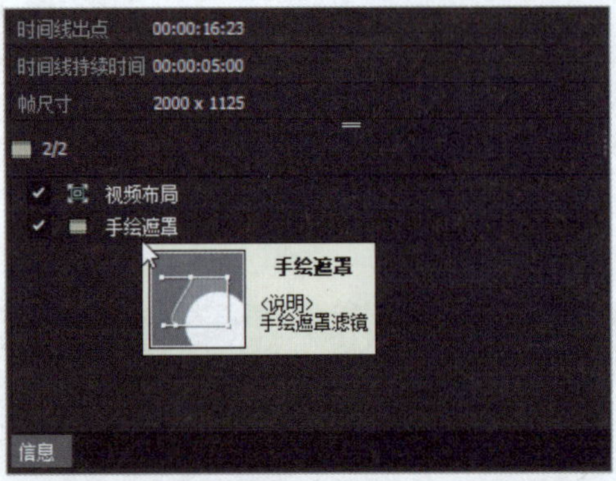

图 12-137 查看添加的“手绘遮罩”滤镜效果

图 12-138 单击上方的“绘制椭圆”按钮

图 12-139 调整至相应的位置

图 12-140 设置椭圆路径的参数

步骤 08 单击“确定”按钮，返回 EDIUS 工作界面，在“信息”面板中的“视频布局”选项上，单击鼠标右键，在弹出的快捷菜单中选择“打开设置对话框”选项，弹出“视频布局”对话框，单击上方的“3D 模式”按钮，如图 12-141 所示。

步骤 09 进入“3D 模式”编辑界面，在界面左下角依次选中“位置”“伸展”“旋转”复选框，单击右侧的“添加/删除关键帧”按钮，即可添加 3 个关键帧，如图 12-142 所示。

图 12-141 单击上方的“3D 模式”按钮

图 12-142 添加 3 个关键帧

步骤 10　在“参数”面板的“轴心”选项区中设置 X 为 20.0%、Y 为 30.0%、Z 为 40.0%；在“位置”选项区中，设置 X 为 616.3px、Y 为 22.1%；在“拉伸”选项区中，设置 X 为 569.1px、Y 为 320.1px；在“旋转”选项区中设置 Z 为-29.90，如图 12-143 所示。

步骤 11　在效果控制面板中，将时间线移至 00:00:00:20 的位置处，在“参数”面板的“位置”选项区中，设置 X 为 27.2%、Y 为 5.7%；在“拉伸”选项区中，设置 X 为 28.5%、Y 为 320.1px，在“旋转”选项区中设置 Z 为-29.90，如图 12-144 所示。

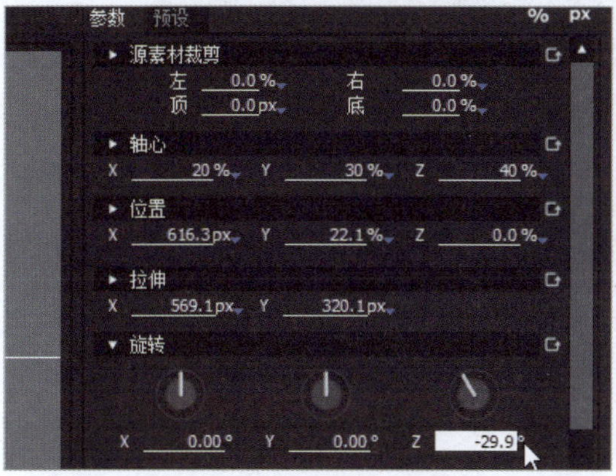

图 12-143　设置相应参数

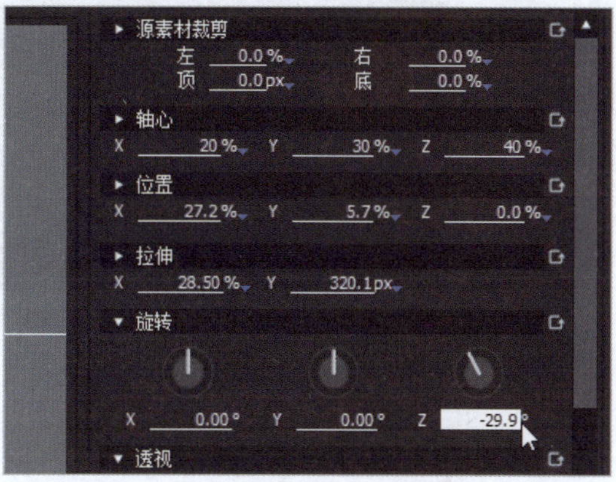

图 12-144　设置相应参数

步骤 12　在效果控制面板中的时间线位置，自动添加第 2 组关键帧，在效果控制面板中，将时间线移至 00:00:01:15 位置处，在“参数”面板的“位置”选项区中设置 X 为 21.40%、Y 为 6.3%，在“拉伸”选项区中设置 X 为 51%、Y 为 573.6px，在“旋转”选项区中设置 Z 为-12.2，如图 12-145 所示。

步骤 13　即可在效果控制面板中的时间线位置，自动添加第 3 组关键帧，在效果控制面板中，将时间线移至 00:00:02:10 位置处，在“参数”面板的“位置”选项区中，设置 X 为 15.1%、Y 为 21%，在“拉伸”选项区中设置 X 为 62%、Y 为 697.8px，在“旋转”选项区中设置 Z 为-0.5，如图 12-146 所示。

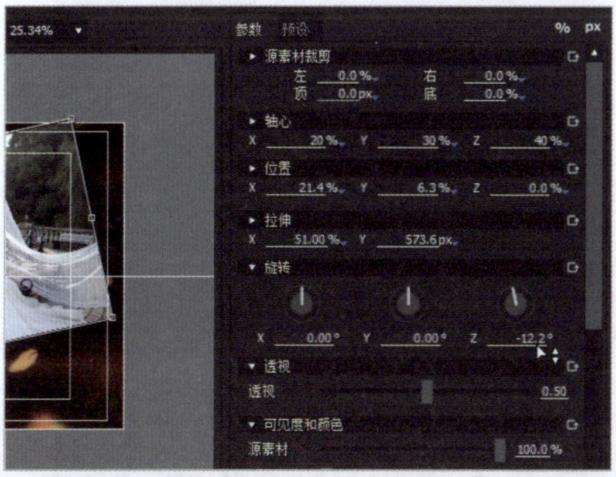

图 12-145　设置相应参数

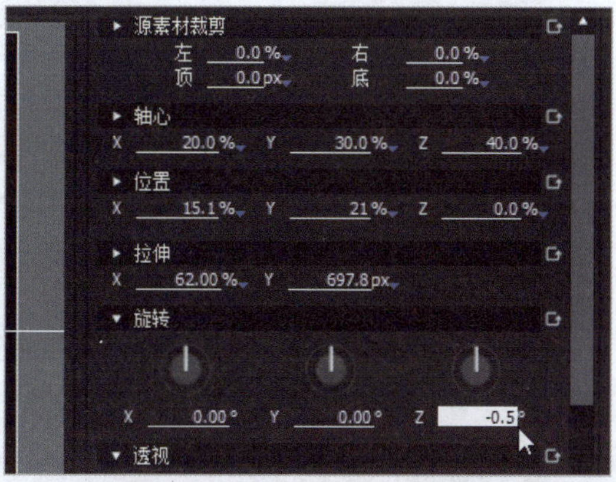

图 12-146　设置相应参数

步骤 14　即可在效果控制面板中的时间线位置，自动添加第 4 组关键帧，在效果控制面板中，将时间线移至 00:00:03:05 位置处，在“参数”面板的“轴心”选项区中设置 X 为 20.0%、Y 为 30%、Z 为 40.0%；在“位置”选项区中，设置 X 为 17%、Y 为 24.1%；在“拉伸”选项区中，设置 X 为 77.6%、Y 为 873.5px；在“旋转”选项区中设置 Z 为-0.5，即可在效果控制面板中的时间线位置，自动添加第 5 组关键帧，如图 12-147 所示。

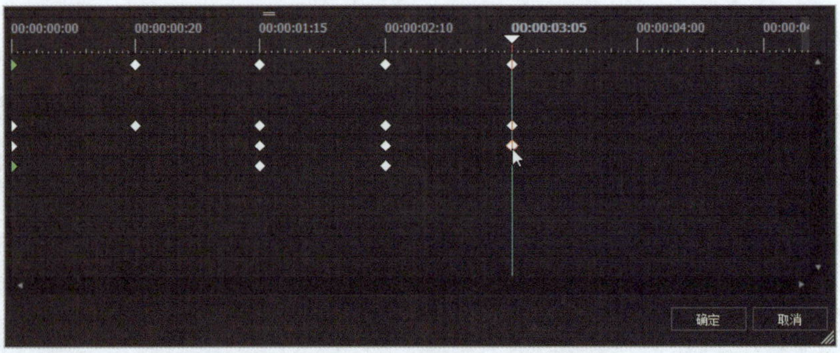

图 12-147　自动添加第 5 个关键帧

步骤 15　单击“确定”按钮，返回 EDIUS 工作界面，用与上同样的方法，将“2、3、4、5、6、7、8”视频素材上添加“手绘遮罩”滤镜效果并在视频布局中制作相应的动画效果，单击“播放”按钮，预览制作的视频遮罩效果，如图 12-148 所示。

图 12-148　预览制作的视频遮罩效果

12.3.4　添加视频转场特效

制作视频的过程中，用户可以在视频中添加漂亮的转场效果，达到美化视频的目的。下面向读者介绍添加视频转场特效的操作方法。

步骤 01　展开特效面板，在特效面板的 3D 素材库中，选择“单门”转场效果，单击鼠标左键并拖曳至视频轨中的素材 1、2 之间，释放鼠标左键，即可在素材 1、2 之间添加“单门”转场效果，如图 12-149 所示。

步骤 02　单击录制窗口中的“播放”按钮，预览添加的视频转场效果，如图 12-150 所示。

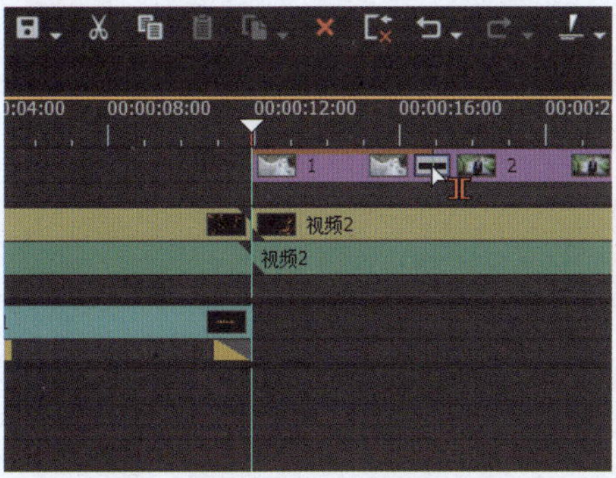

图 12-149　添加相应的转场效果

图 12-150　预览添加的转场效果

步骤 03　在特效面板的 3D 素材库中，选择“四页”转场效果，单击鼠标左键并拖曳至视频轨中的素材 2、3 之间，释放鼠标左键，即可在素材 2、3 之间添加“四页”转场效果，如图 12-151 所示。

步骤 04　单击录制窗口中的“播放”按钮，预览添加的视频转场效果，如图 12-152 所示。

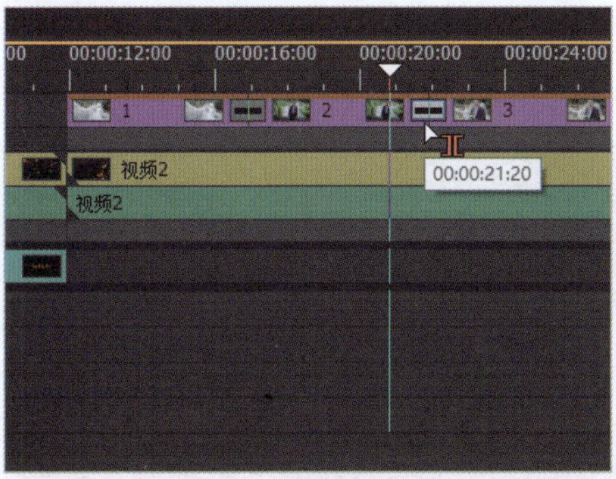

图 12-151　添加“四页”转场效果

图 12-152　预览添加的视频转场效果

步骤 05　在特效面板的 3D 素材库中，选择“3D 溶化”转场效果，单击鼠标左键并拖曳至视频轨中的素材 3、4 之间，释放鼠标左键，在素材 3、4 之间添加“3D 溶化”转场效果，展开“信息”面板可以查看到添加的“3D 溶化”转场效果，如图 12-153 所示。

步骤 06　单击录制窗口中的“播放”按钮，预览添加的视频转场效果，如图 12-154 所示。

步骤 07　用与上同样的方法在视频轨中的素材 4、5 之间添加“立方体旋转”转场效果，展开“信息”面板可以查看到添加的“立方体旋转”转场效果，如图 12-155 所示。

步骤 08　单击录制窗口中的“播放”按钮，预览添加的视频转场效果，如图 12-156 所示。

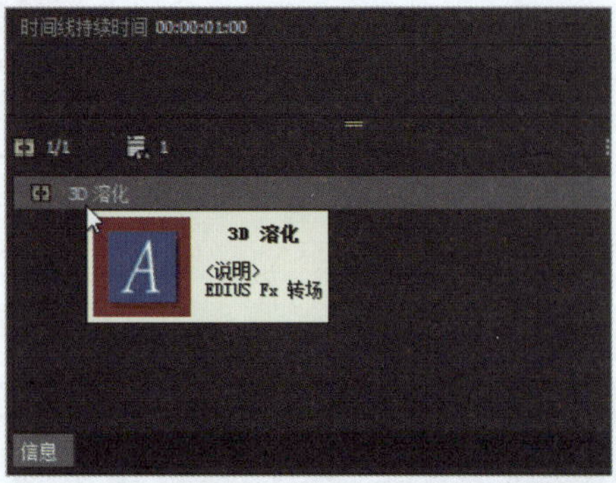

图 12-153　查看添加的“3D 溶化”转场效果

图 12-154　预览添加的视频转场效果

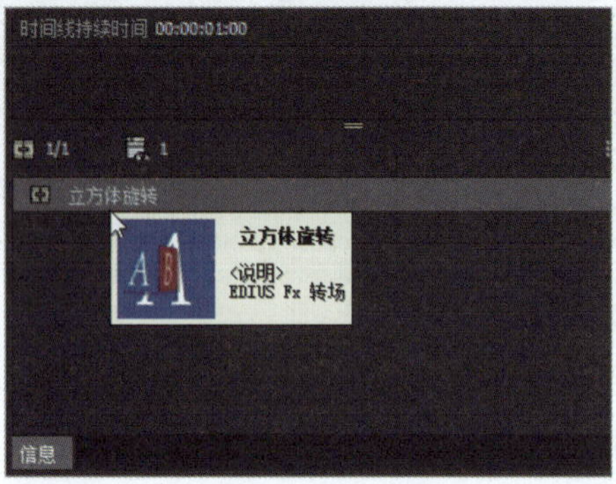

图 12-155　查看添加的“立方体旋转”转场效果

图 12-156　预览添加的视频转场效果

步骤 09　用与上同样的方法在视频轨中的素材 5、6 之间添加“卷页”转场效果，展开“信息”面板可以查看的到添加的“卷页”转场效果，如图 12-157 所示。

步骤 10　单击录制窗口中的“播放”按钮，预览添加的视频转场效果，如图 12-158 所示。

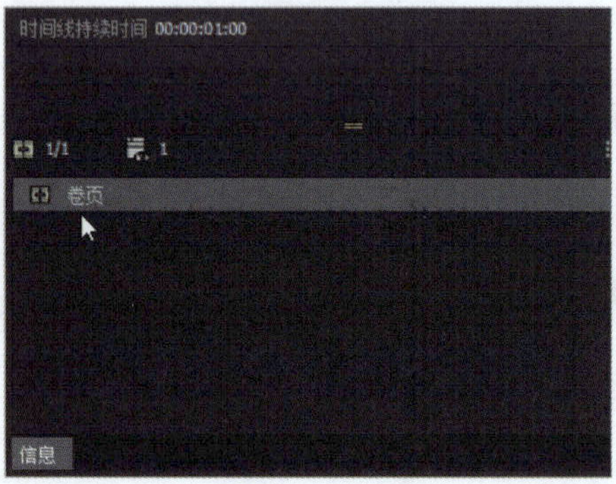

图 12-157　查看添加的“卷页”转场效果

图 12-158　预览添加的视频转场效果

步骤 11　用与上同样的方法在视频轨中的素材 6、7 之间添加“双页”转场效果，展开“信息”面板可以查看到添加的“双页”转场效果，如图 12-159 所示。

步骤 12　单击录制窗口中的“播放”按钮，预览添加的视频转场效果，如图 12-160 所示。

步骤 13　用与上同样的方法在视频轨中的素材 7、8 之间添加“球化”转场效果，展开“信息”面板可以查看到添加的“球化”转场效果，如图 12-161 所示。

步骤 14　单击录制窗口中的“播放”按钮，预览添加的视频转场效果，如图 12-162 所示。

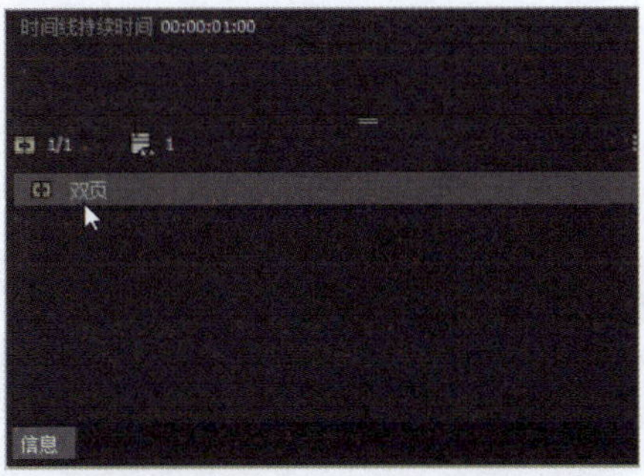

图 12-159　查看添加的“双页”转场效果

图 12-160　预览添加的视频转场效果

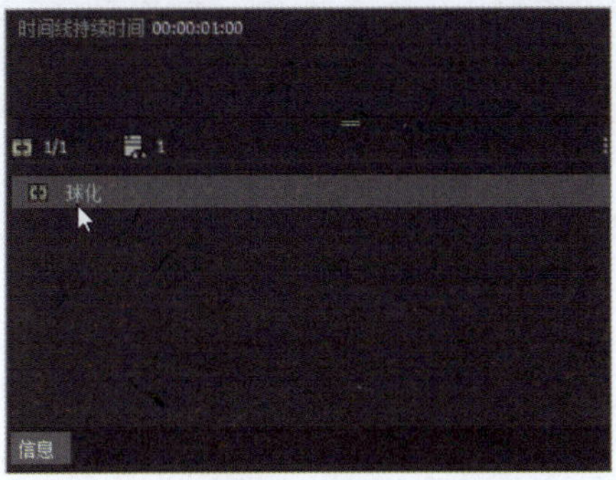

图 12-161　查看添加的“球化”转场效果

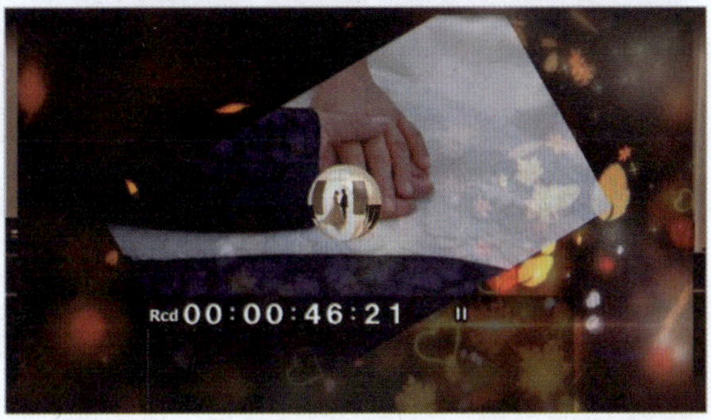

图 12-162　预览添加的视频转场效果

12.3.5　制作字幕运动特效

现如今各个影视视频都离不开字幕，例如电视剧、电影、动漫等，字幕可以很好地突出视频的目的，以及让观看视频的人更好地理解视频中的内容。现在这个时代经济越来越发达，人们对一些事物已有不同的标准，在制作视频字幕的时候，字幕的出现也并非是一成不变的，可以通过 EDIUS 制作字幕运动特效。下面介绍制作视频字幕运动特效的操作方法。

步骤 01　在时间线面板中，将时间线移至轨道中的 00:00:11:23 位置处，在素材库面板中，依次将“字幕 2、字幕 3、字幕 4、字幕 5、字幕 6、字幕 7、字幕 8、字幕 9、字幕 10”素材文件拖曳至 1T 字幕轨道中的时间线的位置，如图 12-163 所示。

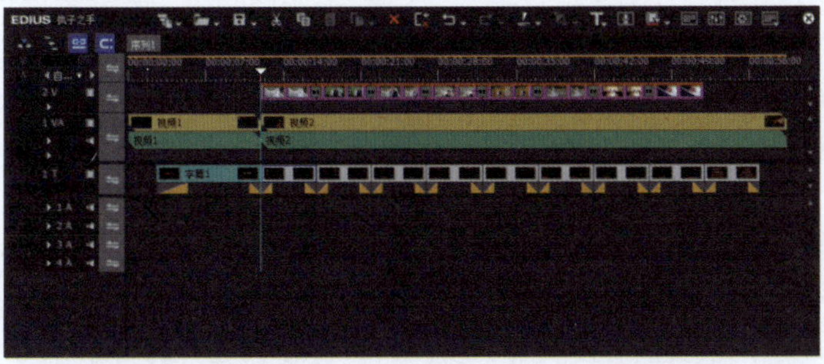

图 12-163　拖曳至 1T 字幕轨道中的时间线的位置

步骤 02 在 1T 字幕轨道中选择“字幕 10”素材文件，单击鼠标右键，在弹出的快捷菜单中选择“持续时间”选项，弹出“持续时间”对话框，在其中设置“持续时间”为 00:00:07:15，如图 12-164 所示。

步骤 03 单击“确定”按钮，即可更改 1T 字幕轨道上的“字幕 10”素材文件时间长度，如图 12-165 所示。

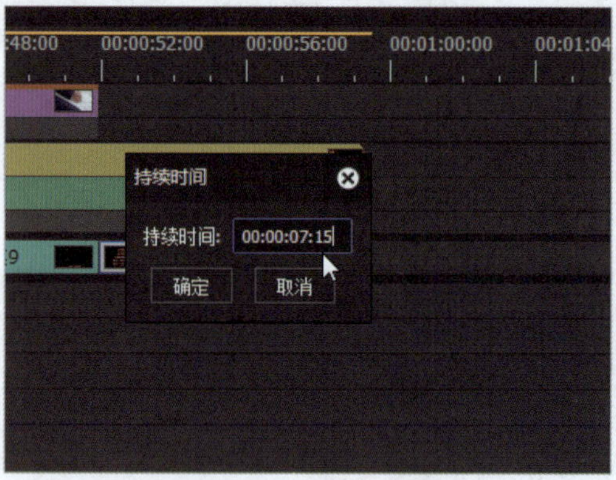

图 12-164　设置相应参数

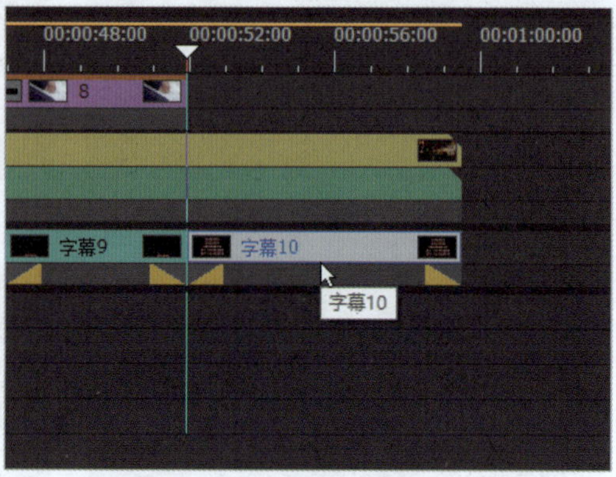

图 12-165　更改素材文件时间长度

步骤 04 展开“特效”面板，在“软划像”特效组中，选择“向上软划像”运动效果，单击鼠标左键并拖曳至 1T 字幕轨道中的“字幕 2”素材文件上方，如图 12-166 所示。

步骤 05 释放鼠标左键，即可添加“向上软划像”特效，在“信息”面板中，可以查看更改的字幕特效，如图 12-167 所示。

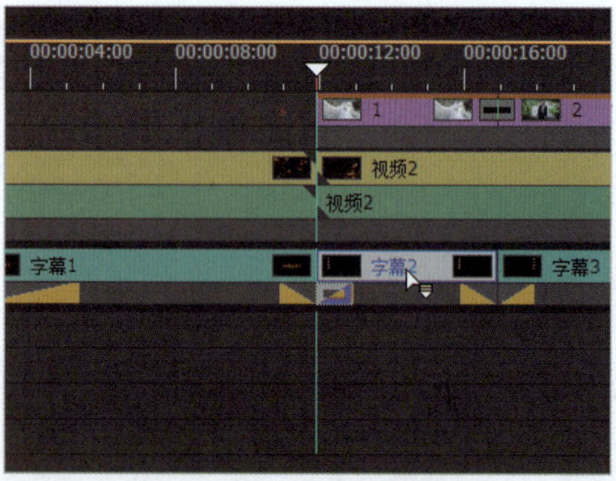

图 12-166　拖曳至相应位置

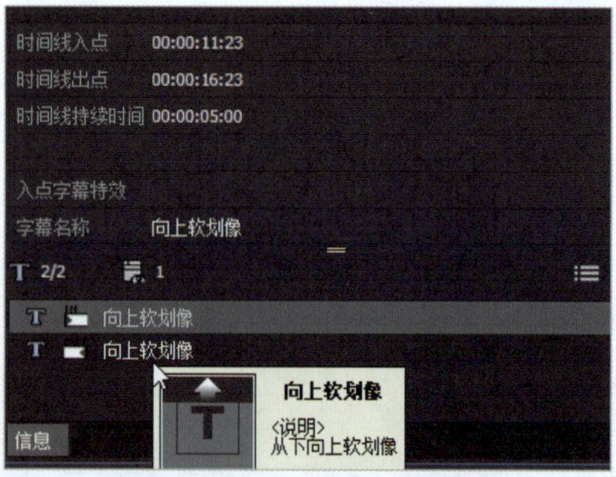

图 12-167　查看更改的字幕特效

步骤 06 展开“特效”面板，在“垂直划像”特效组中，选择“垂直划像（中心->边缘）”运动效果，单击鼠标左键并拖曳至 1T 字幕轨道中的“字幕 3”素材文件上方，如图 12-168 所示。

步骤 07 释放鼠标左键，即可添加“垂直划像（中心->边缘）”特效，在“信息”面板中，可以查看更改的字幕特效，如图 12-169 所示。

步骤 08 展开“特效”面板，在“水平划像”特效组中，选择“水平划像（边缘->中心）”运动效果，单击鼠标左键并拖曳至 1T 字幕轨道中的“字幕 6”素材文件上方，如图 12-170 所示。

步骤 09　释放鼠标左键，即可添加“水平划像（边缘->中心）”特效，在“信息”面板中，可以查看更改的字幕特效，如图 12-171 所示。

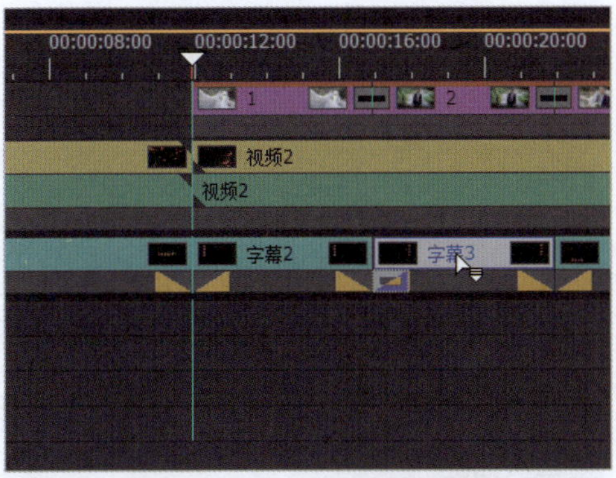

图 12-168　拖曳至相应位置

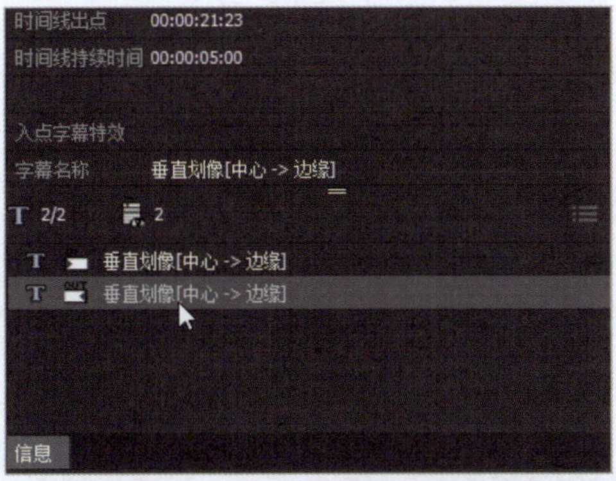

图 12-169　查看更改的字幕特效

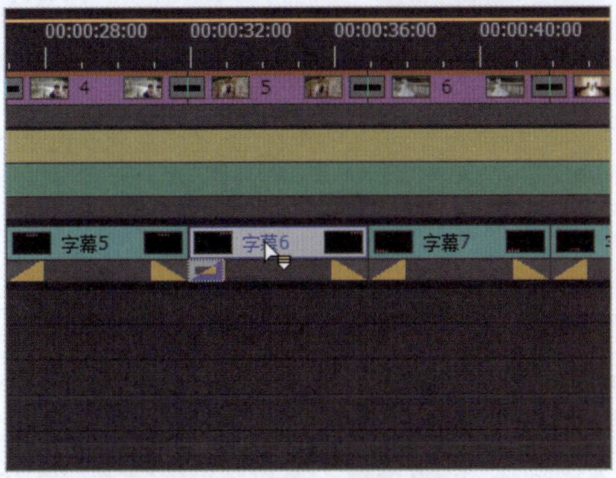

图 12-170　拖曳至相应位置

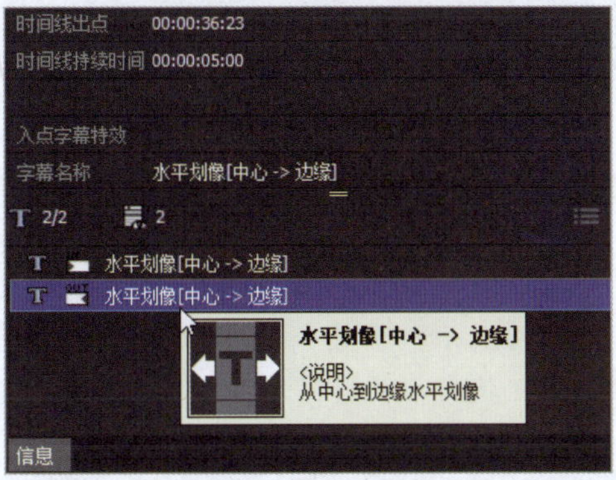

图 12-171　查看更改的字幕特效

步骤 10　展开“特效”面板，在“飞入 B”特效组中，选择“向上飞入 B”运动效果，单击鼠标左键并拖曳至 1T 字幕轨道中的“字幕 7”素材文件上方，如图 12-172 所示。

步骤 11　释放鼠标左键，即可添加“向上飞入 B”特效，在“信息”面板中，可以查看更改的字幕特效，如图 12-173 所示。

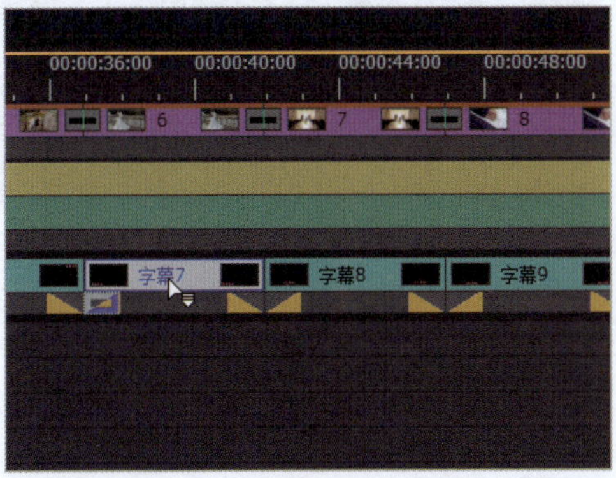

图 12-172　拖曳至相应位置

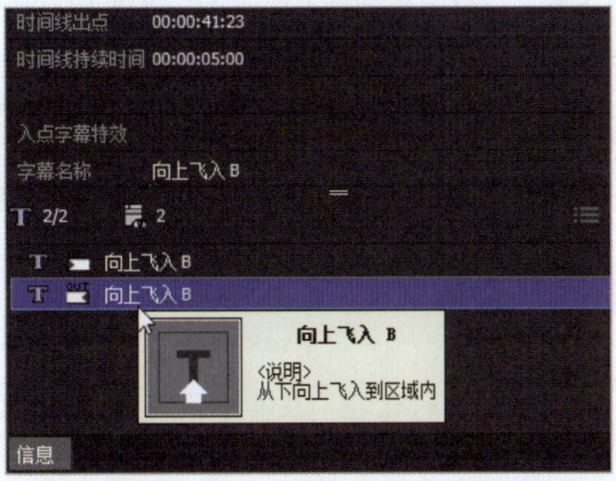

图 12-173　查看更改的字幕特效

步骤 12 展开“特效”面板，在“淡入淡出飞入 A”特效组中，选择“向上淡入淡出飞入 A”运动效果，单击鼠标左键并拖曳至 1T 字幕轨道中的“字幕 10”素材文件上方，如图 12-174 所示。

步骤 13 释放鼠标左键，即可添加“向上淡入淡出飞入 A”特效，在“信息”面板中，可以查看更改的字幕特效，如图 12-175 所示。

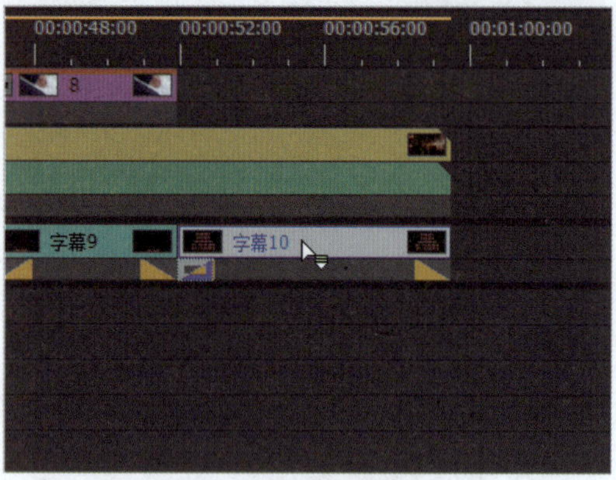

图 12-174 拖曳至相应位置

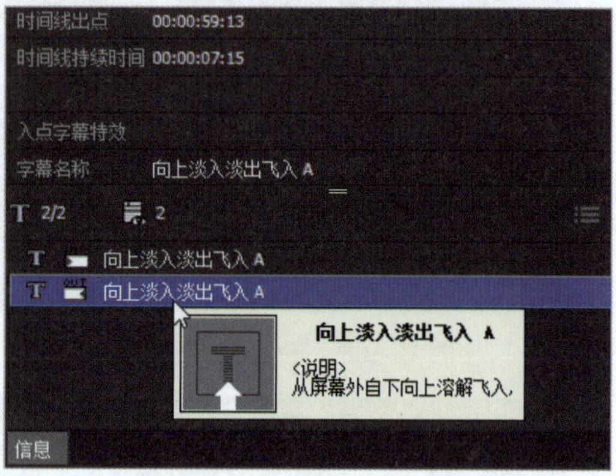

图 12-175 查看更改的字幕特效

步骤 14 将时间线移至 00:00:51:23 位置处，在 1T 字幕轨道中，在字幕淡入位置上，单击鼠标右键，在弹出的快捷菜单中选择“持续时间”|“入点”选项，弹出“持续时间”对话框，在其中设置字幕入点特效的“持续时间”为 00:00:04:09，如图 12-176 所示。

步骤 15 执行操作后，单击“确定”按钮，即可更改字幕入点特效的持续时间长度，如图 12-177 所示。

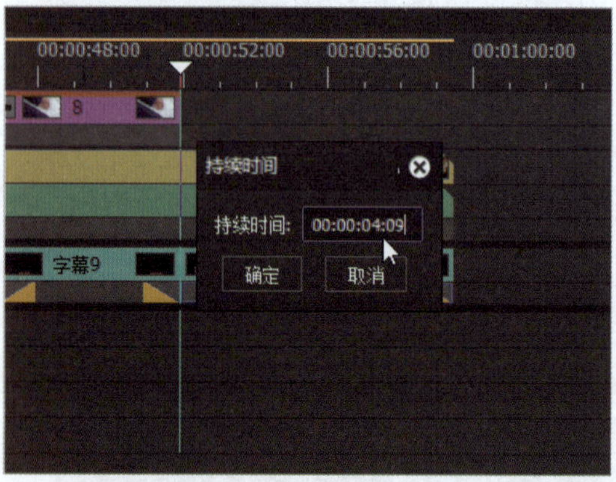

图 12-176 设置相应参数

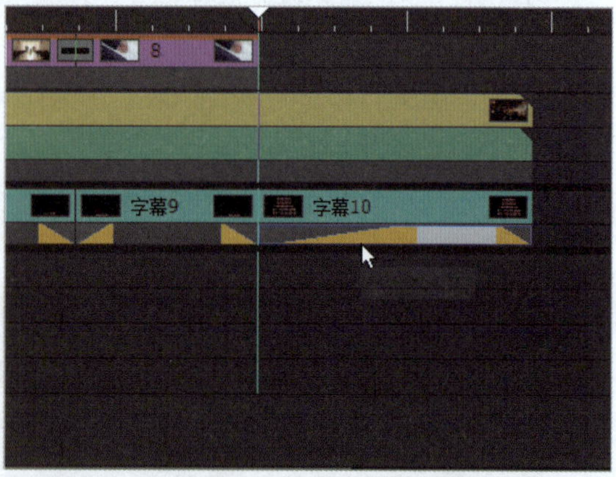

图 12-177 更改字幕入点特效的持续时间长度

步骤 16 将时间线移至 00:00:58:13 位置处，在 1T 字幕轨道中，在字幕淡出位置上，单击鼠标右键，在弹出的快捷菜单中选择“持续时间”|“出点”选项，弹出“持续时间”对话框，在其中设置字幕出点特效的“持续时间”为 00:00:02:13，如图 12-178 所示。

步骤 17 执行操作后，单击“确定”按钮，即可更改字幕出点特效的持续时间长度，如图 12-179 所示。

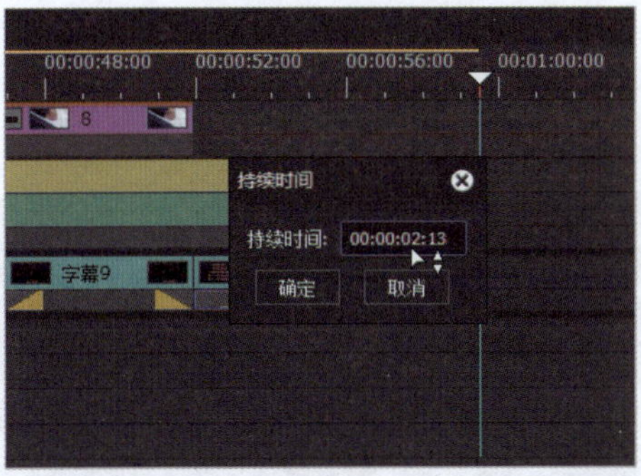

图 12-178　设置相应参数

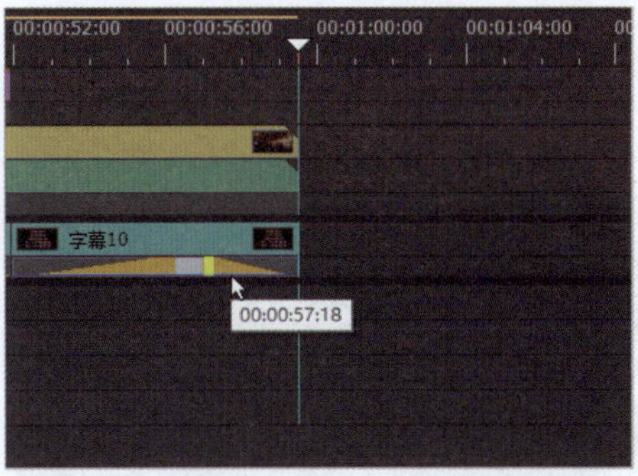

图 12-179　更改字幕出点特效的持续时间长度

12.3.6　制作婚纱背景音乐

在 EDIUS 工作界面中，用户可以通过素材库面板来添加背景音乐，也可以通过时间线面板来添加背景音乐。下面向读者介绍制作婚纱视频背景音乐的操作方法。

步骤 01　在时间线面板中，将时间线移至轨道中的开始位置处，如图 12-180 所示。

步骤 02　在素材库面板中，选择“音乐”素材文件，如图 12-181 所示。

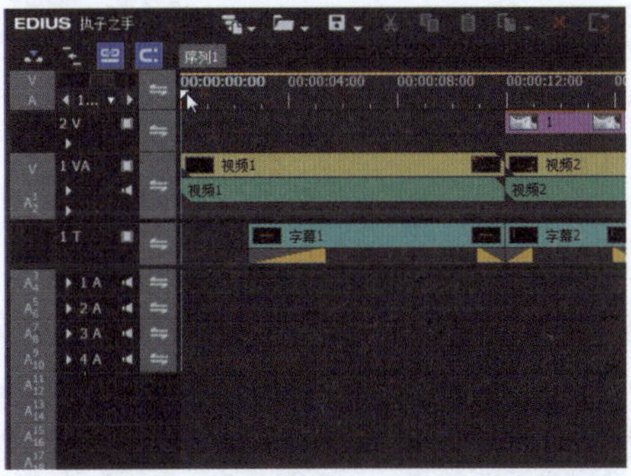

图 12-180　移至轨道中的开始位置处

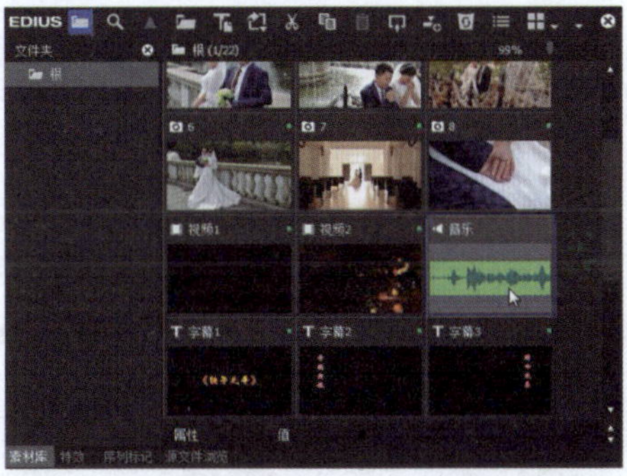

图 12-181　选择“音乐”素材文件

步骤 03　单击鼠标左键并拖曳至 1A 音频轨道中的开始位置，即可添加音频素材，如图 12-182 所示。

步骤 04　在时间线面板中，将时间线移至 00:00:59:13 的位置处，如图 12-183 所示。

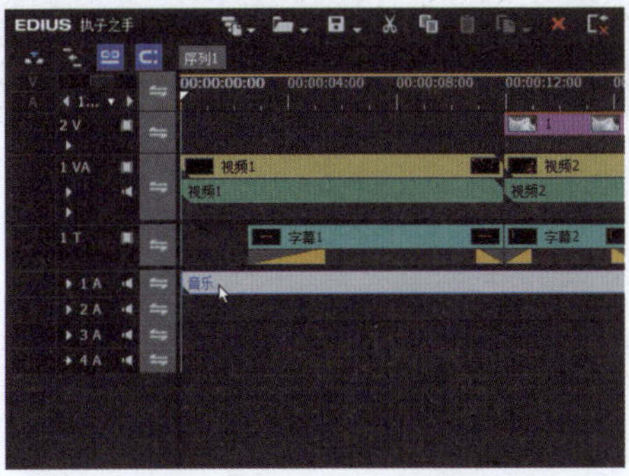

图 12-182　添加音频素材

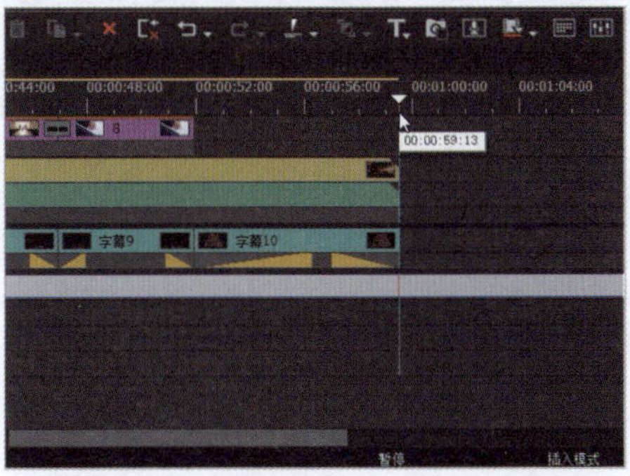

图 12-183　移至 00:00:59:13 的位置处

步骤 05　按【C】键，对 1A 音频轨道中的音频素材进行分割操作，选择分割后的第 2 段音频素材，如图 12-184 所示。

步骤 06　按【Delete】键，对第 2 段音频素材进行删除操作，如图 12-185 所示。

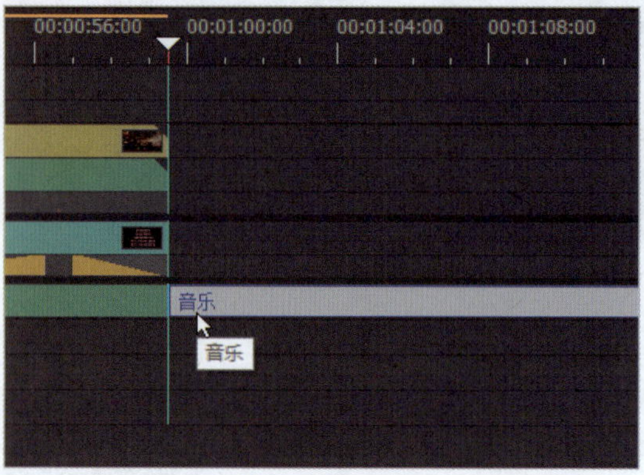

图 12-184　选择分割后的第 2 段音频素材

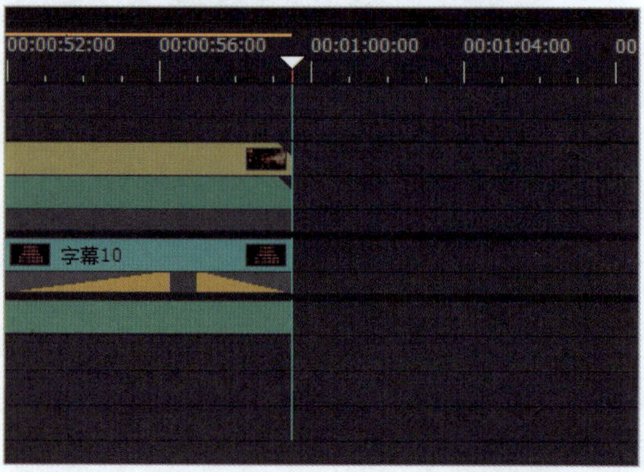

图 12-185　对第 2 段音频素材进行删除操作

12.3.7　输出婚纱视频文件

婚纱视频音乐制作完成后，最后用户可以对影视落幕视频文件进行输出操作。下面向读者介绍输出婚纱视频文件的操作方法。

步骤 01　在录制窗口下方，单击“输出”按钮，在弹出的列表框中选择“输出到文件”选项，如图 12-186 所示。

步骤 02　弹出“输出到文件”对话框，在左侧窗格中选择 Windows Media 选项，然后单击“输出”按钮，如图 12-187 所示。

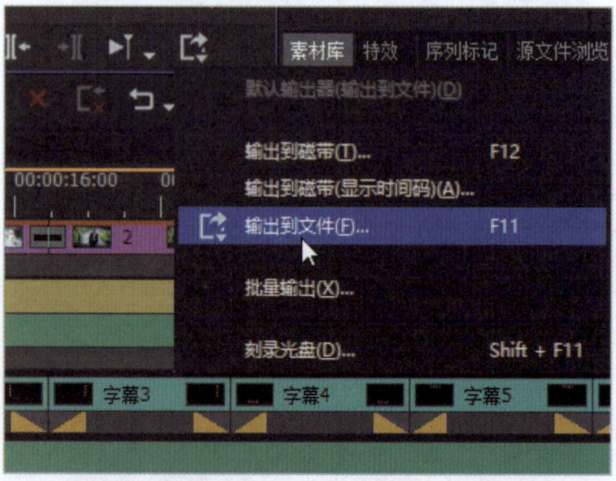

图 12-186　选择“输出到文件”选项

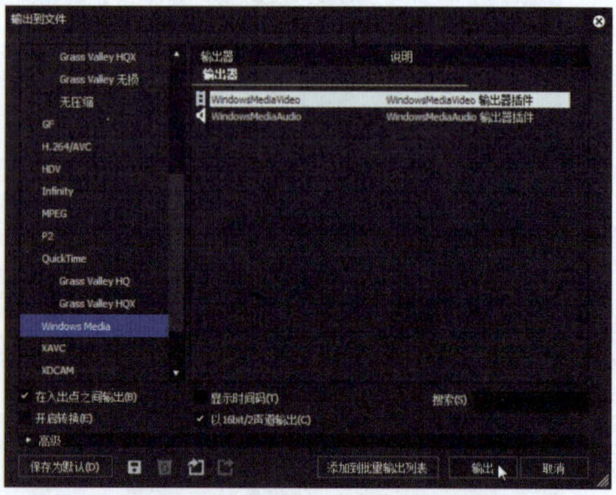

图 12-187　单击“输出”按钮

步骤 03　设置婚纱视频文件的文件名与保存位置后，弹出“渲染”对话框，提示用户正在输出视频文件，并显示输出进度，如图 12-188 所示。

步骤 04　稍等片刻，待视频文件输出完成后，在“素材库”面板中，即可显示输出后的视频文件，如图 12-189 所示。

步骤 05　在素材库面板中，双击输出的视频文件，在播放窗口中单击“播放”按钮，即可预览输出的视频文件画面效果，如图 12-190 所示。

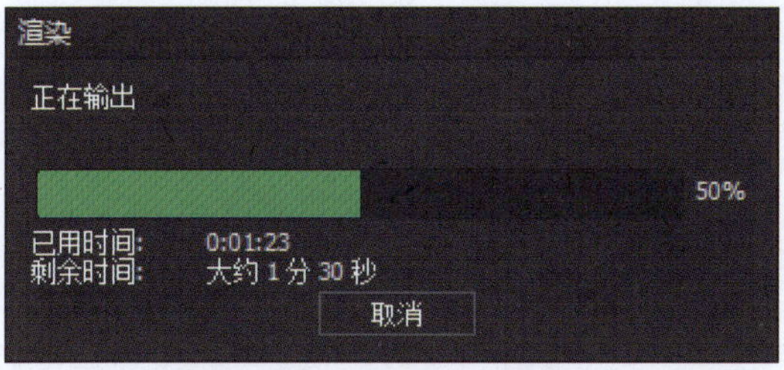

图 12-188　显示输出进度

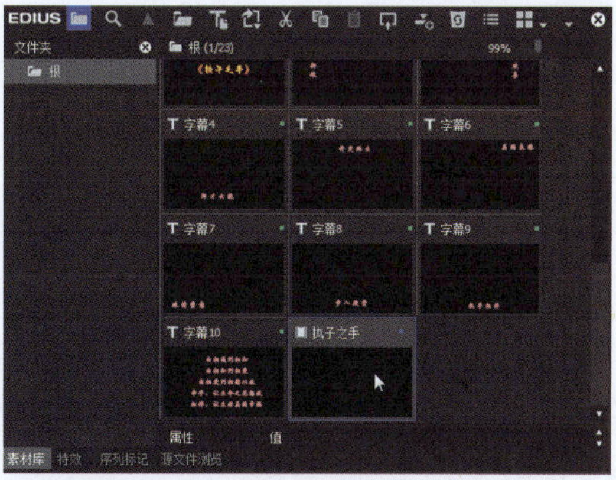

图 12-189　显示输出的视频文件

图 12-190　预览输出的视频文件画面效果

本章小结

本章主要以手表广告《珍爱一生》、节目片头《影视频道》、婚纱视频《执子之手》三大专题为例，向读者详细介绍了运用 EDIUS 制作完整的影视视频文件的操作方法，希望读者熟练掌握本章内容，举一反三，制作出更多更加精彩、更具影视特色的视频文件，成为最专业的影视制作人才。